普通高等教育"十四五"规划教材 "互联网+"创新系列教材

U0747939

机械制造技术基础

JIXIE ZHIZAO JISHU JICHU

第二版

◎ 主 编：胡忠举 陆名彰

中南大学出版社
www.csupress.com.cn

内容简介

本书适应高等教育改革和"宽口径，重基础"的人才培养模式的需要，突出机械制造技术的基础理论、基本知识和基本方法，同时注意介绍机械制造技术领域的最新成就和发展趋势。全书分为 8 章，依次为：切削加工的基本要素、切削过程的基本规律、机械加工工艺规程的制定、典型零件的机械加工、机械加工精度、机械加工表面质量、装配工艺规程的制定、机械制造技术的发展。

本书主要作为高等学校机械设计制造及其自动化、机械工程及自动化、材料成形及控制工程、工业工程、热能与动力工程专业及相关专业的教材或参考书，也可作为自学考试、职业大学、函授大学、电视大学相关专业的教材或参考书，亦可供有关工程技术人员参考。

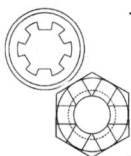

普通高等教育机械工程学科"十四五"规划教材编委会
"互联网+"创新系列教材

主 任
（以姓氏笔画为序）

王艾伦　刘　欢　刘舜尧　孙兴武　李孟仁
邵亘古　尚建忠　唐进元　潘存云　黄梅芳

委 员
（以姓氏笔画为序）

丁敬平　万贤杞　王剑彬　王菊槐　王湘江　尹喜云
龙春光　叶久新　母福生　朱石沙　伍利群　刘　滔
刘吉兆　刘忠伟　刘金华　安伟科　李　岚　李　岳
李必文　杨舜洲　何国旗　何哲明　何竞飞　汪大鹏
张敬坚　陈召国　陈志刚　林国湘　罗烈雷　周里群
周知进　赵又红　胡成武　胡仲勋　胡争光　胡忠举
胡泽豪　钟丽萍　侯　苗　贺尚红　莫亚武　夏宏玉
夏卿坤　夏毅敏　高为国　高英武　郭克希　龚曙光
彭如恕　彭佑多　蒋寿生　蒋崇德　曾周亮　谭　蓬
谭援强　谭晶莹

总序 F⚙REWORD.

机械工程学科作为联结自然科学与工程行为的桥梁，它是支撑物质社会的重要基础，在国家经济发展与科学技术发展布局中占有重要的地位，21 世纪的机械工程学科面临诸多重大挑战，其突破将催生社会重大经济变革。当前机械工程学科进入了一个全新的发展阶段，总的发展趋势是：以提升人类生活品质为目标，发展新概念产品、高效高功能制造技术、功能极端化装备设计制造理论与技术、制造过程智能化和精准化理论与技术、人造系统与自然世界和谐发展的可持续制造技术等。这对担负机械工程人才培养任务的高等学校提出了新挑战：高校必须突破传统思维束缚，培养能适应国家高速发展需求的具有机械学科新知识结构和创新能力的高素质人才。

为了顺应机械工程学科高等教育发展的新形势，湖南省机械工程学会、湖南省机械原理教学研究会、湖南省机械设计教学研究会、湖南省工程图学教学研究会、湖南省金工教学研究会与中南大学出版社一起积极组织了高等学校机械类专业系列教材的建设规划工作。成立了规划教材编委会，编委会由各高等学校机电学院院长及具有较高理论水平和教学经验的教授、学者和专家组成。编委会组织国内近20所高等学校长期在教学、教改第一线工作的骨干教师召开了多次教材建设研讨会和提纲讨论会，充分交流教学成果、教改经验、教材建设经验，把教学研究成果与教材建设结合起来，并对教材编写的指导思想、特色、内容等进行了充分的论证，统一认识，明确思路。在此基础上，经编委会推荐和遴选，近百名具有丰富教学实践经验的教师参加了这套教材的编写工作。历经两年多的努力，这套教材终于与读者见面了，它凝结了全体编写者与组织者的心血，是他们集体智慧的结晶，也是他们教学教改成果的总结，体现了编写者对教育部"质量工程"精神的深刻领悟和对本学科教育规律的把握。

这套教材包括了高等学校机械类专业的基础课和部分专业基础课教材。整体看来，这套教材具有以下特色：

（1）根据教育部高等学校教学指导委员会相关课程的教学基本要求编写。遵循"重基础、宽口径、强能力、强应用"的原则，注重科学性、系统性、实践性。

（2）注重创新。本套教材不但反映了机械学科新知识、新技术、新方法的发展趋势和研究成果，还反映了其他相关学科在与机械学科的融合与渗透中产生的新前沿，体现了学科交叉对本学科的促进；教材与工程实践联系密切，应用实例丰富，体现了机械学科应用领域在不断扩大。

（3）注重质量。本套教材编写组对教材内容进行了严格的审定与把关，教材力求概念准确、叙述精炼、案例典型、深入浅出、用词规范，采用最新国家标准及技术规范，确保了教材的高质量与权威性。

（4）教材体系立体化。为了方便教师教学与学生学习，本套教材还提供了电子课件、教学指导、教学大纲、考试大纲、题库、案例素材等教学资源支持服务平台。

教材要出精品，而精品不是一蹴而就的，我将这套书推荐给大家，请广大读者对它提出意见与建议，以利进一步提高。也希望教材编委会及出版社能做到与时俱进，根据高等教育改革发展形势、机械工程学科发展趋势和使用中的新体验，不断对教材进行修改、创新、完善，精益求精，使之更好地适应高等教育人才培养的需要。

衷心祝愿这套教材能在我国机械工程学科高等教育中充分发挥它的作用，也期待着这套教材能哺育新一代学子苗壮成长。

中国工程院院士　钟　掘

第 2 版前言 PREFACE.

  《机械制造技术基础》自 2004 年出版以来，已历经 7 年的教学实践，得到了使用本教材师生和同行的认可，并于 2009 年被评为湖南省高等学校优秀教材。

  本次修订是在总结多年教学实践的基础上，广泛吸取使用该教材师生的意见，依据相关专业的"机械制造技术基础"课程教学大纲进行的，修订中还参考了其他版本的同类教材。

  本次修订力求总体上把握和反映机械制造的基础理论、基本知识和基本方法，突出本课程学习的关键知识点，点面结合，合理控制教材的宽度和难度，达到"宽口径，重基础"的教学要求。

  为贯彻新国标，本次修订根据 GB/T 131—2006、GB/T 1031—2009、GB/T 1800.2—2009 等国家标准对相关内容进行了修改。

  本次修订由胡忠举、陆名彰任主编，刘平、宋昭祥、胡斌梁、廖先禄、伍济钢、黄东兆、刘滔参加修订工作。

  限于编者的水平，书中不足与疏漏之处在所难免，恳请广大读者批评指正。

编　者

前言 PREFACE.

"机械制造技术基础"是机械工程类专业教学指导委员会推荐设置的一门主干技术基础课程。通过本课程的学习,要求学生掌握机械制造技术的基础理论和基本知识,具备分析和解决有关机械制造问题的基本能力,为后续课程的学习,以及毕业后从事机械设计制造及相关领域的技术与管理工作打好基础。

以计算机、信息技术为代表的高新技术的发展,使制造技术的内涵和外延发生了革命性的变化。现代制造业大量吸收信息、材料、能源及管理等领域的最新研究成果,并将其综合应用于产品的设计、制造、检测、生产管理和售后服务的全过程。制造技术的许多新思想、新理念不断涌现,并与其他学科相互渗透融合。数控机床、加工中心、柔性制造系统、计算机集成制造系统、虚拟制造、敏捷制造、精益生产、绿色制造等先进制造技术增强了制造业的生产能力和市场适应能力,迅速地改变着传统制造业的面貌。

为培养能适应现代机械制造工业发展的高层次的工程技术人才和科学研究人才,高等工科院校必须根据现代新技术的发展,调整机械工程类专业课程的体系结构和教学内容,使学生建立与现代机械制造工业相适应的系统的知识体系,注重专业能力和综合能力的培养,提高毕业后对市场环境的专业适应性。

本书具有以下特色:

①将原"机械加工工艺基础"、"金属切削原理"和"机械制造工艺学"等课程的教学内容整合为本课程,减少不必要的重复,以适应新形势下教学的需要,解决因新的知识、新的教学内容、新的课程大量增加所引起的课时分配矛盾。

②力求理论联系实际,尽量引用典型实例进行分析,以加强学生对基本内容的理解,同

1

时注意适当引用综合性典型实例，以提高学生的综合分析能力。

③为了适应制造技术的迅速发展，本书在重点介绍基本内容的同时，加强了对先进制造技术和机械制造技术发展趋势的介绍。

④力求"少而精"，用较少篇幅完成对有关内容的介绍。

⑤力求文字精炼，图文并茂，尽量采用图、表表达叙述性的内容。

本书由陆名彰、胡忠举、厉春元、宋昭祥、刘平主编，梁洁萍、廖先禄、胡斌梁、李鹏南、马克新、潘钧颂、陈立锋参加了本书的编写。全书共分八章，依次为：切削加工的基本要素（由湖南科技大学宋昭祥编写）、切削过程的基本规律（由湖南科技大学胡忠举编写）、机械加工工艺规程的制定（由湖南科技大学陆名彰编写）、典型零件的机械加工（由湖南科技大学梁洁萍、胡斌梁、马克新编写）、机械加工精度（由湖南大学衡阳分校厉春元编写）、机械加工表面质量（由湖南科技大学廖先禄、潘钧颂、陈立锋编写）、装配工艺规程的制定（由湖南科技大学刘平编写）、机械制造技术的发展（由湖南科技大学陆名彰、李鹏南、湖南大学衡阳分校厉春元编写）。

本书的编写得到刘德顺教授的大力支持，在此表示衷心的感谢。

由于水平有限，书中难免有不妥之处，恳请读者批评指正。

编 者

CONTENTS. 目录

第1章
切削加工的基本要素

刀具和工件按一定规律做相对运动,通过刀具上的切削刃切除工件上多余的(或预留的)材料,从而使工件的形状、尺寸精度及表面质量都合乎预定要求的加工称为切削加工。在切削加工过程中有两个基本要素:一个是成形运动,另一个是刀具。

1.1 工件表面的形成方法和成形运动

1.1.1 工件的加工表面及其形成方法

零件的形状是由各种表面组成的,所以零件的切削加工归根到底是表面成形问题。

1. 被加工工件的表面形状

图1-1是机器零件上常用的各种表面。可以看出,零件表面是由若干个表面元素组成的,如图1-2所示。这些表面元素有:(a)平面、(b)成形表面、(c)圆柱面、(d)圆锥面、(e)球面、(f)圆环面、(g)螺旋面等。

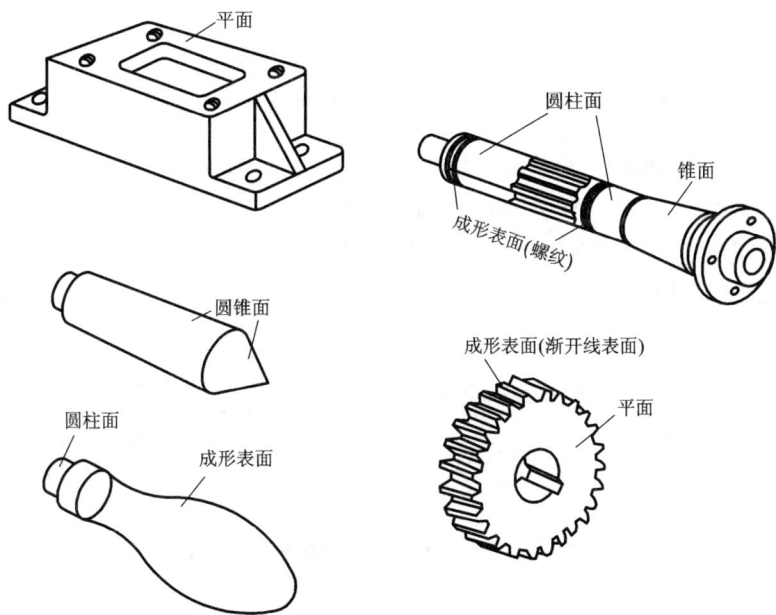

图1-1 机器零件上常用的各种典型表面

2. 工件表面的形成方法

各种典型表面都可以看作是一条线(称为母线)沿着另一条线(称为导线)运动的轨迹。母线和导线统称为形成表面的发生线。

为得到平面[图1-2(a)],应使直线1(母线)沿着直线2(导线)移动,直线1和2就是形成平面的两条发生线。为得到直线成形表面[图1-2(b)],须使直线1(母线)沿着曲线2(导线)移动,直线1和曲线2就是形成直线成形表面的两条发生线。为形成圆柱面[图1-2(c)],须使直线1(母线)沿圆2(导线)运动,直线1和圆2就是它的两条发生线。其他表面的形成方法可依此同样分析。

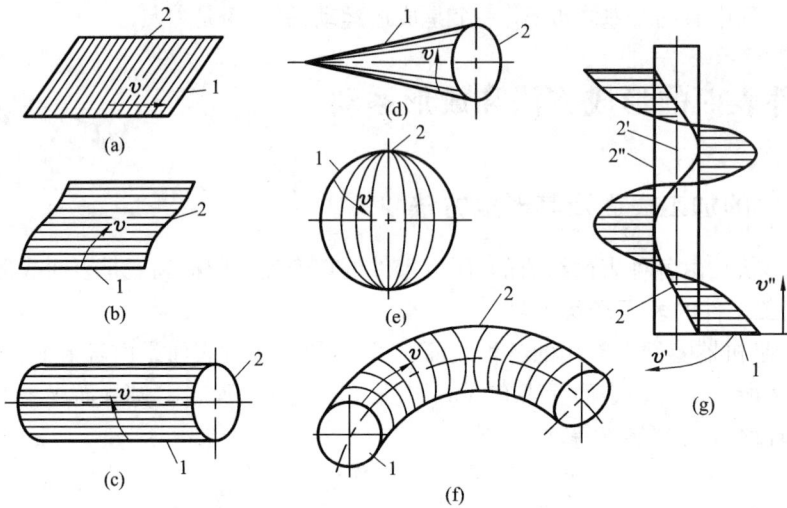

图1-2　组成工件轮廓的几种几何表面

(a)平面;(b)成形表面;(c)圆柱面;(d)圆锥面;(e)球面;(f)圆环面;(g)螺旋面

需要注意的是,有些表面的两条发生线完全相同,只因母线的原始位置不同,也可形成不同的表面。如图1-3中,母线均为直线1,导线均为圆2,轴心线均为OO',所需要的运动也相同。但由于母线相对于旋转轴线OO'的原始位置不同,所产生的表面也就不同,分别为圆柱面、圆锥面或双曲面。

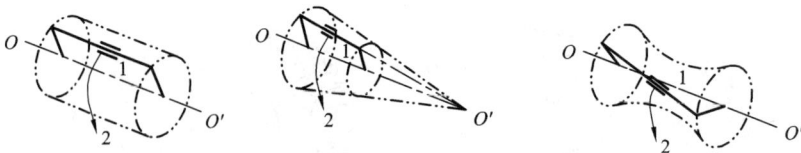

图1-3　母线原始位置变化时形成的表面

3. 发生线的形成方法及所需的运动

发生线是由刀具的切削刃与工件间的相对运动得到的。由于使用的刀具切削刃形状和采取的加工方法不同,形成发生线的方法可归纳为四种。以形成图1-4所示的发生线2

（图中为一段圆弧）为例，说明如下。

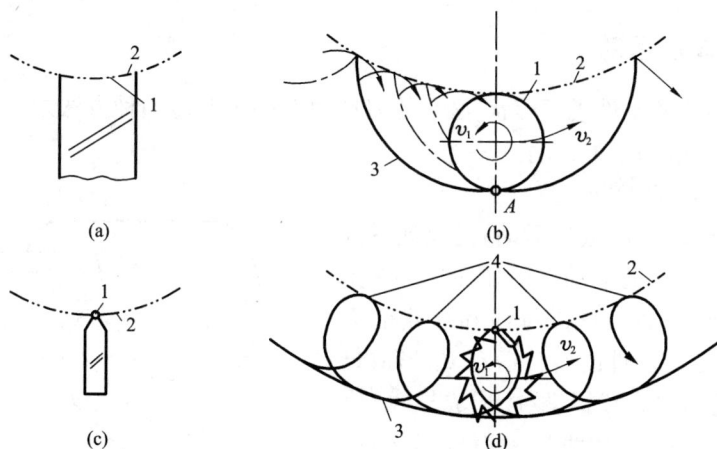

图 1-4 形成发生线的方法

1）成形法

成形法[图 1-4(a)]是利用成形刀具对工件进行加工的方法。刀刃为切削线 1，它的形状和长短与需要形成的发生线 2 完全重合。此时，形成发生线 2 不需运动。

2）展成法

展成法[图 1-4(b)]是利用工件和刀具作展成切削运动的加工方法。刀具切削刃为切削线 1，图示形状为圆，也可是直线（如齿条刀）或曲线（如插齿刀），它与需要形成的发生线 2 的形状不吻合。切削线 1 与发生线 2 作无滑动的纯滚动。发生线 2 就是切削线 1 在切削过程中连续位置的包络线。在形成发生线 2 的过程中，可以仅由切削刃 1 沿着由它生成的发生线 2 滚动；也可以由切削刃 1（刀具）和发生线 2（工件）共同完成复合的纯滚动，这种运动称为展成运动。因此，用展成法形成发生线需要一个成形运动（展成运动）。曲线 3 是切削刃上某点 A 的运动轨迹。用展成法形成发生线的典型例子是渐开线，如图 1-5 所示。

3）轨迹法

轨迹法[图 1-4(c)]是利用刀具作一定规律的轨迹运动来对工件进行加工的方法。刀刃为切削点 1，它按一定规律作直线或曲线（图为圆弧）运动，从而形成所需的发生线 2。因此采用轨迹法形成发生线需要一个成形运动。

4）相切法

相切法[图 1-4(d)]是利用刀具边旋转边作轨迹运动来对工件进行加工的方法。刀刃为旋转刀具（铣刀或砂轮）上的切削点 1，当刀具作旋转运动，刀具中心按一定规律作直线或曲线（图为圆弧）运动时，切削点 1 的运动轨迹

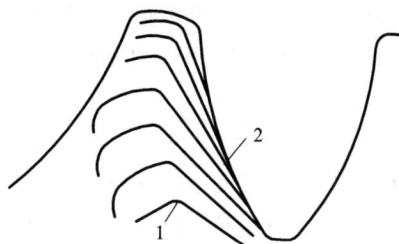

图 1-5 由刀刃包络线形成渐开线齿形

如图中的曲线 3。切削点的运动轨迹与工件相切，形成了发生线 2。图中点 4 就是刀具的切削点 1 的运动轨迹与工件的各个相切点。由于刀具上有多个切削点，发生线 2 是刀具上所

3

有的切削点在切削过程中共同形成的。因此,用相切法得到发生线,需要两个成形运动,即刀具的旋转运动和刀具中心按一定规律的运动。

1.1.2 表面成形运动

为了获得所需的工件表面形状,必须使刀具和工件按上述四种方法之一完成一定的运动,这种运动称为表面成形运动。

1. 表面成形运动分析

表面成形运动(简称成形运动)是保证得到工件要求的表面形状的运动。例如,图 1-6 是用车刀车削外圆柱面时形成母线和导线的方法,都属于轨迹法。工件的旋转运动 B_1 形成母线(圆);刀具的纵向直线运动 A_2 形成导线(直线)。运动 B_1 和 A_2 就是两个表面成形运动。又如刨削,滑枕带着刨刀(牛头刨床和插床)或工作台带着工件(龙门刨床)作往复直线运动,产生母线;工作台带着工件(牛头刨床和插床)或刀架带着刀具(龙门刨床)作间歇直线运动,产生导线。

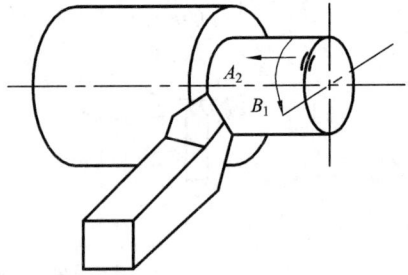

图 1-6　车削外圆柱表面时的成形运动

1)成形运动的种类

以上所说的成形运动都是旋转运动或直线运动。这两种运动最简单,也最容易得到,因而都被称为简单成形运动。在机床上,它以主轴的旋转,刀架或工作台的直线运动的形式出现。一般用符号 A 表示直线运动,用符号 B 表示旋转运动。

成形运动也有不是简单运动的。图 1-7(a)所示为用螺纹车刀车削螺纹。螺纹车刀是成形刀具,其形状相当于螺纹沟槽的轴剖面形状。因而,形成螺旋面只需一个运动:车刀相对于工件做螺旋运动。在机床上,最容易得到且最容易保证精度的是旋转运动(如主轴的旋转)和直线运动(如刀架的移动)。因此,把这个螺旋运动分解成等速旋转运动和等速直线运动,在图 1-7(b)中分别以 B_{11} 和 A_{12} 代表。这样的运动称为复合的表面成形运动或简称复合成形运动。为了得到一定导程的螺旋线,成形运动的两个部分 B_{11} 和 A_{12} 必须严格保持相对运动关系,工件每转 1 转,刀具的移动量应为一个导程。图 1-8 为齿条刀加工齿轮,产生渐开线靠展成法,需要一个复合的展成运动。该复合运动也可分解为工件的旋转 B_{11} 和刀具的直线运动 A_{12},B_{11} 和 A_{12} 之间必须保持严格的相对运动关系,即工件每转过一个齿,齿条刀应移动一个周节 πm(m 为模数)。

有些零件的表面形状很复杂,例如螺旋桨的表面,为了加工它需要十分复杂的表面成形运动。这种成形运动要分解为更多个部分,只能在多轴联动的数控机床上实现。成形运动的每个部分,就是数控机床上的一个坐标轴。

由复合成形运动分解成的各个部分,虽然都是直线或旋转运动,与简单运动相像,但其本质是不同的。前者是复合运动的一部分,各个部分必须保持严格的相对运动关系,相互依存,而不是独立的。简单运动之间是相互独立的,没有严格的相对运动关系。

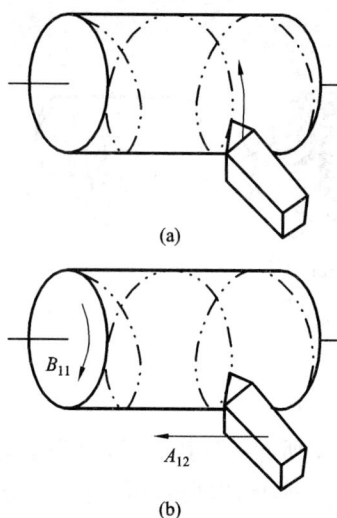

图 1-7 加工螺纹时的运动

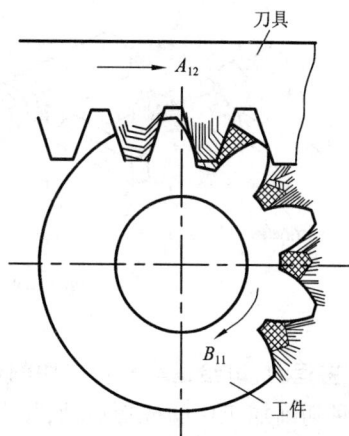

图 1-8 齿条刀加工齿轮时的运动

2)零件表面成形所需的成形运动

母线和导线是形成零件表面的两条发生线。因此,形成表面所需要的成形运动,就是形成其母线与导线所需要的成形运动的总和。为了加工出所需的零件表面,机床就必须具备这些成形运动。

例 1-1 用普通车刀车削外圆(见图 1-6)。

母线——圆,由轨迹法形成,需要一个成形运动 B_1。

导线——直线,由轨迹法形成,需要一个成形运动 A_2。

表面成形运动的总数为两个,即 B_1 和 A_2,都是简单的成形运动。

例 1-2 用成形车刀车削成形回转表面[图 1-9(a)]。

母线——曲线,由成形法形成,不需要成形运动。

导线——圆,由轨迹法形成,需要一个成形运动 B_1。

表面成形运动的总数为一个——B_1,是简单的成形运动。

例 1-3 用螺纹车刀车削螺纹[图 1-9(b)]。

母线——车刀的刀刃形状与螺纹轴向剖面轮廓的形状一致,故母线由成形法形成,不需要成形运动。

导线——螺旋线,由轨迹法形成,需要一个成形运动。这是一个复合运动,把它分解为工件旋转运动 B_{11} 和刀具直线移动 A_{12}。B_{11} 和 A_{12} 之间必须保持严格的相对运动关系。表面成形运动的总数为一个——$B_{11}A_{12}$,是复合的成形运动。

例 1-4 用齿轮滚刀加工直齿圆柱齿轮齿面[图 1-9(c)]。

母线——渐开线,由展成法形成,需要一个成形运动,是复合运动,可分解为滚刀的旋转运动 B_{11} 和工件的旋转运动 B_{12} 两个部分,B_{11} 和 B_{12} 之间保持严格的相对运动关系。

导线——直线,由相切法形成,需要两个独立的成形运动,即滚刀的旋转运动和滚刀沿工件的轴向移动 A_2。其中滚刀的旋转运动与复合展成运动的一部分 B_{11} 重合。因此,形成表面所需的成形运动的总数只有两个:复合的成形运动 $B_{11}B_{12}$,简单的成形运动 A_2。

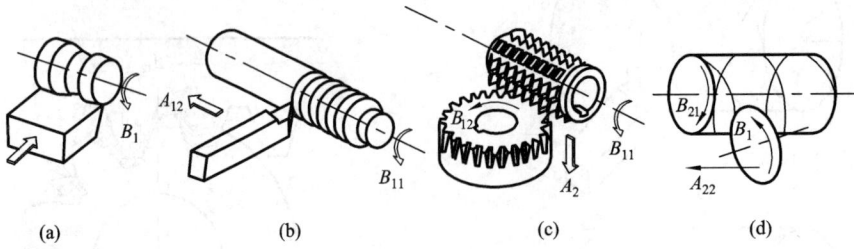

图 1-9 形成所需表面的成形运动

2. 主运动、进给运动和合成切削运动

各种切削加工中的成形运动,按照它们在切削过程中所起的作用,可以分为主运动和进给运动两种,而这两个运动的向量和称为合成切削运动。所有切削运动的速度及方向都是相对于工件定义的。

1) 主运动

由机床或人力提供的刀具与工件之间主要的相对运动,它使刀具的切削部分切入工件材料,使被切削层转变为切屑,从而形成工件新表面。

如图 1-10 所示,在车削时,工件的回转运动是主运动;在钻削、铣削和磨削时,刀具或砂轮的回转运动是主运动;在刨削时,刀具或工作台的往复直线运动是主运动。主运动可能是简单的成形运动,也可能是复合的成形运动。上面所述各种切削中的主运动都是简单运动,而图 1-7(b)所示的车削螺纹,其主运动是复合运动 $B_{11}A_{12}$。

在表面成形运动中,必须有而且只能有一个主运动。一般地,主运动消耗的功率比较大,速度也比较高。

由于切削刃上各点的运动情况不一定相同,所以在研究问题时,应选取切削刃上某一个合适的点作为研究对象,该点称为切削刃上的选定点。

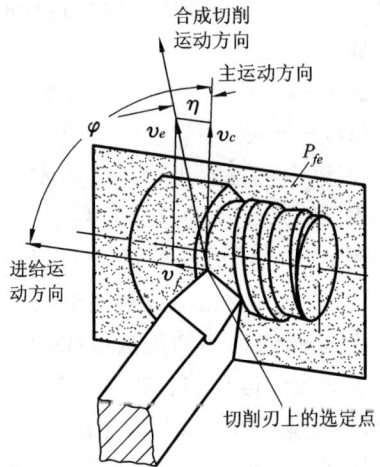

图 1-10 车刀相对于工件的运动

主运动方向(图 1-10、图 1-11):切削刃上的选定点相对于工件的瞬时主运动方向。

切削速度(图 1-10、图 1-11)v_c:切削刃上的选定点相对于工件的主运动的瞬时速度。

2) 进给运动

由机床或人力提供的刀具或工件的运动,它配合主运动连续不断地切削工件,同时形成具有所需几何形状的已加工表面。进给运动可能是连续的(例如在车床上车削圆柱表面时,刀架带动车刀的连续纵向运动),也可能是间歇的(例如在牛头刨床上加工平面时,刨刀每往复一次,工作台带动工件横向间歇移动一次)。进给运动可以是简单运动,也可以是复合运动。上述两个例子的进给运动都是简单运动。用成形铣刀铣削螺纹[见图 1-9(d)]

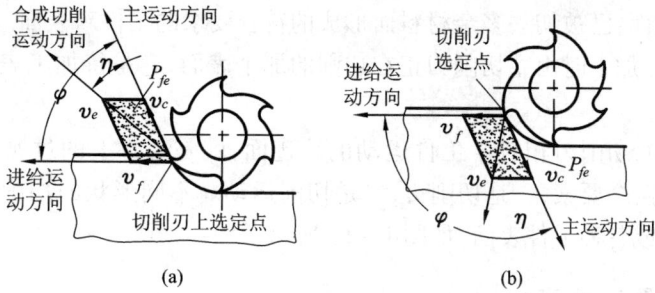

图 1-11　平面铣刀相对于工件的运动

时,铣刀相对于工件的螺旋复合运动 $B_{21}A_{22}$ 是进给运动,这时的主运动为铣刀的旋转 B_1,是一个简单运动。

进给运动方向(图 1-10、图 1-11):切削刃上的选定点相对于工件的瞬时进给运动的方向。

进给速度 v_f(图 1-10、图 1-11):切削刃上的选定点相对于工件的进给运动的瞬时速度。

3)合成切削运动

由同时进行的主运动和进给运动合成的运动。

合成切削运动方向(图 1-10、图 1-11):切削刃上的选定点相对于工件的瞬时合成切削运动的方向。

合成切削速度 v_e(图 1-10、图 1-11):切削刃上的选定点相对于工件的合成切削运动的瞬时速度。

合成切削速度角 η(图 1-10、图 1-11):主运动方向和合成切削运动方向之间的夹角。它在工作进给剖面 P_{fe} 内度量。

显然,在车削中(图 1-10),$v_e = v_c/\cos\eta$。在大多数实际加工中 η 值很小,所以可认为 $v_e = v_c$。

1.2　加工表面和切削用量三要素

1.2.1　切削过程中工件上的加工表面

车削加工是一种最典型的切削加工方法。如图 1-12 所示,普通外圆车削加工时,在主运动和进给运动的共同作用下,工件表面的一层材料连续地被切下来并转变为切屑,从而加工出所需要的工件新表面。在新表面的形成过程中,工件上有三个不断变化着的表面:待加工表面、过渡表面和已加工表面。它们的含义是:

(1)待加工表面:加工时即将被切除的表面。

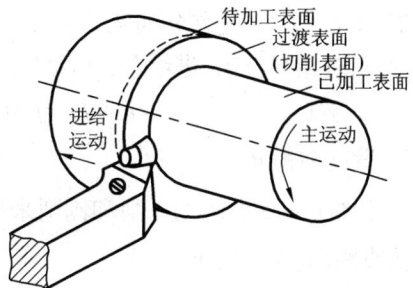

图 1-12　外圆车削运动和加工表面

（2）已加工表面：已被切去多余材料而形成的符合要求的工件新表面。

（3）过渡表面：加工时由主切削刃正在切削的那个表面，它是待加工表面和已加工表面之间的表面。

在切削过程中，切削刃相对于工件运动的轨迹面，就是工件上的过渡表面和已加工表面。显然，这里有两个要素，一是切削刃，二是切削运动。不同形状的切削刃与不同的切削运动组合，即可形成各种工件表面，如图 1-13 所示。

1.2.2 切削用量三要素

切削速度 v_c、进给量 f 和背吃刀量 a_p 称之为切削用量三要素。

1. 切削速度 v_c

主运动为回转运动时，切削速度的计算公式如下：

$$v_c = \frac{\pi d n}{1000} \quad （m/s \text{ 或 } m/min） \tag{1-1}$$

式中　d——工件或刀具上某一点的回转直径，mm；

　　　n——工件或刀具的转速，r/s 或 r/min。

在生产中，磨削速度的单位习惯上用 m/s（米/秒），其他加工的切削速度单位用 m/min（米/分）。

由于切削刃上各点的回转半径不同（刀具的回转运动为主运动），或切削刃上各点对应的工件直径不同（工件的回转运动为主运动），因而切削速度也就不同。考虑到切削速度对刀具磨损和已加工表面质量有影响，在计算切削速度时，应取最大值。如外圆车削时用 d_w 代入公式计算待加工表面上的切削速度，内孔车削时用 d_m 代入公式计算已加工表面上的切削速度，钻削时计算钻头外径处的速度。其中 d_w 和 d_m 见图 1-13。

2. 进给速度 v_f，进给量 f 和每齿进给量 f_z

进给速度 v_f 是单位时间内的进给位移量，单位是 mm/s（或 mm/min），进给量是工件或刀具每回转一周时两者沿进给方向的相对位移，单位是 mm/r（毫米/转）。

对于刨削、插削等主运动为往复直线运动的加工，虽然可以不规定间歇进给速度，但要规定间歇进给的进给量，单位为 mm/双行程。对于铣刀、铰刀、拉刀、齿轮滚刀等多刃刀具（齿数用 z 表示），还应规定每齿进给量 f_z，单位是 mm/齿。

显然，进给速度 v_f，进给量 f 和每齿进给量 f_z 有如下关系：

$$v_f = fn = f_z z n \quad （mm/s \text{ 或 } mm/min） \tag{1-2}$$

3. 背吃刀量 a_p

对于图 1-13 所示的车削和刨削来说，背吃刀量 a_p 为工件上已加工表面和待加工表面间的垂直距离，单位为 mm。

外圆车削时背吃刀量可用下式计算：

$$a_p = \frac{d_w - d_m}{2} \quad （mm） \tag{1-3}$$

对于钻削

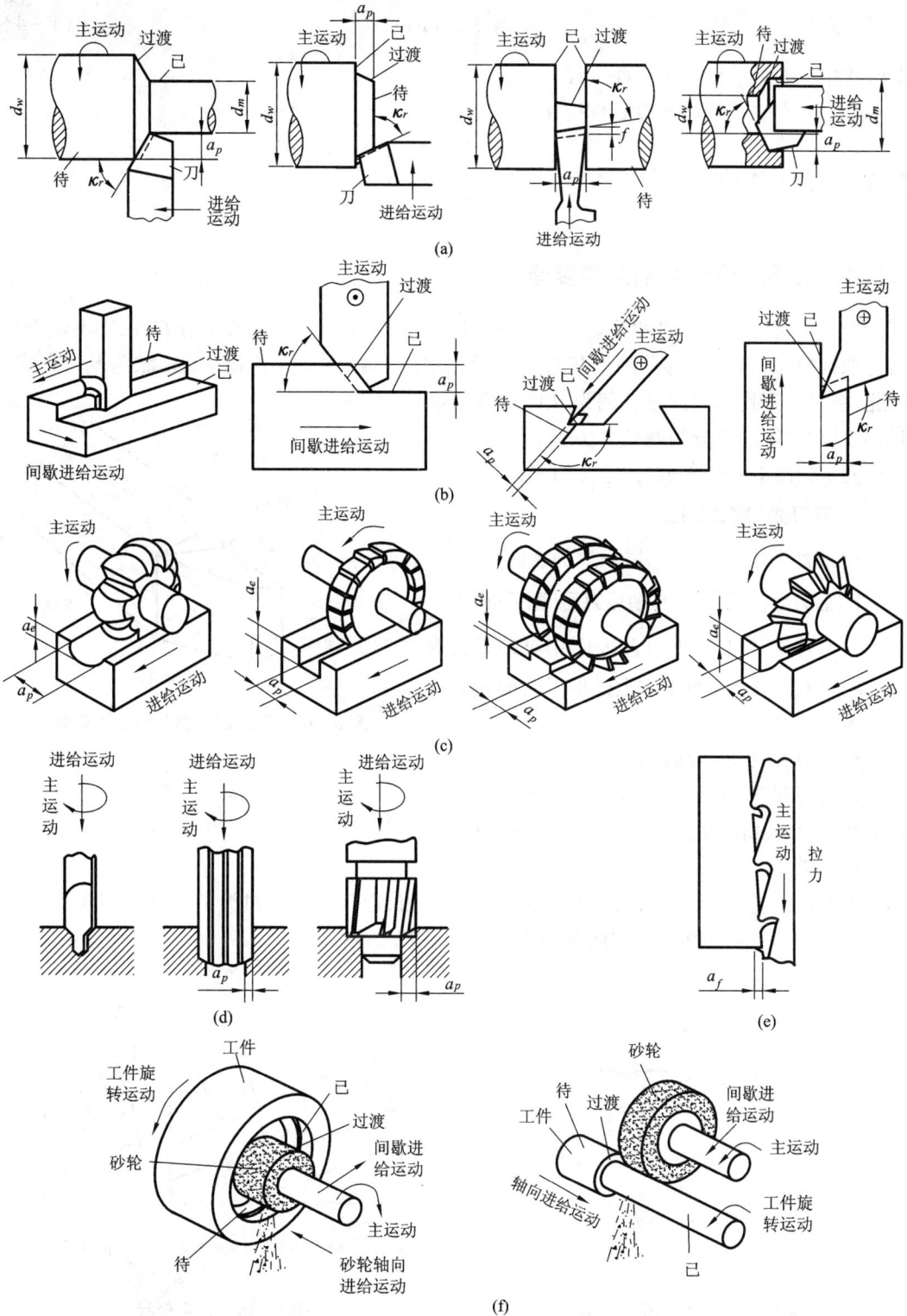

图 1-13 各种切削加工的切削运动和加工表面

$$a_p = \frac{d_m}{2} \quad (\text{mm}) \qquad\qquad (1-4)$$

上两式中 d_m——已加工表面直径,mm;

            d_w——待加工表面直径,mm。

1.3 刀具角度

1.3.1 刀具切削部分的结构要素

尽管金属切削刀具的种类繁多,但其切削部分的几何形状与参数都有共性,即不论刀具结构如何复杂,其切削部分的形状总可以近似地以外圆车刀切削部分的形状为基本形态。因此,在确立刀具切削部分几何形状的基本定义时,常以车刀切削部分为基础。刀具切削部分的结构要素如图 1-14 所示,其定义如下:

1. 前刀面(前面)A_γ

前刀面 A_γ 是刀具上切屑流过的表面。

2. 后刀面(后面)A_α 与副后刀面(副后面)A'_α

后刀面 A_α 是与工件过渡表面相对的刀具表面。副后刀面 A'_α 是与工件上已加工表面相对的刀具表面。

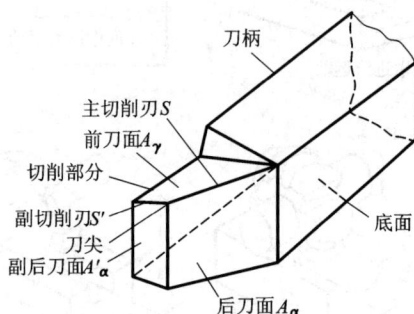

图 1-14 车刀切削部分的结构要素

3. 主切削刃 S 与副切削刃 S'

切削刃是前刀面上直接进行切削的边锋。有主切削刃 S 和副切削刃 S' 之分,如图 1-15 所示。

4. 刀尖

刀尖是指主副切削刃连接处很短的一段切削刃,通常也称为过渡刃。常用刀尖有三种形式,即交点刀尖、修圆刀尖和倒角刀尖,如图 1-16 所示。

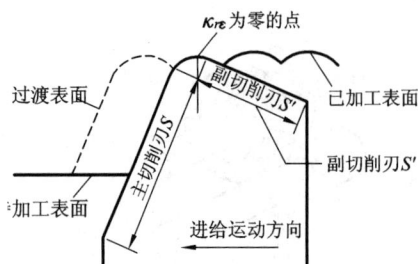

图 1-15 有关术语的说明

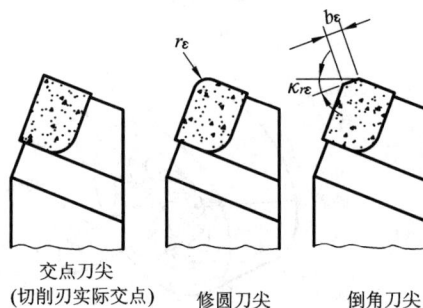

图 1-16 刀尖形状

1.3.2　刀具角度的参考系

刀具切削部分必须具有合理的几何形状,才能保证切削加工的顺利进行和获得预期的加工质量。刀具切削部分的几何形状主要由一些刀面和刀刃的方位角度来表示。为了确定刀具的这些角度,必须将刀具置于相应的参考系中。参考系可分为刀具标注角度参考系和刀具工作角度参考系。

1. 刀具标注角度参考系

构成刀具标注角度参考系的参考平面通常有:基面、切削平面、正交平面、法平面、工作平面和背平面。

1)基面 P_r

基面是通过切削刃上选定点,垂直于主运动方向的平面(图 1 - 17)。基面通常应平行或垂直于刀具上便于制造、刃磨和测量的某一安装定位平面或轴线。

例如,普通车刀、刨刀的基面 P_r 平行于刀具底面(图 1 - 17)。钻头和铣刀等旋转类刀具,其切削刃上各点的主运动(即回转运动)方向都垂直于通过该点并包含刀具旋转轴线的平面,故其基面 P_r 就是通过刀具切削刃上选定点的轴向平面。

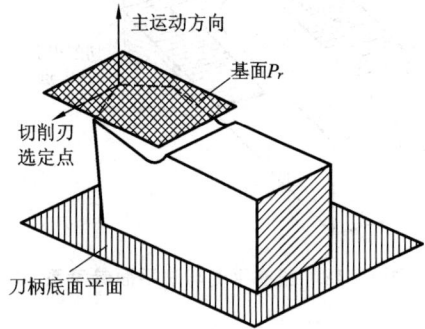

图 1 - 17　普通车刀的基面 P_r

2)切削平面 P_s

切削平面是通过切削刃上选定点与切削刃 S 相切,并垂直于基面 P_r 的平面,也就是切削刃 S 与切削速度方向构成的平面(见图 1 - 18)。

基面和切削平面十分重要。这两个平面加上以下所述的任一剖面,便构成不同的刀具角度参考系。

3)正交平面 P_o 和正交平面参考系

正交平面 P_o 是通过切削刃上选定点,同时垂直于基面 P_r 和切削平面 P_s 的平面。如图 1 - 18 所示, P_r - P_s - P_o 组成一个正交的正交平面参考系。这是目前生产中最常用的刀具标注角度参考系。

4)法平面 P_n 和法平面参考系

法平面 P_n 是通过切削刃上选定点,垂直于切削刃的平面。如图 1 - 18 所示, P_r - P_s - P_n 组成一个法平面参考系。由该图可知,这两个参考系的基面和切削平面相同,只是剖面不同。

5)假定工作平面 P_f 和背平面 P_p 及其组成的背平面、假定工作平面参考系

假定工作平面 P_f 是通过切削刃上选定点,平行于进给运动方向并垂直于基面 P_r 的平面。通常 P_f 也平行或垂直于刀具上制造、刃磨和测量时的某一安装定位平面或轴线。例如,车刀和刨刀的 P_f 垂直于刀柄底面(图 1 - 19);钻头、拉刀、端面车刀、切断刀等的 P_f 平行于刀具轴线;铣刀的 P_f 则垂直于铣刀轴线。

背平面 P_p 是通过切削刃上选定点,同时垂直于 P_r 和 P_f 的平面。图 1 - 19 表示由 P_r -

11

$P_f - P_p$ 组成一个假定工作平面和背平面参考系。

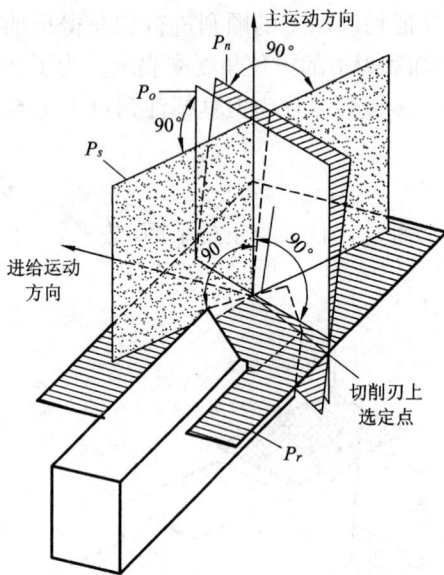

图 1-18 正交平面与法平面参考系

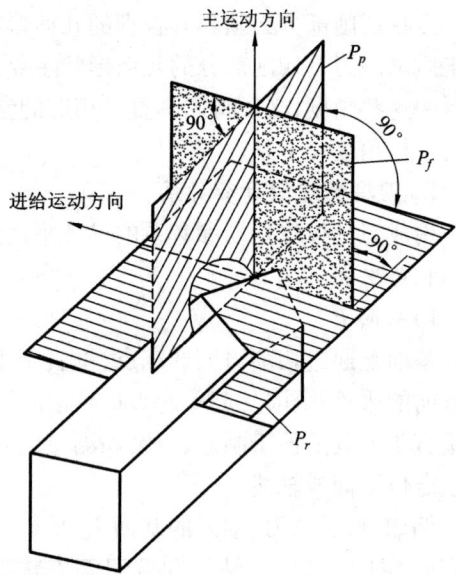

图 1-19 假定工作平面、背平面参考系

2. 刀具工作角度参考系

在刀具标注角度参考系里定义基面时,只考虑了主运动,未考虑进给运动。但刀具在实际使用时,这样的参考系所确定的刀具角度往往不能反映切削加工的真实情形,只有用合成切削运动方向来确定参考系,才符合实际情况。其定义见表 1-1。

表 1-1 刀具工作角度参考系

参　考　系	参考平面	符号	定　义　与　说　明
工作正交平面 参考系	工作基面	P_{re}	垂直于合成切削运动方向的平面
	工作切削平面	P_{se}	与切削刃 S 相切并垂直于工作基面 P_{re} 的平面
	工作正交平面	P_{oe}	同时垂直于工作基面 P_{re} 和工作切削平面 P_{se} 的平面
工作法平面 参考系	工作基面	P_{re}	垂直于合成切削运动方向的平面
	工作切削平面	P_{se}	与切削刃 S 相切并垂直于工作基面 P_{re} 的平面
	工作法平面	P_{ne}	工作系中的切削刃法平面与标注系中所定义的切削刃法平面相同即 $P_{ne} = P_n$
工作平面、工作背 平面参考系	工作基面	P_{re}	垂直于合成切削运动方向的平面
	工作平面	P_{fe}	由主运动方向和进给运动方向组成的平面。显然,P_{fe} 包含合成切削运动方向,因此 P_{fe} 与工作基面 P_{re} 互相垂直
	工作背平面	P_{pe}	同时垂直于工作基面 P_{re} 和工作平面 P_{fe} 的平面

1.3.3　刀具标注角度

在刀具标注角度参考系中确定的切削刃与各刀面的方位角度,称为刀具标注角度。由于刀具角度的参考系沿切削刃各点可能是变化的,故所定义的刀具角度均应指明是切削刃选定点的角度。下面通过普通车刀给各标注角度下定义(见图 1 – 20)。这些定义同样适用于其他类型的刀具。

1. 正交平面参考系内的标注角度

在正交平面参考系中的参考平面 P_r,P_o 和 P_s 内有如下一些标注角度:

1)在正交平面 P_o 内的标注角度

(1)前角 γ_o　在正交平面内度量的前刀面 A_γ 与基面 P_r 的夹角。

(2)后角 α_o　在正交平面内度量的后刀面 A_α 与切削平面 P_s 的夹角。

(3)楔角 β_o　在正交平面内度量的前刀面 A_γ 与后刀面 A_α 的夹角。

显然有如下关系:

$$\beta_o = 90° - (\alpha_o + \gamma_o)\qquad(1-5)$$

2)在切削平面 P_s 内的标注角度

刃倾角 λ_s　在切削平面内度量的主切削刃 S 与基面 P_r 的夹角。

3)在基面 P_r 内的标注角度

(1)主偏角 κ_r　在基面 P_r 内度量的切削平面 P_s 与假定工作平面 P_f 的夹角。它也是主切削刃 S 在基面内的投影与进给运动方向之间的夹角。

在正交平面参考系里定义了 5 个角度:γ_o,α_o,λ_s,κ_r 和 β_o。其中 β_o 是派生角度,只有前 4 个角度是独立的。当给定刃倾角 λ_s 和主偏角 κ_r 后,主切削刃 S 在空间的方位就被唯一确定。再进一步给定前角 γ_o 和后角 α_o 后,前刀面 A_γ 和后刀面 A_α 也被唯一确定。对于单刃刀具,若给定这 4 个独立角度,那么它的切削部分的几何形状便被唯一确定。对于具有主切削刃 S 和副切削刃 S' 的刀具(图 1 – 20),还必须给出与副切削刃 S' 有关的 4 个独立角度:副偏角 κ'_r、副刃倾角 λ'_s、副前角 γ'_o 和副后角 α'_o。这样刀具切削部分的几何形状才能确定。与副切削刃 S' 有关的 4 个独立角度的定义可以参照 γ_o,α_o,λ_s,κ_r 的定义,这里不再赘述。

(2)刀尖角 ε_r　在基面内度量的切削平面 P_s 和副切削平面 P'_s 的夹角,也可以定义为主切削刃 S 和副切削刃 S' 在基面上投影的夹角。从图 1 – 20 可知

$$\varepsilon_r = 180° - (\kappa_r + \kappa'_r)\qquad(1-6)$$

前角 γ_o、后角 α_o 和刃倾角 λ_s 是有正负号的。其正负号的判定如图 1 – 20 所示。

2. 法平面参考系内的标注角度

法平面参考系和正交平面参考系的差别仅在于剖面不同。因此只有法平面内的标注角度和正交平面内的标注角度不同,其余角度是相同的,所以只需定义法平面 P_n 内的标注角度即可。

(1)法前角 γ_n　在法平面内度量的前刀面 A_γ 与基面 P_r 的夹角。

(2)法后角 α_n　在法平面内度量的后刀面 A_α 与切削平面 P_s 的夹角。

(3)法楔角 β_n　在法平面内度量的前刀面 A_γ 与后刀面 A_α 的夹角。

上述 3 个角度有如下关系:

$$\gamma_n + \alpha_n + \beta_n = 90°\qquad(1-7)$$

13

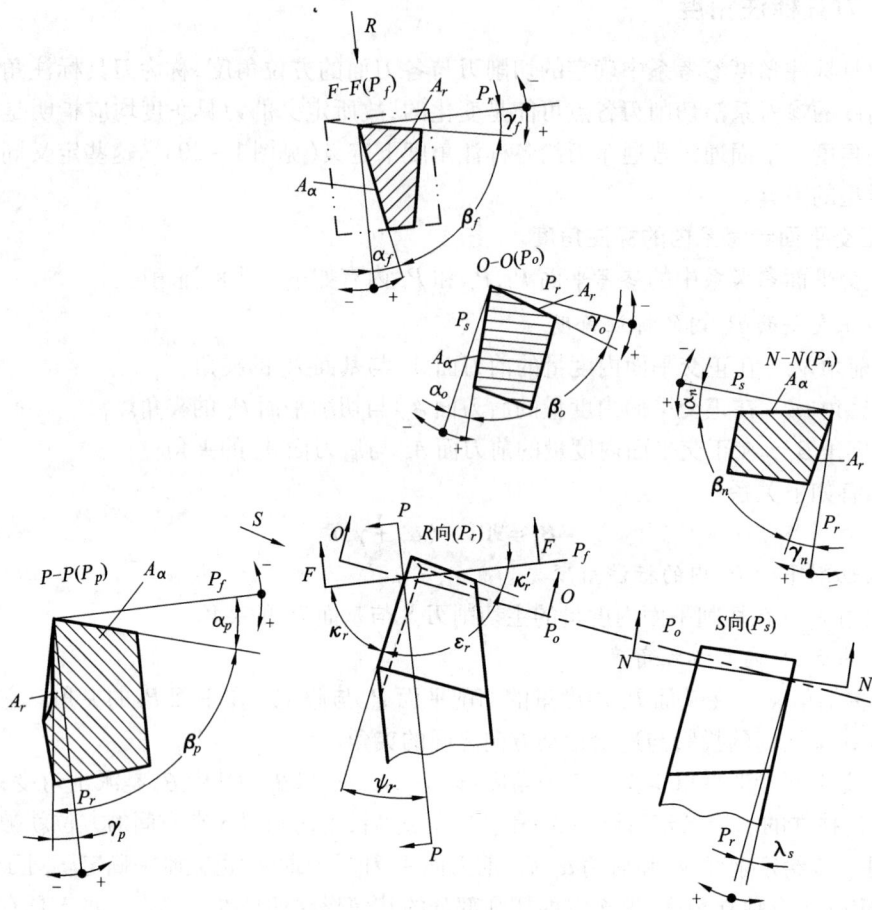

图 1 – 20　车刀的标注角度

3. 假定工作平面、背平面参考系内的标注角度

假定工作平面、背平面参考系中的标注角度可以从图 1 – 20 所示的 R 向视图 P_r、$F – F$ (P_f) 和 $P – P$(P_p) 剖面图得到。假定工作平面 P_f 内的标注角度有侧前角 γ_f、侧后角 α_f 和侧楔角 β_f;背平面 P_p 内的标注角度有背前角 γ_p、背后角 α_p 和背楔角 β_p。

1.3.4　刀具角度换算

在设计和制造刀具时,经常需要对不同参考系内的刀具角度进行换算,也就是对正交平面、法平面、背平面、假定工作平面内的角度进行换算。

1. 正交平面与法平面内的角度换算

在刀具设计、制造、刃磨和检验时,经常需要知道法平面内的标注角度。许多斜角切削刀具(图 1 – 21),特别是大刃倾角刀具,如大螺旋角圆柱铣刀,必须标注法平面角度。法平面内的角度可以从正交平面内的角度换算得到,换算公式如下:

$$\tan\gamma_n = \tan\gamma_o \cos\lambda_s \qquad (1-8)$$

$$\cot\alpha_n = \cot\alpha_o \cos\lambda_s \qquad (1-9)$$

14

以下以前角为例,推导换算公式。根据图
1-21 可得到:

$$\tan\gamma_n = \frac{\overline{ac}}{\overline{Ma}}$$

$$\tan\gamma_o = \frac{\overline{ab}}{\overline{Ma}}$$

$$\frac{\tan\gamma_n}{\tan\gamma_o} = \frac{\overline{ac}}{\overline{Ma}} \cdot \frac{\overline{Ma}}{\overline{ab}} = \frac{\overline{ac}}{\overline{ab}} = \cos\lambda_s$$

$$\tan\gamma_n = \tan\gamma_o \cos\lambda_s$$

同理,可以推导出

$$\cot\alpha_n = \cot\alpha_o \cos\lambda_s$$

2. 正交平面与其他剖面内的角度换算

如图 1-22 所示,$AGBE$ 为通过主切削刃
上 A 点的基面,$P_o(AEF)$ 为正交平面;P_p 和 P_f

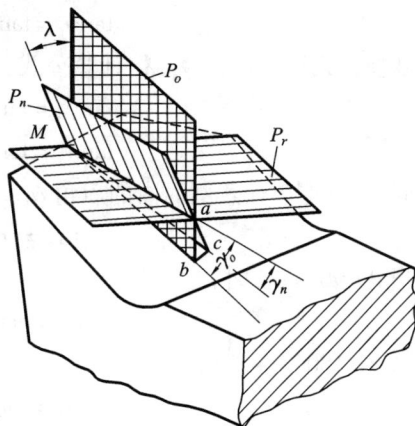

图 1-21　正交平面与法平面的角度换算

分别为背平面和假定工作平面;$P_\theta(ABC)$ 为垂直于基面的任意剖面,它与主切削刃 AH 在基
面上投影 AG 间的夹角为 θ;$AHCF$ 在前刀面上。

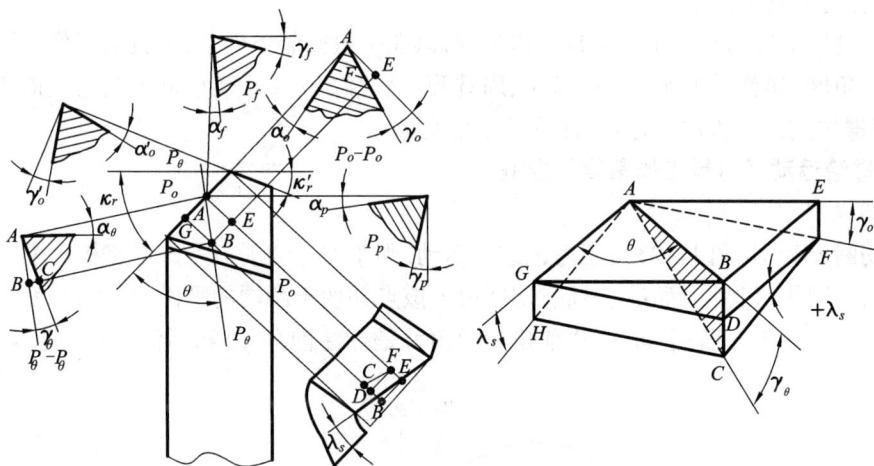

图 1-22　任意剖面内的角度变换

求解任意剖面 P_θ 内的前角 γ_θ

$$\tan\gamma_\theta = \frac{\overline{BC}}{\overline{AB}} = \frac{\overline{BD} + \overline{DC}}{\overline{AB}} = \frac{\overline{EF} + \overline{DC}}{\overline{AB}}$$

$$= \frac{\overline{AE} \cdot \tan\gamma_o + \overline{DF} \cdot \tan\lambda_s}{\overline{AB}} = \frac{\overline{AE}}{\overline{AB}} \cdot \tan\gamma_o + \frac{\overline{DF}}{\overline{AB}} \cdot \tan\lambda_s$$

$$= \tan\gamma_o \sin\theta + \tan\lambda_s \cos\theta \qquad\qquad (1-10)$$

当 $\theta = 0$ 时,$\tan\gamma_\theta = \tan\lambda_s$,即 $\gamma_\theta = \lambda_s$。

当 $\theta = 90° - \kappa_r$ 时,可得背前角 γ_p:

$$\tan\gamma_p = \tan\gamma_o \cos\kappa_r + \tan\lambda_s \sin\kappa_r \qquad\qquad (1-11)$$

当 $\theta = 180° - \kappa_r$ 时,可得侧前角 γ_f:

$$\tan\gamma_f = \tan\gamma_o \sin\kappa_r - \tan\lambda_s \cos\kappa_r \qquad (1-12)$$

变换公式形式可得 γ_o, λ_s 计算公式:

$$\tan\gamma_o = \tan\gamma_p \cos\kappa_r + \tan\gamma_f \sin\kappa_r \qquad (1-13)$$

$$\tan\lambda_s = \tan\gamma_p \sin\kappa_r - \tan\gamma_f \cos\kappa_r \qquad (1-14)$$

同理,可求出任意剖面内的后角 α_θ:

$$\cot\alpha_\theta = \cot\alpha_o \sin\theta + \tan\lambda_s \cos\theta \qquad (1-15)$$

当 $\theta = 90° - \kappa_r$ 时,

$$\cot\alpha_p = \cot\alpha_o \cos\kappa_r + \tan\lambda_s \sin\kappa_r \qquad (1-16)$$

当 $\theta = 180° - \kappa_r$ 时,

$$\cot\alpha_f = \cot\alpha_o \sin\kappa_r - \tan\lambda_s \cos\kappa_r \qquad (1-17)$$

1.3.5 刀具工作角度

刀具标注角度是在假定运动条件和假定安装条件下得到的,如果考虑合成切削运动和实际安装条件,则刀具角度的参考系将发生变化,因而刀具角度也将产生变化,即刀具的实际工作角度不等于标注角度。按照切削加工的实际情况,在刀具工作角度参考系中所确定的角度,称为刀具工作角度。

由于进给速度通常远小于主运动速度,所以在一般安装条件下,刀具的工作角度近似地等于标注角度,如普通车削、镗削、端铣、周铣等。只有在进给运动引起刀具角度值变化较大时(如车螺纹或丝杠和钻孔时)才计算工作角度。

1. 进给运动对刀具工作角度的影响

1)横车

以切断刀为例(图 1-23),不考虑进给运动,则车刀主切削刃上选定点相对于工件的运动轨迹为一圆周,切削平面 P_s 为通过切削刃上该点并切于圆周的平面,基面 P_r 为平行于刀杆底面同时垂直于 P_s 的平面,工作前角和后角就是标注前角 γ_o 和标注后角 α_o。当考虑进

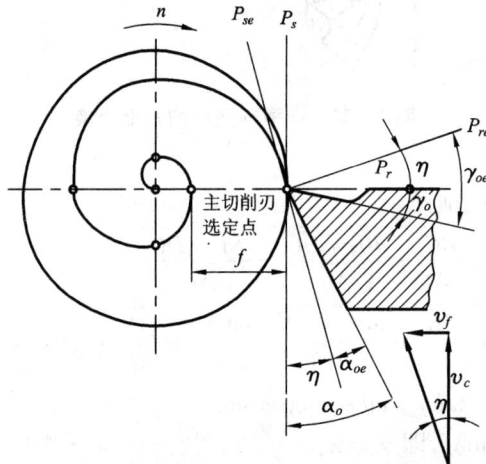

图 1-23 横向进给运动对刀具工作角度的影响

给运动时,切削刃选定点相对于工件的运动轨迹为一阿基米德螺旋线,切削平面变为通过切削刃切于螺旋面的平面 P_{se},基面也相应倾斜为 P_{re},角度变化值为 η,工作正交平面 P_{oe} 仍为 P_o 平面。此时在刀具工作角度参考系 $P_{re} - P_{se} - P_{oe}$ 内,刀具工作角度 γ_{oe} 和 α_{oe} 为:

$$\left.\begin{array}{l} \gamma_{oe} = \gamma_o + \eta \\ \alpha_{oe} = \alpha_o - \eta \\ \tan\eta = \dfrac{v_f}{v_c} = \dfrac{fn}{\pi dn} = \dfrac{f}{\pi d} \end{array}\right\} \qquad (1-18)$$

从式(1-18)可知,进给量 f 越大,η 也越大,说明对于大进给量的切削,不能忽略进给运动对刀具角度的影响,如铲背加工时,η 值很大,不能忽略。另外 d 随着刀具横向进给不断减小,因此 η 值随着切削刃趋近工件中心而增大。靠近工件中心时,η 值急剧增大,工作后角 α_{oe} 将变为负值。

2)纵车

同理,纵车时也是由于工作中基面 P_r 和切削平面 P_s 发生了变化,形成了一个合成切削速度角 η,引起了刀具工作角度的变化。如图 1-24 所示,假定车刀 $\lambda_s = 0$,不考虑进给运动

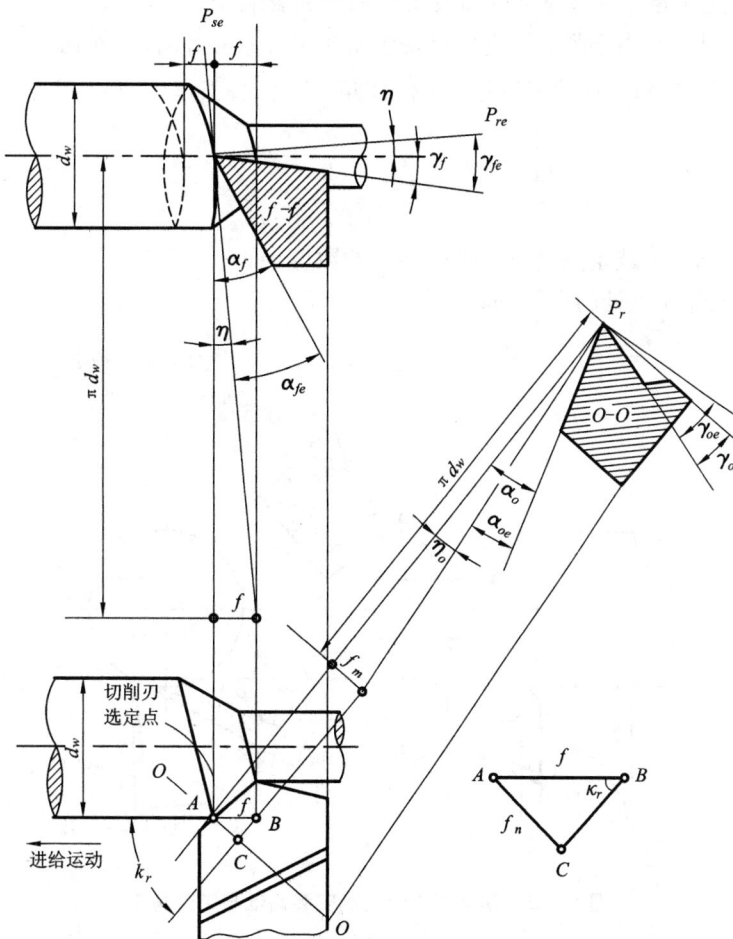

图 1-24 外圆车削时车刀的工作角度

时,基面 P_r 平行于刀柄底面,切削平面 P_s 垂直于刀柄底面,刀具工作前角和后角就是标注前角 γ_o 和标注后角 α_o;考虑进给运动后,工作切削平面 P_{se} 为切于螺旋面的平面,刀具工作角度参考系 $P_{se} - P_{re}$ 倾斜了一个 η 角,因而工作平面内的工作角度为:

$$\left. \begin{array}{l} \gamma_{fe} = \gamma_f + \eta \\ \alpha_{fe} = \alpha_f - \eta \\ \tan\eta = \dfrac{f}{\pi d_w} \end{array} \right\} \qquad (1-19)$$

上述角度变换可以换算到正交平面内:

$$\left. \begin{array}{l} \tan\eta_o = \tan\eta \cdot \sin\kappa_r \\ \gamma_{oe} = \gamma_o + \eta_o \\ \alpha_{oe} = \alpha_o - \eta_o \end{array} \right\} \qquad (1-20)$$

由式(1-20)可知 η 值与进给量 f 和工件直径 d_w 有关。一般外圆车削的 η 值不超过 40′,因此可以忽略不计。但在车螺纹,特别是车大螺旋升角的多头螺纹时,η 的值很大,必须进行工作角度的计算。

2. 切削刃上选定点安装高低对刀具工作角度的影响

如图 1-25 所示,当切削刃上选定点安装得比工件中心高时,工作切削平面将变成 P_{se},工作基面变为 P_{re},在背平面 $P-P$ 内的工作前角 γ_{pe} 增大,工作后角 α_{pe} 减小,其角度变化值为 θ_p:

$$\tan\theta_p = \frac{h}{\sqrt{(d_A/2)^2 - h^2}} \qquad (1-21)$$

式中 h——切削刃上选定点高于工件中心线的数值,mm;

d_A——工件 A 点处的直径,mm。

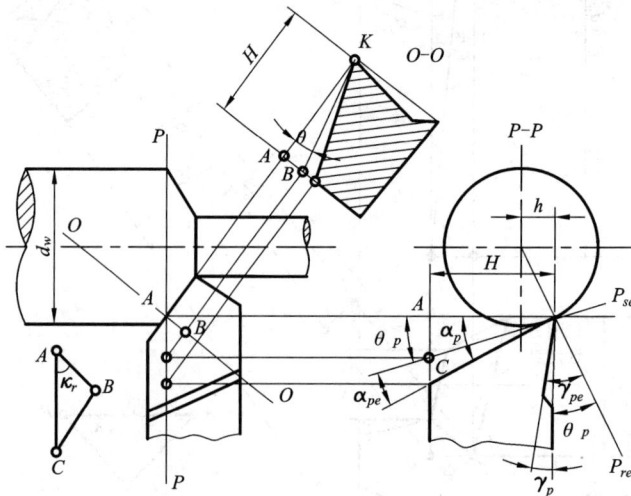

图 1-25　切削刃上选定点安装高低与工作角度

因此,刀具工作角度为:

18

$$\gamma_{pe} = \gamma_p + \theta_p ; \quad \alpha_{pe} = \alpha_p - \theta_p \tag{1-22}$$

当切削刃上选定点安装得低于工件中心时,上述计算公式符号相反;镗孔时计算公式符号与外圆车削计算公式符号相反。

图 1-26 为镗刀杆上小刀头安装位置对工作角度的影响,其计算公式与车床上镗孔一样。

上述计算是在刀具的工作背平面内的角度变化,还须换算到工作正交平面内:

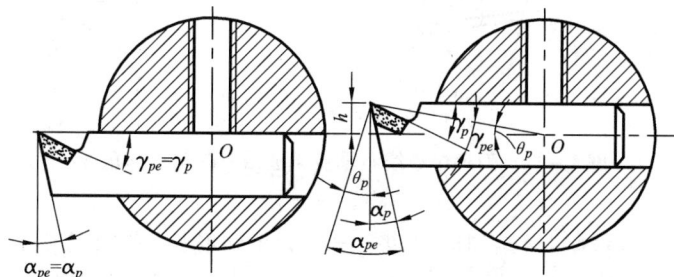

图 1-26 镗刀的工作角度

$$\tan\gamma_{oe} = \frac{\tan(\gamma_o \pm \theta_o)\cos\lambda_s}{\cos(\lambda_s + \theta_s)} \tag{1-23}$$

$$\tan\alpha_{oe} = \frac{\tan(\alpha_o \mp \theta_o)\cos\lambda_s}{\cos(\lambda_s + \theta_s)} \tag{1-24}$$

式(1-23)、(1-24)中

$$\tan\theta_o = \tan\theta_p \cos\kappa_r \tag{1-25}$$

$$\tan\theta_s = \tan\theta_p \sin\kappa_r \tag{1-26}$$

外圆车削时,当切削刃上选定点 A 高于工件中心时,式(1-23)中 θ_o 取正号,式(1-24)中 θ_o 取负号。若 A 点低于工件中心时,式(1-23)中 θ_o 取负号,式(1-24)中 θ_o 取正号。

3. 刀柄中心线与进给方向不垂直对刀具工作角度的影响

如图 1-27 所示,当车刀刀柄与进给方向不垂直时,其工作主、副偏角将发生变化:

$$\kappa_{re} = \kappa_r \pm G ; \quad \kappa'_{re} = \kappa'_r \mp G \tag{1-27}$$

式中 G——假定工作平面 P_f 与工作平面 P_{fe} 之间的夹角,在基面 P_r 内测量。

1.4 切削层参数与切削方式

1.4.1 切削层参数

各种切削加工的切削层参数,可用典型的外圆纵车来说明。如图 1-28 所示,车刀主切削刃上任意一点相对于工件的运动轨迹是一条空间螺旋线。当 $\lambda_s = 0$ 时,主切削刃切出的过渡表面为阿基米德螺旋面。工件每转一转,车刀沿工件轴线移动一个进给量 f,这时切削刃从过渡表面Ⅱ的位置移至过渡表面Ⅰ的位置上,于是Ⅰ、Ⅱ之间的材料变为切屑。由车刀

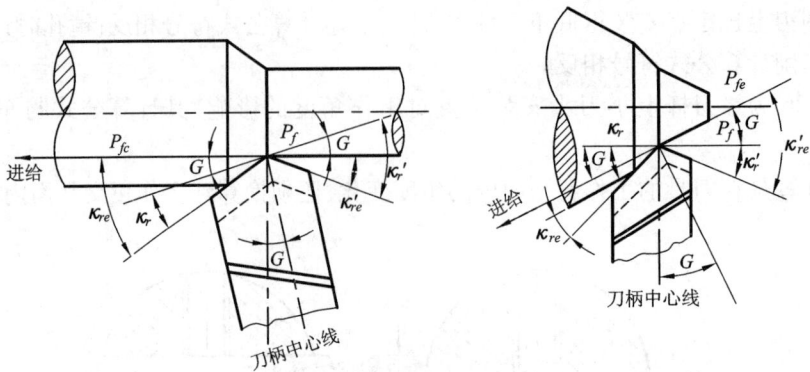

图 1 - 27　刀柄中心线不垂直于进给方向与工作角度

正在切削着的这一层材料叫做切削层。切削层的大小和形状决定了车刀切削部分所承受的负荷大小及切屑的形状和尺寸。当 $\kappa_r' = 0, \lambda_s = 0$ 时,切削层的剖面形状为一平行四边形;当 $\kappa_r = 90°$ 时为矩形。但不论切削层的形状如何,其底边尺寸总是 f,高总是 a_p。因此,切削用量的两个要素 f 和 a_p 又称为切削层的工艺尺寸。但是,不论何种切削加工,真正能够说明切削机理的是切削层的真实厚度和宽度。切削层及其参数的定义如下。

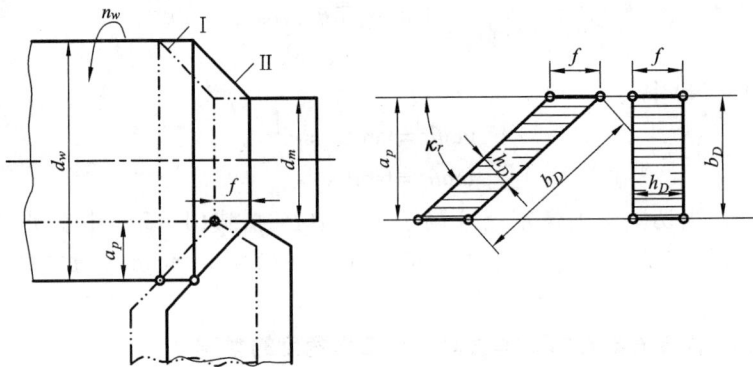

图 1 - 28　外圆纵车时切削层的参数

1. 切削层

在各种切削加工中,刀具相对于工件沿进给方向每移动 f(mm/r) 或 f_z(mm/齿)之后,一个刀齿正在切削的材料层称为切削层。切削层的尺寸称为切削层参数。切削层的剖面形状和尺寸通常在基面 P_r 内观察和度量。

2. 切削层公称厚度(切削厚度)

垂直于过渡表面来度量的切削层尺寸(图 1 - 28),称为切削层公称厚度(切削厚度),以 h_D 表示。在外圆纵车($\lambda_s = 0$)时

$$h_D = f \sin \kappa_r \qquad (1-28)$$

3. 切削层公称宽度（切削宽度）

沿过渡表面来度量的切削层尺寸（图 1 - 28），称为切削层公称宽度（切削宽度），以 b_D 表示。外圆纵车（$\lambda_s = 0$）时

$$b_D = a_p / \sin\kappa_r \qquad\qquad (1-29)$$

在 f 与 a_p 一定的条件下，κ_r 越大，h_D 也越大（图 1 - 29），但 b_D 越小；κ_r 越小时，h_D 越小，b_D 越大；当 $\kappa_r = 90°$ 时，$h_D = f$。

对于曲线形主切削刃，切削层各点的 h_D 互不相等（图 1 - 30）。

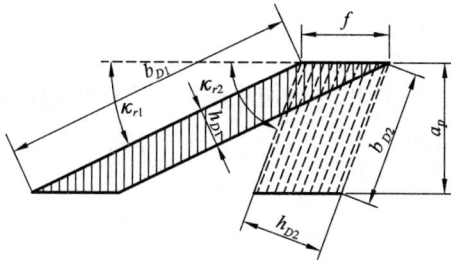

图 1 - 29　κ_r 不同时 h_D 和 b_D 的变化　　　　图 1 - 30　曲线切削刃工作时的 h_D，b_D

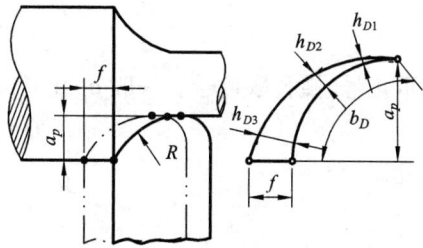

4. 切削层公称横截面积（切削面积）

切削层在基面 P_r 内的面积，称为切削层公称横截面积（切削面积），以 A_D 表示。其计算公式为

$$A_D = h_D b_D \quad (\text{mm}^2) \qquad\qquad (1-30)$$

对于车削来说，不论切削刃形状如何，切削面积均为

$$A_D = h_D b_D = f a_p \qquad\qquad (1-31)$$

上面计算出的面积为名义切削面积（图 1 - 31 中的 $ACDB$）。实际切削面积 A_{DE} 等于名义切削面积 A_D 减去残留面积 $\triangle A_D$，即

$$A_{DE} = A_D - \triangle A_D \qquad\qquad (1-32)$$

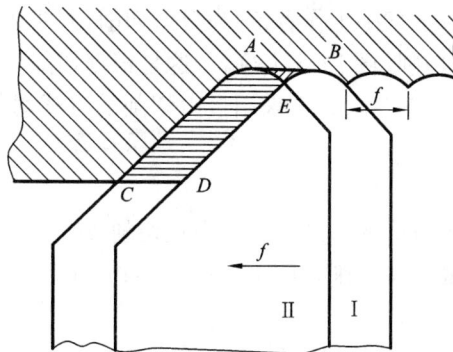

图 1 - 31　切削面积和残留面积

残留面积 $\triangle A_D$ 是指刀具副偏角 $\kappa'_r \neq 0$ 时,切削刃从位置 I 移至位置 II 后,残留在已加工表面上的不平部分的剖面面积(图 1-31 中的 ABE)。

5. 材料切除率

材料切除率是指刀具在单位时间内从工件上切除材料的体积,它是衡量切削加工效率的指标。材料切除率 Q 可由切削面积 A_D 和平均切削速度 v_{av} 求出,即 $Q = 1000A_D v_{av}$。

对于车削, $v_{av} = \dfrac{\pi n (d_w + d_m)}{2000}$ (m/s 或 m/min),所以

$$Q = 1000A_D v_{av} = 1000 a_p f v_{av}$$

$$= \frac{\pi n a_p f (d_w + d_m)}{2} = \pi n a_p f (d_m \pm a_p) \tag{1-33}$$

车外圆取正号,镗孔取负号。一般 a_p 比 d_m 小很多,所以材料切除率可用下式近似计算:

$$Q \approx \pi n a_p f d_m \tag{1-34}$$

对于钻孔,

$$Q = \frac{\pi n f d_m^2}{4} \tag{1-35}$$

对于扩孔,

$$Q = \frac{\pi n f (d_m^2 - d_w^2)}{4} \tag{1-36}$$

式中　Q——mm^3/s 或 mm^3/min;

　　　n——r/s 或 r/min;

　　　a_p——mm;

　　　f——mm/r;

　　　d_m——mm;

　　　d_w——mm。

1.4.2　切削方式

1. 自由切削与非自由切削

只有直线形主切削刃参加切削工作者,称为自由切削,而曲线形主切削刃或主副切削刃均参加切削者,称为非自由切削[图 1-32(a)]。这是根据切削变形是二维变形还是三维变形进行区分的。为了简化研究工作,通常采用自由切削的方式对材料切削变形区进行观察和研究。

2. 正切削和斜切削

切削刃垂直于切削运动方向的切削方式称为正切削或直角切削。如切削刃不垂直于切削运动方向则称为斜切削或斜角切削。图 1-32(b)和(c)所示分别为刨削的正切削和斜切削。

1.5　刀具材料

刀具切削性能的优劣,主要取决于刀具材料、几何形状和结构,其中刀具材料是首要的

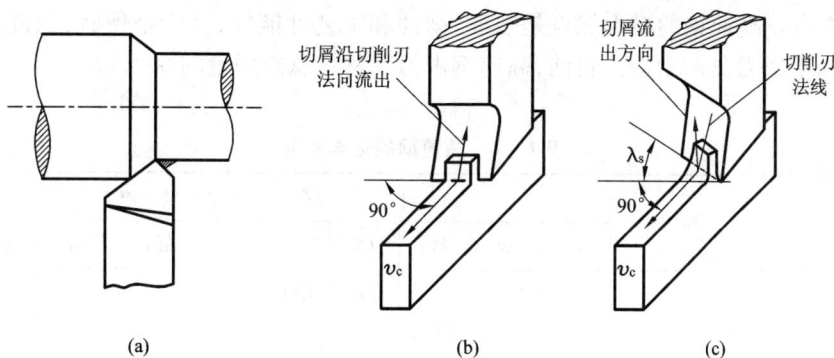

图1-32 切削方式
(a)非自由切削 (b)直角自由切削 (c)斜角切削

因素。它对刀具的耐用度、生产效率、加工质量和加工成本影响极大。因此,应当高度重视刀具材料的正确选择和合理使用,并不断研制新型刀具材料。

1.5.1 刀具材料应具备的基本性能

在切削过程中,刀具切削部分与切屑、工件相互接触的表面上承受着很大的压力和强烈的摩擦,刀具在高温、高压以及冲击和振动下切削。因此刀具材料必须具备以下基本性能:

1. 硬度

一般而言,刀具材料的硬度应高于工件材料的硬度,常温硬度应在62HRC以上。

2. 耐磨性

耐磨性表示刀具抵抗磨损的能力。通常硬度高耐磨性也高。此外耐磨性还与基体中硬质点的大小、数量、分布的均匀程度以及化学稳定性有关。

3. 耐热性

刀具材料应在高温下保持较高的硬度、耐磨性、强度和韧性,这就是刀具材料的耐热性。

4. 强度和韧性

为了承受切削力、冲击和振动,刀具材料应具备足够的强度和韧性。一般情况下,刀具材料的强度和韧性越高,则硬度和耐磨性也就越差,这两个方面的性能常常是相互矛盾的。

5. 导热性和热膨胀系数

刀具材料的导热系数越大,散热也越好,有利于降低切削区温度而提高刀具耐用度。线膨胀系数小,可减小刀具的热变形和对尺寸精度的影响。

6. 工艺性和经济性

为了便于制造,刀具材料应具有良好的加工性能(锻、轧、焊接、切削加工、磨削加工和热处理性能等)。其次,刀具材料的价格应低廉,便于推广使用。

1.5.2 高速钢

高速钢是加入了大量的钨(W)、钼(Mo)、铬(Cr)、钒(V)等合金元素的高合金工具钢。高速钢的化学成分含量见表1-2,其性能见表1-3。

高速钢在 600℃ 以上时,其硬度下降而失去切削功能。切削中碳钢时,切削速度可达 30m/min 左右。高速钢的最大优点是强度、韧性和工艺性能好,且价格便宜,因此广泛用于复杂刀具和小型刀具的制造。目前,高速钢占刀具材料总使用量的 60% 以上。

表 1-2　高速钢的化学成分

钢　　　种	化 学 成 分 含 量 /%									
	C	W	Mo	Cr	V	Co	Mn	Si	Al	其他
普通高速钢 W18Cr4V	0.7 ~ 0.8	17.5 ~ 19.0	≤0.3	3.80 ~ 4.40	1.00 ~ 1.40	—	—	—	—	—
普通高速钢 W6Mo5Cr4V2 (M2)	0.80 0.90	5.50 6.75	4.50 ~ 5.50	3.80 ~ 4.40	1.75 ~ 2.20	—	—	—	—	—
普通高速钢 W14Cr4VMn-RE	0.85 ~ 0.95	13.50 ~ 15.00		3.50 ~ 4.00	1.40 ~ 1.70		0.35 ~ 0.55	≤0.50	—	RE 0.07
高性能高速钢 110W1.5Mo9.5Cr4VCo8 (M42)	1.10	1.50	9.50	3.75	1.15	8.00	≤0.40	—	—	—
高性能高速钢 W6Mo5Cr4V2Al (501)	1.05 ~ 1.20	5.50 ~ 6.75	4.50 ~ 5.50	3.80 ~ 4.40	1.75 ~ 2.20	—	≤0.40	≤0.60	0.80 ~ 1.20	—
高性能高速钢 W10Mo4Cr4V3Al (5F6)	1.30 ~ 1.45	9.00 ~ 10.50	3.50 ~ 4.50	3.80 ~ 4.50	2.70 ~ 3.20	—	≤0.50	≤0.50	0.70 ~ 1.20	—
高性能高速钢 W12Mo3Cr4V3Co5Si (Co5Si)	1.20 ~ 1.35	11.5 ~ 13.5	2.80 ~ 3.40	3.80 ~ 4.40	2.80 ~ 3.40	4.70 ~ 5.10	≤0.40	0.80 ~ 1.20	—	—
高性能高速钢 W6Mo5Cr4V5SiNbAl (B201)	1.55 ~ 1.65	5.00 ~ 6.00	5.00 ~ 6.00	3.80 ~ 4.40	4.20 ~ 5.20	—	≤0.40	1.00 ~ 1.40	0.30 ~ 0.70	Nb 0.20 ~ 0.50

注:M42、M2 为 AISI(American Iron and Steel Institute)牌号。

按化学成分不同,高速钢可分为钨系、钨钼系和钼系;按切削功能分,则分为普通高速钢和高性能高速钢。常用普通高速钢的牌号有 W18Cr4V,W6Mo5Cr4V2。W18Cr4V 属钨系高速钢,使用普遍,其综合性能和磨削加工性好,可用于制造包括复杂刀具在内的各类刀具。W6Mo5Cr4V2 属钨钼系高速钢,具有碳化物分布均匀、韧性好、热塑性好等特点,将逐步取代 W18Cr4V,但其磨削加工性比 W18Cr4V 略差。

对于强度和硬度较高的难加工材料,采用普通高速钢刀具的切削效果不理想,切削速度不能超过 30m/min,因此近年来采用新技术措施来改善高速钢刀具的切削性能。其主要途径如下:

1）改变高速钢的合金成分

调整普通高速钢的基本化学成分和添加其他合金元素,使其力学性能和切削性能显著提高,这就是高性能高速钢。高性能高速钢可用于切削高强度钢、高温合金、钛合金等难加工材料。例如加钴形成钴高速钢(M42),其特点是综合性能好,常温硬度接近70HRC,高温硬度较高(见表1-3),磨削加工性好,但由于含有钴元素,所以价格较高。加铝形成铝高速钢(W6Mo5Cr4V2Al),它是我国独创的无钴高速钢,其性能见表1-3。它的优点是无钴而成本低,缺点是磨削加工性略低于M42,且热处理温度较难控制。

表 1-3　几种高速钢性能的比较

钢　　　种	常温硬度 HRC	高温硬度 HV 600℃	抗弯强度 /GPa	冲击韧度 /(MJ·m^{-2})
W18Cr4V	62 ~ 65	~ 520	~ 3.50	0.30
110W1.5Mo9.5Cr4VCo8 (M42)	67 ~ 69	~ 602	2.70 ~ 3.80	0.23 ~ 0.30
W6Mo5Cr4V2Al(501)	68 ~ 69	~ 602	3.50 ~ 3.80	0.20
W10Mo4Cr4V3Al (5F6)	68 ~ 69	~ 583	~ 3.07	0.20
W12Mo3Cr4V3Co5Si	69 ~ 70	~ 608	2.40 ~ 2.70	0.11
W6Mo5Cr4V5SiNbAl (B201)	66 ~ 68	~ 526	~ 3.60	0.27

注:除 W18Cr4V 和 M42 外,均系引用冶金工业部钢铁研究总院的试验数据。

2）采用粉末冶金技术

采用一般电炉炼钢法得到的高速钢,由于其金相组织中存在粗大的碳化物偏析,容易造成刀刃的崩刃失效。完全消除碳化物偏析的方法是采用粉末冶金技术,即将高频感应炉熔炼的钢液用惰性气体雾化成粉末,再经热压成坯,最后轧制或锻造成材。

粉末冶金高速钢的韧性和硬度较高,磨削加工性能显著改善,材质均匀,热处理变形小,适合于制造各种精密刀具和复杂刀具。

3）采用表面化学渗入法

典型的表面化学渗入法是渗碳。渗碳后刀具表面硬度、耐磨性提高,但脆性增加。减小脆性的办法是同时渗入多种元素,如渗硼可降低脆性并提高抗粘结性,渗氮可提高热硬性,渗硫可减小表面摩擦等。

4）采用表面涂覆硬质薄膜技术

在真空条件下,将 TiC 和 TiN 等耐磨、耐高温、抗粘结的材料薄膜(3~5μm)涂覆在高速钢刀具表面上,称之为 PVD 法(物理气相沉积法)。经过涂层后的刀具耐磨性和耐用度大大提高(提高3~7倍),切削效率提高30%。可用于制造形状复杂的刀具,如钻头、丝锥、铣刀和齿轮刀具等。

1.5.3 硬质合金

硬质合金是高硬度、难熔金属碳化物（主要是 WC,TiC 等,又称高温碳化物）微米级的粉末,用钴或镍作粘结剂烧结而成的粉末冶金制品。允许切削温度高达 800～1000℃,切削中碳钢时,切削速度可达 100～200m/min。

硬质合金是目前最主要的刀具材料之一。由于其工艺性差,所以用于制造复杂刀具受到一定限制。

1. 高温碳化物

硬质合金的性能主要取决于金属碳化物的种类、性能、数量、粒度和粘结剂的分量。

1) 碳化物的种类和性能

表1-4 所列为几种碳化物的性能。在硬质合金中碳化物所占比例越大,则硬度越高;反之,碳化物减小,则硬度降低,但抗弯强度提高。

表 1－4　金属碳化物的主要性能

碳化物	熔点/℃	硬度 HV	弹性模量/ GPa	导热系数/ ($W \cdot m^{-1} \cdot ℃^{-1}$)	密度/ ($g \cdot cm^{-3}$)	对钢的粘附温度
WC	2900	1780	720	29.3	15.6	较低
TiC	3200～3250	3000～3200	321	24.3	4.93	较高
TaC	3730～4030	1599	291	22.2	14.3	—
TiN	2930～2950	1800～2100	616	16.8～29.3	5.44	—

2) 碳化物的粒度

碳化物的颗粒越细,越有利于提高硬质合金的硬度和耐磨性,但当粘结剂含量一定时,如碳化物粒度减小,则碳化物颗粒的总表面积加大,使粘结层厚度减薄,从而降低了合金的抗弯强度。反之,则合金的抗弯强度提高,硬度降低。碳化物粒度的均匀性也影响硬质合金的性能,粒度均匀的碳化物可形成均匀的粘结层,可防止产生裂纹。在硬质合金中添加 TaC 能使碳化物粒度均匀和细化。

2. 硬质合金的种类和牌号

目前大部分硬质合金是以 WC 为基体,并分为 WC－Co(YG 类),WC－TiC－Co(YT 类),WC－TaC(NbC)－Co(YA 类)以及 WC－TiC－TaC(NbC)－Co(YW 类)四类。表1-5 列出了国内常用各类合金的牌号、成分和性能。

3. 硬质合金的性能

1) 硬度

由于 WC,TiC 等的硬度很高,所以合金的硬度也很高,一般在 89～93HRA。硬质合金的硬度随着温度的升高而降低。在 700～800℃时,大部分合金的硬度仍相当于高速钢的常温硬度。合金的高温硬度主要取决于碳化物在高温下的硬度,故 WC－TiC－Co 合金的高温硬度比 WC－Co 合金高。添加 TaC(或 NbC)能提高高温硬度。

表 1−5　硬质合金成分和性能

合金牌号		化 学 成 分				物 理 力 学 性 能							相近 ISO 牌号
		WC	TiC	TaC(NbC)	Co	硬度		抗弯强度 σ_{bb}/GPa	冲击韧度 a_k/(kJ·m^{-2})	导热系数 k/(W·m^{-1}·℃$^{-1}$)	线膨胀系数 α/10^{-6}	密度/(g·cm^{-3})	
						HRA	HRC						
WC 基 合 金													
WC+Co	YG3	97	—	—	3	91	78	1.10	—	87.9	—	14.9~15.3	K01 K05
	YG6	94	—	—	6	89.5	75	1.40	26.0	79.6	4.5	14.6~15.0	K15 K20
	YG8	92	—	—	8	89	74	1.50	—	75.4	4.5	14.4~14.8	K30
	YG3X	97	—	—	3	92	80	1.00	—	—	4.1	15.0~15.3	K01
	YG6X	94	—	—	6	91	78	1.35	—	79.6	4.4	14.6~15.0	K10
WC+TaC(NbC)+Co	YG6A (YA6)	91~93	—	1~3	6	92	80	1.35	—	—	—	14.4~15.0	K10
WC+TiC+Co	YT30	66	30	—	4	92.5	80.5	0.90	3.00	20.9	7.00	9.35~9.7	P01
	YT15	79	15	—	6	91	78	1.15	—	33.5	6.51	11.0~11.7	P10
	YT14	78	14	—	8	90.5	77	1.20	7.00	33.5	6.21	11.2~12.7	P20
	YT5	85	5	—	10	89.5	75	1.30	—	62.8	6.06	12.5~13.2	P30
WC+TiC+TaC(NbC)+Co	YW1	84	6	1	6	92	80	1.25				13.0~13.5	M10
	YW2	82	6	4	8	91	78	1.50				12.7~13.3	M20
TiC 基 合 金													
TiC+WC+Ni−Mo	YN10	15	62	1	Ni12 Mo10	92.5	80.5	1.10				6.3	P05
	YN05	8	71		Ni7 Mo14	93	82	0.90				5.9	P01

注:Y——硬质合金;G——钴,其后数字表示含钴量;X——细晶粒合金;T——TiC,其后数字表示 TiC 含量;A——含 TaC(NbC)的钨钴类合金;W——通用合金;N——以镍、钼作粘结剂的 TiC 基合金。

2)抗弯强度和韧性

常用牌号硬质合金的抗弯强度在0.9~1.5GPa(900~1500N/mm²)范围内。粘结剂含量越高,则抗弯强度也越高。随着TiC含量的增加抗弯强度下降。

硬质合金是脆性材料,韧性不足是它的一大弱点,其冲击韧性仅为高速钢的1/30~1/8。故硬质合金刀具一般将合金刀片焊接或夹固在刀体上使用,只有一些小的复杂刀具才做成整体的。WC-TiC-Co类的韧性低于WC-Co类。

3)导热系数

由于TiC的导热系数低于WC,所以WC-TiC-Co合金的导热系数比WC-Co合金低,并随着TiC含量的增加而下降。从表1-5中可见,YG6的导热系数是YT15的2倍多。

4)线膨胀系数

硬质合金的线膨胀系数比高速钢小得多。WC-TiC-Co合金的线膨胀系数大于WC-Co合金,且随TiC含量增加而增大。

5)抗冷焊性

硬质合金与钢发生冷焊的温度高于高速钢,WC-TiC-Co合金与钢发生冷焊的温度高于WC-Co合金。

4. 硬质合金的选用

正确选用适当牌号的硬质合金对于发挥其效能具有重要意义(见表1-6)。

切削铸铁及其他脆性材料时,由于形成崩碎切屑,切削力集中在切削刃上,局部压力很大,并具有一定的冲击性,所以宜选用抗弯强度和韧性较好的WC-Co合金。但这类合金与钢料摩擦时,其抗扩牙洼磨损能力比WC-TiC-Co合金差,因此不宜用于高速切削普通钢料。由于高温合金、不锈钢等难加工材料中含有钛,且导热系数低,所以切削温度高,并容易产生冷焊,因而要求刀具中不含钛,并具有良好的导热性。这说明切削上述难加工材料选用不含钛的WC-Co合金并采用较低的切削速度较为合适。

显然,精加工时宜选用含钴少、硬度高的合金,如YG3或YT30;粗加工或有冲击载荷时,宜选用含钴多、抗弯强度大的合金,如YG8或YT5。

5. 新型硬质合金

.1)添加碳化钽(TaC)和碳化铌(NbC)的硬质合金

在WC-Co合金中添加少量TaC或NbC,可显著提高常温硬度、高温硬度、高温强度和耐磨性,而抗弯强度略有降低。表1-6中的YG6A就是这种合金。在TiC含量少于10%的WC-TiC-Co合金中,添加少量TaC(或NbC),可以获得较好的综合性能,既可加工铸铁、非铁金属,又可加工碳素钢、合金钢,也适合于加工高温合金、不锈钢等难加工材料,从而有"通用合金"之称。表1-6中的YW1,YW2就是这种合金。目前,添加碳化钽和碳化铌的硬质合金应用日益广泛,而没有碳化钽和碳化铌的YG、YT类旧牌号硬质合金在国际市场上呈被淘汰趋势。

2)涂层硬质合金

解决刀具硬度、耐磨性和强度、韧性之间矛盾的最好方法是采用涂层技术。在YG8,YT5这类韧性、强度较好但硬度、耐磨性较差的刀具表面上,用CVD法(化学气相沉积法)涂上颗粒极细的碳化物(TiC)、氮化物(TiN)或氧化物(Al₂O₃)等,可以解决上述矛盾。TiC硬度高,耐磨性好,线膨胀系数与基体相近,所以与基体结合比较牢固;TiN的硬度低于TiC,

与基体结合稍差,但抗月牙洼磨损能力强,且不易生成中间层(脆性相),故允许较厚的涂层。Al_2O_3 涂层的高温化学性能稳定,适用于更高速度下的切削。目前多用复合涂层合金,其性能优于单层。近年来国外研究出金刚石涂层硬质合金刀具,刀具耐用度可提高 50 倍,而成本仅提高 10 倍。

表 1-6　各种硬质合金的应用范围

牌　号			应　用　范　围
YG3X	硬度、耐磨性、切削速度	抗弯强度、韧性、进给量	铸铁、非铁金属及其合金的精加工、半精加工,不能承受冲击载荷
YG3			铸铁、非铁金属及其合金的精加工、半精加工,不能承受冲击载荷
YG6X			普通铸铁、冷硬铸铁、高温合金的精加工、半精加工
YG6			铸铁、非铁金属及其合金的半精加工和精加工
YG8			铸铁、非铁金属及其合金、非金属材料的粗加工,也可用于断续切削
YG6A			冷硬铸铁、非铁金属及其合金的半精加工,亦可用于高锰钢、淬硬钢的半精加工和精加工
YT30	硬度、耐磨性、切削速度	抗弯强度、韧性、进给量	碳素钢、合金钢的精加工
YT15			碳素钢、合金钢在连续切削时的粗加工、半精加工,亦可用于断续切削时精加工
YT14			碳素钢、合金钢在连续切削时的粗加工、半精加工,亦可用于断续切削时精加工
YT5			碳素钢、合金钢的粗加工,可用于断续切削
YW1	硬度、耐磨性、切削速度	抗弯强度、韧性、进给量	高温合金、高锰钢、不锈钢等难加工材料及普通钢料、铸铁、非铁金属及其合金的半精加工和精加工
YW2			高温合金、不锈钢、高锰钢等难加工材料及普通钢料、铸铁、非铁金属及其合金的粗加工和半精加工

由于涂层材料的线膨胀系数总是大于基体,故表层存在残余应力,抗弯强度下降。所以涂层硬质合金适用于各种钢料、铸铁的精加工和半精加工及负荷较轻的粗加工。含钛的涂层材料不能加工高温合金、钛合金和奥氏体不锈钢,因为它们之间易产生冷焊。

涂层刀片不能采用焊接结构,不能重磨使用,只能用于机夹可转位刀具。

3)细晶粒和超细晶粒硬质合金

一般硬质合金中的晶粒大于 $1\mu m$,如使晶粒细化到小于 $1\mu m$,甚至小于 $0.5\mu m$,则耐磨性有较大改善,刀具耐用度可提高 1~2 倍。添加 Cr_2O_3 可使晶粒细化。这类合金可用于加工冷硬铸铁、淬硬钢、不锈钢、高温合金等难加工材料。

4)TiC 基和 Ti(C,N)基硬质合金

一般硬质合金属于 WC 基。TiC 基合金是以 TiC 为主体成分,以镍、钼作粘结剂,TiC 含

量达 60% ~ 70%。与 WC 基合金比较,其硬度较高,抗冷焊磨损能力较强,热硬性也较好,但韧性和抗塑性变形的能力较差,性能介于陶瓷和 WC 基合金之间。国内代表性牌号是 YN10 和 YN5,它们适合于碳素钢、合金钢的半精加工和精加工,其性能优于 YT15 和 YT30。

在 TiC 基合金中进一步加入氮化物形成 Ti(C,N)基硬质合金。Ti(C,N)基硬质合金的强度、韧性、抗塑性变形的能力均高于 TiC 基合金,是很有发展前景的刀具材料。

5)添加稀土元素的硬质合金

在 WC 基合金中,加入少量稀土元素,有效地提高了合金的韧性、抗弯强度和耐磨性。适用于粗加工,目前处于研究阶段。

6)高速钢基硬质合金

以 TiC 或 WC 作硬质相(占 30% ~ 40%),以高速钢作粘结剂(占 60% ~ 70%),用粉末冶金工艺制成。其性能介于硬质合金和高速钢之间,具有良好的耐磨性和韧性,特别是大大改善了工艺性,适合于制造复杂刀具。

1.5.4 超硬刀具材料

1. 陶瓷

1)纯氧化铝陶瓷

主要用 Al_2O_3 加微量添加剂(如 MgO),经冷压烧结而成,是一种廉价的非金属刀具材料。其抗弯强度为 $400 \sim 500N/mm^2$,硬度 $91 \sim 92HRA$。由于抗弯强度太低,难以推广应用。

2)复合氧化铝陶瓷

在 Al_2O_3 基体中添加高硬度、难熔碳化物(如 TiC),并加入一些其他金属(如镍、钼)进行热压而成的一种陶瓷。其抗弯强度为 $800N/mm^2$ 以上,硬度达到 $93 \sim 94HRA$。

陶瓷具有很高的高温硬度,在 1200℃时硬度尚能达到 80HRA;化学稳定性好,与被加工金属亲和作用小。但陶瓷的抗弯强度和冲击韧性较差,对冲击十分敏感。目前多用于各种金属材料的半精加工和精加工,特别适合于淬硬钢、冷硬铸铁的加工。

在 Al_2O_3 基体中加入 SiC 和 ZrO_2 晶须而形成晶须陶瓷,大大提高了韧性。

3)复合氮化硅陶瓷

在 Si_3N_4 基体中添加 TiC 等化合物和金属 Co 等进行热压,可以制成复合氮化硅陶瓷。它的力学性能与复合氧化铝陶瓷相近,特别适合于切削冷硬铸铁和淬硬钢。

由于陶瓷的原料在自然界中容易得到,且价格低廉,因而是一种极有发展前途的刀具材料。

2. 金刚石

金刚石分天然和人造两种,它们都是碳的同素异构体。其硬度高达 10000HV,是自然界中最硬的材料。天然金刚石质量好,但价格昂贵。人造金刚石是在高温高压条件下,借助于某些合金的触媒作用,由石墨转化而成。金刚石能切削陶瓷、高硅铝合金、硬质合金等难加工材料,还可以切削非铁金属及其合金,但不能切削铁族材料。因为碳元素和铁元素有很强的亲和性,碳元素向工件扩散,加快刀具磨损。当温度高于 700℃时,金刚石转化为石墨结构而丧失了硬度。金刚石刀具的刃口可以磨得很锋利,对非铁金属进行精密和超精密切削时,表面粗糙度 Ra 可达到 $0.01 \sim 0.1\mu m$。

3. 立方氮化硼

氮化硼的性质和形状同石墨很相似。六方氮化硼经高温高压处理转化为立方氮化硼（CBN）。立方氮化硼是六方氮化硼的同素异构体，其硬度仅次于金刚石。两者的性能比较见表1-7。立方氮化硼的热稳定性和化学惰性优于金刚石，可耐1300~1500℃的高温。用于切削淬硬钢、冷硬铸铁、高温合金等材料，切削速度可比硬质合金高5倍。立方氮化硼刀片采用机械夹固或焊接方法固定在刀柄上。

表1-7　金刚石和立方氮化硼性能比较

性能 材　料	组成	密度 /(g·cm^{-3})	硬度 HV	热稳定性/℃ （在空气中）	与铁元素的 化学惰性比较	备　　注
金刚石	C	3.52	10000	<800	小	聚晶金刚石的硬度 8000HV
立方氮化硼	BN	3.48	8000	<1600	大	聚晶立方氮化硼的硬度 4000~7000HV

第2章
切削过程的基本规律

2.1 金属切削的变形过程

2.1.1 研究金属切削变形过程的意义和方法

1. 研究金属切削变形过程的意义

研究金属切削变形过程对于切削加工技术的发展和进步、保证加工质量、降低生产成本、提高生产效率,都有着十分重要的意义。因为金属切削加工中的各种物理现象,如切削力、切削热、刀具磨损以及已加工表面质量等,都以切屑形成过程为基础,而实际生产中出现的鳞刺、积屑瘤、振动、卷屑与断屑等,都与切削变形过程有关。因此,对金属切削变形过程的研究,正是抓住了问题的根本,深入到了本质。

其次,难加工材料、新型工程材料的应用日趋增多,对零件的质量要求亦不断提高;同时,切削加工的自动化以及现代制造技术发展的需要,都要求我们更加深入地掌握切削变形过程的规律,研究出新的加工方法和高质量的刀具,以适应现代制造技术发展的需要。

2. 研究金属切削变形过程的实验方法

1)侧面方格变形观察法

为了观察金属切削层各点的变形,在工件侧面作出细小的方格,察看切削过程中这些方格如何被扭曲,以判断和认识切削层的塑性变形及切削层变为切屑的实际情形。

2)高速摄影法

常用的高速摄影机每秒可拍摄几百幅到上万幅不等。利用带有显微镜头的高速摄影机,拍摄切削试件的侧面,可以得到 个完整的从切削变形开始至形成切屑的真实过程。高速摄影机为研究高速切削时的切削变形过程提供了可能性。

3)快速落刀法

利用一种叫做"快速落刀"装置的特殊刀架,在切削过程的某一瞬间使刀具以极快的速度突然脱离工件,把在某一切削条件下切削层的变形情况"冻结"下来。落刀后从工件上锯下切屑根部,制成金相标本,用显微镜观察。

快速落刀装置主要有手锤敲击式(图 2-1)和爆炸型(图 2-2)两种。

4)扫描电镜显微观察法

借助于扫描电镜,可以观察到金属晶粒内部的微观滑移情况,使我们能够用金属物理的观点来理解金属切削变形过程及其现象。

5)光弹性和光塑性试验法

在实验观察金属切削变形过程的基础上,为了分析金属变形区的应力状况,应对切削刃

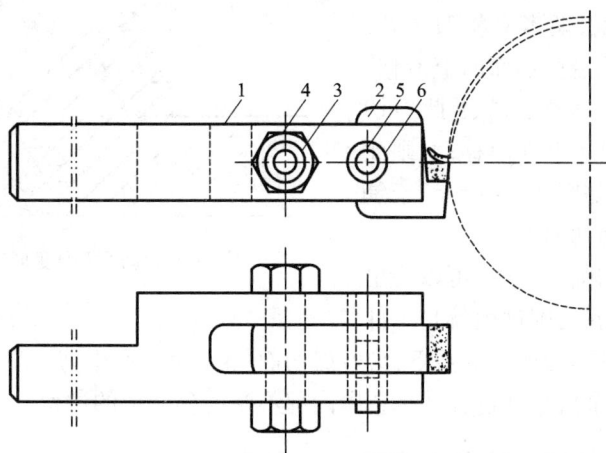

图 2 - 1　锤击式快速落刀装置示意图

1 - 刀夹；2 - 试验车刀；3 - 螺栓；4 - 螺母；5 - 销子；6 - 套管

前方的金属进行弹性力学和塑性力学的研究和实验。

2.1.2　金属切削变形过程的基本特征

1. 切削加工的概念

所谓切削加工(广义为机械加工)是用刀具切削工件的常用的加工方法,可以定义为:首先使刀具接触工件,然后使刀具对工件作相对运动,由于工件内部产生较大的应力而引起工件材料破坏,把不需要的部分(余量)作为切屑剥离下来,加工出所需形状、尺寸和表面质量的工件。从宏观上看,这个过程是在常温下进行的,所以常称为冷加工。

2. 研究切削变形过程的基本模型

为了研究金属切削过程的基本规律,必须将复杂问题加以简化,以便抓住问题的根本。由于直角自由切削时金属层的变形为二维变形,即不同正交平面内的变形均相同,只研究

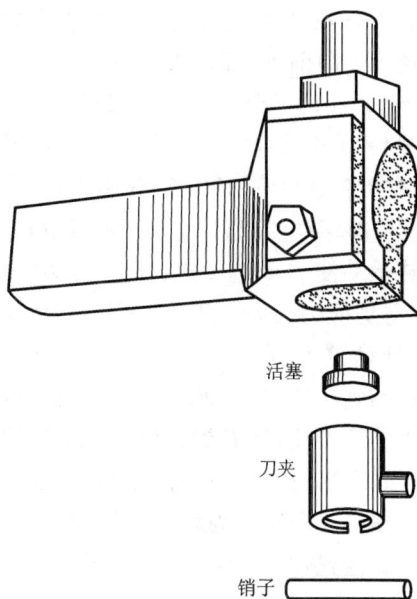

活塞

刀夹

销子

图 2 - 2　爆炸型落刀装置

一个剖面内的变形即可,所以选用直角自由切削作为研究金属切削变形过程的基本模型。

3. 金属切削变形过程的基本特征

金属材料受压时其内部产生应力应变,在大约与受力方向成 45°的斜平面内,剪应力随载荷增大而逐渐增大,并且有剪应变产生。开始是弹性变形,此时若去掉载荷,则材料将恢复原状;若载荷增大到一定程度,剪切变形进入塑性流动阶段,金属材料内部沿着剪切面发生相对滑移,于是金属材料被压扁(对于塑性材料)或剪断(对于脆性材料)。

33

应用上述理论来分析切削时金属层受前刀面挤压的情况，两者有相似之处，只是受压金属层只能沿剪切面向上滑移。如果是脆性材料（如铸铁），则沿此剪切面被剪断。如果刀具不断向前移动，则此种滑移将持续下去，如图 2-3 所示，于是被切金属层就转变为切屑。

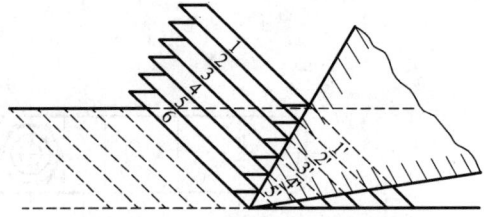

图 2-3　金属切削变形过程示意图

从这个简单的切削模型中，可以得出一个重要的结论：金属切削过程就是工件的被切金属层在刀具前刀面的推挤下，沿着剪切面（滑移面）产生剪切变形并转变为切屑的过程。因而可以说，金属切削过程就是金属内部不断滑移变形的过程。

2.1.3　金属切削过程中的三个变形区

前面粗略地分析了金属切削过程的基本特征，为了深入了解金属切削的变形过程，还需详细地分析变形区的变形过程。

如图 2-4 所示，选定被切金属层中的某点 P 来观察其变形过程。当刀具以切削速度 v 向前推进时，可以看作刀具不动，点 P 以速度 v 反方向逼近刀具。当 P 到达 OA 线（等剪应力线）时，剪切滑移开始，故称 OA 为始剪切线（始滑移线）。当 P 继续向前移动的同时，也沿 OA 线滑移，其合成运动使 P 到达 2 点，即处于 OB 滑移线（等剪应力线）上，$2'-2$ 就是其滑移量，此处晶粒 P 开始纤维化。同理，当 P 继续移动到达位置 3（OC 滑移线）时呈现

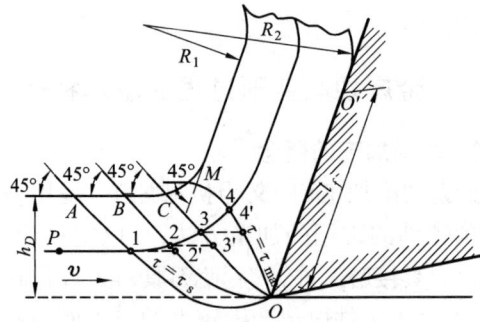

图 2-4　第一变形区金属的滑移

更严重的纤维化，当 P 到达位置 4（OM 滑移线，称 OM 为终剪切线或终滑移线）时，其流动方向已基本平行于前刀面，并沿前刀面流出，因而纤维化达到最严重程度后不再增加，此时被切金属层完全转变为切屑，同时由于逐步冷硬的效果，切屑的硬度比被切金属的硬度高，而且变脆，易折断。OA 与 OM 所形成的塑性变形区称为第 Ⅰ 变形区。其主要特征是：沿滑移线（等剪应力线）的剪切变形和随之产生的"加工硬化"现象。沿滑移线的剪切变形，从金属晶体结构的角度来看，就是晶粒中的原子沿着滑移面所进行的滑移。我们可以用图 2-5 的模型来说明。工件材料的晶粒可以看成是圆的颗粒[图 2-5(a)]，当它受到剪应力时，晶粒内部原子沿滑移面发生滑移，而使晶粒呈椭圆形。这样，圆的直径 AB 就变成椭圆的长轴 $A'B'$[图 2-5(b)]。$A''B''$ 就是晶粒纤维化的方向[图 2-5(c)]。从图 2-6 中可见，晶粒伸长的方向与剪切面并不重合。

在一般切削速度下，OA 与 OM 非常接近（$0.02 \sim 0.2\text{mm}$），所以通常用一个平面来表示这个变形区，该平面称为剪切面。剪切面与切削速度方向的夹角叫做剪切角，用 φ 表示。

当切屑沿着前刀面流动时，由于切屑与前刀面接触处有相当大的摩擦力来阻止切屑的

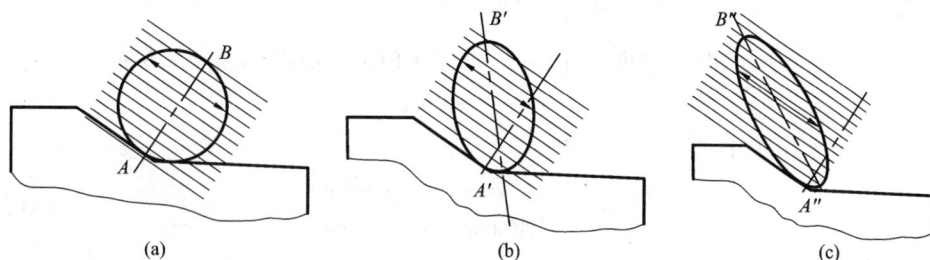

图 2-5　晶粒滑移示意图

流动,因此,切屑底部的晶粒又进一步纤维化,其纤维化的方向与前刀面平行。这一沿着前刀面的变形区被称为第Ⅱ变形区。

　　由于刀尖不断挤压已加工表面,而当刀具前移时,工件表面产生反弹,因此后刀面与已加工表面之间存在挤压和摩擦,其结果使已加工表面处也产生晶粒的纤维化和冷硬效果。此变形区称为第Ⅲ变形区,如图 2-7 所示。

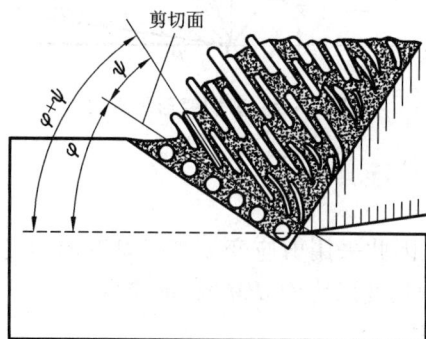

图 2-6　滑移与晶粒的伸长

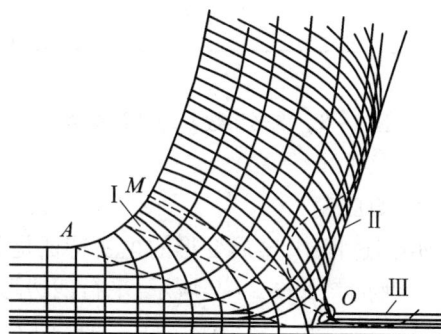

图 2-7　金属切削过程中的滑移线、流线和三个变形区的位置

2.1.4　变形系数和剪应变

　　切削过程中的各种物理现象几乎都与剪切滑移有关。由于被加工材料及切削条件的不同,剪切滑移变形的程度有很大差异。尽管可以从切屑的形态、尺寸、颜色以及硬度定性地判别剪切滑移变形的程度,但为了深入研究金属切削变形过程的规律,必须对变形的程度予以量化。

1. 变形系数

　　在切削加工中,被切材料层在刀具的推挤下被压缩,因此切屑厚度 h_{ch} 通常要大于切削层的厚度 h_D,而切屑长度 l_{ch} 却小于切削层长度 l_c,如图 2-8 所示。根据这一事实来衡量切削变形程度,就得出了切削变形系数的概念。

厚度变形系数 $$\xi_h = \frac{h_{ch}}{h_D} \qquad\qquad (2-1)$$

长度变形系数

$$\xi_l = \frac{l_c}{l_{ch}} \qquad (2-2)$$

由于切削层变为切屑后，宽度变化很小，根据体积不变原理$(b_D h_D l_c = b_D h_{ch} l_{ch})$，有

$$\xi_h = \xi_l = \xi > 1 \qquad (2-3)$$

根据图2-8，可以计算出变形系数ξ

$$\xi = \frac{h_{ch}}{h_D} = \frac{OM\cos(\varphi - \gamma_o)}{OM\sin\varphi} = \frac{\cos(\varphi - \gamma_o)}{\sin\varphi} \qquad (2-4)$$

显然，剪切角φ增大，变形系数ξ减小。

变形系数直观地反映了切削变形的程度，且容易测量，但很粗略，有时不能反映剪切变形的真实情况，所以必须研究衡量变形程度的其他方法。

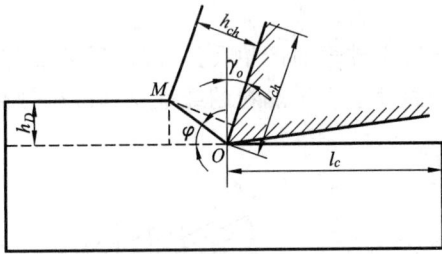

图2-8 变形系数ξ的计算参数

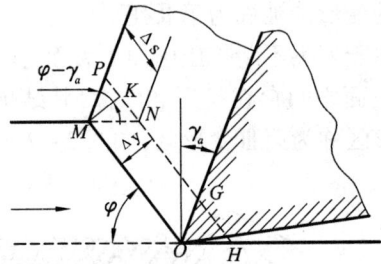

图2-9 剪切变形示意图

2. 剪应变

切削过程中，金属变形的主要特征是剪切滑移，因此采用剪应变ε来衡量变形程度，是比较合理的。如图2-9所示，平行四边形$OHNM$剪切变形为$OGPM$时，剪应变为

$$\varepsilon = \frac{\Delta s}{\Delta y} = \frac{NP}{MK} = \frac{NK + KP}{MK} = \frac{NK}{MK} + \frac{KP}{MK} = \cot\varphi + \tan(\varphi - \gamma_o)$$

或

$$\varepsilon = \frac{\cos\gamma_o}{\sin\varphi\cos(\varphi - \gamma_o)} \qquad (2-5)$$

3. 剪应变与变形系数的关系

将式(2-4)变换后可写成

$$\tan\varphi = \frac{\cos\gamma_o}{\xi - \sin\gamma_o}$$

将此式代入式(2-5)，可得

$$\varepsilon = \frac{\xi^2 - 2\xi\sin\gamma_o + 1}{\xi\cos\gamma_o} \qquad (2-6)$$

将ε和ξ的函数关系用曲线表示，如图2-10所示，由图可知：

(1)变形系数ξ并不等于剪应变ε。

(2)当$\xi \geq 1.5$时，对于某一固定的前角，剪应变ε与变形系数ξ呈线性关系。因此，

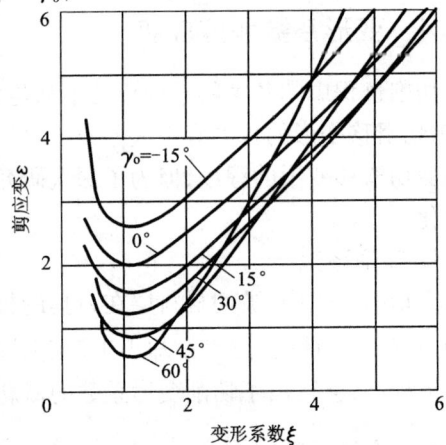

图2-10 $\varepsilon - \xi$关系

在一般情况下,变形系数 ξ 可以在一定程度上反映剪应变 ε 的大小。

（3）$\xi = 1$ 时,$h_D = h_{ch}$,似乎切屑没有变形,但此时剪应变 ε 并不等于零,因此,切屑还是有变形的。

（4）当 $\gamma_o = -15° \sim 30°$ 时,变形系数 ξ 即使具有同样的数值,倘若前角不相同,ε 仍然不相等,前角愈小,ε 就愈大。

（5）当 $\xi < 1.2$ 时,不能用 ξ 表示变形程度。原因是:当 ξ 在 $1 \sim 1.2$,ξ 虽减小,而 ε 却变化不大;当 $\xi < 1$ 时,ξ 稍有减小,而 ε 反而大大增加。

2.1.5　剪切角

从图 2－8 和式（2－4）可知,切削变形与剪切角 φ 密切相关。φ 减小,切屑变厚、变短,变形系数 ξ 便增大,因此研究剪切角 φ 很有必要。

1. 作用在切屑上的力

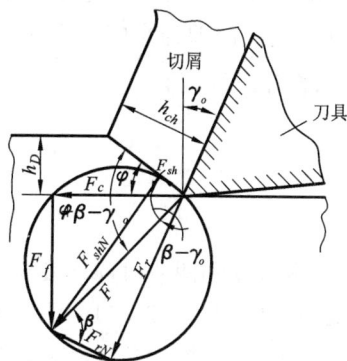

在直角自由切削的情况下,作用在切屑上的力有:前刀面上的法向力 $F_{\gamma N}$ 和摩擦力 F_γ;在剪切面上也有一个法向力 F_{shN} 和剪切力 F_{sh},如图 2－11 所示。这两对力的合力应该平衡。把所有的力都画在切削刃的前方,各力的关系如图 2－12 所示。

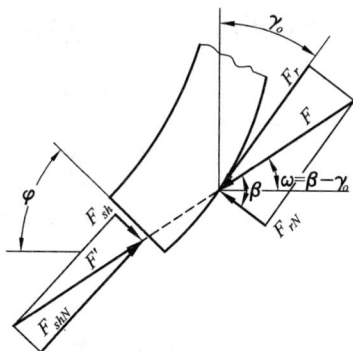

图 2－11　作用在切屑上的力　　　　图 2－12　直角自由切削时力与角度的关系

图中 F 是 $F_{\gamma N}$ 和 F_γ 的合力,称为切屑形成力;φ 是剪切角;β 是 $F_{\gamma N}$ 和 F 的夹角,又叫摩擦角$(\tan\beta = \mu)$;γ_o 是刀具前角;F_c 是切削运动方向的切削分力;F_f 是垂直于切削运动方向的切削分力;h_D 是切削厚度;b_D 是切削宽度。

切削层截面积为
$$A_D = h_D b_D$$

剪切面截面积为
$$A_s = \frac{A_D}{\sin\varphi} = \frac{h_D b_D}{\sin\varphi}$$

用 τ 表示剪切面上的剪应力,则
$$F_{sh} = \tau A_s = \frac{\tau A_D}{\sin\varphi} = \frac{\tau h_D b_D}{\sin\varphi}$$

又
$$F_{sh} = F\cos(\varphi + \beta - \gamma_o)$$

$$F = \frac{F_{sh}}{\cos(\varphi + \beta - \gamma_o)} = \frac{\tau h_D b_D}{\sin\varphi\cos(\varphi + \beta - \gamma_o)} \tag{2－7}$$

$$F_c = F\cos(\beta - \gamma_o) = \frac{\tau h_D b_D \cos(\beta - \gamma_o)}{\sin\varphi\cos(\varphi + \beta - \gamma_o)} \qquad (2-8)$$

$$F_f = F\sin(\beta - \gamma_o) = \frac{\tau h_D b_D \sin(\beta - \gamma_o)}{\sin\varphi\cos(\varphi + \beta - \gamma_o)} \qquad (2-9)$$

式(2-8)与式(2-9)说明摩擦角 β 对切削分力 F_c 和 F_f 有影响。如能测出 F_c 和 F_f，则可用下式求出摩擦角 β：

$$\frac{F_f}{F_c} = \tan(\beta - \gamma_o)$$

2. 剪切角的计算

1）根据合力最小原理确定的剪切角

从图2-12及式(2-7)可看出，若剪切角 φ 不同，则切削合力 F 亦不同。存在一个 φ，使得 F 最小。对式(2-7)求导，并令 $\dfrac{\mathrm{d}F}{\mathrm{d}\varphi} = 0$，求得 F 为最小时的 φ 值，即

$$\varphi = \frac{\pi}{4} - \frac{\beta}{2} + \frac{\gamma_o}{2} \qquad (2-10)$$

式(2-10)称为麦钱特(M. E. Merchant)公式。

2）根据主应力方向与最大剪应力方向成45°角原理确定的剪切角

合力 F 的方向即为主应力方向，F_{sh} 的方向就是最大剪应力的方向，两者之间的夹角为 $\varphi + \beta - \gamma_o$，根据此原理有

$$\varphi + \beta - \gamma_o = \frac{\pi}{4}$$

即

$$\varphi = \frac{\pi}{4} - \beta + \gamma_o \qquad (2-11)$$

式(2-11)称为李和谢弗(Lee and Shaffer)公式。

从式(2-10)和式(2-11)可以得到如下结论：

(1)剪切角 φ 与摩擦角 β 有关。当 β 增大时，φ 角随之减小，变形增大。所以，提高刀具刃磨质量，使用切削液以减小前刀面上的摩擦对切削是有利的。这一结论也说明第 I 变形区的变形与第 II 变形区的变形密切相关。

(2)当前角 γ_o 增大时，剪切角 φ 随之增大，变形减小。因此，在保证切削刃强度的前提下，增大前角对改善切削过程是有利的。

式(2-10)、式(2-11)两个公式的计算结果和实验结果在定性上是一致的，但在定量上有出入，其原因主要是切削模型的简化所致。

2.2 切屑的种类及卷屑、断屑机理

2.2.1 切屑的分类

能否合理地进行切削和形成什么样的切屑有着密切的关系，通过观察切屑的形状可以得到许多有用的信息。切屑的形状多种多样，为了系统地研究切屑的形状，一般可以按照如下两种系统分类：

（1）形态 按照局部观察切屑时的形状来分，如切屑是连续的还是分离的。

（2）形状 按照整体观察切屑时的形状来分，如切屑是笔直的或者向哪个方向有多大程度的卷曲。

2.2.2 切屑的形态

由于工件材料以及切削条件不同，切削变形的程度也就不同，因而所产生的切屑形状也就多种多样。切屑形态一般分为 4 种基本类型（如图 2－13），即带状切屑、节状切屑、粒状切屑和崩碎切屑。

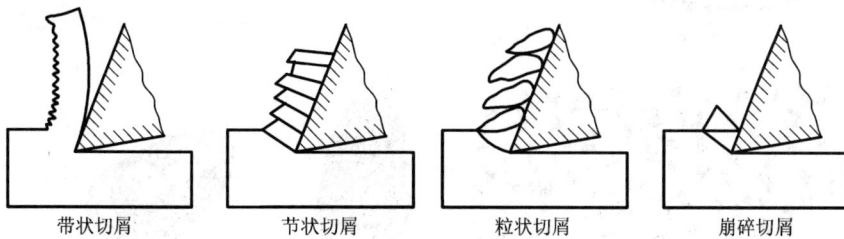

带状切屑　　　　节状切屑　　　　粒状切屑　　　　崩碎切屑

图 2－13　切屑类型

1. 带状切屑

带状切屑是最常见的一种切屑。其形状呈连续带状，底部光滑，背部呈毛茸状。一般加工塑性材料，当切削厚度较小，切削速度较高，刀具前角较大时，得到的切屑往往是带状切屑。出现带状切屑时，切削过程平稳，切削力波动较小，已加工表面粗糙度较小。

2. 节状切屑

节状切屑又称挤裂切屑。切屑上各滑移面大部分被剪断，尚有小部分连在一起，犹如节骨状。它的外弧面呈锯齿形，内弧面有时有裂纹。这种切屑在切削速度较低，切削厚度较大的情况下产生。出现节状切屑时，切削过程不平稳，切削力有波动，已加工表面粗糙度较大。

3. 粒状切屑

粒状切屑又称单元切屑。切屑沿剪切面完全断开，因而切屑呈粒状（单元状）。当切削塑性材料，在切削速度极低时产生这种切屑。出现粒状切屑时切削力波动大，已加工表面粗糙度大。

4. 崩碎切屑

切削脆性材料时，被切材料层在前刀面的推挤下未经塑性变形就脆断，形成不规则的碎块状切屑。形成崩碎切屑时，切削力幅度小，但波动大，加工表面凹凸不平。

切屑的形态是随切削条件的改变而转化的。在形成节状切屑的情况下，若减小前角或加大切削厚度，就可以得到单元切屑；反之，若加大前角，提高切削速度，减小切削厚度，则可得到带状切屑。

2.2.3 切屑的形状及卷屑、断屑机理

1. 切屑形状的分类

按照切屑形成机理的差异，把切屑分成带状、节状、粒状和崩碎四种形态。为了满足切屑的处理及运输要求，还需按照切屑的形状进行分类。切屑的形状大体有带状屑、*C* 形屑、

崩碎屑、螺卷屑、长紧卷屑、发条状卷屑、宝塔状卷屑等,如图 2 - 14 所示。

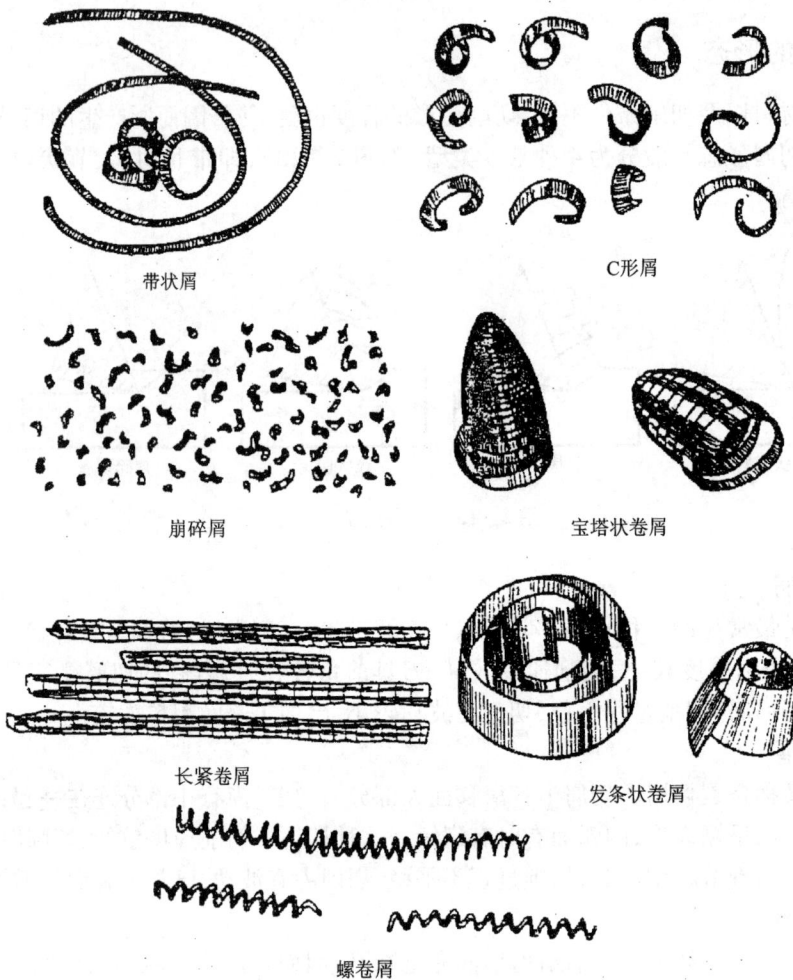

带状屑

C形屑

崩碎屑

宝塔状卷屑

长紧卷屑

发条状卷屑

螺卷屑

图 2 - 14　切屑的各种形状

由于切削加工的具体条件不同,要求切屑的形状也有所不同。一般情况下,不希望得到带状切屑,只有在立式镗床上镗盲孔时,为了使切屑顺利排出孔外,才要求形成带状切屑或长螺卷屑。C 形屑不缠绕工件和刀具,也不易伤人,是一种比较好的屑形。但 C 形屑高频率的碰撞和折断会影响切削过程的平稳性,对已加工表面粗糙度有影响,所以精车时一般希望形成长螺卷屑。在重型机床上用大的背吃刀量、大的进给量车削钢件时,C 形屑易损坏切削刃和飞崩伤人,所以通常希望形成发条状切屑。在自动机或自动线上,宝塔状切屑是一种比较好的屑形。车削铸铁、黄铜等脆性材料时,为避免切屑飞溅伤人或损坏滑动表面,应设法使切屑连成卷状。

2. 卷屑机理

为了得到要求的切屑形状,均需要使切屑卷曲。卷屑的基本原理是:设法使切屑沿着刀

面流出时,受到一个额外的作用力,在该力作用下,使切屑产生一个附加的变形而弯曲。具体方法有:

(1) 自然卷屑机理

利用前刀面上形成的积屑瘤使切屑自然卷曲,如图 2 - 15 所示。

(2) 卷屑槽与卷屑台的卷屑机理

在生产上常用强迫卷屑法,即在前刀面上磨出适当的卷屑槽或安装附加的卷屑台,当切屑流经前刀面时,与卷屑槽或卷屑台相碰而使它卷曲。如图 2 - 16、图 2 - 17 所示。

3. 断屑机理

为了避免过长的切屑,对卷曲的切屑需进一步施加力(变形)使之折断。常用的方法有:

(1) 使卷曲后的切屑与工件相碰,使切屑根部的拉应力越来越大,最终导致切屑完全折断。这种断屑方法一般得到 C 形屑、发条状或宝塔状屑,如图 2 - 18、图 2 - 19 所示。

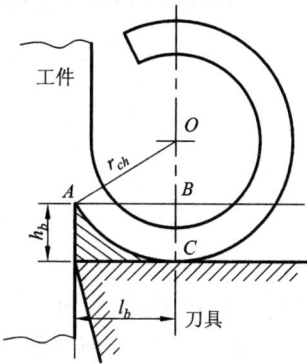

图 2 - 15　自然卷屑机理

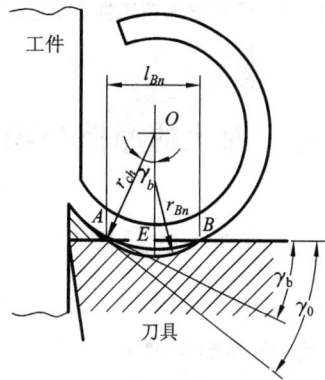

图 2 - 16　卷屑槽卷屑机理

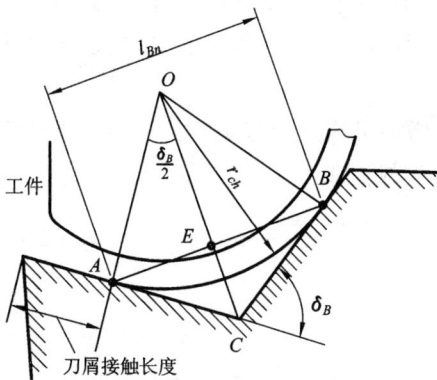

图 2 - 17　卷屑台的卷屑机理

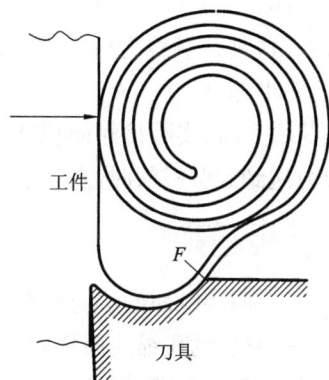

图 2 - 18　发条状切屑碰到工件上折断的机理

(2) 使卷曲后的切屑与后刀面相碰,使切屑根部的拉应力越来越大,最终导致切屑完全断裂,形成 C 形屑,如图 2 - 20 所示。

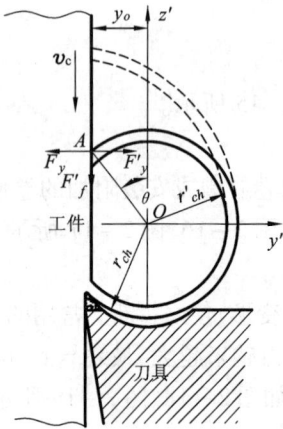

图 2 – 19   C 形屑碰在工件上折断的机理

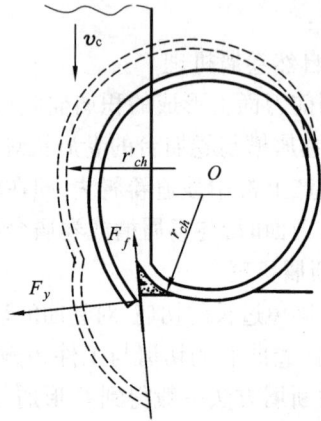

图 2 – 20   切屑碰到后刀面上折断的机理

2.3   前刀面上的摩擦与积屑瘤

2.3.1   前刀面上的摩擦

在前刀面上存在着刀 – 屑间的摩擦,它影响到切屑的形成、切削力、切削温度及刀具的磨损;此外,还影响积屑瘤的形成,从而影响已加工表面的质量,因此研究前刀面上的摩擦及其在切削过程中所起的作用是很重要的。

1. 摩擦面的实际接触面积

1)峰点型接触

由于固体表面从微观上看是不平的,若将其叠放在一起,当载荷较小时,接触面仅有少数峰点接触,这种接触称为峰点型接触,如图 2 – 21 所示。实际接触面积 A_r 只是名义接触面积 A_a 的一小部分。

当载荷增大时,实际接触面积 A_r 增大。主要是增加了峰点的接触数目。当承受载荷的峰点的应力达到屈服极限时,发生了塑性变形,实际接触面积

$$A_r = \frac{F_{\gamma N}}{\sigma_s} \qquad (2-12)$$

式中 $F_{\gamma N}$——两接触面的法向载荷;

σ_s——材料的压缩屈服极限。

从式(2 – 12)可以看出,在峰点型接触的情况下,A_r 只是 $F_{\gamma N}$ 的函数,与 A_a 无关。

2)紧密型接触

当法向载荷 $F_{\gamma N}$ 增大到一定程度时,实际接触面积 A_r 达到名义接触面积 A_a,此时两摩擦面发生的接触称为紧密型接触,如图 2 – 22 所示。

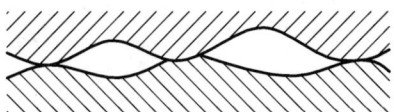

图 2－21　峰点型接触示意图

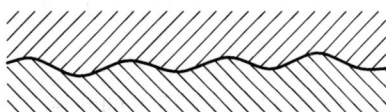

图 2－22　紧密型接触示意图

2. 峰点的冷焊和摩擦力

在法向力和切向力的作用下,接触峰点发生了强烈的塑性变形,破坏了峰点表面的氧化膜和吸附膜,使峰点发生了金属对金属的直接接触,同时由于接触峰点的温度升高,从而使正在接触的峰点发生了焊接,称为"冷焊",焊接的结点称为冷焊结。

当两固体相对滑动时,冷焊结必然受到破坏,与此同时形成一些新的冷焊结,以维持原有实际接触面积不变。滑动摩擦过程就是不断更换冷焊结的过程。冷焊结破坏时的抗剪力成为摩擦力的一部分,其大小为 $\tau_s A_r$。组成摩擦力的另一部分是耕犁力 P,它是较硬的凸峰在较软一方的材料中划过时受到的阻力。所以,总摩擦力为

$$F_\gamma = \tau_s A_r + P$$

通常 P 很小,可忽略不计,所以摩擦力为

$$F_\gamma = \tau_s A_r \qquad (2-13)$$

当刀－屑间的接触满足形成冷焊的条件时,切屑底面上的一层金属就会粘结在前刀面上,即产生冷焊。

3. 摩擦系数

对于峰点型接触,摩擦系数

$$\mu = \frac{F_\gamma}{F_{\gamma N}} = \frac{\tau_s A_r}{F_{\gamma N}} = \frac{\tau_s \dfrac{F_{\gamma N}}{\sigma_s}}{F_{\gamma N}} = \frac{\tau_s}{\sigma_s} = 常数 \qquad (2-14)$$

可见,峰点型接触的摩擦服从古典摩擦法则。

对于紧密型接触,摩擦力为 $F_\gamma = \tau_s A_a$,所以摩擦系数

$$\mu = \frac{\tau_s A_a}{F_{\gamma N}} \qquad (2-15)$$

从式(2－15)可看出,紧密型接触的摩擦系数是一个变数,与名义接触面积 A_a 和法向力 $F_{\gamma N}$ 有关。紧密型接触的摩擦不服从古典摩擦法则。

4. 前刀面上的摩擦

前刀面上法应力的分布如图 2－23 所示。靠近切削刃处法应力较大,远离切削刃处较小。因而刀－屑接触长度 OB 上存在两种类型的接触。OA 段上形成紧密型接触,AB 段上形成峰点型接触。

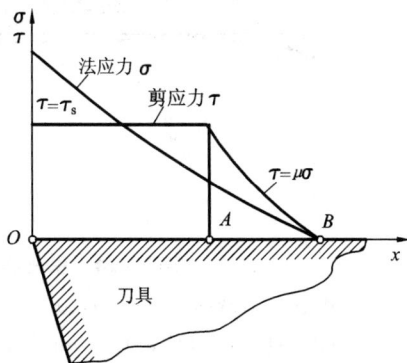

图 2－23　刀屑界面上的法应力和剪应力的分布

OA 段上的摩擦系数为

$$\mu_{OA} = \frac{\tau_s}{\sigma(x)} \qquad\qquad (2-16)$$

它是一个变数,所以 OA 段上的摩擦不服从古典摩擦法则。

AB 段上的摩擦系数为

$$\mu_{AB} = \frac{\tau_s}{\sigma_s} \qquad\qquad (2-17)$$

它是一个常数,所以 AB 段上的摩擦服从古典摩擦法则。

在一般切削条件下,来自 OA 段的摩擦力约占总摩擦力的 85%。因此,切削时前刀面上的摩擦由紧密型接触区的摩擦起主要作用,也就是说,前刀面上的摩擦不服从古典摩擦法则。

2.3.2 积屑瘤的形成及其对切削过程的影响

1. 积屑瘤现象及其产生条件

在金属切削过程中,常常有一些从切屑和工件上来的金属冷焊并层积在前刀面上,形成一个非常坚硬的金属堆积物,其硬度是工件材料硬度的 2 ~ 3.5 倍(图 2 - 24),能够代替刀刃进行切削,并且以一定频率生长和脱落。这种堆积物称为积屑瘤。当切削钢、球墨铸铁、铝合金等塑性材料时,在切削速度不高,又能形成带状切屑的情况下易形成积屑瘤。

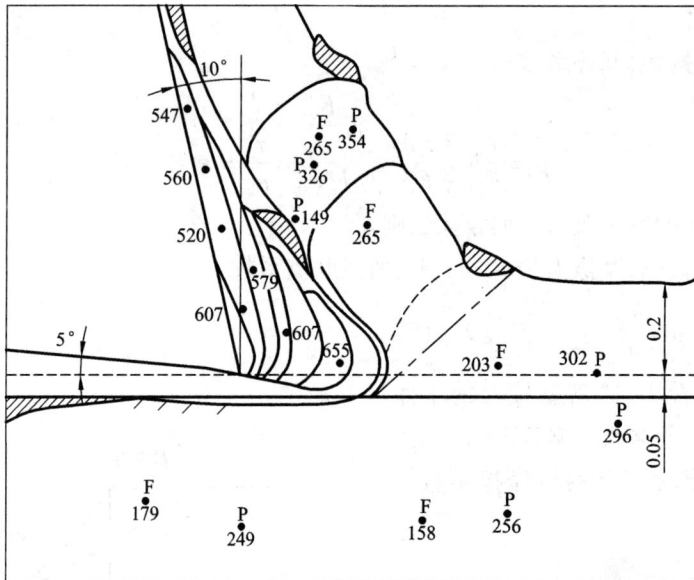

图 2 - 24 积屑瘤、切屑和被切材料的硬度

显微硬度:10MPa(荷重 0.5N);P - 珠光体处;F - 铁素体处;工件材料:0.3% 碳素钢

刀具:YT14,$\gamma_o = 10°$,$\alpha_o = 5°$;切削用量:$v_c = 22$m/min,$b_D = 3$mm,$h_D = 0.2$mm;干切削

2. 积屑瘤的成因及其与切削速度的关系

切削速度不同,积屑瘤生长所能达到的最大高度也不同,如图 2-25 所示。根据有无积屑瘤及其生长高度情况,可以把切削速度分为四个区域。

Ⅰ区:切削速度很低,形成粒状或节状切屑,没有积屑瘤生成。

Ⅱ区:形成带状切屑,冷焊条件逐渐形成,随着切削速度的提高积屑瘤高度也增加。由于摩擦阻力 F_f 的存在,使得切屑滞留在前刀面上,积屑瘤高度增加;但与此同时,切屑流动时所形成的推力 T 欲使积屑瘤脱落。若 $T < F_f$,则积屑瘤高度继续增大;当 $T > F_f$ 时,积屑瘤被推走;$T = F_f$ 时的积屑瘤高度为临界高度。在这个区域内,积屑瘤生长的基础比较稳定,即使脱落也多半是顶部被挤断,这种情况下能代替刀具进行切削,并保护刀具。

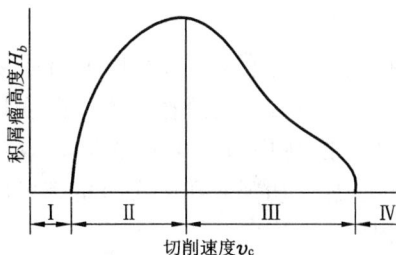

图 2-25　切削速度与积屑瘤形成的关系(示意图)

Ⅲ区:积屑瘤高度随切削速度的提高而减小,当达到Ⅲ区右边界时,积屑瘤消失。随着切削速度进一步提高,切屑底部由于切削温度升高而开始软化,剪切屈服极限 τ_s 下降,摩擦阻力 F_f 下降,切屑的滞留倾向减弱。因而积屑瘤的生长基础不稳定,结果积屑瘤的高度减小。在此区域内经常脱落的积屑瘤硬块不断滑擦刀面,使刀具磨损加剧。

Ⅳ区:切削速度进一步提高,由于切削温度较高而冷焊消失,此时积屑瘤不再存在。但切屑底部的纤维化依然存在,切屑的滞留倾向也依然存在。

3. 积屑瘤对切削过程的影响及其控制

1)保护刀具

积屑瘤包围着刀刃和刀面,如果积屑瘤生长稳定,则可代替刀刃和前刀面进行切削,因而保护了刀刃和刀面,延长了刀具耐用度。

2)增大前角

积屑瘤增大了刀具的实际前角,因而减小了切屑变形,降低了切削力,从而使切削过程容易进行。

3)增大切削厚度

积屑瘤的前端伸出切削刃之外,伸出量为 Δh_D(见图 2-26)。有积屑瘤时的切削厚度比没有积屑瘤时增大了 Δh_D,从而影响了工件的加工精度。

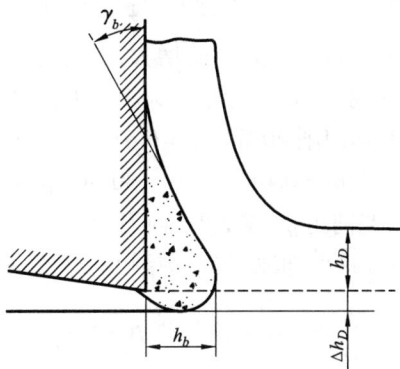

图 2-26　积屑瘤前角 r_b 和伸出量 Δh_D

4)增大已加工表面的粗糙度

积屑瘤的外形不规则,其顶部不稳定,容易破裂,一部分破裂后的碎片留在已加工表面上;积屑瘤凸出刀刃部分使已加工表面切得非常粗糙,因此增大了已加工表面的粗糙度。

5)加速刀具磨损

如果积屑瘤频繁脱落,则积屑瘤碎片反复挤压前刀面和后刀面,加速了刀具磨损。

在积屑瘤不稳定的情况下使用硬质合金刀具时,积屑瘤的破裂有可能使硬质合金刀具产生颗粒剥落,使刀具磨损加剧。

显然,积屑瘤有利有弊。粗加工时,对精度和表面粗糙度要求不高,如果积屑瘤能稳定生长,则可以代替刀具进行切削,保护了刀具,同时减小了切削变形。精加工时,则不希望积屑瘤出现。

控制积屑瘤的形成,实质上就是要控制刀 - 屑界面处的摩擦系数。改变切削速度是控制积屑瘤生长的最有效措施;其次,加注切削液和增大前角都可以抑制积屑瘤的形成。

2.4 影响切削变形的因素

2.4.1 工件材料的影响

工件材料的强度和硬度越高,刀 - 屑接触长度越小,因而刀 - 屑名义接触

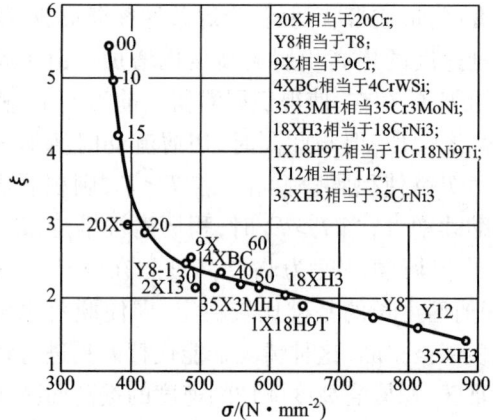

图 2 - 27 工件材料强度对变形系数的影响

面积 A_a 减小。由紧密型接触的摩擦系数 $\mu = \dfrac{\tau_s A_a}{F_{\gamma N}}$ 可知,虽然此时 τ_s 有所增大,但由于 A_a 的减小,摩擦系数 μ 还是减小了,结果引起变形系数 ξ 减小。实验结果也表明,工件材料的强度和硬度越大,变形系数 ξ 越小(见图 2 - 27)。

2.4.2 刀具前角的影响

从剪切角的表达式 $\varphi = \dfrac{\pi}{4} - \beta + \gamma_o$ 可直观地看出,当前角 γ_o 增大时,剪切角 φ 增大。但实

验证明,随着前角 γ_o 的增大,摩擦角 β (或摩擦系数 μ)也随之增大。例如用高速钢刀具切削 40 钢,$h_D = 0.1$mm,当 $\gamma_o = 10°$ 时,$\mu = 0.61$;当 $\gamma_o = 30°$ 时,$\mu = 0.79$。当前角 γ_o 增大时,前刀面上的法向力 $F_{\gamma N}$ 减小,根据紧密型接触的摩擦系数 $\mu = \dfrac{\tau_s A_a}{F_{\gamma N}}$ 可知,摩擦系数 μ 增大。可见,前角 γ_o 的增大直接增大了剪切角 φ,而通过摩擦角 β 间接减小了剪切角 φ,但是直接影响超过了间接影响,最终剪切角 φ 增大了。所以前角 γ_o 增大,变形系数 ξ 减小。刀具前角对切削变形的影响见图 2 - 28。

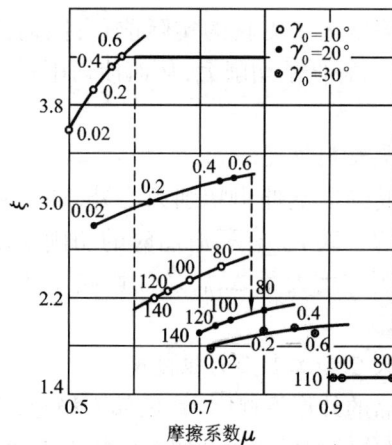

图 2 - 28 刀具前角对变形系数的影响

工件材料:30Cr;切削用量:$b_D = 5$mm;$f = 0.149$mm/r;$v_c = 0.02 \sim 140$m/min(图中实验点附近标注的数字是切削速度)

46

2.4.3　切削速度的影响

图 2-29 是 $\xi-v_c$ 的实验曲线。曲线表明：当 $v_c<22$（单位：m/min，下同）时，ξ 随着 v_c 的增大而减小；当 $22<v_c<84$ 时，ξ 随着 v_c 的增大而增大；当 $v_c>84$ 时，ξ 随着 v_c 的增大而减小；当 $v_c=22$ 时，ξ 最小。在 $8<v_c<22$ 范围内，积屑瘤随着 v_c 增大逐步形成，积屑瘤前角 γ_b 也逐渐增大，所以变形系数 ξ 减小；在 $22<v_c<84$ 范围内，积屑瘤随着 v_c 的增大逐渐消失，积屑瘤前角 γ_b 也逐渐减小，所以变形系数 ξ 增大；当 $v_c>84$ 时，积屑瘤消失，切削温度起主要作用。随着 v_c 的增大，切削温度升高，使切屑底层金属的 τ_s 下降，因而摩擦系数 μ 减小，摩擦角 β 随之减小，剪切角 φ 增大，故变形系数 ξ 减小。

2.4.4　进给量的影响

图 2-30 表示各种切削速度下的 $\xi-f$ 实验曲线。从 $v_c=200$（单位：m/min，下同）的 $\xi-f$ 曲线看出，ξ 随着进给量的增大而减小。这是因为进给量增大后，切削厚度增大，使摩擦系数 μ 下降，引起剪切角 φ 增大。而摩擦系数 μ 的减小则是因为增大切削厚度会增大前刀面上的法向力 $F_{\gamma N}$ 的缘故。

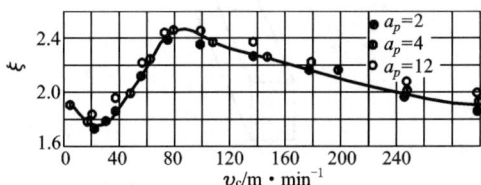

图 2-29　切削速度对变形系数的影响

工件材料：40 钢；背吃刀量：$a_p=2,4,12mm$

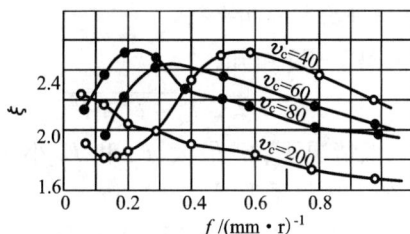

图 2-30　进给量对变形系数的影响

工件材料：40 钢；$a_p=4mm$

2.5　切削力

刀具切削工件使被切削层变形的过程也就是刀具和工件之间力的相互作用过程。切削力直接影响切削热的产生，并进一步影响刀具磨损、刀具耐用度、加工精度和已加工表面质量；切削力又是计算切削功率，制定切削用量，设计机床、刀具、夹具的重要依据。因此，研究切削力的规律，将有助于分析切削机理，并对生产实际有重要的实用意义。

2.5.1　切削力的来源

在刀具作用下，被切材料层、切屑和已加工表面层都要产生弹性变形和塑性变形。如图 2-31 所示，必然有法向力 $F_{\gamma N}$ 和 $F_{\alpha N}$ 分别作用于前后刀面上；由于切屑沿前刀面流出，故有摩擦力 F_γ 作用于前刀面；刀具与工件之间有相对运动，又有摩擦

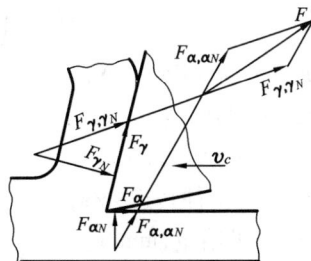

图 2-31　作用在刀具上的力

47

力 F_α 作用于后刀面，$F_{\gamma N}$ 和 F_γ 合成 $F_{\gamma,\gamma N}$，$F_{\alpha N}$ 和 F_α 合成 $F_{\alpha,\alpha N}$，$F_{\gamma,\gamma N}$ 和 $F_{\alpha,\alpha N}$ 再合成 F，F 就是作用在刀具上的总切削力。对于锋利的刀具，$F_{\alpha N}$ 和 F_α 很小，分析问题时可忽略不计。

综上所述，切削力的来源有两个：一是切削层材料、切屑和工件表层材料的弹塑性变形所产生的抗力；二是刀具与切屑、工件表面间的摩擦阻力。

2.5.2 切削合力、分力和切削功率

1. 切削合力和分力

以车削外圆为例(图 2 - 32)。忽略副切削刃的切削作用及其他影响因素，合力 F 在刀具的正交平面内。为了便于测量和应用，可以将 F 分解为三个相互垂直的分力。

切削力 F_c，又称为切向力，它垂直于基面，与切削速度 v_c 的方向一致。

背向力 F_p，又称为径向力、吃刀力，它在基面内，并与进给方向相垂直。

进给力 F_f，又称为轴向力、走刀力，它在基面内，并与进给方向相平行。

由图 2 - 32 可知，

$$F = \sqrt{F_c^2 + F_p^2 + F_f^2} \qquad (2-18)$$

一般情况下，F_c 最大，F_p 和 F_f 小一些。F_p，F_f 与 F_c 的大致关系为：

$$F_p = (0.15 \sim 0.7)F_c$$
$$F_f = (0.1 \sim 0.6)F_c$$

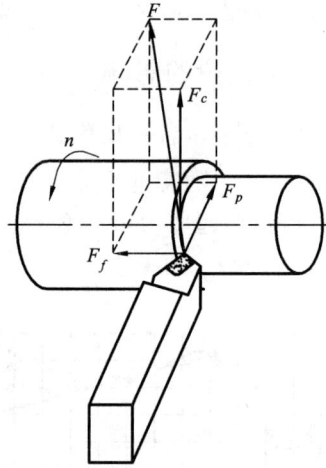

图 2 - 32　切削合力和分力

F_c 是计算切削功率和设计机床的主要依据。车削外圆时，F_p 虽不做功，但会造成工件变形或引起振动，影响加工精度和已加工表面质量，特别是车细长轴时 F_p 对工件变形的影响十分突出。F_f 作用在进给机构上，在设计进给机构或校核其强度时用到它。

F_c，F_p 与 F_f 可用三向测力仪测得。

2. 切削功率

切削功率是各切削分力消耗功率的总和。在车削外圆时，F_p 不做功，只有 F_c 和 F_f 做功，因此，切削功率可按下式计算：

$$P_c = \left(F_c v_c + \frac{F_f n_w f}{1000} \right) \times 10^{-3} \quad (\text{kW}) \qquad (2-19)$$

式中　F_c——主切削力，N；

　　　v_c——切削速度，m/s；

　　　F_f——进给力，N；

　　　n_w——工件转速，r/s；

　　　f——进给量，mm/r。

由于 F_f 小于 F_c，而 F_f 方向的进给速度又很小，因此 F_f 所消耗的功率很小(< 1%)，可以忽略不计。一般切削功率按下式计算即可：

48

$$P_c = F_c v_c \times 10^{-3} \quad (\text{kW}) \tag{2-20}$$

2.5.3　切削力的理论公式

由于工件与后刀面的接触情况较复杂,且具有随机性,应力状态也较复杂,所以后刀面上的切削力定量计算比较困难。但实验表明:当刀具保持锋利状态时,后刀面上的切削力仅占总切削力的 3% ~4%,因此可以忽略后刀面上的切削力。在 2.1.5 中推导出了主切削力的计算公式(式 2 - 8):

$$F_c = \frac{\tau h_D b_D \cos(\beta - \gamma_o)}{\sin\varphi \cos(\varphi + \beta - \gamma_o)}$$

此公式称为主切削力的理论公式。

虽然从公式上看,F_c 可以计算出来,但准确性很差。这是由于影响切削力的各项因素难以正确找到,只好作很多假设。为了准确计算切削力就必须依靠实验测定方法,但切削力的理论公式也十分有用,它能够揭示影响切削力诸因素之间的内在联系,有助于分析问题。

2.5.4　切削力的经验公式

1. 切削力经验公式的建立

利用测力仪测出切削力,再将实验数据用图解法、线性回归等进行处理,就可以得到切削力的经验公式。

切削力的经验公式通常是以背吃刀量 a_p 和进给量 f 为变量的幂函数,其形式为

$$F_c = C_{Fc} a_p^{x_{Fc}} f^{y_{Fc}} \tag{2-21}$$

$$F_p = C_{Fp} a_p^{x_{Fp}} f^{y_{Fp}} \tag{2-22}$$

$$F_f = C_{Ff} a_p^{x_{Ff}} f^{y_{Ff}} \tag{2-23}$$

建立切削力的经验公式,实质上就是测得 F_c, F_p, F_f 后,如何确定 3 个系数 C_{Fc}, C_{Fp}, C_{Ff} 和 6 个指数 $x_{Fc}, y_{Fc}, x_{Fp}, y_{Fp}, x_{Ff}, y_{Ff}$。

切削力实验的方法很多,最简单的是单因素法,即固定其他因素不变,只改变一个因素,测出 F_c, F_p, F_f,然后处理数据,建立经验公式。这里采用单因素图解法。

以外圆车刀车削 45 钢的一组实验为例,固定切削速度和刀具几何参数,分别在 4 种背吃刀量下改变 5 种进给量。测得的数据列入表 2 - 1。

这里只讨论主切削力指数公式 $F_c = C_{Fc} a_p^{x_{Fc}} f^{y_{Fc}}$ 的建立方法。在单因素实验的构思下,分别表达背吃刀量 a_p、进给量 f 与主切削力 F_c 关系的单项切削力的指数公式为:

$$F_c = C_{ap} a_p^{x_c}; \quad F_c = C_f f^{y_c} \tag{2-24}$$

将两式等号两边取对数,则有

$$\lg F_c = \lg C_{ap} + x_{Fc} \lg a_p; \quad \lg F_c = \lg C_f + y_{Fc} \lg f$$

显然,$F_c - a_p$ 线和 $F_c - f$ 线在双对数坐标纸上是直线。其中 C_{ap}(或 C_f)是 $F_c - a_p$ 线(或 $F_c - f$ 线)在 $a_p = 1$mm(或 $f = 1$mm/r)处的对数坐标上的 F_c 值;指数 x_{Fc}, y_{Fc} 分别是 $F_c - a_p$ 线和 $F_c - f$ 的斜率。

表 2 – 1   切削力测量记录表

实验条件	工件材料		45 钢（正火），HB = 187									
	刀具	结构	刀片材料	刀片规格	γ_o	α_o	α_o'	κ_r	κ_r'	λ_s	r_ε	b_r
		外圆车刀	YT15	SNMA150602	15°	6°~8°	4°~6°	75°	10°~12°	0°	0.2	0
	切削用量	工作直径 d_w/mm			转速 n_w/(r·min^{-1})			切削速度 v_c/(m·min^{-1})				
		81			380			96				

	背吃刀量 a_p/mm	进给量 f/(mm·r^{-1})	主切削力 F_c/N
切削力测量值	4	0.1	868
		0.2	1792
		0.3	2432
		0.4	3072
		0.5	3904
	3	0.1	640
		0.2	1280
		0.3	1792
		0.4	2240
		0.5	2816
	2	0.1	448
		0.2	896
		0.3	1152
		0.4	1472
		0.5	1792
	1	0.1	200
		0.2	448
		0.3	640
		0.4	832
		0.5	1024

用表 2 – 1 的数据在双对数坐标纸上画出 5 条 F_c – a_p 线和 4 条 F_c – f 线，如图 2 – 33 所示。根据此图就可以求出 x_{Fc}, y_{Fc}, C_{Fc}。

取任意一条 F_c – a_p 线，如 f = 0.3mm/r 的 F_c – a_p 线，在此直线上画出直角三角形，测得直角边 a_1, b_1 的长度，可得到

$$x_{Fc} = \tan\theta_1 = \frac{a_1}{b_1} \approx 1$$

可以分别求出 5 条 F_c – a_p 线的 x_{Fc}，然后取平均值，以提高实验精度。

50

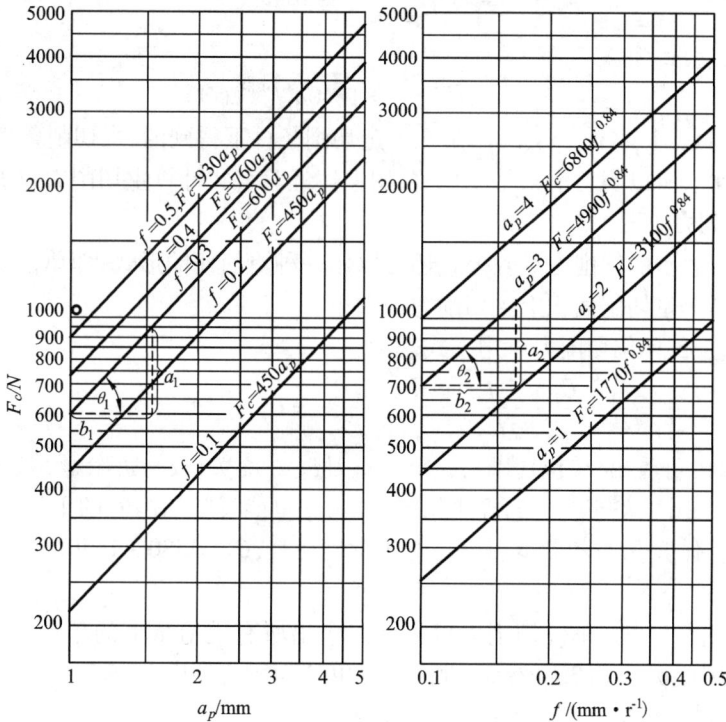

图 2 - 33 $F_c - a_p$ 线和 $F_c - f$ 线(车削 45 钢)

从此条 $F_c - a_p$ 线上可得到纵坐标上的截距,即 C_{ap}($a_p = 1$mm 时的 F_c 值)的值为 600N。

同理,取 $a_p = 3$mm 的 $F_c - f$ 线,在此直线上画出直角三角形,测得直角边 a_2, b_2 长度,可得到

$$y_{Fc} = \tan\theta_2 = \frac{a_2}{b_2} \approx 0.84$$

可以求出每一条 $F_c - f$ 线的 y_{Fc},取平均值以提高实验精度。从此条 $F_c - f$ 线上同样可得到 C_f($f = 1$mm/r 时的 F_c 值)的值为 4900N。用硬质合金刀具进行常用金属材料的外圆车削,大量实验表明,$x_{Fc} \approx 1$,$y_{Fc} \approx 0.84$。

取任意一对 $F_c - a_p$ 线的和 $F_c - f$ 线,可以求出 C_{Fc}。仍用上述两条直线。当 $f = 0.3$ mm/r 时

$$F_c = C_{ap}a_p^{x_{Fc}} = 600a_p^1 = C_{Fc}a_p^1 f^{0.84} = C_{Fc}a_p f^{0.84}$$

故

$$C_{Fc} = \frac{600}{f^{0.84}} = \frac{600}{0.3^{0.84}} = \frac{600}{0.364} = 1650(\text{N})$$

当 $a_p = 3$mm 时,

$$F_c = C_f f^{y_{Fc}} = 4900f^{0.84} = C_{Fc}a_p^1 f^{0.84}$$

故

$$C_{Fc} = \frac{4900}{a_p^1} = \frac{4900}{3} = 1633(\text{N})$$

取平均值

$$C_{Fc} = \frac{1650 + 1633}{2} \approx 1640 \ (\text{N})$$

故切削力的指数公式为

$$F_c = C_{Fc} a_p^{x_{Fc}} f^{y_{Fc}} = 1640 a_p^1 f^{0.84} \ (\text{N}) \tag{2-25}$$

应当注意的是,上述 x_{Fc}, y_{Fc}, C_{Fc} 是在一定切削条件下得到的,当切削条件改变时,这些值也将发生变化。所以当切削条件变化时,用上述经验公式计算主切削力应加修正系数。

2. 单位切削力

用指数公式表示的切削力经验公式还可以用一种更简便的形式,即单位切削力来表示。单位切削力是指单位切削面积上主切削力的大小。

根据上述定义,单位切削力可用下式表示:

$$p = \frac{F_c}{A_D} = \frac{C_{Fc} a_p^{x_{Fc}} f^{y_{Fc}}}{a_p f} = \frac{C_{Fc} a_p f^{0.84}}{a_p f} = C_{Fc} f^{-0.16} \ (\text{N/mm}^2) \tag{2-26}$$

从式(2-26)可看出,单位切削力 p 与背吃刀量 a_p 无关,仅与进给量 f 和系数 C_{Fc} 有关。随着 f 的增加 p 减小,这与 $\xi - f$ 的规律相同,说明 p 也能反映切削时的平均变形量。C_{Fc} 取决于工件材料的强度(σ_b)和硬度(HB),对于常用材料,$C_{Fc} = 580 \sim 1640\text{N}$(可由有关手册查出)。

显然,进给量不同时,单位切削力也不同。求出所有进给量下的单位切削力是很烦琐的,在实际使用中,取 $f = 0.3\text{mm/r}$ 时的 p 作为单位切削力,用 $p_{0.3}$ 来表示。当 $f \neq 0.3\text{mm/r}$ 时,应加修正系数。根据 $p_{0.3}$ 的定义有

$$p_{0.3} = C_{Fc} \times 0.3^{-0.16}$$

而任意进给量下的单位切削力可以用 $p_{0.3}$ 来表示,即

$$p = C_{Fc} f^{-0.16} = C_{Fc} (0.3/0.3)^{-0.16} \times f^{-0.16} = C_{Fc} \times 0.3^{-0.16} (0.3/f)^{0.16} = p_{0.3} k_{fFc}$$

$k_{fFc} = (0.3/f)^{0.16}$ 称为进给量改变时对单位切削力的修正系数。为了使用方便,将其制成表格(可由有关手册查出)。因此,任意进给量 f 下的切削力计算公式(用单位切削力表示)为

$$F_c = p_{0.3} k_{fFc} f a_p \tag{2-27}$$

2.5.5 影响切削力的因素

1. 工件材料的影响

工件材料的强度、硬度越高,则 τ_s 越大,虽然变形系数 ξ 略有减小,但总的切削力还是增大的。强度、硬度相近的材料,若其塑性越大,则切削变形越大,切削力也越大。工件材料对切削力的影响可通过系数 C_{Fc} 来反映。

2. 切削用量的影响

1)背吃刀量和进给量的影响

背吃刀量 a_p 和进给量 f 增大时,切削力均增大,但两者的影响程度不同。a_p 对变形系数没有影响,所以 a_p 增大时切削力按正比增大。而 f 增大,变形系数 ξ 略有下降,故切削力与 f 不成正比关系。反映在经验公式中,a_p 的指数近似为 1,而 f 的指数为 $0.75 \sim 0.9$。由此可以得出:从切削力和切削功率的角度来考虑,为了提高材料切除率(生产率),加大 f 比加大 a_p 有利。进给量 f 对切削力的影响反映在修正系数 k_{fFc} 中。

2)切削速度的影响

加工塑性材料时,在中速和高速下,随着切削速度的增加,切削力减小(图 2 -34)。这是因为切削速度的提高,将使切削温度升高,摩擦系数 μ 下降,从而使变形系数 ξ 减小。在低速范围内,由于积屑瘤的影响,切削速度对切削力的影响有特殊规律。$p_{0.3}$ 是在 $v_c = 100\mathrm{m/min}$ 时得到的,当 $v_c \neq 100\mathrm{m/min}$ 时,应加修正系数 k_{vF_c}。

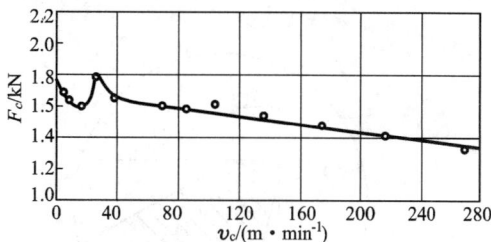

3. 刀具几何参数的影响

1)前角的影响

前角 γ_o 加大,变形系数 ξ 减小,切削力 F_c 减小。材料塑性越大,前角 γ_o 对切削力的影响也越大。图 2 -35 表示前角对切削力的影响。$p_{0.3}$ 是在 $\gamma_o = 15°$ 时得到的。当 $\gamma_o \neq 15°$ 时,应加修正系数 $k_{\gamma_o F_c}$,$k_{\gamma_o F_p}$ 和 $k_{\gamma_o F_f}$。

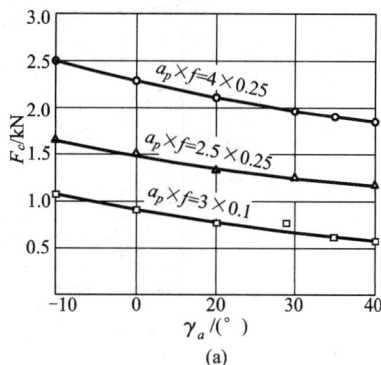

2)负倒棱的影响

在锋利的切削刃上磨出负倒棱(如图 2 -36 所示),可以提高刃区强度,从而提高刀具耐用度。但负倒棱使切削变形增加,切削力增大。$p_{0.3}$ 是在没有负倒棱时得到的。当有负倒棱时,切削力经验公式应加修正系数 $k_{b_\gamma F_c}$,$k_{b_\gamma F_p}$ 和 $k_{b_\gamma F_f}$。

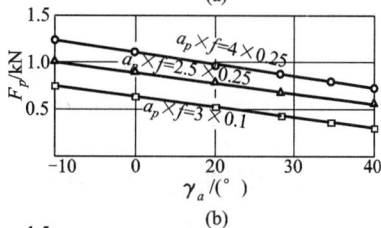

3)主偏角的影响

主偏角对切削力的影响如图 2 -37 所示。当 κ_r 加大时,F_p 减小,F_f 增大。当加工塑性金属时,随着 κ_r 的增大,F_c 减小;在 $\kappa_r = 60° \sim 75°$,F_c 最小;然后随着 κ_r 加大,F_c 又增大。κ_r 变化对 F_c 影响不大,不超过 10%。$p_{0.3}$ 是在 $\kappa_r = 75°$ 时得到的,当 $\kappa_r \neq 75°$ 时,应加修正系数 $k_{\kappa_r F_c}$,$k_{\kappa_r F_p}$,$k_{\kappa_r F_f}$。背向力 F_p 和进给力 F_f 既可以通过指数公式求得,也可以通过主切削力 F_c 或单位切削力 $p_{0.3}$ 求得。

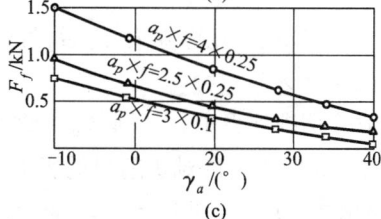

当 κ_r 增大时,F_p/F_c 减小,F_f/F_c 增大。根据实验可以求出加工钢料和铸铁

图 2 -34 切削速度对切削力的影响

工件材料:45 钢(正火);HB = 187;刀具结构:焊接式平前刀面外圆车刀;刀片材料:YT15;刀具几何参数:$\gamma_o = 18°$,$\alpha_o = 6° \sim 8°$,$\alpha_o' = 4° \sim 6°$,$\kappa_r = 75°$,$\kappa_r' = 10° \sim 12°$,$\lambda_s = 0°$,$b_\gamma = 0$,$r_\varepsilon = 0.2\mathrm{mm}$;切削用量:$a_p = 3\mathrm{mm}$,$f = 0.25\mathrm{mm/r}$

图 2 -35 前角对切削力的影响

工件材料:45 钢(正火);HB = 187;刀具结构:焊接式平前刀面硬质合金外圆车刀;刀片材料:YT15;刀具几何参数:$\kappa_r = 75°$,$\kappa_r' = 10° \sim 12°$,$\alpha_o = 6° \sim 8°$,$\alpha_o' = 4° \sim 6°$,$\lambda_s = 0°$,$b_\gamma = 0$,$r_\varepsilon = 0.2\mathrm{mm}$;切削用量:$v_c = 96.5 \sim 105\mathrm{m/min}$

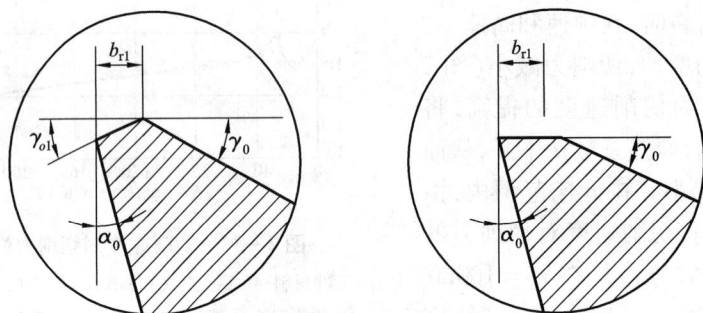

图 2 - 36　具有负倒棱的刀刃结构

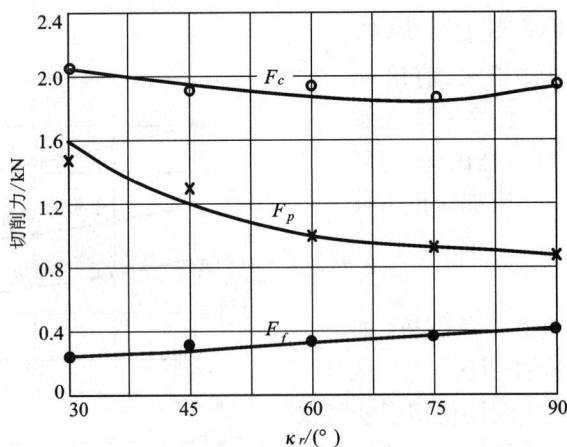

图 2 - 37　主偏角对切削力的影响

工件材料:45 钢(正火);HB = 187;刀具结构:焊接式平前刀面外圆车刀;刀片材料: YT15;刀具几何参数:$\gamma_o = 18°$,$\alpha_o = 6° \sim 8°$,$\kappa_r' = 10° \sim 12°$,$\lambda_s = 0°$,$b_\gamma = 0$,$r_\varepsilon = 0.2mm$;切削用量:$a_p = 3mm$,$f = 0.3mm/r$,$v_c = 95.5 \sim 103.5m/min$

时的 F_p/F_c 和 F_f/F_c。在已知 F_c 之后,可以用这两个比值求出 F_p 和 F_f。

4)过渡圆弧刃的影响

在一般的切削加工中,刀尖圆弧半径 r_ε 对 F_c 的影响较小,对 F_p 和 F_f 的影响较大。图 2 - 38 表示刀尖圆弧半径对切削力的影响,从图中可以看出,随着 r_ε 的增大,F_p 增大,F_f 减小,F_c 略有增大。$p_{0.3}$ 是在 $r_\varepsilon = 0.25mm$ 时得到的,当 $r_\varepsilon \neq 0.25mm$ 时,应加修正系数 $k_{\gamma_\varepsilon F_c}$,$k_{\gamma_\varepsilon F_p}$,$k_{\gamma_\varepsilon F_f}$。

5)刃倾角的影响

如图 2 - 39 所示,刃倾角 λ_s 对 F_c 的影响很小;刃倾角 λ_s 减小,F_p 增大,F_f 减小。$p_{0.3}$ 是在 $\lambda_s = 0°$ 时得到的,当 $\lambda_s \neq 0°$ 时,应加修正系数 $k_{\lambda_s F_c}$,$k_{\lambda_s F_p}$,$k_{\lambda_s F_f}$。

4. 刀具磨损的影响

后刀面磨损后,形成了后角为零、高度为 VB 的小棱面,结果造成后刀面上的切削力增

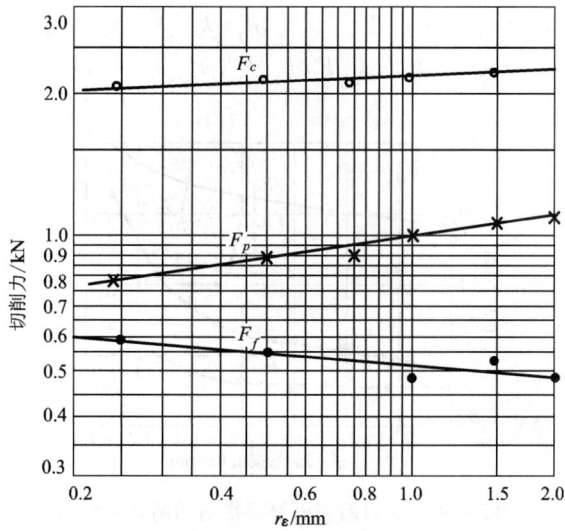

图 2 - 38　刀尖圆弧半径对切削力的影响

工件材料:45 钢(正火);HB = 187;刀具结构:焊接式平前刀面外圆车刀;刀片材料:
YT15;刀具几何参数:$\gamma_o = 18°$,$\alpha_o = 6° \sim 7°$,$\kappa_r = 75°$,$\kappa_r' = 10° \sim 12°$,$\lambda_s = 0°$,$b_\gamma = 0$;切
削用量:$a_p = 3mm$,$f = 0.35mm/r$,$v_c = 93m/min$

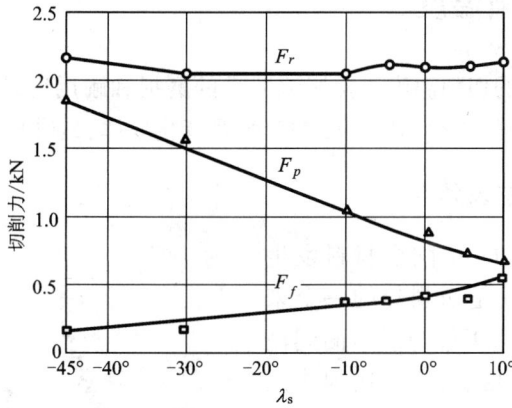

图 2 - 39　刃倾角对切削力的影响

工件材料:45 钢(正火);HB = 187;刀具结构:焊接式平前刀面外圆车刀;刀片材
料:YT15;刀具几何参数:$\gamma_o = 18°$,$\alpha_o = 6°$,$\alpha_o' = 4° \sim 6°$,$\kappa_r = 75°$,$\kappa_r' = 10° \sim 12°$,
$b_\gamma = 0$,$r_\varepsilon = 0.2mm$;切削用量:$a_p = 3mm$,$f = 0.35mm/r$,$v_c = 100m/min$

大,因而总切削力增大。后刀面磨损量对切削力的影响见图 2 - 40。$p_{0.3}$是在 $VB = 0$ 时得到
的,当 $VB \neq 0$ 时,应加修正系数 k_{VBF_c},k_{VBF_p},k_{VBF_f}。

刀具材料、切削过程中采用的切削液对切削力也有一定的影响。

考虑所有影响切削力的因素后,总的切削公式为

$$F_c = p_{0.3} f a_p k_{fF_c} k_{vF_c} k_{\kappa_r F_c} k_{\gamma_o F_c} k_{b_\gamma F_c} k_{r_\varepsilon F_c} k_{\lambda_S F_c} k_{VBF_c} \qquad (2-28)$$

$$F_p = p_{0.3} f a_p k_{fF_c} k_{vF_c} [F_p / F_c] k_{\gamma_o F_p} k_{b_\gamma F_p} k_{r_\varepsilon F_p} k_{\lambda_S F_p} k_{VBF_p} \qquad (2-29)$$

$$F_f = p_{0.3} f a_p k_{fF_c} k_{vF_c} [F_f / F_c] k_{\gamma_o F_f} k_{b_\gamma F_f} k_{r_\varepsilon F_f} k_{\lambda_S F_f} k_{VBF_f} \qquad (2-30)$$

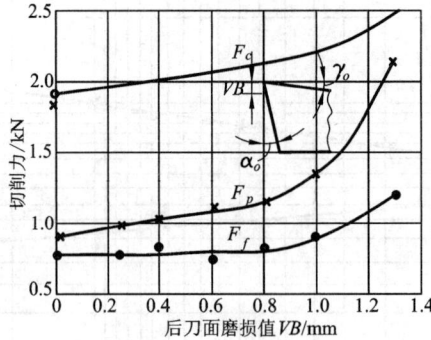

图 2 - 40　车刀后刀面磨损量对切削力的影响

工件材料:45 钢(正火);HB = 187;刀具结构:机夹可转位式外圆车刀;
刀片材料:YT15(SNMM150402);刀具几何参数:$\gamma_o = 18°$,$\alpha_o = 6° \sim 8°$,
$\alpha_o' = 4° \sim 6°$,$\kappa_r = 75°$,$\kappa_r' = 10° \sim 12°$,$\lambda_s = 0°$,$b_\gamma = 0$,$r_\varepsilon = 0.2\,\mathrm{mm}$;切削
用量:$a_p = 3\,\mathrm{mm}$,$f = 0.3\,\mathrm{mm/r}$,$v_c = 95.5 \sim 105\,\mathrm{m/min}$

2.6　切削热和切削温度

切削热和由此产生的切削温度直接影响刀具的磨损和耐用度,影响工件的加工精度和表面质量。所以,研究切削热和切削温度的产生及变化规律,是研究切削过程的重要方面。

2.6.1　切削热的产生及传导

在刀具的切削作用下,切削层材料发生弹性变形和塑性变形,这是切削热的一个来源。另外,切屑与前刀面、工件与后刀面间消耗的摩擦功也将转化为热能,这是切削热的另一个来源(图 2 - 41)。

由于切削时所消耗的机械功的大部分(99%)转化为热能,所以单位时间内产生的切削热为

$$q = F_c v_c \qquad (2-31)$$

式中　q——单位时间内产生的切削热,J/s;

　　　F_c——主切削力,N;

　　　v_c——切削速度,m/s。

切削热由以下四个途径传导出去:

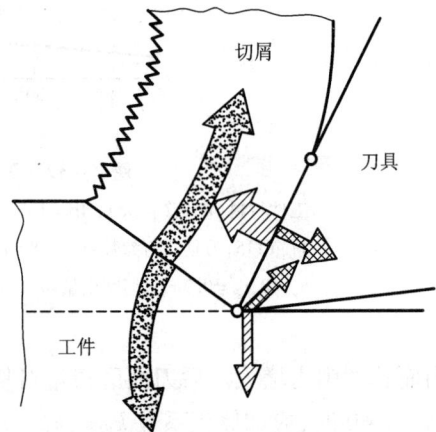

图 2 - 41　切削热的来源

56

（1）通过工件传走 q_g，使工件温度升高。

（2）通过切屑传走 q_x，使切屑温度升高。

（3）通过刀具传走 q_d，使刀具温度升高。

（4）通过周围介质传走 q_j。

显然，$q = q_g + q_x + q_d + q_j$。

q_g 和 q_x 取决于工件材料的导热系数，导热系数越高，通过工件和切屑传走的热量也越多，结果切削区温度降低，这有助于提高刀具耐用度，但同时工件温度也升高，会影响工件的尺寸精度。而导热系数低的材料，情况与之相反。所以切削导热系数低的不锈钢、钛合金及高温合金时，切削区温度较高，必须采用耐热性好的刀具材料，且充分加注冷却性能良好的切削液。

刀具材料的导热系数越高，则由刀具传走的热量也越多，可以降低切削区温度。q_j 取决于周围介质的情况，加冷却性能好的切削液能使 q_j 增加，从而降低切削区温度。

据有关资料介绍，由切屑、刀具、工件和周围介质传出的热量的比例大致为：

车削时：50% ~86% 由切屑带走，10% ~40% 传入车刀，3% ~9% 传入工件，1% 左右传入空气。

钻削时：28% 由切屑带走，14.5% 传入刀具，52.5% 传入工件，5% 传入周围介质。

2.6.2　刀具上切削温度的分布规律

由于刀具上各点与三个变形区（三个热源）的距离各不相同，因此刀具上不同点处获得热量和传导热量的情况也就会不相同，结果使各个刀面上的温度分布不均匀。刀具、切屑和工件上的切削温度分布情况，如图 2 - 42 和图 2 - 43 所示。

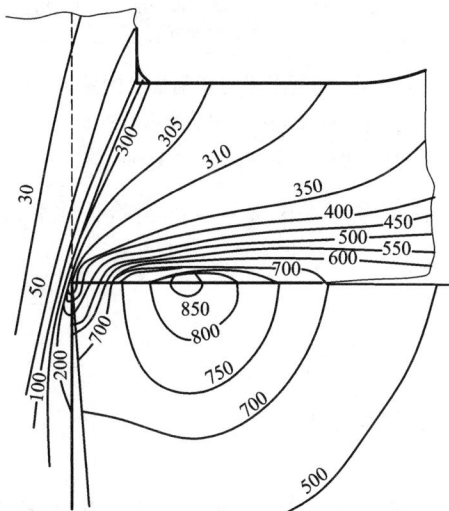

图 2 - 42　刀具、切屑和工件的温度分布

工件材料：GCr15；刀具：YT4 车刀，$\gamma_o = 0°$；切削用量：$b_D = 5.8\,mm$，$h_D = 0.35\,mm$，$v_c = 80\,m/min$

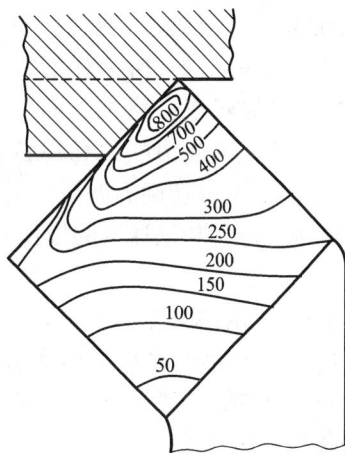

图 2 - 43　刀具前刀面上的切削温度分布

工件材料：GCr15；刀具：YT4 车刀；切削用量：$a_p = 4.1\,mm$，$f = 0.5\,mm/r$，$v_c = 80\,m/min$

切削塑性材料时,刀具上温度最高处是在距离刀尖一定距离的地方,该处由于温度高而首先开始磨损。这是因为切屑沿前刀面流出,热量积累得越来越多,而热传导又十分不利时,在距离刀尖一定距离的地方的温度就达到最大值。图 2-42 表示了切削塑性材料时刀具前刀面上切削温度的分布情况。而在切削脆性材料时,第一变形区的塑性变形不太显著,且切屑呈崩碎状,与前刀面接触长度大大减小,使第二变形区的摩擦减小,切削温度不易升高,只有刀尖与工件摩擦,即只有第三变形区产生的热量是主要的。因而可以肯定:切削脆性材料时,最高切削温度将在刀尖处且靠近后刀面的地方,磨损也将首先从此处开始。

2.6.3 影响切削温度的因素

1. 切削用量对切削温度的影响

1)切削速度的影响

切削速度对切削温度有显著影响。随着切削速度的提高,切削温度将明显上升(图 2-44)。其原因是:当切屑沿前刀面流出时,切屑底层与前刀面发生强烈摩擦,因而产生很多热量。如果截取极短的一段切屑作为研究单元来观察,当这个切屑单元沿前刀面流出时,则摩擦热一边生成同时又一边向切屑顶面和刀具内部传导。若切削速度提高,则摩擦热生成的时间极短,而切削热向切屑内部和刀具内部传导都需要一定时间。因此,提高切削速度的结果是,摩擦热来不及传导,而是大量积聚在切屑底层,从而使切削温度升高。

此外,随着切削速度的提高,材料切除率成正比例地增加,所消耗的机械功增大,所以切削热也会增加。而随着切削速度的提高,单位切削力和单位切削功率却有所减小,故切削温度与切削速度不成正比例关系。在图 2-44 的实验条件下,切削区平均切削温度与切削速度的指数关系为

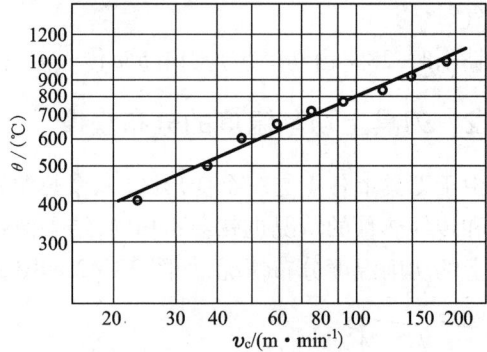

图 2-44 切削温度与切削速度的关系

工件材料:45 钢;刀具材料:YT15;

切削用量:$a_p = 3\text{mm}$,$f = 0.1\text{mm/r}$

$$\theta = C_{\theta v} v_c^x \qquad (2-32)$$

式中　θ——切削温度;

$C_{\theta v}$——对单因素 v_c 的切削温度公式的系数;

x——指数,一般 $x = 0.26 \sim 0.41$,进给量越大,则 x 值越小。

2)进给量的影响

一方面,随着进给量的增大,材料切除率增大,切削过程中产生的切削热也增多,切削温度会升高。另一方面,单位切削力和单位切削功率随进给量的增大而减小,切除单位体积材料所产生的热量也减小。此外,进给量增大时,切屑的热容量也增大,由切屑带走的热量增加。故切削区的平均温度上升不显著。在图 2-45 的实验条件下,切削区平均切削温度与进给量的指数关系为

$$\theta = C_{\theta f} f^{0.14} \qquad (2-33)$$

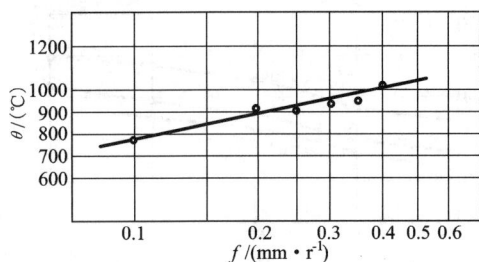

图 2 - 45 进给量与切削温度的关系

工件材料:45 钢;刀具材料:YT15;切削用量:$a_p = 3\text{mm}$, $v_c = 94\text{m/min}$

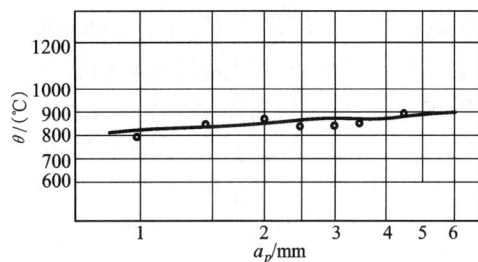

图 2 - 46 背吃刀量与切削温度的关系

工件材料:45 钢;刀具材料:YT15;切削用量:$f = 0.1\text{mm/r}$, $v_c = 107\text{m/min}$

3)背吃刀量的影响

背吃刀量对切削温度的影响如图 2 - 46 所示。由于背吃刀量增大后,切削区产生的热量虽然成正比例地增多,但切削刃参加切削的工作长度也成正比例地增大,改善了散热条件,所以切削温度升高不明显。在图 2 - 46 的实验条件下,切削区平均切削温度与背吃刀量的指数关系为

$$\theta = C_{\theta a_p} a_p^{0.04} \tag{2-34}$$

显然,切削速度对切削温度的影响最大,而背吃刀量对切削温度的影响最小。所以,在提高材料切除率的同时,为了有效地控制切削温度以延长刀具耐用度,应优先选用大的背吃刀量,其次是进给量,而必须严格控制切削速度。

2. 刀具几何参数对切削温度的影响

1)前角对切削温度的影响

前角 γ_o 的大小直接影响切削过程中的变形和摩擦,所以它对切削温度有明显影响。在一定范围内,前角大,切削温度低;前角小,切削温度高。如进一步加大前角,则因刀具散热体积减小,切削温度不会进一步降低,反而升高。表 2 - 2 表示不同前角下的切削温度对比值。

表 2 - 2 不同前角下的切削温度对比值

前　　角	$-10°$	$0°$	$10°$	$18°$	$25°$
切削温度对比值	1.08	1.03	1	0.85	0.8
附　　注	车削 45 钢;刀具:YT15, $\alpha_o = 6° \sim 8°$, $\kappa_r = 75°$, $\lambda_s = 0°$, $r_\varepsilon = 0.2\text{mm}$; 切削用量:$a_p = 3\text{mm}$, $f = 0.1\text{mm/r}$, $v_c = 81 \sim 135\text{m/min}$				

2)主偏角对切削温度的影响

主偏角对切削温度的影响见图 2 - 47。随着 κ_r 的增大,切削刃的工作长度将缩短,使切削热相对集中,且 κ_r 加大后,刀尖角减小,使散热条件变差,从而提高了切削温度。

3)负倒棱对切削温度的影响

负倒棱宽度 $b_{\gamma 1}$ 在 $(0 \sim 2)f$ 范围内变化时,基本上不影响切削温度。原因是:一方面负

倒棱的存在使切削区的塑性变形增大,产生的切削热也随之增多;另一方面,却又使刀尖的散热条件得到改善。两者共同影响的结果,使切削温度基本不变。

4)刀尖圆弧半径对切削温度的影响

刀尖圆弧半径 r_ε 在 $0 \sim 1.5$mm 范围内变化时,基本上不影响切削温度。因为随着刀尖圆弧半径加大,切削区的塑性变形增大,产生的切削热随之增多,但加大刀尖圆弧半径又使散热条件得到了改善,两者相互抵消的结果,使平均切削温度基本不变。

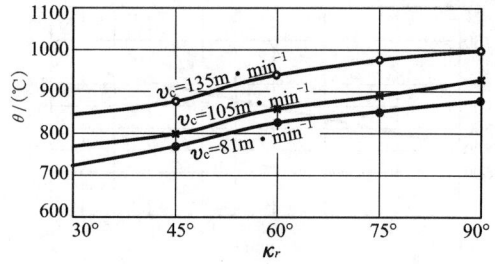

图 2 - 47 主偏角与切削温度的关系

工件材料:45 钢;刀具材料:YT15;

切削用量:$f = 0.1$mm/r,$a_p = 3$mm

3. 刀具磨损对切削温度的影响

刀具磨损后切削刃变钝,对刃区前方的挤压作用增大,使切削区金属的变形增加;同时,磨损后的刀具与工件的摩擦增大,两者均使产生的切削热增多。所以刀具的磨损是影响切削温度的主要因素之一。图 2 - 48 是切削 45 钢时,车刀后刀面磨损值与切削温度的关系。

4. 工件材料对切削温度的影响

(1)工件材料的强度和硬度越高,切削时所消耗的功越多,产生的切削热也越多,切削温度就越高。图 2 - 49 表示 45 钢的不同热处理状态对切削温度的影响。

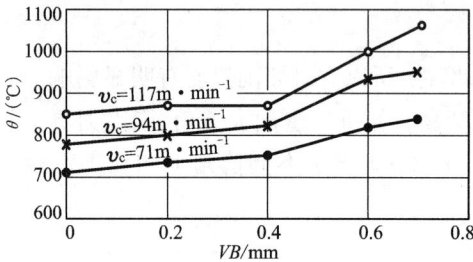

图 2 - 48 后刀面磨损值与切削温度的关系

工件:45 钢;刀具:YT15;$\gamma_o = 15°$;

切削用量:$a_p = 3$mm,$f = 0.1$mm/r

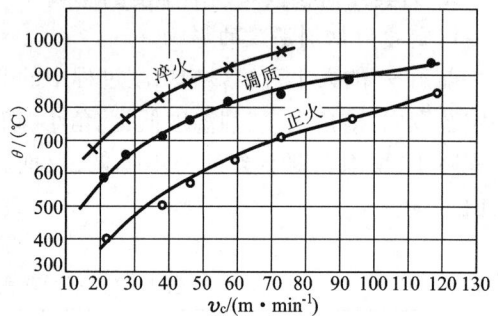

图 2 - 49 45 钢的热处理状态对切削温度的影响

刀具:YT15;$\gamma_o = 15°$;切削用量:$a_p = 3$mm,$f = 0.1$mm/r

(2)合金钢的强度普遍高于 45 钢,而导热系数则一般低于 45 钢,所以切削合金钢时的切削温度高于切削 45 钢时的切削温度(图 2 - 50)。

(3)不锈钢和高温合金不但导热系数低,而且有较高的高温强度和硬度,所以切削这类材料时,切削温度比其他材料要高得多,如图 2 - 51 所示。切削时,必须采用导热性和耐热性较好的刀具材料,并充分加注切削液。

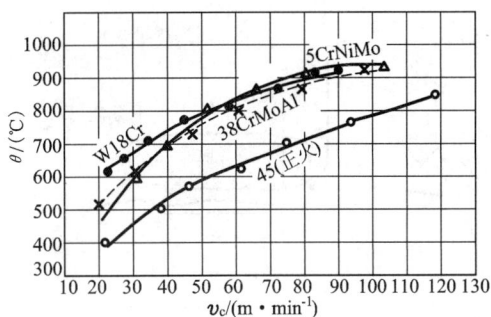

图 2 – 50　合金钢的切削温度

刀具：YT15；$\gamma_o = 15°$；

切削用量：$a_p = 3\text{mm}$, $f = 0.1\text{mm/r}$

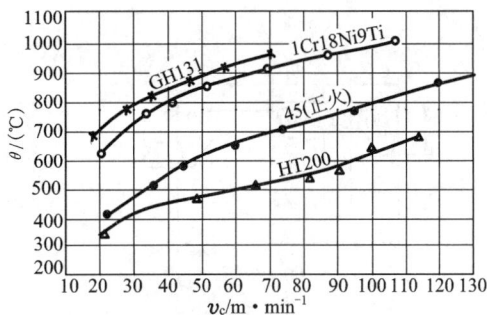

图 2 – 51　不锈钢、高温合金和灰铸铁的切削温度

刀具：YG8；$\gamma_o = 15°$；切削用量：$a_p = 3\text{mm}$, $f = 0.1\text{mm/r}$

（4）脆性金属在切削时塑性变形很小，切屑呈崩碎状，与前刀面的摩擦较小，所以切削温度一般比切削钢料时要低。图 2 – 51 也表示了切削灰铸铁时的切削温度，比切削 45 钢的切削温度低 20% ~ 30%。

2.7　刀具磨损、破损和耐用度

刀具在切削过程中将逐渐磨损。当磨损量达到一定程度时，切削力增大，切削温度上升，切屑颜色改变，甚至产生振动。同时，工件尺寸可能超差，已加工表面质量也明显恶化，此时必须刃磨刀具或更换新刀。有时，刀具也可能在切削过程中突然损坏而失效，造成刀具破损。刀具的磨损、破损及其耐用度对加工质量、生产效率和加工成本影响极大，因此它是切削加工中极为重要的问题之一。

2.7.1　刀具磨损的形态

刀具失效的形式分为磨损和破损两类。刀具磨损是指刀具在正常的切削过程中，由于物理的或化学的作用，使刀具原有的几何角度逐渐丧失。在切削过程中，前后刀面不断与切屑、工件接触，在接触区里不仅存在着强烈的摩擦，同时还具有很高的温度和压力。因此，随着切削过程的进行，前后刀面都将逐渐磨损。刀具磨损呈现为三种形式。

1. 前刀面磨损（月牙洼磨损）

在切削速度较高、切削厚度较大的情况下加工塑性金属，当刀具的耐热性和耐磨性稍有不足时，在前刀面上经常磨出一个月牙洼［图 2 – 52（b）、（c）］。在产生月牙洼的地方切削温度最高，因此磨损也最大，从而形成一个凹窝（月牙洼）。月牙洼和切削刃之间有一条棱边。在磨损过程中，月牙洼宽度逐渐扩展。当月牙洼扩展到使棱边很小时，切削刃的强度将大大减弱，可能导致崩刃。月牙洼磨损量以其深度 *KT* 表示。

2. 后刀面磨损

由于过渡表面和后刀面间存在着强烈的摩擦，在后刀面上毗邻切削刃的地方很快就磨出一个后角为零的小棱面，这种磨损形式叫做后刀面磨损［图 2 – 53（a）］。在切削速度较

61

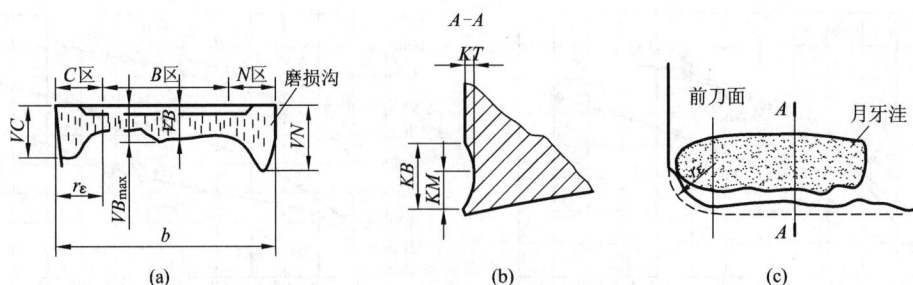

图 2 – 52　车刀典型磨损形式示意图

低、切削厚度较小的情况下,切削塑性金属以及脆性金属时,一般不产生月牙洼磨损,但都存在着后刀面磨损。

在切削刃参加切削工作的各点上,后刀面磨损是不均匀的。从图 2 – 52(a)可见,在刀尖部分(C 区)由于强度和散热条件差,因此磨损剧烈,其最大值为 VC。在切削刃靠近工件外表面处(N 区),由于加工硬化层或毛坯表面硬层等的影响,往往在该区产生较大的磨损沟而形成缺口。该区域的磨损量用 VN 表示。N 区的磨损又称为"边界磨损"。在参与切削的切削刃中部(B 部),其磨损较均匀,以 VB 表示平均磨损值,以 VB_{max} 表示最大磨损值。

3. 前刀面和后刀面同时磨损

这是一种兼有上述两种情况的磨损形式。切削塑性金属时,经常会出现这种磨损。

2.7.2　刀具磨损机理

为了减小和控制刀具磨损以及研制新型刀具材料,必须研究刀具磨损的原因和本质。刀具通常工作在高温、高压下,在这样的条件下工作,刀具磨损经常是机械的、热的、化学的三种作用的综合结果,实际情况很复杂,尚待进一步研究。到目前为止,认为刀具磨损的机理主要有以下几个方面。

1. 磨料磨损

切削时,工件或切屑中的微小硬质点(碳化物——Fe_3C,TiC,VC 等,氮化物——TiN,Si_3N_4 等,氧化物——SiO_2,Al_2O_3 等)以及积屑瘤碎片,不断滑擦前后刀面,划出沟纹而造成的磨损。很像砂轮磨削工件一样,刀具被一层层磨掉。这是一种纯机械作用。

磨料磨损在各种切削速度下都存在,但在低速下磨料磨损是刀具磨损的主要原因。这是因为在低速下,切削温度较低,其他原因产生的磨损不明显。刀具抵抗磨料磨损的能力主要取决于其硬度和耐磨性。

2. 冷焊磨损(粘结磨损)

工件表面、切屑底面与前后刀面之间存在着很大的压力和强烈的磨擦,因而它们之间会发生冷焊。由于摩擦副的相对运动,冷焊结将被破坏而被一方带走,从而造成冷焊磨损。

一般说来,由于工件或切屑的硬度比刀具的硬度低,所以冷焊结的破坏往往发生在工件或切屑一方。但由于疲劳、热应力以及刀具表层结构缺陷等原因,冷焊结的破坏也可能发生在刀具一方。这时刀具材料的颗粒被工件或切屑带走,从而造成刀具磨损。这是一种物理作用(分子吸附作用)。在中等偏低的速度下切削塑性材料时冷焊磨损较为严重。

3. 扩散磨损

切削金属材料时,如果切屑、工件与刀具在接触过程中,双方的化学元素在固态下相互扩散,改变了材料原来的成分与结构,使刀具表层变得脆弱,将加剧刀具磨损。当接触面温度较高时,例如硬质合金刀具切钢,当温度达到 800℃ 时,硬质合金中的 Co、W、C 等元素会迅速地扩散到切屑、工件中(图 2 - 53)。随着切削过程的进行,切屑和工件都在高速运动,它们和刀具表面在接触区内始终

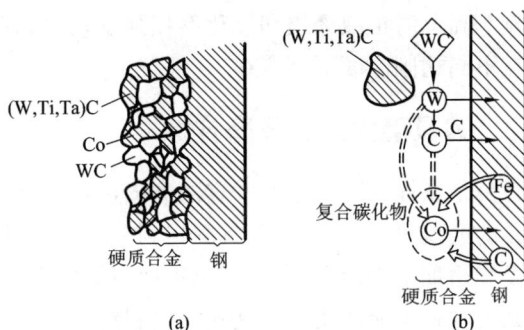

图 2 - 53　硬质合金与钢之间的扩散

保持着扩散元素的浓度梯度,从而使扩散现象持续进行。于是硬质合金发生贫碳、贫钨现象。而钴的减少,又使硬质相的粘结强度降低。切屑、工件中的铁和碳则扩散到硬质合金中去,形成低硬度、高脆性的复合碳化物。扩散的结果加剧了刀具磨损。

扩散磨损常与冷焊磨损、磨料磨损同时产生。前刀面上温度最高处扩散作用最强烈,于是该处形成月牙洼。抗扩散磨损能力取决于刀具的耐热性,氧化铝陶瓷和立方氮化硼刀具抗扩散磨损能力较强。

4. 氧化磨损

当切削温度达到 700 ~ 800℃ 时,空气中的氧在切削形成的高温区中与刀具材料中的某些成分(Co、WC、TiC)发生氧化反应,产生较软的氧化物(Co_3O_4、CoO、WO_3、TiO_2),从而使刀具表面层硬度下降,较软的氧化物被切屑或工件粘走而形成氧化磨损。这是一种化学反应过程。最容易在主副切削刃工作的边界处(此处易与空气接触)发生这种氧化反应,这也是造成刀具边界磨损的主要原因之一(见图 2 - 54)。

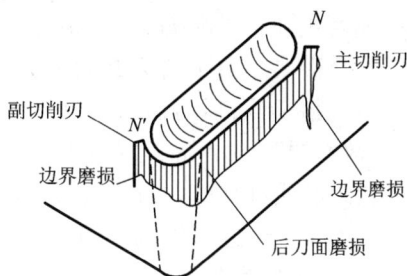

图 2 - 54　边界磨损

5. 热电磨损

工件、切屑与刀具由于材料不同,切削时在接触区将产生热电势,这种热电势有促进扩散的作用而加速刀具磨损。这种在热电势的作用下产生的扩散磨损,称为热电磨损。

总之,在不同的工件材料、刀具材料和切削条件下,磨损的原因和强度是不同的。图

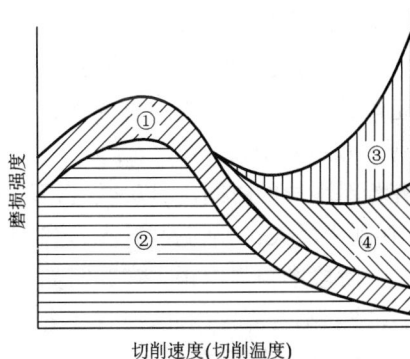

图 2 - 55　切削速度对刀具磨损强度的影响
①磨料磨损;②冷焊磨损
③扩散磨损;④氧化磨损

2 - 55所示为硬质合金刀具切削钢料时,在不同切削速度(切削温度)下各种磨损所占的比

例。由图2-55可得到结论:对于一定的刀具和工件材料,切削温度对刀具磨损具有决定性的影响。高温时扩散磨损和氧化磨损强度较高;在中低温时,冷焊磨损占主导地位;磨料磨损则在不同切削温度下都存在。

2.7.3 刀具磨损过程及磨钝标准

刀具是怎样逐渐磨损的? 它的磨损过程具有什么特点和规律? 回答这些问题就需要研究刀具的磨损过程。另外,刀具磨损到一定程度就不能继续使用了,否则,会降低工件的尺寸精度和已加工表面质量;若过早更换刀具则会增加刀具消耗和加工费用。那么刀具磨损到什么程度就不能使用了? 这就需要制定一个磨钝标准。

1. 刀具磨损过程

用切削时间 t 和后刀面磨损量 VB 两个参数为坐标,则磨损过程可以用图2-56所示的磨损曲线来表示。磨损过程分为三个阶段。

1)初期磨损阶段

初期磨损阶段的特点是:在极短的时间内,VB 上升很快。由于新刃磨后的刀具,表面存在微观粗糙度,后刀面与工件之间为峰点接触,故磨损很快。所以,初期磨损量的大小与刀具刃磨质量有很大的关系,通常 $VB = 0.05 \sim 0.1mm$。经过研磨的刀具,初期磨损量小,而且要耐用得多。

2)正常磨损阶段

刀具在较长的时间内缓慢地磨损,且 VB

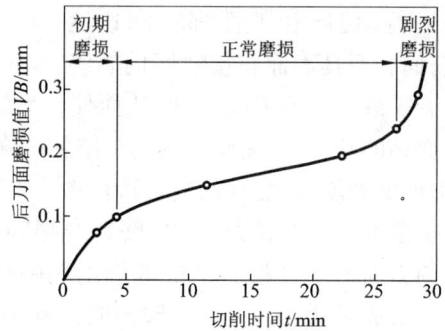

图2-56 硬质合金车刀的典型磨损曲线

P10(TiC涂层)外圆车刀; 60Si2Mn(40HRC); $\gamma_o = 4°, \kappa_r = 45°, \lambda_s = -4°, r_\varepsilon = 0.5mm, v_c = 115m/min, f = 0.2mm/r, a_p = 1mm$

$-t$ 曲线近似地呈线性关系。经过初期磨损后,后刀面上的微观不平度被磨掉,后刀面与工件的接触面积增大,压强减小,且分布均匀,所以磨损量缓慢且均匀地增加。这就是正常磨损阶段,也是刀具工作的有效阶段。曲线的斜率代表了刀具正常工作时的磨损强度。磨损强度是衡量刀具切削性能的重要指标之一。

3)剧烈磨损阶段

在相对很短的时间内,VB 猛增,刀具因而完全失效。刀具经过正常磨损阶段后,切削刃变钝,切削力增大,切削温度升高,这时刀具的磨损情况发生了质的变化而进入剧烈磨损阶段。这一阶段磨损强度很大。此时如刀具继续工作,不但不能保证加工质量,反而消耗刀具材料,经济上不合算。因此,刀具在进入剧烈磨损阶段前必须换刀或重新刃磨。

2. 刀具的磨钝标准

刀具磨损后将影响切削力、切削温度和加工质量,因此必须根据加工情况规定一个最大的允许磨损值,这就是刀具的磨钝标准。一般刀具后刀面上均有磨损,它对加工精度和切削力的影响比前刀面显著,同时后刀面磨损量容易测量。因此在刀具管理和切削加工的科学研究中都按后刀面磨损量来制定刀具磨钝标准,它是指后刀面磨损带中间部分平均磨损量允许达到的最大值,以 VB 表示。

制定磨钝标准应考虑以下因素：

(1)工艺系统刚性。工艺系统刚性差，VB 应取小值。如车削刚性差的工件，应控制在 VB = 0.3mm 左右。

(2)工件材料。切削难加工材料，如高温合金、不锈钢、钛合金等，一般应取较小的 VB 值；加工一般材料，VB 值可以取大一些。

(3)加工精度和表面质量。加工精度和表面质量要求高时，VB 应取小值。如精车时，应控制 VB = 0.1 ~ 0.3mm。

(4)工件尺寸。加工大型工件，为了避免频繁换刀，VB 应取大值。

根据生产实践中的调查资料，把硬质合金车刀的磨钝标准推荐值列于表 2 - 3。

表 2 - 3　硬质合金车刀的磨钝标准

加　　工　　条　　件	后刀面的磨钝标准 VB/mm
精　　车	0.1 ~ 0.3
合金钢粗车，粗车刚性较差的工件	0.4 ~ 0.5
碳素钢粗车	0.6 ~ 0.8
铸铁件粗车	0.8 ~ 1.2
钢及铸铁大件低速粗车	1.0 ~ 1.5

2.7.4　刀具耐用度的经验公式

在生产实践中，直接用 VB 值来控制换刀的时机在多数情况下是极其困难的，通常采用与磨钝标准相应的切削时间来控制换刀的时机。

刃磨好的刀具自开始切削直到磨损量达到磨钝标准为止的总切削时间，称为刀具耐用度，以 T 表示。也可以用相应的切削路程 l_m 或加工的零件数来定义刀具耐用度。显然，$l_m = v_c T$。

刀具耐用度是很重要的参数。在同一条件下切削同一材料的工件，可以用刀具耐用度来比较不同刀具材料的切削性能；同一刀具材料切削不同材料的工件，可以用刀具耐用度来比较工件材料的切削加工性；也可以用刀具耐用度来判断刀具几何参数是否合理。工件材料和刀具材料的性能对刀具耐用度的影响最大。切削速度、进给量、背吃刀量以及刀具几何参数对刀具耐用度都有影响。在这里用单因素法来建立 v_c、a_p、f 与刀具耐用度 T 的数学关系。

1. 切削速度与刀具耐用度的关系

首先选定刀具磨钝标准。为了节约材料，同时又要反映刀具在正常工作情况下的磨损强度，按照 ISO 的规定：当切削刃参加切削部分的中部磨损均匀时，磨钝标准取 VB = 0.3mm；磨损不均匀时，取 $VB_{max} = 0.6mm$。选定磨钝标准后，固定其他因素不变，只改变切削速度(如取 $v = v_{c1}, v_{c2}, v_{c3}, v_{c4}, \cdots$)做磨损实验，得出各种切削速度下的刀具磨损曲线(图 2 - 57)，再根据选定的磨钝标准 VB 求出各切削速度下对应的刀具耐用度 $T_1, T_2, T_3, T_4, \cdots$。在双对数坐标纸上定出 $(T_1, v_{c1}), (T_2, v_{c2}), (T_3, v_{c3}), (T_4, v_{c4}), \cdots$点(图 2 - 58)。在一定的

切削速度范围内,这些点基本上分布在一条直线上。这条在双对数坐标图上的直线可以表示为:

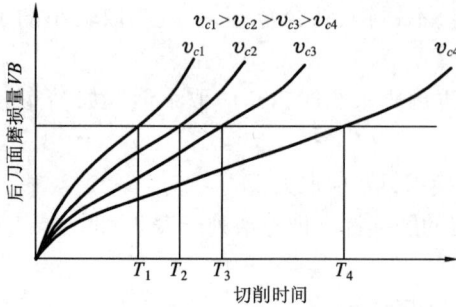

图 2-57 刀具磨损曲线

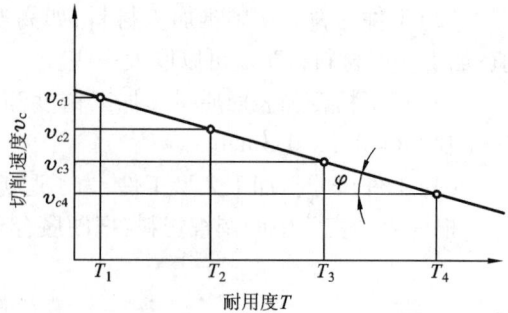

图 2-58 在双对数坐标纸上的 T-v_c 曲线

$$\lg v_c = -m\lg T + \lg A$$

式中 $m = \tan\varphi$,即该直线的斜率;A 为当 $T = 1s$(或 $1\min$)时直线在纵坐标上的截距。m 和 A 可从图中实测。因此,v_c-T(或 T-v_c)关系可写成:

$$v_c = A/T^m \text{ 或 } v_c T^m = A \qquad (2-35)$$

这个关系是 20 世纪初由美国著名工程师泰勒(F. W. Taylor)建立的,常称为泰勒公式。它揭示了切削速度与刀具耐用度之间的关系,是选择切削速度的重要依据。此公式说明:随着切削速度 v_c 的变化,为保证 VB 不变,刀具耐用度 T 必须作相应的变化;指数 m 的大小反映了刀具耐用度 T 对切削速度 v_c 变化的敏感性。m 越小,直线越平坦,表明 T 对 v_c 的变化极为敏感,也就是说刀具的切削性能较差。对于高速钢刀具,$m = 0.1 \sim 0.125$;对于硬质合金刀具,$m = 0.1 \sim 0.4$;对于陶瓷刀具,$m = 0.2 \sim 0.4$。

2. 进给量、背吃刀量与刀具耐用度的关系

按照求 v_c-T 关系式的方法,同样可以求得 f-T 和 a_p-T 关系式:

$$f = B/T^n \qquad (2-36)$$

$$a_p = C/T^p \qquad (2-37)$$

式中 B,C——系数;

n,p——指数。

综合式(2-35)~式(2-37),可得到刀具耐用度的三因素公式:

$$T = \frac{C_T}{v_c^{1/m} f^{1/n} a_p^{1/p}} \qquad (2-38)$$

或

$$v_c = \frac{C_v}{T^m f^{y_v} a_p^{x_v}} \qquad (2-39)$$

式中 C_T, C_v——与工件材料、刀具材料和其他切削条件有关的系数;

指数 $x_v = m/p$,$y_v = m/n$;

系数 C_T, C_v 和指数 x_v, y_v 可在有关工程手册中查得。

式(2-38)称为广义泰勒公式。

例如,用硬质合金外圆车刀切削 $\sigma_b = 750\text{MPa}$ 的碳素钢,当 $f > 0.75\text{mm/r}$ 时,经验公

式为：

$$T = \frac{C_T}{v_c^5 f^{2.25} a_p^{0.75}}$$

或

$$v_c = \frac{C_v}{T^{0.2} f^{0.45} a_p^{0.15}}$$

由上式可知，$\frac{1}{m} > \frac{1}{n} > \frac{1}{p}$ 或 $m < n < p$。这说明在影响刀具耐用度 T 的三项因素 v_c, f, a_p 中，v_c 对 T 的影响最大，其次为 f，a_p 对 T 的影响最小。所以在提高生产率的同时，又希望刀具耐用度下降得不多的情况下，优选切削用量的顺序为：首先尽量选用大的背吃刀量 a_p，然后根据加工条件和加工要求选取允许的最大进给量 f，最后根据刀具耐用度或机床功率允许的情况选取最大的切削速度 v_c。

2.7.5　刀具合理耐用度的选择

刀具磨损到磨钝标准后即需换刀或重磨，在生产实际中，采用与磨钝标准相应的切削时间，即刀具耐用度来定时换刀。究竟切削时间应当多长，即刀具耐用度应取多大才合理呢？由于刀具耐用度与生产率、生产成本及利润率密切相关，所以一般选择刀具耐用度时应从这三个方面来考虑，即以生产率最高、生产成本最低、利润率最大为目标来优选刀具耐用度。

1. 保证加工生产率最高的刀具耐用度

完成一个工序所需要的工时 t_w 为：

$$t_w = t_m + t_c + t_{ot} \tag{2-40}$$

式中　t_m——工序的切削时间（机动时间），s；

t_c——工序的换刀时间，s；

t_{ot}——除换刀时间外的其他辅助时间，s。

其中 t_m 可按下式计算

$$t_m = \frac{l_w \Delta}{n_w f a_p} \tag{2-41}$$

式中　l_w——切削长度，mm；

f——进给量，mm/r；

n_w——工件转速，r/min；

Δ——加工余量，mm；

a_p——背吃刀量，mm。

而

$$n_w = \frac{1000 v_c}{\pi d_w}$$

式中　v_c——切削速度，m/min；

d_w——工件直径，mm。

将此式代入式（2-41），得到：

$$t_m = \frac{l_w \Delta \pi d_w}{1000 v_c f a_p} \tag{2-42}$$

将泰勒公式 $v_c = A/T^m$ 代入式（2-42），进一步得到：

$$t_m = \frac{l_w \Delta \pi d_w}{1000 A f a_p} T^m \qquad (2-43)$$

除 T^m 项外,其余各项均为常数,所以有:

$$t_m = kT^m \qquad (2-44)$$

令换刀一次所需时间为 t_{ct},则有:

$$t_c = t_{ct}\frac{t_m}{T} = t_{ct}\frac{kT^m}{T} = kt_{ct}T^{m-1} \qquad (2-45)$$

将 t_m, t_c 代入式 $(2-40)$,可得

$$t_w = kT^m + kt_{ct}T^{m-1} + t_{ot} \qquad (2-46)$$

将式 $(2-46)$ 画成图 $2-59$,可以看出 $t_w - T$ 有最小值,说明此处工时最短,即生产率最高。

将式 $(2-46)$ 求微分,并取 $\dfrac{dt_w}{dT} = 0$,则

$$\frac{dt_w}{dT} = mkT^{m-1} + (m-1)kt_{ct}T^{m-2} = 0$$

$$T = \frac{1-m}{m}t_{ct} = T_p \qquad (2-47)$$

T_p 即为刀具最大生产率耐用度。与 T_p 相对应的最大生产率切削速度 v_{cp} 可由下式求得:

$$v_{cp} = A/T_p^m \qquad (2-48)$$

2. 保证加工成本最低的刀具耐用度

每个工件的工序成本为:

$$C = t_m M + t_{ct}\frac{t_m}{T}M + \frac{t_m}{T}C_t + t_{ot}M \qquad (2-49)$$

式中　M——该工序单位时间内的机床折旧费及所分担的全厂开支;

　　　C_t——刃磨一次刀具消耗的费用。

将式 $(2-49)$ 画成图 $2-60$,则可看出 C 有最小值,说明此处生产成本最低。

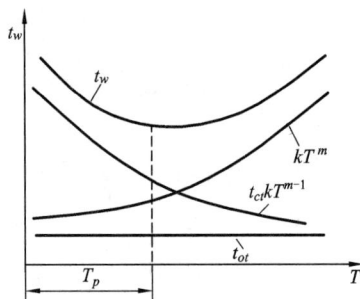

图 2-59　$t_w - T$ 关系

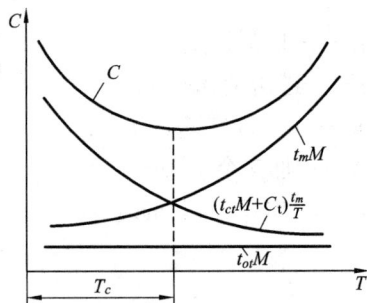

图 2-60　$C - T$ 关系

令 $\dfrac{dC}{dT} = 0$,得

$$T = \frac{1-m}{m}\left(t_{ct} + \frac{C_t}{M}\right) = T_c \qquad (2-50)$$

68

T_c 即为最低生产成本刀具耐用度。与 T_c 相对应的最低生产成本切削速度 v_{cc} 可由下式求得：

$$v_{cc} = A/T_c^m \qquad\qquad (2-51)$$

对比式 $(2-47)$ 和式 $(2-50)$ 可知，$T_c > T_p$，$v_{cc} < v_{cp}$。当产品供不应求、任务紧急(如战争、自然灾害等)或该工序成为生产上的限制性或关键性环节时，应采用最大生产率刀具耐用度 T_p；当产品滞销时，应采用最低生产成本刀具耐用度 T_c；复杂刀具的 C_t 高于简单刀具，故前者的耐用度应高于后者；对于装刀、调刀较为复杂的多刀机床、组合机床等，t_{ct} 较大，故刀具耐用度应定得高些；对于数控机床、加工中心或全厂开支较大时，则 M 值大，故刀具耐用度应定得低些。

随着刀具的革新和生产技术的发展，换刀时间与刀具成本有所下降，现代化机床的应用又提高了机床折旧费，因而 T_c 逐渐接近 T_p，即刀具耐用度趋于降低。也就是说，可以大大提高切削速度来提高生产效率。

3. 保证加工利润率最大的刀具耐用度

如按最低生产成本原则制定刀具耐用度，则加工工时长于最短的工序工时；如按最大生产率原则制定刀具耐用度，则工序成本将高于最低的成本。为了兼顾两方面的要求，应按最大利润率原则制定刀具耐用度。

$$P_r = \frac{S-C}{t_w} \qquad\qquad (2-52)$$

式中　S——单件工序所收的加工费用；

　　　C——单件工序的加工成本；

　　　t_w——单件工序工时。

将 C，t_w 的表达式代入式 $(2-52)$，并令 $\dfrac{\mathrm{d}P_r}{\mathrm{d}T}=0$，则可得刀具最大利润率耐用度 T_{p_r}。T_{p_r} 介于 T_p 和 T_c 之间，即 $T_p < T_{p_r} < T_c$。与 T_{p_r} 相对应的 v_{cp_r} 介于 v_{cp} 和 v_{cc} 之间，即 $v_{cc} < v_{cp_r} < v_{cp}$。一般情况下，应采用 T_{p_r} 作为刀具耐用度。

2.7.6 刀具破损

刀具破损和磨损一样，也是刀具的主要失效形式之一。刀具的破损形式有烧刃、卷刃、崩刃、断裂、表层剥落等。

1. 不同材料刀具破损的主要形式

1)工具钢、高速钢刀具

工具钢、高速钢的韧性较好，一般不易发生崩刃。但其硬度和耐热性较低，当切削温度超过一定数值时(工具钢 $250℃$，合金工具钢 $350℃$，高速钢 $600℃$)，它们的金相组织发生变化，马氏体转变为硬度较低的托氏体、索氏体或奥氏体，从而丧失切削能力。人们常称之为卷刃或相变磨损。工具钢、高速钢刀具热处理硬度不够或切削高硬度材料时，切削刃或刀尖部分可能产生塑性变形，使刀具形状和几何参数发生变化，刀具迅速磨损。在精加工、薄切削刀具上可能产生卷刃。

2)硬质合金、陶瓷、立方氮化硼、金刚石刀具

这些材料硬度和耐热性高，不易烧刃和卷刃，但韧性低，很容易发生崩刃、折断。

（1）切削刃微崩　当工件材料的组织、硬度、余量不均匀，前角太大，有振动或断续切削，刃磨质量差时，切削刃容易发生微崩，即刃区出现微小的崩落、缺口或剥落。

（2）切削刃或刀尖崩碎　在造成比微崩条件更为恶劣的条件下形成，是微崩的进一步发展。崩碎的尺寸和范围比微崩大，刀具完全丧失切削能力。

（3）刀片或刀具折断　当切削条件极为恶劣，切削用量过大，有冲击载荷，刀片中有微裂纹、残余应力时，刀片或刀具产生折断，不能继续工作。

（4）刀片表层剥落　对于脆性大的刀具材料，由于表层组织中有缺陷或潜在裂纹，或由于焊接、刃磨而使表层存在残余应力，在切削过程不稳定或承受交变载荷时，易产生剥落，刀具不能继续工作。

（5）切削部位塑性变形　硬质合金刀具在高温和三向正应力状态下工作时，会产生表层塑性流动，使切削刃或刀尖发生塑性变形而造成塌陷。

（6）刀片的热裂　当刀具承受交变的机械负荷和热负荷时，切削部分表面因反复热胀冷缩，产生交变热应力，从而使刀片产生疲劳和开裂。

2. 刀具破损的防止

（1）合理选择刀具材料的种类和牌号。在保证一定硬度和耐磨性的前提下，刀具材料必须具有必要的韧性。

（2）合理选择刀具几何参数。保证切削刃和刀尖具有足够强度，在切削刃上磨出负倒棱以防止崩刃。

（3）保证焊接和刃磨质量，避免因焊接和刃磨带来的各种弊病。

（4）合理选择切削用量，避免过大的切削力和过高的切削温度。

（5）保证工艺系统较好的刚性，减小振动。

（6）尽量使刀具不承受或少承受突变性载荷。

2.8　切削用量的优化选择

2.8.1　优选切削用量的原则

1. 优选切削用量的意义

切削速度、进给量和背吃刀量是切削过程的基本参数，它们直接影响切削过程的优劣，或者说切削过程中的所有基本规律都与切削用量有关，所以，合理地选择切削用量，对于保证加工质量、降低生产成本和提高生产效率具有重要意义。运用现代切削理论、试验设计和数据分析方法寻求切削用量的最优组合，是切削加工理论和实践的重要课题。

根据前一节内容可知，刀具耐用度和切削用量密切相关，所以研究切削用量的优选必须从刀具耐用度入手。若简单地和直观地从概念来分析，似乎是刀具耐用度定得越长越好，但实际生产中并非如此。如把刀具耐用度定得过长，则要求采用较低的切削用量，降低了生产率；若刀具耐用度定得过短，虽然可以采用较高的切削用量来提高生产率，但同时换刀与刃磨费用增加，提高了生产成本。可见刀具耐用度与生产率和生产成本密切相关。

由广义泰勒公式可知，在刀具耐用度已定的情况下，切削用量 v_c、f 和 a_p 的组合有无数多个。寻求切削用量的最优组合还需要一些附加条件，在这里只讨论当刀具耐用度 T 一定时,为保证生产率最高(附加条件)的切削用量优选原则。

2. 生产率的概念

根据式(2 - 42)可知,某工序单件切削时间为:

$$t_m = \frac{l_w \Delta \pi d_w}{1000 v_c f a_p}$$

切削加工生产率可用该工序单位时间内加工的工件数 W 表示,即

$$W = \frac{1}{t_m} = \frac{1000 v_c f a_p}{l_w \Delta \pi d_w} \qquad (2 - 53)$$

因分母各项均为常量,所以令 $A_0 = \dfrac{1000}{l_w \Delta \pi d_w}$

则
$$W = A_0 f a_p v_c \qquad (2 - 54)$$

也可用材料切除率 Q 表示生产率,其计算公式可参考式(1 - 33)。当背吃刀量 a_p 不大时, $v_{av} \approx v_c$,所以有

$$Q \approx 1000 a_p f v_c \quad (mm^3/s \text{ 或 } mm^3/min) \qquad (2 - 55)$$

式(2 - 54)和式(2 - 55)类同,都表明切削用量三要素与生产率保持线性关系,即提高切削速度、增大进给量和背吃刀量,都能提高生产率。但由于受保持刀具合理耐用度不变条件的限制,若提高切削速度必须相应降低进给量或背吃刀量;反之亦然。因此,选择切削用量归根到底就是选择切削用量三要素的最佳组合。

3. 切削用量与生产率的关系

在常用切削用量范围内,切削用量与刀具耐用度的关系为:

$$T = \frac{C_t}{v_c^{1/m} a_p^{1/p} f^{1/n}} \quad \text{或} \quad v_c = \frac{C_v}{T^m a_p^{m/p} f^{m/n}}$$

在刀具耐用度已选定的情况下,令所有常数项合成为 C ,则

$$v_c = \frac{C}{a_p^{m/p} f^{m/n}} \qquad (2 - 56)$$

式(2 - 56)表明,为保持刀具的合理耐用度不变,增大背吃刀量或进给量时,必须相应地降低切削速度。

例如用 YT15 硬质合金车刀,不加切削液,外圆纵车碳素结构钢时, $m/p = 0.15$, $m/n = 0.35$, $m = 0.2$ 。如将背吃刀量增大 3 倍,进给量保持不变,则

$$v_{c3a_p} = \frac{C}{3^{0.15} a_p^{0.15} f^{0.35}} \approx 0.85 \frac{C}{a_p^{0.15} f^{0.35}} \approx 0.85 v_c$$

即切削速度必须降低 15% ,生产率 $W_{3a_p} = A_0 \times 0.85 v_c \times 3 a_p \times f \approx 2.6W$,即生产率提高至 2.6 倍。

如将进给量增大 3 倍,背吃刀量保持不变,则

$$v_{c3f} = \frac{C}{3^{0.15} a_p^{0.15} f^{0.35}} \approx 0.68 \times \frac{C}{a_p^{0.15} f^{0.35}} \approx 0.68 v_c$$

即切削速度必须降低 32% ,生产率 $W_{3f} = A_0 \times 0.68 v_c \times a_p \times 3 f \approx 2W$,即生产率提高至 2 倍。

但背吃刀量受加工余量和工序余量的限制,当背吃刀量最大限度地增大至某一数值后, a_p 成为常数,式(2 - 56)可表示为

$$v_c = \frac{C'}{f^{m/n}} \text{ 或 } f = \frac{C'^{n/m}}{v_c^{n/m}} = \frac{C''}{v_c^{n/m}} \qquad (2-57)$$

当切削速度提高至 3 倍时,则

$$f_{3v_c} = \frac{C''}{3^{1/0.35} v_c^{1/0.35}} \approx 0.043f$$

即进给量必须降低95.7%,而生产率 $W_{3v_c} = A_0 \times 3v_c a_p \times 0.043f \approx 0.13W$。可见提高切削速度反而降低了生产率。

由上述分析结果可知,在刀具耐用度一定的情况下,为提高生产率,选择切削用量的基本原则是:首先应选取尽可能大的背吃刀量;其次要在机床动力和刚度允许的条件下,同时又满足已加工表面粗糙度要求的情况下,选取尽可能大的进给量;最后根据公式 $v_c = \frac{C_v}{T^m a_p^{m/p} f^{m/n}}$ 确定最佳切削速度。

2.8.2　背吃刀量、进给量和切削速度值的选定

在确定了选择切削用量的基本原则后,还要考虑切削用量具体数值如何选定的问题。选定切削用量的具体数值时,还需要附加一些约束条件。

1. 背吃刀量

选择合理的切削用量必须考虑加工的性质,即要考虑粗加工、半精加工和精加工三种情况。

(1)在粗加工时,尽可能一次切除粗加工全部加工余量,即选择背吃刀量值等于粗加工余量值。

(2)对于粗大毛坯,如切除余量大时,由于受工艺系统刚性和机床功率的限制,应分几次走刀切除全部余量,但应尽量减少走刀次数。在中等功率的普通机床上加工时,背吃刀量最大可取 8~10mm。

(3)切削表层有硬皮的铸锻件或切削不锈钢等冷硬较严重的材料时,应尽量使背吃刀量超过硬皮或冷硬层,以预防刀刃过早磨损或破损。

(4)在半精加工时,如单面余量 $h > 2mm$ 时,则应分两次走刀切除。第一次取 $a_p = (2/3 \sim 3/4)h$,第二次取 $a_p = (1/3 \sim 1/4)h$。如 $h \leqslant 2mm$,亦可一次切除。

(5)在精加工时,应一次切除精加工余量,即 $a_p = h$。h 值可按工艺手册选定。

2. 进给量的选定

由于切削面积 $A_D = a_p f$,所以,当 a_p 选定后,A_D 决定于 f,而 A_D 决定了切削力的大小。所以选择进给量 f 时要考虑切削力,其次,f 的大小还影响已加工表面粗糙度。因此,允许选用的最大进给量受下列因素限制:

(1)机床的有效功率和转矩;

(2)机床进给机构传动链的强度;

(3)工件刚度;

(4)刀柄刚性;

(5)图纸规定的加工表面粗糙度。

3. 切削速度的选定

当 a_p 和 f 选定后，v_c 可按公式或查表法选定。计算公式为：

$$v_c = \frac{C_v}{T^m a_p^{m/p} f^{m/n}} \cdot k_v$$

式中：k_v，C_v，m/p，m/n，m 可从有关手册中查到。T，a_p，f，v_c 的单位分别是 min，mm，mm/r，m/min。

2.9   刀具几何参数的选择

刀具材料的优选对于切削过程的优化具有关键作用，但是，如果刀具几何参数的选择不合理也会使刀具材料的切削性能得不到充分地发挥。可见，刀具合理几何参数的选择同样是切削刀具理论与实践的重要课题之一。中国有句谚语："工欲善其事，必先利其器"，指的就是切削加工刀具的完善程度对切削加工的现状和发展起着决定性的作用。

在保证加工质量的前提下，能够满足刀具耐用度高、生产效率高、加工成本低的刀具几何参数，称为刀具的合理几何参数。选择刀具几何参数合理值的问题，本质上是多变量函数针对某一目标求解最佳值的问题。由于影响切削加工效益的因素很多，所以建模困难，只能固定若干因素，改变少量参数，取得实验数据，用适当方法进行处理，得出优选结果。

2.9.1   优选刀具几何参数的一般性原则

1. 要考虑工件的实际情况

选择刀具合理几何参数，应考虑工件的实际情况，主要是工件材料的化学成分、制造方法、热处理状态、力学和物理性能(包括硬度、抗拉强度、延伸率、冲击韧性、导热系数等)，以及毛坯表层情况、工件的形状、尺寸、精度和表面质量要求等。

2. 要考虑刀具材料和刀具结构

选择刀具合理几何参数，要考虑刀具材料的化学成分、力学和物理性能(包括硬度、抗弯强度、冲击值、耐磨性、热硬性和导热系数)，还要考虑刀具的结构形式，是整体式，还是焊接式或机夹式。

3. 要考虑各个几何参数之间的联系

刀具几何参数之间是相互联系的，应综合起来考虑它们之间的相互作用与影响，分别确定其合理值。从本质上看，这是一个多变量函数的优化问题，若用单因素法则有很大的局限性。

4. 要考虑具体的加工条件

选择刀具合理几何参数，也要考虑机床、夹具的情况，工艺系统刚性及功率大小，切削用量和切削液性能等。一般地说，粗加工时，着重考虑保证刀具耐用度最高；精加工时，主要考虑保证加工精度和已加工表面质量要求；机床刚性和动力不足时，刀具应力求锋利，以减小切削力和振动；对于自动线生产用的刀具，主要考虑刀具工作的稳定性，有时还要考虑断屑问题。

2.9.2 前角、后角和主偏角、副偏角的功用及其合理值的选择

1. 前角的功用及其合理值的选择

前角 γ_o 影响切削变形、切削力、切削温度和切削功率,也影响刀头强度、容热体积和导热面积,从而影响刀具耐用度和切削效率。

1)前角的功用

(1)影响切削区的变形程度 若增大前角,可以减小切削变形,从而减小切削力、切削热和切削功率。

(2)影响切削刃与刀头强度、受力性质和散热条件 增大前角,会使切削刃与刀头强度降低,刀头的导热面积和容热体积减小。若过分加大前角,有可能导致切削刃处出现弯曲应力,造成崩刃。

(3)影响切屑形态和断屑效果 若减小前角,可以增大切屑的变形,使切屑容易卷曲和折断。

(4)影响已加工表面质量 切削过程中的振动现象与前角的大小有关,减小前角或采用负前角时,振幅急剧增大,如图 2-61 所示。

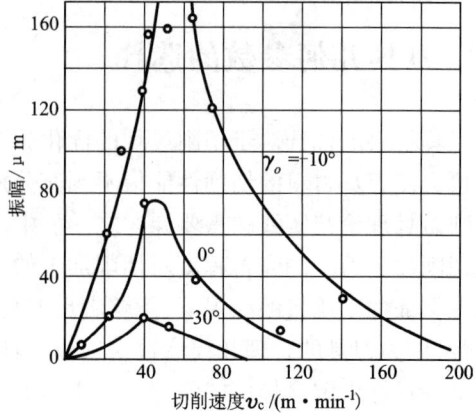

图 2-61 前角和切削速度对振幅的影响

2)合理前角的概念

从上述分析可知,增大或减小前角,各有其有利和不利两方面的影响。增大前角可以减小切削变形和切削力,减小切削热的产生,降低切削温度,但同时刀头导热面积和容热体积减小,切削温度反而升高。图 2-62 为刀具前角对刀具耐用度影响的示意曲线。可见前角太大、太小都会使刀具耐用度显著降低。对于不同的刀具材料,各有其对应刀具耐用度最大的前角,称为合理前角 γ_{opt}。工件材料不同,刀具的合理前角也不同(图 2-63)。切削塑性大的材料时,为了减小切削变形和摩擦阻力,应取大的前角;加工强度、硬度高的材料时,为了提高切削刃强度,增加刀头导热面积和容热体积,需适当减小前角;切削脆性材料时,切削力集中在切削刃附近,为了保护切削刃,宜取较小的前角。

3)合理前角值的选择

(1)工件材料的强度、硬度低,可以取较大的前角;反之,取小的前角。加工特别硬的材料,前角甚至取负值。

(2)加工塑性材料,尤其是冷硬严重的材料时,应取大的前角。加工脆性材料,可取较小的前角。

(3)粗加工、断续切削或工件有硬皮时,为了保证刀具有足够强度,应取小的前角。

(4)对于成形刀具和前角影响切削刃形状的其他刀具,为防止其刃形畸变,常取较小的前角。

(5)刀具材料抗弯强度大、韧性较好时,应取大的前角。

(6)工艺系统刚性差或机床功率不足时,应取大的前角。

（7）对于数控机床和自动机、自动线用刀具，为保证刀具尺寸公差范围内的耐用度及工作稳定性，应选用较小的前角。

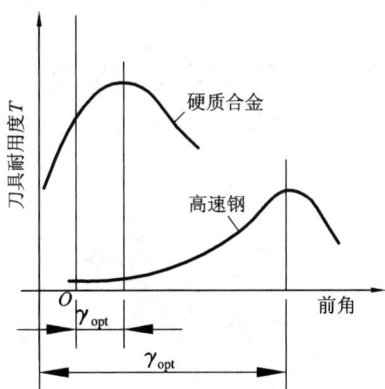

图2-62 前角的合理数值

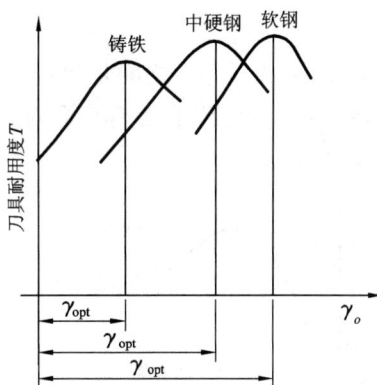

图2-63 材料不同时刀具的合理前角

2. 后角的功用及其合理值的选择

1)后角的功用

（1）后角的主要功用是减小后刀面和过渡表面之间的摩擦。后刀面与过渡表面接触，由于摩擦造成后刀面磨损。增大后角，减小摩擦，可以提高已加工表面质量和刀具耐用度。

（2）后角越大，切削刃钝圆半径 r_n 值越小，切削刃越锋利。

（3）在相同磨钝标准 VB 下，后角越大，所磨去的金属体积也越大（图2-64），因而提高了刀具耐用度。但它使刀具的径向磨损值 NB 增大（图2-65），当工件尺寸精度要求较高时，不宜采用大后角。

（4）增大后角将使切削刃和刀头的强度削弱，导热面积和容热体积减小；且 NB 一定时的磨耗体积小，刀具耐用度低（图2-64），这些都是增大后角的不利方面。

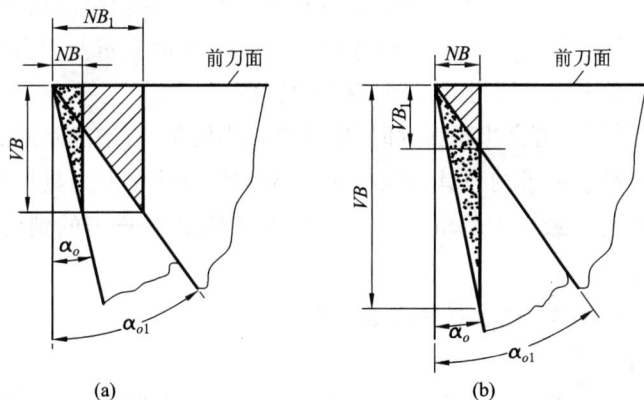

图2-64 后角与磨损体积的关系

（a）VB 一定　（b）NB 一定

2）合理后角的概念

图 2-65 所示为不同材料的刀具后角对刀具耐用度影响的示意曲线,可见后角太大或太小都不利。在一定的切削条件下,总有某一对应刀具耐用度最高的后角,称为合理后角 α_{opt}。

应该指出,刀具角度之间是相互联系的,例如,改变前角,将使刀具的合理后角发生相应变化。图 2-66 所示为前角和后角对刀具耐用度影响的示意曲线。

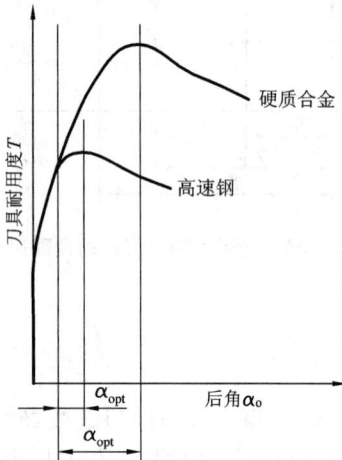

图 2-65　刀具的合理后角

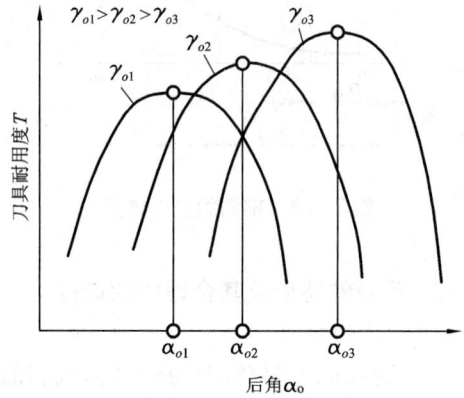

图 2-66　不同前角的刀具合理后角

3）合理后角值的选择

(1)粗加工、强力切削及承受冲击载荷的刀具,要求切削刃有足够强度,应取较小的后角;精加工时,应以减小后刀面上的摩擦为主,宜取较大的后角,可增大刀具耐用度和提高已加工表面质量。

(2)工件材料强度、硬度较高时,为保证切削刃强度,宜取较小的后角;工件材料较软、塑性较大时,应适当加大后角,因为后刀面摩擦对已加工表面质量及刀具磨损影响极大;加工脆性材料,切削力集中在刃区附近,宜取较小的后角。

(3)工艺系统刚性差,容易出现振动时,应适当减小后角,有增加阻尼的作用。

(4)各种有尺寸精度要求的刀具,宜取小的后角以限制重磨后刀具尺寸的变化。

副后角 α'_o 通常等于或小于后角 α_o;切断刀、切槽刀、锯片铣刀的副后角通常取为 $1° \sim 2°$,以保证刀头强度。

3. 主偏角和副偏角的功用及其合理值的选择

1）主偏角和副偏角的功用

(1)影响已加工表面的残留面积高度。减小主偏角和副偏角,可以减小已加工表面粗糙度,特别是副偏角对已加工表面粗糙度影响更大。

(2)影响切削层形状。主偏角直接影响切削刃工作长度和单位长度切削刃上的切削负荷。在背吃刀量和进给量一定的情况下,增大主偏角,切削厚度增大,切削宽度减小,切削刃单位长度上的负荷随之增大。因此,主偏角直接影响刀具的磨损和耐用度。

(3)影响三向切削分力的大小和比例关系。增大主偏角可减小切削力 F_c 和 F_p,但增大了 F_f。同理,增大副偏角,也可使 F_p 减小。而 F_p 的减小,有利于减小工艺系统的弹性变形和振动。

(4)主偏角和副偏角共同决定了刀尖角 ε_r,故直接影响刀尖强度、导热面积和容热体积。

(5)主偏角影响断屑效果和排屑方向。增大主偏角,切屑变厚变窄,容易折断。

2)合理主偏角值的选择

(1)粗加工和半精加工时,硬质合金车刀一般选用较大的主偏角,以利于减小振动,提高刀具耐用度,容易断屑和可以采用大的背吃刀量。

(2)加工很硬的材料时,如淬硬钢和冷硬铸铁,宜取较小的主偏角,以减轻单位长度切削刃上的负荷,同时改善刀头导热和容热条件,提高刀具耐用度。

(3)工艺系统刚性较好时,采用较小主偏角可提高刀具耐用度;刚性不足(如车细长轴)时,应取较大的主偏角,甚至 $\kappa_r \geq 90°$,以减小提高 F_p。

3)合理副偏角值的选择

选取副偏角首先应满足已加工表面质量要求,然后再考虑刀尖强度、导热和容热要求。

(1)一般刀具的副偏角,在不引起振动的情况下,可选取较小的数值,如车刀、刨刀等,可取 $\kappa_r' = 5° \sim 10°$。

(2)精加工刀具的副偏角应取小值,必要时可磨出一段 $\kappa_r' = 0°$ 的修光刃(图2-67)。修光刃的长度应略大于进给量,即 $b_\varepsilon' = (1.2 \sim 1.5)f$。

(3)加工高强度高硬度材料或断续切削时,为提高刀尖强度,应取小的副偏角($\kappa_r' = 4° \sim 6°$)。

(4)切断刀、锯片铣刀和槽铣刀等,只能取很小的副偏角,即 $\kappa_r' = 1° \sim 2°$(图2-68),以保证刀头强度和重磨后刀头宽度变化较小。

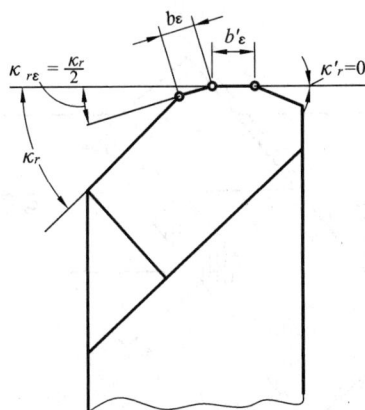

图2-67　修光刃

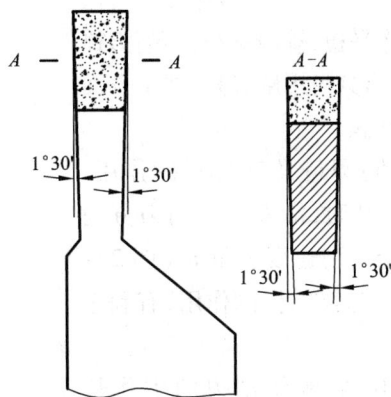

图2-68　切断刀的副偏角和副后角

2.9.3 刃倾角的功用及其合理值的选择

1. 刃倾角的功用

(1)影响刀尖强度和散热条件。当$\lambda_s < 0$时,使远离刀尖的切削刃先切入工件,避免刀尖受到冲击,同时,使刀头强固,刀尖处导热和散热条件较好,有利于提高刀具耐用度;$\lambda_s = 0$时次之;$\lambda_s > 0$时最差。

(2)控制切屑流出方向。如图2-69所示,当$\lambda_s = 0$时,切屑流出的方向垂直于主切削刃;当$\lambda_s < 0$时,切屑流向已加工表面,会缠绕或划伤已加工表面;当$\lambda_s > 0$时,切屑流向待加工表面。

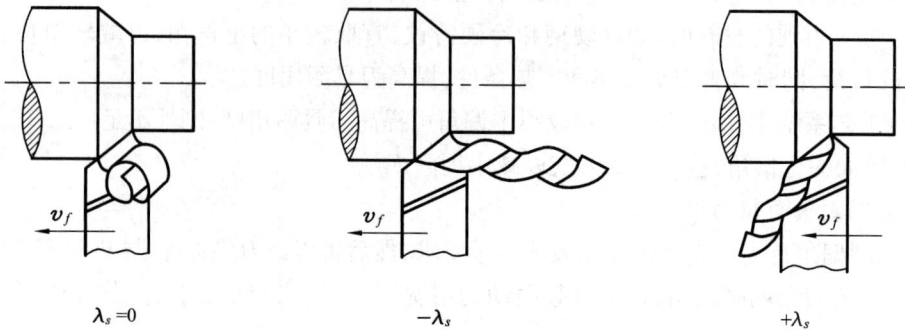

$\lambda_s = 0$ $-\lambda_s$ $+\lambda_s$

图2-69 刃倾角对排屑方向的影响

(3)影响切削刃的锋利性。$\lambda_s \neq 0$时,实际前角加大,实际钝圆半径r_{ne}($r_{ne} = r_n \cos\lambda_s$)变小,因而刃口变锋利。大刃倾角切削时,可以切下很薄的一层金属,这对于微量精车、精镗和精刨是十分有利的。

(4)影响切入切出的平稳性。当$\lambda_s = 0$时,切削刃同时切入切出,冲击力大;当$\lambda_s \neq 0$时,切削刃逐渐切入工件,冲击小。刃倾角越大,切削刃越长,切削过程越平稳。对于大螺旋角($\lambda_s = 60° \sim 70°$)圆柱铣刀,由于工作平稳,排屑顺利,切削刃锋利,故刀具耐用度较高,加工表面质量好。

(5)刃口具有"割"的作用。当$\lambda_s \neq 0$时,沿着主切削刃方向有一个切削速度分量v_T(图2-70),v_T起着"割"的作用,有利于切削。

(6)影响切削刃的工作长度。当$\lambda_s \neq 0$时,切削刃实际工作长度加大。切削刃实际工作长度为$l_{se} = a_p/(\sin\kappa_r\cos\lambda_s)$。显

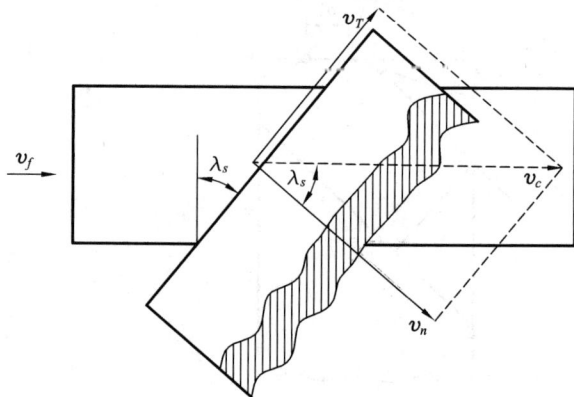

图2-70 斜角切削的速度分解

然，λ_s 的绝对值越大，l_{se} 值也越大，而切削刃单位长度上的切削负荷却减小，有利于提高刀具耐用度。

（7）影响三个切削分力之间的比值。以车外圆为例，当 λ_s 从 $+10°$ 变化到 $-45°$ 时，F_f 约下降为 $1/3$，F_p 约增大到 2 倍，F_c 基本不变。负的刃倾角使 F_p 增大，造成工件弯曲变形和导致振动。

2. 合理刃倾角值的选择

（1）粗车钢料和灰铸铁，取 $\lambda_s = 0° \sim -5°$；精车时取 $\lambda_s = 0° \sim +5°$；有冲击载荷时，取 $\lambda_s = -5° \sim -15°$；冲击特别大时，取 $\lambda_s = -30° \sim -45°$。

（2）强力刨削时，取 $\lambda_s = -10° \sim -20°$。

（3）车削淬硬钢时，取 $\lambda_s = -5° \sim -12°$。

（4）工艺系统刚性不足时，尽量不用负刃倾角。

（5）微量精车、精镗、精刨时，取 $\lambda_s = 45° \sim 75°$。

（6）金刚石和立方氮化硼车刀，取 $\lambda_s = 0° \sim -5°$。

2.9.4　刀尖几何参数的功用及其合理值的选择

1. 刀尖的形式

按形成方法的不同，刀尖可分为三种（图 1-16）：交点刀尖、修圆刀尖和倒角刀尖。交点刀尖是主副切削刃的交点，无所谓形状，不必用几何参数去描述。修圆刀尖可用刀尖圆弧半径 r_ε 来确定刀尖的形状[图 2-71(a)]。而倒角刀尖可用两个几何参数来确定，在基面上度量的刀尖投影的长度 b_ε 以及刀尖偏角 $\kappa_{r\varepsilon}$[图 2-71(b)]。

2. 刀尖的功用

（1）刀尖是刀具上切削条件最恶劣的部位。刀尖本身强度较差，散热情况不好，再加上刀尖处的切削力和切削热又比较集中，刀尖很容易磨损。所以，刀具的耐用度很大程度上取决于刀尖处的磨损情况。

（2）刀尖直接影响已加工表面的形成过程，影响残留面积的高度。精加工特别是微量切削时，刀尖对已加工表面质量影响很大。

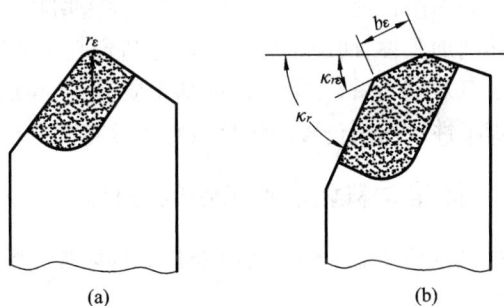

图 2-71　两种刀尖的几何参数

（3）选择刀尖几何参数时，一般从刀具耐用度和已加工表面质量两方面考虑。粗加工时，着重考虑强化刀尖以提高刀具耐用度，精加工时侧重考虑已加工表面质量。

3. 刀尖圆弧半径和倒角刀尖参数的选择

（1）修圆刀尖[图 2-71(a)]

高速钢车刀：$r_\varepsilon = 1 \sim 3\text{mm}$；

硬质合金和陶瓷车刀：$r_\varepsilon = 0.5 \sim 1.5\text{mm}$；

金刚石车刀：$r_\varepsilon = 1.0\text{mm}$；

立方氮化硼车刀:$r_\varepsilon = 0.4\text{mm}$。

（2）倒角刀尖[图2-71（b）]

刀尖偏角:$\kappa_{r\varepsilon} \approx \frac{1}{2}\kappa_r$;

刀尖长度:$b_\varepsilon = 0.5 \sim 2\text{mm}$ 或 $b_\varepsilon = (1/4 \sim 1/5)a_p$,$b_\varepsilon$ 也称过渡刃长度;

切断刀倒角刀尖:$\kappa_{r\varepsilon} \approx 45°$,$b_\varepsilon = \frac{1}{5}b_D$,$b_D$ 为切断刀宽度。

加大过渡刃有利于提高刀尖强度和改善散热条件,提高刀具耐用度,并降低表面粗糙度。但过分加大过渡刃会增大切削力,并很容易引起振动,反而降低刀具耐用度,增大已加工表面粗糙度。

2.10 工件材料的切削加工性

2.10.1 工件材料切削加工性的概念

工件材料的切削加工性是指在一定切削条件下,对工件材料加工的难易程度。在研究刀具耐用度、切削用量、刀具材料以及刀具几何参数的优选时,都已涉及到了工件材料加工难易程度的问题。可见,研究切削过程必须研究工件材料的切削加工性。材料的切削加工性是一个相对的概念。所谓某种材料切削加工性的好坏,是相对于另一种材料而言的。一般在讨论钢料的切削加工性时,以45钢作为比较基准;而讨论铸铁的切削加工性时,则以灰铸铁作为比较基准。如高强度钢难加工,就是相对于45钢而言的。

刀具的切削性能与材料的切削加工性密切相关,不能脱离刀具的切削性能孤立地讨论材料的切削加工性,而应把两者有机地结合起来研究。只有了解了工件材料的切削加工性并采取了有效措施后,才能够保证加工质量,提高加工效率,降低加工成本。因此,研究材料的切削加工性对切削过程的优化具有十分重要的现实意义。

2.10.2 衡量材料切削加工性的指标

衡量材料切削加工性的指标要根据具体加工情况选用。常用的衡量材料切削加工性的指标有:

1. 以刀具耐用度 T 的相对比值作为衡量材料切削加工性的指标

在相同的切削条件下,如果切削正火状态下45钢的刀具耐用度为 T_j,而切削另一种材料的刀具耐用度为 T,则比值 $K_T = T/T_j$ 的大小就可以反映材料的切削加工性。$K_T > 1$,表示其切削加工性比45钢好,而 $K_T < 1$ 则表示其切削加工性比45钢差。

2. 以相同刀具耐用度下切削速度 v_c 的相对比值作为衡量材料切削加工性的指标

在保持背吃刀量 a_p、进给量 f 和刀具耐用度 T 不变的情况下（如 $T = 60\text{min}$）,如果切削正火状态下45钢的切削速度为 $(v_{c60})_j$,而切削另一种材料时的切削速度为 v_{c60},用比值 $K_r = v_{c60}/(v_{c60})_j$ 可以反映材料的切削加工性。$K_r > 1$,表示其切削加工性比45钢好,而 $K_r < 1$ 表示其切削加工性比45钢差。K_r 称为相对加工性,分为8级,见表2-4。

表 2 - 4　材料切削加工性等级

加工性等级	名 称 及 种 类		相对加工性 K_r	代 表 性 材 料
1	很容易切削的材料	一般非铁金属	>3.0	5 - 5 - 5 铜铅合金,9 - 4 铝铜合金,铝镁合金
2	容易切削的材料	易切削钢	2.5 ~ 3.0	退火 15Cr,$\sigma_b = 0.38 ~ 0.45$GPa;自动机钢 $\sigma_b = 0.4 ~ 0.5$GPa
3		较易切削钢	1.6 ~ 2.5	正火 30 钢 $\sigma_b = 0.45 ~ 0.56$GPa
4	普通材料	一般钢及铸铁	1.0 ~ 1.6	正火 45 钢,灰铸铁
5		稍难切削的材料	0.65 ~ 1.0	2Cr13 调质 $\sigma_b = 0.85$GPa；85 钢 $\sigma_b = 0.9$GPa
6	难切削材料	较难切削的材料	0.5 ~ 0.65	45Cr 调质 $\sigma_b = 1.05$GPa；65Mn 调质 $\sigma_b = 0.95 ~ 1.0$GPa
7		难切削材料	0.15 ~ 0.5	50CrV 调质,1Cr18Ni9Ti,某些钛合金
8		很难切削的材料	<0.15	某些钛合金,铸造镍基高温合金

3. 以切削力或切削温度作为衡量材料切削加工性的指标

在相同切削条件下,切削时切削力大、切削温度高的材料难加工,即切削加工性差;反之,则切削加工性好。铜、铝及其合金的加工性普遍比钢料好,灰铸铁的加工性比冷硬铸铁好。切削力大,则消耗的功率多,因而,在粗加工或机床刚性、动力不足时,可用切削力或切削功率作为衡量材料切削加工性的指标。由于切削温度的数据不易得到,故这个指标用得较少。

4. 以加工质量作为衡量材料的切削加工性的指标

精加工时,常以已加工表面质量作为衡量材料切削加工性的指标。凡容易获得好的已加工表面质量(包括表面粗糙度、冷硬程度及残余应力等)的材料,其切削加工性较好,反之较差。由于塑性大的材料切削变形大,易产生加工硬化,所以低碳钢的切削加工性不如中碳钢,纯铝的切削加工性不如硬铝合金。

5. 以切屑控制或断屑的难易程度作为衡量材料切削加工性的指标

在自动机床或自动生产线上,切屑的处理是一个突出问题,因而常以切屑控制或断屑的难易程度作为衡量切削加工性的指标。切屑容易控制或容易折断的材料,其切削加工性较好,反之较差。

2.10.3　影响材料切削加工性的因素

1. 工件材料物理和力学性能的影响

1)硬度和强度

工件材料的硬度和强度越高,则切削力越大,切削温度越高,刀具磨损越快,故切削加工性越差。例如,高强度钢比一般钢材难加工,冷硬铸铁比灰铸铁难加工。有些材料虽然常温强度不高,但高温下强度降低不多,则其切削加工性也较差。如20CrMo 合金钢比 45 钢的高温强度高,故切削加工性较 45 钢差。

并非材料的硬度越低其切削加工性能越好。有些材料如低碳钢、纯铁、纯铜等硬度虽低,但其塑性很大,并不好加工。硬度适中的材料(160~200HB)容易加工。

2)塑性

塑性大的材料,加工变形、冷作硬化以及刀具前刀面上的冷焊现象都比较严重,不易断屑,不易获得好的已加工表面质量。因此,一般情况下,材料的塑性越大,越难加工。如1Cr18Ni9Ti 不锈钢的硬度与 45 钢相近,但其塑性很大,故其切削加工性较 45 钢差。

3)韧性

材料的韧性越高,切削加工性越差。因为切削韧性大的材料时消耗能量多,切削力和切削温度都较高,且不易断屑。

4)导热性

材料的导热系数越大,切削时由切屑和工件带走的热量就越多,越有利于降低切削区的温度,故切削加工性较好。例如,奥氏体不锈钢和高温合金的导热系数仅为 45 钢的 1/4~1/3,故其切削加工性比 45 钢差。

5)线膨胀系数

材料的线膨胀系数越大,加工过程中工件的热胀冷缩越显著,其尺寸变化大,不易控制尺寸精度,故切削加工性差。

2. 工件材料化学成分的影响

工件材料的物理和力学性能是由材料的化学成分决定的。以下主要分析钢料中各种元素对切削加工性的影响。

1)碳的影响

含碳量小于 0.15% 的碳钢,塑性和韧性高;含碳量大于 0.5% 的碳钢,强度和硬度高。在这两种情况下,切削加工性都要降低。含碳量为 0.35%~0.45% 的碳钢,切削加工性最好。

2)锰的影响

随着含锰量的增加,钢的硬度和强度提高,韧性下降。当含碳量小于 0.2%,锰的含量在 1.5% 以下范围时,增加含锰量可改善切削加工性;当含锰量大于 1.5% 时,切削加工性变差。一般含锰量在 0.7%~1.0% 时切削加工性最好。

3)硅的影响

硅能在铁素体中固溶,提高钢的硬度。当含硅量小于 1% 时,钢的硬度随含硅量的增加而提高,而塑性下降很少,对切削加工性略有不利。此外,钢中形成的硬质杂物 SiO_2 会加剧刀具磨损;钢中含硅后导热系数有所下降。

4)铬的影响

铬能在铁素体中固溶,又能形成碳化物。当含铬量小于 0.5% 时,对切削加工性的影响很小。含铬量进一步增加,则由于钢的硬度、强度提高,切削加工性有所下降。

5)镍的影响

镍能在铁素体中固溶,使钢的强度和韧性有所提高,导热系数下降,使切削加工性变差。当含镍量大于 8% 后,由于形成奥氏体钢,加工硬化严重,切削加工性变差。

6)钼的影响

钼能形成碳化物,能提高钢的硬度,降低韧性。当含钼量在 0.15%~0.4% 范围内时,切削加工性略有改善。含钼量大于 0.5% 后,切削加工性下降。

7）钒的影响

钒能形成碳化物,能使钢的组织细密,提高硬度,降低塑性。当含量增多后使切削加工性变差;含量少时能改善切削加工性。

8）硫的影响

硫能与钢中的锰形成 MnS,呈微粒均匀分布。MnS 的强度低,有润滑作用;MnS 破坏了铁素体的连续性而使钢的塑性降低,故能减小切削变形,提高已加工表面质量,减小刀具磨损,改善断屑情况,从而使切削加工性显著提高。

9）铅的影响

铅在钢中不固溶,呈单相微粒均匀分布,破坏了铁素体的连续性,且有润滑作用,因而能减轻刀具磨损,使切屑容易折断,有效地改善切削加工性。

10）磷的影响

磷存在于铁素体的固溶体内。增加含磷量能提高强度和硬度,降低塑性和韧性,使钢变脆。当含磷量小于0.15%时,可通过加大脆性改善钢的切削加工性。而当含量大于0.2%时,则由于脆性过大反而使切削加工性变差。

11）氧的影响

氧能与其他合金元素形成硬质夹杂物如 SiO_2,Al_2O_3,TiO_2 等,加剧刀具磨损,从而降低了切削加工性。

12）氮的影响

氮在钢中形成硬而脆的氮化物,使切削加工性变差。

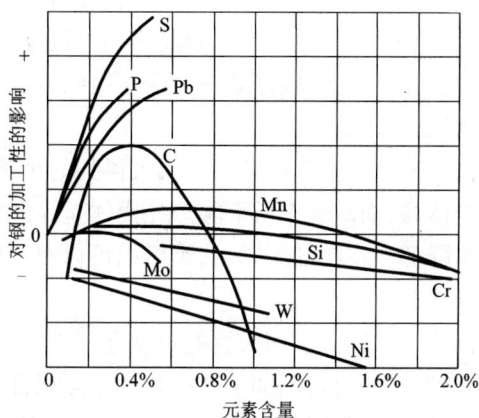

图 2-72　各种元素对结构钢加工性的影响示意图

+表示切削加工性改善; -表示切削加工性变差

各种元素在小于2%的含量时对钢的切削加工性的影响,如图 2-72 所示。

3. 金属材料热处理状态和金相组织的影响

钢的金相组织有:铁素体、渗碳体、珠光体、索氏体、托氏体、奥氏体、马氏体等,其物理和力学性能见表 2-5。

表 2-5　各种金相组织的物理和力学性能

金相组织	HB	R_m/GPa	A	k/(W·m^{-1}·℃$^{-1}$)
铁素体	60~80	0.25~0.30	30%~50%	77.00
渗碳体	700~800	0.030~0.035	极小	7.10
珠光体	160~260	0.80~1.30	15%~20%	50.20
索氏体	250~320	0.70~1.40	10%~20%	
托氏体	400~500	1.40~1.70	5%~10%	
奥氏体	170~220	0.85~1.05	40%~50%	
马氏体	520~760	1.75~2.10	2.8%	

1）铁素体

铁素体的含碳量极少,其性能接近于纯铁,是一种很软而又很韧的组织。在切削铁素体时,虽然刀尖不被擦伤,但冷焊现象严重,使刀具产生冷焊磨损;且容易形成积屑瘤,故铁素体的切削加工性并不好。通过热处理(如正火)或冷作变形,提高其硬度,降低其韧性,可使切削加工性得到改善。

2）渗碳体

渗碳体的硬度很高,塑性很低。若钢中渗碳体含量较多,则容易擦伤刀具表面而使刀具加剧磨损,使切削加工性变差。通过球化退火,使网状和片状渗碳体变为球形组织混在软基体中,可以改善钢的切削加工性。

3）珠光体

片状珠光体的硬度高,切削时刀具磨损较大,但已加工表面粗糙度小。球状珠光体的硬度较低,切削时刀具磨损较小,刀具耐用度较高。由于珠光体的硬度、强度和韧性都比较适中,因而是切削加工性较好的一种金相组织。

4）索氏体和托氏体

它们是淬火后中温或较低温回火得到的金相组织。索氏体是细珠光体组织,硬度和强度比珠光体高,而塑性有所下降。托氏体是极细的珠光体组织,硬度和强度进一步提高,塑性进一步降低。在精加工时,这类组织可以获得较好的表面质量。

5）马氏体

马氏体是淬火低温回火后的典型金相组织,呈针状分布,具有很高的硬度和抗拉强度,但塑性和韧性低,故切削加工性极差。一般只能用磨削加工。近年来由于陶瓷刀具和 CBN 刀具的发展,实现了"以车代磨",提高了加工效率。

6）奥氏体

奥氏体的硬度不高,但塑性和韧性很大,切削加工时变形、加工硬化和冷焊现象都很严重,因此切削加工性较差。

2.10.4　改善材料切削加工性的途径

材料的切削加工性与使用要求之间常常存在着矛盾,加工部门应与设计、冶金部门密切配合,在保证零件使用性能的前提下,通过各种途径来改善其切削加工性。

1. 通过热处理改变材料的组织和力学性能

对于高碳钢和工具钢,由于其硬度高,有较多的网状、片状渗碳体组织,加工困难,采用球化退火处理,降低硬度,并得到球状渗碳体,可改善其切削加工性。

热轧状态的中碳钢,组织不均匀,表皮有硬层,经过正火可使其组织与硬度均匀,从而改善其切削加工性。对于塑性很高的低碳钢,可通过冷拔或正火降低其塑性,提高硬度,使切削加工性得到改善。奥氏体不锈钢通常要进行调质处理,降低塑性,改善其切削加工性。铸铁件一般在加工前进行退火处理,降低表层硬度,并消除内应力,以改善切削加工性。

2. 调整材料的化学成分

在钢中添加一些元素,如硫、铅等,使钢的切削加工性得到改善,这样的钢叫"易切钢"。切削时,刀具耐用度提高,切削力变小,容易断屑,已加工表面质量好。

易切钢的添加元素几乎不能与钢的基体固溶,而以金属或非金属夹杂物的状态分布。这类夹杂物改善了钢的切削加工性。

2.11 切削液

在切削加工中,合理使用切削液可以改善切屑、工件与刀具之间的摩擦状况,降低切削力和切削温度,提高刀具耐用度,并能减小工件热变形,控制积屑瘤和鳞刺的生长,从而提高加工精度和减小已加工表面粗糙度。

2.11.1 切削液的种类

切削加工中常用的切削液分为三大类:水溶液、乳化液和切削油。

1. 水溶液

水溶液的主要成分是水,其冷却性能好,呈透明状,便于工作者观察。但是单纯的水易使金属生锈,且润滑性能欠佳。因此,经常在水溶液中加入一定的添加剂,使其既能保持冷却性能,又有良好的防锈性能和一定的润滑性能。

2. 乳化液

以水为主加入适量的乳化油而成。乳化油由矿物油、乳化剂配成,用95% ~98% 水稀释后成为乳白色或半透明状的乳化液。尽管乳化液的润滑性能优于水溶液,但润滑和防锈性能仍较差。为了提高其润滑和防锈性能,需再加入一定量的油性添加剂、极压添加剂和防锈添加剂,配成极压乳化液或防锈乳化液。

3. 切削油

切削油的主要成分是矿物油,少数采用植物油或复合油。由于纯矿物油不能在摩擦界面上形成坚固的润滑膜,常常加入油性添加剂、极压添加剂和防锈添加剂,以提高润滑和防锈性能。

2.11.2 切削液的作用机理

1. 切削液的冷却作用

切削液能降低切削温度,从而可以提高刀具耐用度和加工质量。在刀具材料的耐热性较差、工件材料的热膨胀系数较大以及两者的导热性较差的情况下,切削液的冷却作用尤为重要。切削液冷却性能的好坏,取决于它的导热系数、比热容、汽化热、汽化速度、流量、流速等。水溶液的冷却性能最好,油类最差(表2-6),乳化液介于两者之间。

表2-6 水、油性能的比较

切削液类别	导热系数/$(W \cdot m^{-1} \cdot \text{℃}^{-1})$	比热容/$(J \cdot kg^{-1} \cdot \text{℃}^{-1})$	汽化热/$(J \cdot g^{-1})$
水	0.628	4190	2260
油	0.126 ~ 0.210	1670 ~ 2090	167 ~ 314

2. 切削液的润滑作用

金属切削加工时,切屑、工件与刀
具表面之间的摩擦可以分为干摩擦、流
体润滑摩擦和边界润滑摩擦三类。金
属的边界润滑摩擦见图 2 − 73,在金属
切削加工中,大多数属于边界润滑。边
界润滑分为低温低压边界润滑、高温边
界润滑、高压边界润滑和高温高压边界

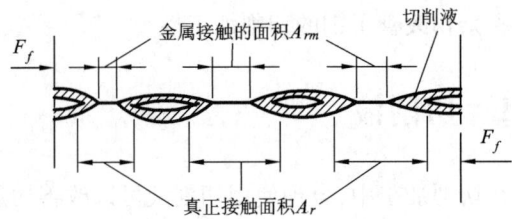

图 2 − 73　金属间的边界润滑摩擦

润滑四种。切削液能在切屑、工件与刀具界面之间形成边界润滑,从而降低摩擦系数,提高
刀具耐用度,改善已加工表面质量。

3. 切削液的清洗作用

切削过程中,有时会产生碎屑或粉屑,极易进入机床导轨面,所以要求切削液能将其冲
洗掉。清洗性能的好坏取决于切削液的渗透性、流动性和压力。为了改善切削液的清洗性
能,常加入剂量较大的活性剂和少量矿物油,制成水溶液或乳化液来提高其清洗效果。

4. 切削液的防锈作用

为了减小工件、机床、刀具受周围介质(水、空气等)的腐蚀,要求切削液具有一定的防
锈作用。防锈作用的好坏取决于切削液本身的性能和加入的防锈添加剂的作用。

切削液应价廉,配置方便,性能稳定,不污染环境和对人体无害。

2.11.3　提高切削液性能的添加剂

为了改善切削液的性能所加入的化学物质,称为添加剂。常见的添加剂有油性添加剂、
极压添加剂、防锈添加剂、防霉添加剂、抗泡沫添加剂和乳化剂等(表 2 − 7)。

表 2 − 7　切削液中的添加剂

分　　　类			添　　加　　剂
油性添加剂			动植物油、脂肪酸及其皂,脂肪醇,酯类、酮类、胺类等化合物
极压添加剂			含硫、磷、氯、碘等的有机化合物,如氯化石蜡、二烷基二硫代磷酸锌等
防锈添加剂	水溶性		亚硝酸钠,磷酸三钠,磷酸氢二钠,苯甲酸钠,苯甲酸胺,三乙醇胺等
	油溶性		石油磺酸钡,石油磺酸钠,环烷酸锌,二壬基苯磺酸钡等
防霉添加剂			苯酚,五氯酚,硫柳汞等化合物
抗泡沫添加剂			二甲基硅油
助溶添加剂			乙醇,正丁醇,苯二甲酸酯,乙二醇醚等
乳化剂	(表面活性剂)	阴离子型	石油磺酸钠,油酸钠皂,松香酸钠皂,高碳酸钠皂,磺化蓖麻油,油酸三乙醇胺等
		非离子型	平平加(聚氧乙烯脂肪醇醚),司本(山梨糖醇油酸酯),吐温(聚氧乙烯山梨糖醇油酸酯)
	乳化稳定剂		乙二醇,乙醇,正丁醇,二乙二醇单正丁基醚,二甘醇,高碳醇,苯乙醇胺,三乙醇胺

1. 油性添加剂和极压添加剂

油性添加剂主要用于低压低温边界润滑状态,主要起渗透和润滑作用,降低油与金属的界面张力,使切削液迅速渗透到切削区。在一定的切削温度下,能进一步形成物理吸附膜,减小切屑、工件与刀具表面之间的摩擦。

在极压润滑状态下,为了维持润滑膜强度,切削液中必须添加极压添加剂。常用的极压添加剂是含硫、磷、氯、碘等的有机化合物。这些化合物在高温下与金属表面起化学反应,生成比物理吸附膜的熔点高得多的化学吸附膜,可防止极压润滑状态下金属摩擦界面直接接触,减小摩擦,保持润滑作用。常用的极压添加剂有:含硫的极压添加剂、含氯的极压添加剂和含磷的极压添加剂。

2. 防锈添加剂

为了使机床、刀具和工件不受腐蚀,要在切削液中加入防锈添加剂。这是一种极性很强的化合物,由于与金属表面有很强的附着力,在金属表面上优先吸附形成保护膜,或与金属表面化合成钝化膜,保护金属表面不与腐蚀介质接触,从而起到防锈作用。常用的防锈添加剂分为水溶性和油溶性两种。水溶性防锈添加剂的品种很多,其中以亚硝酸钠在乳化液和水溶液中的应用较广。油溶性防锈添加剂主要用于防锈乳化液,也可用于切削油。在使用过程中,常将各种具有不同特点的防锈剂复合使用以达到综合防锈的效果。

3. 防霉添加剂

为了防止乳化液变质发臭,需要加入万分之几的防霉添加剂,达到杀菌和抑制细菌繁殖的效果。但防霉添加剂对人体有害。

4. 抗泡沫添加剂

切削液中加入的防锈添加剂、乳化剂等表面活性剂,增加了混入空气而形成泡沫的可能性。加入万分之几的抗泡沫添加剂,可以有效地防止泡沫的形成。在高速强力磨削时,添加抗泡沫添加剂是十分必要的。

5. 乳化剂

乳化剂能吸附在油 – 水界面上形成坚固的吸附膜,使油很均匀地分布在水中,而不会使油水分层,从而形成稳定的乳化液。

乳化液形成的机理是:乳化剂(表面活性剂)是一种有机化合物,它的分子是由极性基团和非极性基团组成。极性基团亲水,又叫亲水基团,可溶于水;非极性基团亲油,又叫亲油基团,可溶于油。

加入油和水中的表面活性剂能定向地排列吸附在油、水两相界面上,极性端朝水,非极性端朝油,把油与水连接起来,降低油、水界面张力,使油以微小的颗粒均匀地分散在水中,形成稳定的水包油乳化剂,如图 2 – 74 所示。此时,水为连续相,油为不连续相。反之,就是油包水的乳化液,如图 2 – 75 所示。金属切削加工中应用的是水包油乳化液。

在乳化液中,表面活性剂除了起乳化作用外,还能吸附在金属表面上形成润滑膜,起油性润滑剂的作用。

表面活性剂的种类大体分为四类:阴离子型、阳离子型、两性离子型和非离子型。应用最广的是阴离子型和非离子型。阴离子型表面活性剂的乳化性能好,有一定的清洗、润滑和防锈性能,但抗硬水能力差,易起泡沫。非离子型表面活性剂在乳化液和水溶液中不产生离子,所以不怕硬水,且分子中的亲水、亲油基可以调节,以满足不同的要求。

乳化液中加入的乳化稳定剂能与其他添加剂充分互溶,以改善乳化油和乳化液的稳定性,还可以扩大乳化范围,提高稳定性。

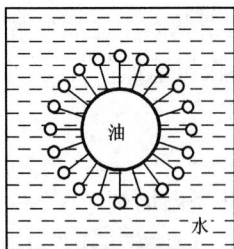

图 2 - 74　水包油乳化液示意图　　　　图 2 - 75　油包水乳化液示意图

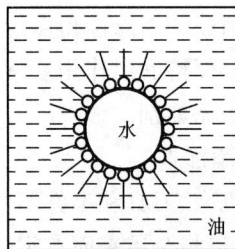

2.11.4　切削液的选用

应当根据工件材料、刀具材料、加工方法和加工要求,选用合适的切削液。高速钢刀具粗加工时,应选用以冷却作用为主的切削液来降低切削温度;硬质合金刀具粗加工时可以不用切削液,必要时采用低浓度的乳化液和水溶液,但必须连续充分地浇注。精加工时,应以改善已加工表面质量和提高刀具耐用度为主要目的。高速钢刀具在中、低速精加工时(铰削、拉削、螺纹加工、剃齿等),应选用润滑性能好的极压切削油或高浓度的极压乳化液。硬质合金刀具精加工时采用的切削液与粗加工时基本相同,但应适当提高其润滑性能。切削高强度钢和高温合金等难加工材料时,对冷却和润滑的要求都较高,应尽可能采用极压切削油或极压乳化液。进行铜、铝及其合金的车、铣加工时,不能用含硫的切削液。

切削液的施加方法以浇注法用得最多(图 2 - 76)。使用此方法时,切削液流量应充足,浇注位置应尽量靠近切削区。深孔加工时,应使用大流量(0.83 ~ 2.5L/s)、高压力(1 ~ 10MPa)的切削液,以达到有效的冷却、润滑和排屑的目的。喷雾冷却法(图 2 - 77)利用入口压力为 0.3 ~ 0.6MPa 的压缩空气使切削液雾化,并高速喷向切削区,当微小的切削液滴碰到灼热的刀具、切屑时便很快汽化,带走大量热量,从而有效地降低切削温度。这种方法冷却效果最佳。

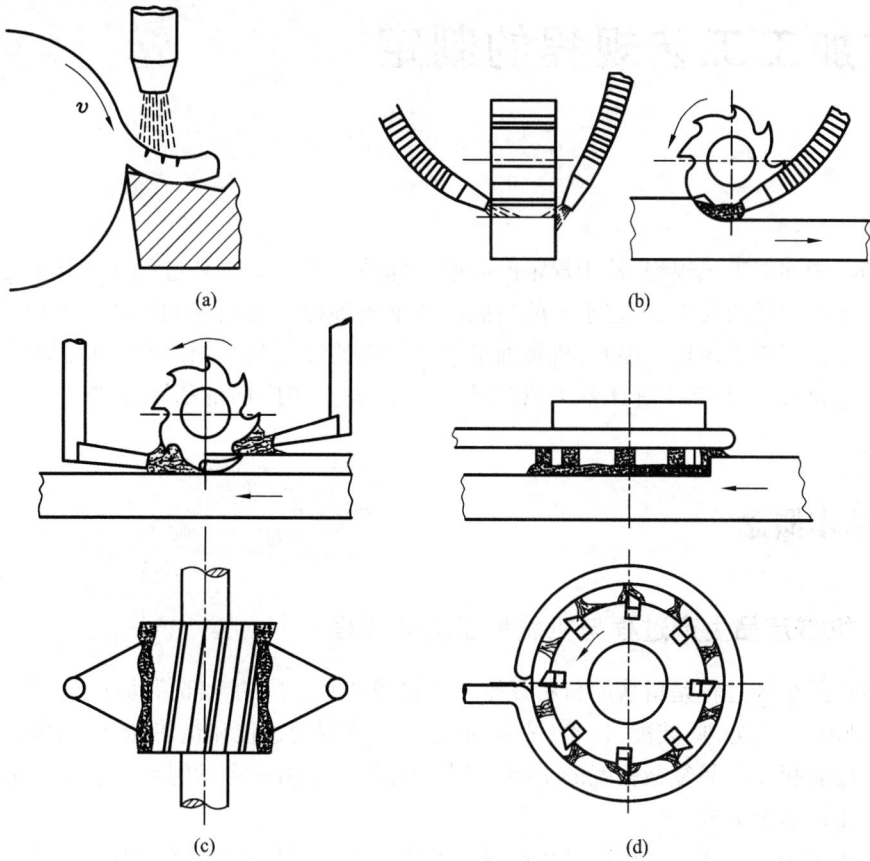

图 2 – 76　浇注切削液的几种方法

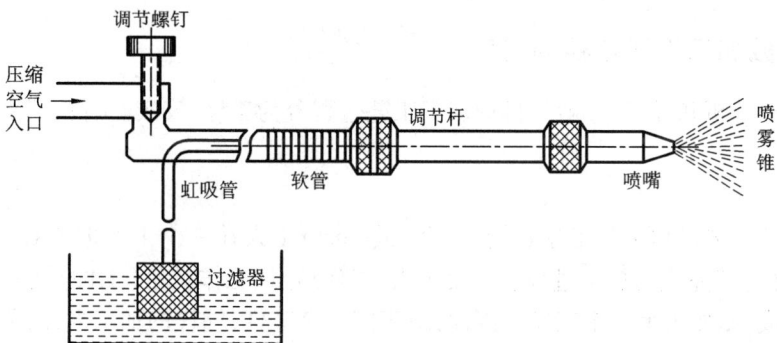

图 2 – 77　喷雾冷却装置的原理图

第 3 章
机械加工工艺规程的制定

所谓机械加工工艺规程,是指规定产品或零部件机械加工工艺过程和操作方法等的工艺文件。生产规模的大小、工艺水平的高低以及解决各种工艺问题的方法和手段都要通过机械加工工艺规程来体现。因此,机械加工工艺规程的设计是一项十分重要而又非常严肃的工作。它要求设计者必须具备丰富的生产实践经验和广博的机械制造工艺基础理论知识。

3.1 基本概念

3.1.1 机械产品生产过程与机械加工工艺过程

机械产品生产过程是指从原材料开始直到机械产品出厂的全部劳动过程。它包括毛坯制造、机械加工、热处理、装配、检验、试车、油漆等主要劳动过程和包装、储存、运输等辅助劳动过程。随着机械产品复杂程度的不同,其生产过程可以由一个车间或一个工厂完成,也可以由多个工厂联合完成。

机械加工工艺过程是机械产品生产过程的组成部分,是指采用各种加工方法(例如:切削加工、磨削加工、电加工、超声加工、电子束及离子束加工等)直接改变毛坯或半成品的形状、尺寸、表面粗糙度以及力学物理性能,使之成为合格零件的全部劳动过程。

3.1.2 机械加工工艺过程的组成

为了便于分析和描述,一般将机械加工工艺过程分为工序、安装、工位、工步和走刀等组成部分。

1. 工序

机械加工工艺过程中的工序是指:一个(或一组)工人在一个工作地点对一个(或同时对几个)工件连续完成的加工过程。只要工人、工作地点、工作对象(工件)之一发生变化或不是连续完成,则成为另一个工序。因此,对于同一个零件,同样的加工内容,可以有不同的工序安排。例如,图 3-1 所示零件的加工内容包括:①加工小端面;②钻小端面中心孔;③加工大端面;④钻大端面中心孔;⑤车大端外圆;⑥大端倒角;⑦车小端外圆;⑧小端倒角;⑨铣键槽;⑩去毛刺。这些加工内容可以安排为 2 个工序完成(表 3-1),也可以安排为 4 个工序完成(表 3-2),还可以有其他安排。工序安排和工序数目的确定与零件的技术要求、零件的生产数量和现场工艺条件等有关。工序的主要特征是工作地点和工人。根据零件加工的工序数,可以知道工作面积的大小、工人人数和设备数量。因此,工序的概念非常重要,是工厂设计中的重要资料。

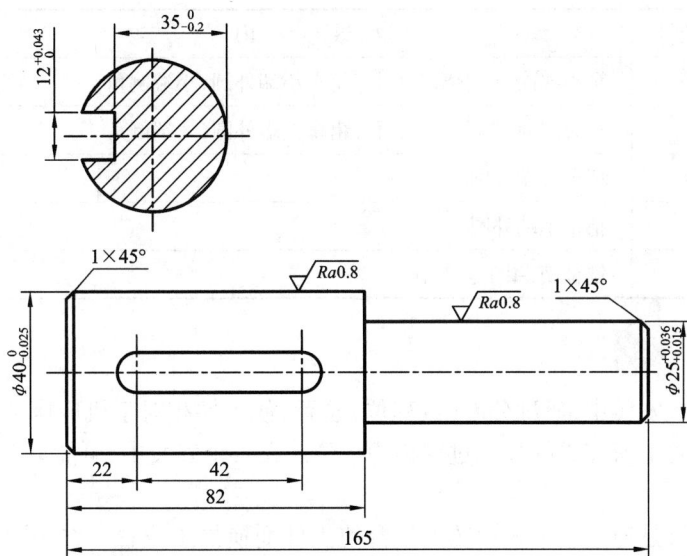

图 3－1　阶梯轴零件示意图

表 3－1　阶梯轴工序安排方案 Ⅰ

工序号	工　序　内　容	设　备
1	加工小端面,钻小端面中心孔,粗车小端外圆,小端倒角 加工大端面,钻大端面中心孔,粗车大端外圆,大端倒角 精车外圆	车床
2	铣键槽,手工去毛刺	铣床

表 3－2　阶梯轴工序安排方案 Ⅱ

工序号	工　序　内　容	设　备
1	加工小端面,钻小端中心孔,粗车小端外圆,小端倒角	车床
2	加工大端面,钻大端中心孔,粗车大端外圆,大端倒角	车床
3	精车外圆	车床
4	铣键槽,手工去毛刺	铣床

2. 安装

在一个工序中,工件每定位和夹紧一次所完成的加工过程称为一个安装。在一个工序中,工件可能只需要安装一次,也可能需要安装几次。例如,表 3－1 中的工序 1 需要 4 次定位和夹紧,才能完成全部工序内容,因此该工序共有 4 个安装;表 3－1 中的工序 2 只需要一次定位和夹紧即可完成全部工序内容,故该工序只有 1 个安装(表 3－3)。

表 3 – 3 工序和安装

工序号	安装号	安　装　内　容	设　备
1	1	车小端面,钻小端中心孔,粗车小端外圆,小端倒角	车床
	2	车大端面,钻大端中心孔,粗车大端外圆,大端倒角	
	3	精车大端外圆	
	4	精车小端外圆	
2	1	铣键槽,手工去毛刺	铣床

3. 工位

在工件的一次安装中,通过分度(或移位)装置,使工件相对于机床床身变换加工位置,在每一个加工位置上所完成的加工过程称为工位。在一个安装中,可能只有一个工位,也可能有几个工位。

图 3 – 2 所示,是通过立轴式回转工作台使工件变换加工位置。在该图中,依次有装卸工件、钻孔、扩孔和铰孔 4 个工位,实现了在一次安装中进行钻孔、扩孔和铰孔加工。

可以看出,如果一个工序只有一个安装,并且该安装中只有一个工位,则工序内容就是安装内容,同时也就是工位内容。

4. 工步

在一个工位中,加工表面、切削刀具、切削速度和进给量都不变的情况下完成的加工过程,称为一个工步。

按照工步的定义,对于带回转刀架的机床(转塔车床,加工中心等)来说,其回转刀架的每一次转位,刀具均发生变化,所以每一次转位中完成的工位内容应属一个工步,而在不同位置完成的工位内容则分属不同的工步。在其回转刀架的每一次转位中若有几把刀具同时参与切削,则该工步称为复合工步。图 3 – 3 是立轴转塔车床回转刀架示意图,图 3 – 4 是用该刀架加工齿轮内孔及外圆的一个复合工步。

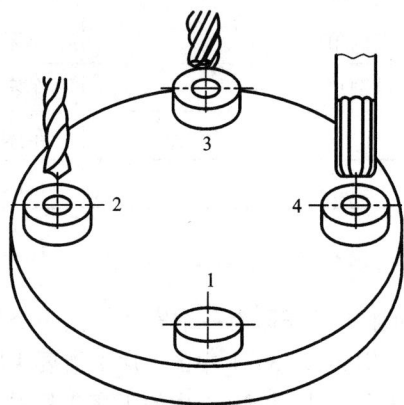

图 3 – 2 多工位安装

工位 1:装卸工件;工位 2:钻孔;工位 3:扩孔;工位 4:铰孔

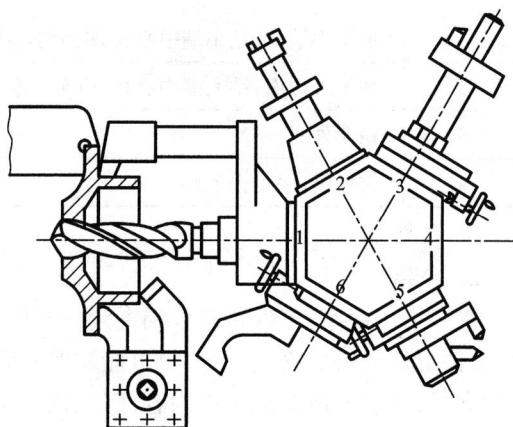

图 3 – 3 立轴转塔车床回转刀架

在机械加工工艺过程中,应用复合工步主要是为了提高生产效率。例如,图 3 - 5 表示在龙门刨床上利用多刀刀架将 4 把刨刀安装在不同高度上进行刨削加工;图 3 - 6 表示在钻床上用复合钻头进行钻孔和扩孔加工;图 3 - 7 表示在铣床上利用铣刀组合,同时完成几个平面的铣削加工。

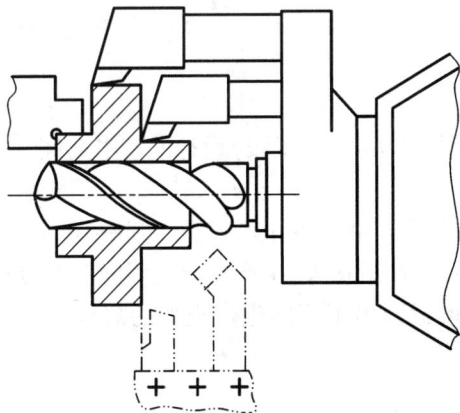

图 3 - 4　立轴转塔车床加工的一个复合工步

图 3 - 5　刨平面复合工步

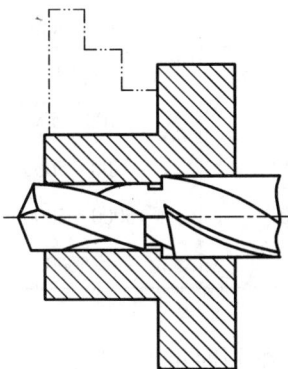

图 3 - 6　钻孔、扩孔复合工步

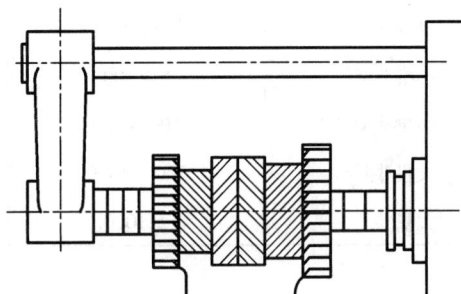

图 3 - 7　组合铣刀铣平面复合工步

5. 走刀

切削刀具在加工表面上切削一次所完成的加工过程,称为一次走刀。一个工步可包括一次或数次走刀。如果需要切去的金属层很厚,不能在一次走刀下切完,则需分几次走刀进行切削。走刀是构成工艺过程的最小单元。

3.1.3　生产类型与机械加工工艺规程

机械加工工艺规程的详细程度与生产类型有关。不同的生产类型由产品的生产纲领即年产量来区别。

1. 生产纲领

产品的生产纲领就是其年生产量。生产纲领及生产类型与工艺过程的关系十分密切。

产品的生产纲领不同,生产规模也不同,其工艺过程的特点也相应变化。

零件的生产纲领通常按下式计算:

$$N = Qn(1+\alpha)(1+\beta) \tag{3-1}$$

式中　N——零件的生产纲领,件/年;

　　　Q——产品的年产量,台/年;

　　　n——每台产品中该零件的数量,件/台;

　　　α——备品率;

　　　β——废品率。

年生产纲领是设计或修改工艺规程的重要依据,是车间(或工段)设计的基本文件。

2. 生产类型

机械制造业的生产类型一般分为大量生产、成批生产和单件生产三类。其中,成批生产又可分为大批生产、中批生产和小批生产三类。显然,产量愈大,生产专业化程度应该愈高。表3-4按重型机械、中型机械和轻型机械的年生产量列出了不同生产类型的规范,可供编制工艺规程时参考。

表3-4　各种生产类型的规范

生产类型	零件的年生产纲领/(件·年$^{-1}$)		
	重型机械	中型机械	轻型机械
单件生产	≤5	≤20	≤100
小批生产	5~100	20~200	100~500
中批生产	100~300	200~500	500~5000
大批生产	300~1000	500~5000	5000~50000
大量生产	>1000	>5000	>50000

从表3-4可以看出,生产类型的划分一方面要考虑生产纲领即年生产量;另一方面还必须考虑产品本身的大小及其结构的复杂性。例如,重型龙门铣床比台钻要复杂得多,制造工作量也大得多,因此生产20台台钻属于单件生产,而生产20台重型龙门铣床则属于小批生产。

对于不同的生产类型,其工艺特点有很大差别。单件生产的产品数量少,每年产品的种类和规格较多,需根据定货单位的要求确定,多数产品只能单个生产,大多数工作地的加工对象经常改变,很少重复。成批生产的产品数量较多,每年产品的结构和规格可以预先确定,而且在一段时间内比较固定,生产可以分批进行,大部分工作地的加工对象是周期轮换的。大量生产的产品数量很大,产品的种类和规格比较固定,生产可以连续进行,大部分工作地的加工对象是单一不变的。

表3-5介绍了这三种生产类型的工艺特点。

表 3 – 5　各种生产类型的工艺特点

特点 \ 生产类型	单 件 生 产	成 批 生 产	大 量 生 产
加工对象	经常变换	周期性变换	固定不变
机床	通用机床	通用机床和专用机床	专用机床
机床布局	机群式布置	按零件分类的流水线布置	按流水线布置
夹具	通用夹具或组合夹具，必要时采用专用夹具	广泛使用专用夹具	广泛使用高效率的专用夹具
刀具	通用刀具	通用刀具和专用刀具	广泛使用高效率的专用刀具
量具	通用量具	通用量具和专用量具	广泛使用高效率的专用量具
毛坯制造方法	木模造型或自由锻(精度低)	金属模造型或模锻	金属模机器造型，压力铸造，特种铸造，模锻，特制型材(高精度)
安装方法	划线找正	划线找正和广泛使用夹具	不需划线，全部使用夹具
装配方法	零件不能互换，广泛采用修配法	普遍采用互换或选配	完全互换或分组互换
生产周期	没有一定	周期重复	长时间连续生产
生产率	低	一般	高
成本	高	一般	低
生产工人等级	高	一般	低 调整工人技术水平要求高
工艺文件	简单，一般为加工过程卡	比较详细	详细编制

3. 机械加工工艺规程的作用

一般来说，大批大量生产类型要求有细致严密的组织工作，应有详细的机械加工工艺规程；单件小批生产的分工比较粗，其机械加工工艺规程可以比较简单一些。但是，不论何种生产类型，都必须制定机械加工工艺规程。这是因为：

(1)机械加工工艺规程是生产的计划调度、工人的操作、质量检查等的依据，一切生产人员都不得违反机械加工工艺规程。

(2)机械加工工艺规程是生产准备工作和技术准备工作的依据。在产品投产以前，需要进行大量的生产准备和技术准备工作，如技术关键的分析与研究，刀、夹、量具的设计、制造或采购，原材料、毛坯件的制造或采购，设备改装或新设备的购置等。这些工作都必须根据机械加工工艺规程来展开，否则，生产将陷入盲目和混乱状态。

(3)除单件小批生产以外，机械加工工艺规程是中批或大批大量生产中新建或扩建车间(或工段)的原始依据。机床的种类和数量、机床的布置和动力配置、生产面积和工人的数量等均应根据机械加工工艺规程确定。

机械加工工艺规程一经制定即应保持相对稳定，其修改与补充是一项严肃的工作，必须经过认真讨论和严格的审批手续。但是，机械加工工艺规程又需要经过不断地修改与补充，不断吸收先进经验才能得以完善，保持其先进性和合理性。

4. 机械加工工艺规程的格式

通常,机械加工工艺规程均按表格(卡片)的形式进行编制。我国各机械制造企业使用的机械加工工艺规程表格的形式不尽一致,但其基本内容是相同的。对于单件小批生产,一般只编写简单的机械加工工艺过程卡(参见表 3-6);对于中批生产,多采用机械加工工艺卡(参见表 3-7);对于大批大量生产,则要求有详细和完整的工艺文件,各工序均应有机械加工工序卡(参见表 3-8)。对于半自动及自动机床,还要求有机床调整卡,对检验工序,则要求有检验工序卡。

表 3-6　机械加工工艺过程卡

(企业名)	机械加工工艺过程卡	产品名称及型号		零件名称			零件图号			
		材料	名称		毛坯	种类	零件质量/kg	毛质量		第页
			牌号			尺寸		净质量		共页
			性能			每 台 件 数		每批件数		
工序号	工 序 内 容			加工车间	设备名称及编号	工艺装备名称及编号			技术等级	时间定额/min
						夹具	刀具	量具		单件	准备终结
更改内容										
编　制			校对			审核			批准	

表 3-7　机械加工工艺卡

(企业名)	机械加工工艺卡	产品名称及型号		零件名称			零件图号			
		材料	名称		毛坯	种类	零件质量(kg)	毛质量		第页
			牌号			尺寸		净质量		共页
			性能			每 台 件 数		每批件数		
工序	装夹	工步	工序内容	同时加工零件数	切削用量				设备名称及编号	工艺装备名称及编号	技术等级	时间定额/min
					背吃刀量/mm	切削速度/(m·min^{-1})	每分钟转数/(r·min^{-1})或往复次数	进给量/(mm·r^{-1})		夹具	刀具	量具		单件	准备终结
更改内容														
编　制			校对			审核			会签	

96

表 3 - 8　机械加工工序卡

(企业名)	机械加工工序卡	产品名称及型号		零件图号	零件名称	工序号	工序名称	第　页
								共　页

（工序图）	车间	工段	材料名称	材料牌号	力学性能	零件质量/kg
	同时加工件数	每料件数	技术等级	单件时间/min	量具名称、规格	
	设备名称	设备编号	夹具名称	夹具编号	冷却液	
	更改内容					

工步号	工步内容	计算数据/mm			工作行程次数	背吃刀量/mm	切削用量			工时定额/min				刀具、量具及辅助工具			
		直径或长度	工作行程长度	单边余量			进给量/(mm·r⁻¹)或(mm·min⁻¹)	每分钟转数或双行程数(mm·r⁻¹)或(2L·min⁻¹)	切削速度/(m·min⁻¹)	基本时间	辅助时间	布置工作地时间	休息与生理需要时间	名称	规格	编号	数量

编制	校对	审核	批准

97

应该指出,对于产品的关键零件或复杂零件,即使是单件小批生产也应制定较详细的机械加工工艺规程(包括填写工序卡和检验卡等),以确保产品质量。

3.1.4　机械加工工艺规程的设计原则、步骤和内容

机械加工工艺规程的制定是最重要的一项工艺准备工作,其主要内容和顺序包括以下几方面:

1. 制定机械加工工艺规程的原始资料

(1)零件工作图,包括必要的装配图。

(2)零件的生产纲领和生产类型。

(3)毛坯的种类及其生产条件和供应条件。

(4)现场的生产条件,如设备的规格、性能和精度等级,刀具、夹具、量具的规格和精度情况,工人的技术水平,专用设备和工装的制造能力等。

(5)有关技术手册、标准和指导性文件。

有了上述原始资料即可制定工艺规程。

2. 设计机械加工工艺规程的步骤和内容

(1)阅读装配图和零件图　了解产品的结构、用途、性能和工作条件,熟悉零件在产品中的地位和作用。

(2)工艺审查　审查图纸上的尺寸、视图和技术要求是否完整、正确、统一;找出主要技术要求和分析关键技术问题;审查零件结构的机械加工工艺性(详见3.3　零件结构的机械加工工艺性)。如果在工艺审查中发现问题,即应同产品设计部门联系,共同研究解决办法。

(3)熟悉或确定毛坯　确定毛坯的主要依据是零件在产品中的作用、零件的生产纲领及其本身的结构。常用毛坯种类有:铸件、锻件、型材、焊接件、冲压件等。毛坯的选择通常由产品设计者完成。工艺人员在设计机械加工工艺规程之前,首先应熟悉毛坯的特点。例如,对于铸件应了解其分型面、浇口和冒口的位置以及公差和拔模斜度等。这些都是设计机械加工工艺规程时不可缺少的原始资料。毛坯的种类和质量对机械加工的影响很大。例如,精密铸件、压铸件、精锻件等毛坯的质量好,精度高,对保证加工质量、提高劳动生产率和降低机械加工工艺成本有重要作用。当然,这里所说的降低机械加工工艺成本是以提高毛坯制造成本为代价的。在选择毛坯时,应从实际出发,除了考虑零件的作用、生产纲领及其结构以外,还应充分考虑国情和厂情。

(4)拟定机械加工工艺路线　这是制定机械加工工艺规程的核心。其主要内容包括:选择定位基准、确定加工方法、安排加工顺序以及安排热处理、检验和其他工序等。机械加工工艺路线的确定,一般要通过一定范围的论证,即通过对几条工艺路线进行分析与比较,从中选出一条既适合本企业条件又能确保加工质量、高效率和低成本的满意的工艺路线。

(5)确定满足各工序要求的工艺装备(包括机床、夹具、刀具和量具等)。对需要改装或重新设计的专用工艺装备应提出具体设计任务书。

(6)确定各主要工序的技术要求和检验方法。

(7)确定各工序的加工余量,计算工序尺寸和公差。

(8)确定切削用量　目前,对于单件小批生产类型,切削用量多由操作者自行决定,机械加工工艺过程卡中一般不作明确规定;对于中批,特别是大批大量生产类型,为了保证生

产的合理性和节奏的均衡,要求必须规定切削用量,并不得随意改动。

(9)确定时间定额。

(10)填写工艺文件。

3.2 定位基准及其选择

3.2.1 基准

所谓基准,是指用来确定生产对象上几何要素之间的几何关系所依据的那些点、线、面。根据基准的作用,可将其分为设计基准和工艺基准两大类。

1. 设计基准

设计者在设计零件时,需要根据零件在装配结构中的装配关系以及零件本身结构要素之间的相互位置关系来确定标注尺寸(或角度)的起始位置。这些标准尺寸(或角度)的起始位置称为设计基准。简言之,设计图样上采用的基准就是设计基准。例如,在图 3 – 8 中所示的阶梯轴中,端面 1 和中心线 2 就是设计基准。

2. 工艺基准

零件在加工过程中采用的基准称为工艺基准。

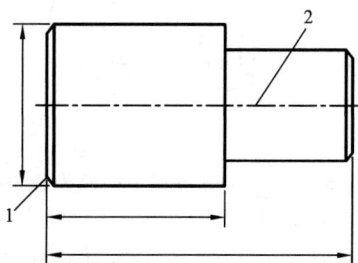

图 3 – 8 设计基准举例
1—端面;2—中心线

根据工艺基准的作用,可将其分为定位基准、测量基准和装配基准三类。

1)定位基准

工件在加工时用于定位的基准,称为定位基准。定位基准是获得零件尺寸的直接基准,还可进一步分为粗基准、精基准。

(1)粗基准 未经机械加工的定位基准称为粗基准。机械加工工艺规程中第一道机械加工工序所采用的定位基准都是粗基准。

(2)精基准 经过机械加工的定位基准称为精基准。

此外,零件上根据机械加工工艺的需要而专门设计的定位基准称为附加基准。例如,轴类零件的加工常用顶尖孔定位,顶尖孔就是专为机械加工工艺而设计的附加基准。

2)测量基准

加工中或加工后用来测量工件的形状、位置和尺寸误差所采用的基准,称为测量基准。

3)装配基准

装配时用来确定零件或部件在产品中的相对位置所采用的基准,称为装配基准。

3.2.2 定位基准的选择

1. 一般原则

(1)选最大尺寸表面作为安装面(限制 3 个自由度),选最长距离表面作为导向面(限制 2 个自由度),选最小尺寸的表面为支承面(限制 1 个自由度)。图 3 – 9 所示的零件中,要求所加工的孔与端面 M 垂直,显然用 N_1 面定位的加工精度较高。

（2）首先考虑保证空间位置精度，再考虑保证尺寸精度。因为在加工中保证空间位置精度要比保证尺寸精度困难得多。如图 3 – 10 所示的主轴箱零件，其主轴孔轴线与 M 面的距离为 z，与 N 面的距离为 x。由于主轴孔穿通箱体的前后壁，并且要求与 M 面及 N 面平行，因此要以 M 面为安装面，限制 $\vec{Z}$，$\overset{\frown}{X}$，$\overset{\frown}{Y}$ 三个自由度，以 N 面为导向面，限制 $\vec{X}$ 和 $\overset{\frown}{Z}$ 两个自由度。为了保证这些空间位置，M 面与 N 面必须有较高的加工精度。

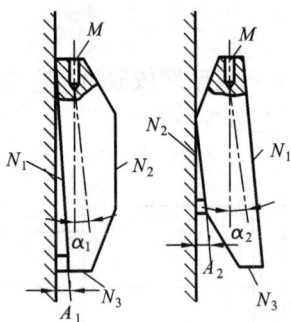

图 3 – 9　选最长距离的面为导向面　　　　图 3 – 10　空间位置精度的保证

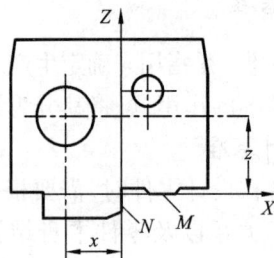

（3）应尽量选择零件的主要表面为定位基准。因为零件的主要表面是决定其他表面的基准，也就是主要设计基准。如图 3 – 10 所示的主轴箱零件中，M 面和 N 面就是主要表面，许多表面的位置都是由这两个表面决定的。选主要表面作为定位基准，可使设计基准与定位基准重合。

（4）所选择的定位基准应有利于夹紧，在加工过程中稳定可靠。

2. 粗基准的选择

粗基准的选择应能保证加工面与非加工面之间的位置精度，合理分配各加工面的余量，并为后续工序提供精基准。具体选择原则如下：

（1）选加工余量小的面做粗基准，以保证各加工面都有足够的加工余量。

（2）选重要表面为粗基准，以保证重要表面的加工余量均匀。

图 3 – 11 所示床身零件加工时，若如图（a）选床腿面为粗基准，由于毛坯尺寸的误差导致床身导轨面的余量不均匀，一方面增加了整个的加工余量，同时加工后导轨面各处的硬度可能不均匀；若如图（b）所示选床身导轨面为粗基准，则以床腿面为精基准加工导轨面时，将使导轨面的余量均匀。

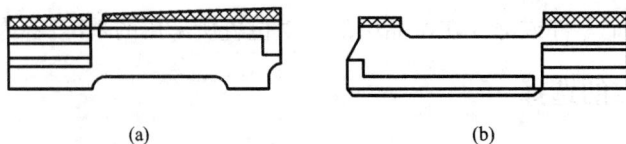

（a）　　　　　　　　　　　　　　（b）

图 3 – 11　床身零件加工时的粗基准选择

（3）选不加工表面做粗基准，以保证加工表面和不加工表面之间的相对位置要求，同时

100

可以在一次安装下加工更多的表面。如图 3 - 12 所示的零件加工就是一个实例。

(4)应选平整、光洁、面积较大的表面作粗基准,避开锻造飞边和铸造绕冒口、分型面、毛刺等缺陷,以保证定位准确,夹紧可靠。

(5)粗基准一般只能使用一次。因为粗基准为非加工面,定位基准位移误差较大,如重复使用,将造成较大的定位误差,不能保证加工要求。因此,在制定工艺规程时,第一道和第二道工序一般都是为了加工出精基准。

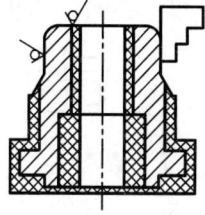

图 3 - 12　选不加工表面为粗基准

3. 精基准的选择

1)基准重合原则

选择设计基准作为定位基准称为基准重合原则。这样可以避免因基准不重合引起的基准不重合误差。例如,图 3 - 13 所示为主轴箱箱体零件中,主轴孔轴线在垂直方向的尺寸 B_2 的设计基准是箱底面。加工主轴孔时,若采用箱底面作为定位基准,则可直接保证尺寸 B_2,避免基准不重合误差。有些制造厂考虑到主轴是三个支承,内壁上也有孔,为了提高镗杆的刚性以保证三个孔的同轴度,在夹具上设计了三个镗模板,其中一个置于箱体内,这样就需要把箱体倒置,以箱盖面为定位基准,但会造成基准不重合误差。

2)基准统一原则

为了减少夹具的种类和数量或为了进行自动化生产,在零件的加工过程中应尽可能采取统一的定位基准,称为基准统一原则。采用统一基准,往往会带来基准不重合。因此,基准重合原则和基准统一原则是有矛盾的,应根据具体情况进行处理。图 3 - 14 所示的活塞零件在自动化生产中多采用裙部的止口作为统一的定位基准,但是销孔在垂直方向的尺寸 C_1 的设计基准是顶部端面,这样在加工销孔时就会产生基准不重合误差。

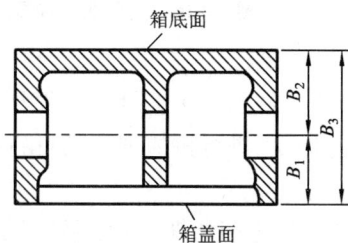

图 3 - 13　基准重合原则

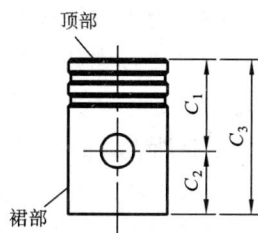

图 3 - 14　基准统一原则

3)互为基准原则

加工某些空间位置精度要求很高的零件时,常采用互为基准、反复加工的原则。例如,车床主轴的前后轴颈与前锥孔有很高的同轴度要求(图 3 - 15),工艺上先以前后轴颈定位加工通孔、后锥孔和前锥孔,再以前锥孔及后锥孔(附加定位基准)定位加工前后轴颈。经过几次反复,由粗加工、半精加工至精加工,最后以前后轴颈定位,加工前锥孔,保证了较高的同轴度。

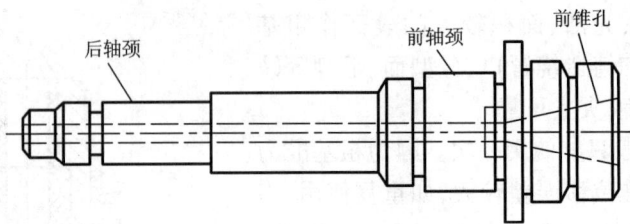

图 3 – 15　互为基准原则

4）自为基准原则

精加工某些精度要求很高的表面时,为了保证加工精度,要求加工表面的余量很小并且均匀,常以加工面本身作为定位其准,称为自为基准原则。例如,连杆小头孔加工的最后一道工序是金刚镗孔,就是以小头孔本身定位(图 3 – 16)待夹紧后将定位元件移去,再进行加工。

以上粗精基准选择的各项原则,都是从某一方面提出的要求。有时,这些要求之间会出现相互矛盾的情况。在实际运用中应根据具体情况,全面辩证地进行分析,分清主次,解决主要矛盾。

3.3　零件结构的机械加工工艺性

零件的结构设计对加工质量、生产效率和经济效益有重要的影响。为了获得较好的技术经济效果,设计零件结构时不仅要考虑如何满足使用要求,还应当

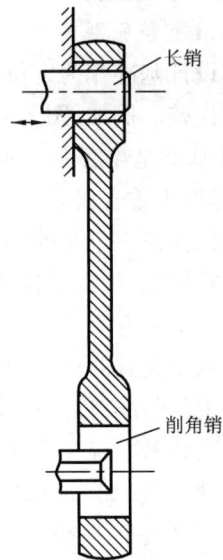

图 3 – 16　自为基准原则

考虑是否符合加工工艺的要求,也就是要考虑零件结构的机械加工工艺性。零件结构的机械加工工艺性是指所设计的零件在能满足使用要求的前提下,进行机械加工的可行性和经济性。

零件结构机械加工工艺性的优劣是相对的,与生产批量、生产条件、加工方法、工艺过程和技术水平等因素密切相关,随着科学技术的发展和新工艺方法的出现而不断变化。例如,零件上不穿通的小孔采用一般的切削加工方法很难加工,可以说其机械加工工艺性不好。但采用特种加工方法加工这些小孔并不困难,因此也可以认为结构的机械加工工艺性是好的。

对零件结构进行机械加工工艺性分析,是制定工艺规程时的一项重要工作。通常包括以下两个方面:

1. 分析和审查产品零件图和装配图

首先应分析产品零件图及有关的装配图,了解零件在机械中的作用,从而进一步审查图样的完整性与正确性,例如图样的视图是否足够,尺寸、公差的标注是否齐全等;同时还应分

析零件的技术要求,例如被加工表面的尺寸精度和几何形状精度,各个被加工表面之间的相互位置精度,被加工表面的粗糙度、表面质量、热处理要求等,了解这些技术要求的作用,从中找出主要的技术要求以及在工艺上难以达到的技术要求,特别是对制定工艺方案起决定作用的技术要求。

在分析技术要求时,还应考虑影响达到技术要求的主要因素,并着重研究零件在加工过程中可能产生的变形及其对技术要求的影响,以掌握制定工艺规程时应解决的主要问题,为制定合理的工艺规程做好必要的准备。

若有错误和遗漏,应及时提出修改意见。

2. 零件结构工艺性的定性分析

目前,对零件结构的机械加工工艺性分析大多采用定性分析法,即定性地比较不同结构机械加工工艺性的优缺点。表 3 – 9 介绍了各种结构机械加工工艺性好坏的定性评价意见。

表 3 – 9　机械加工结构工艺性定性分析举例

项目	改　进　前	改　进　后	说　明
工件便于在机床或夹具上安装	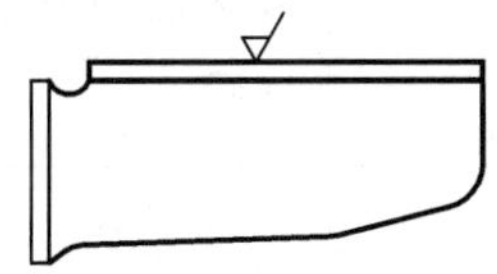	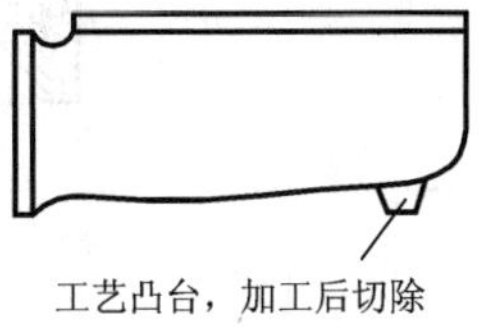 　工艺凸台,加工后切除	为了安装方便,在零件上设计了工艺凸台,工艺凸台可在精加工后切除
	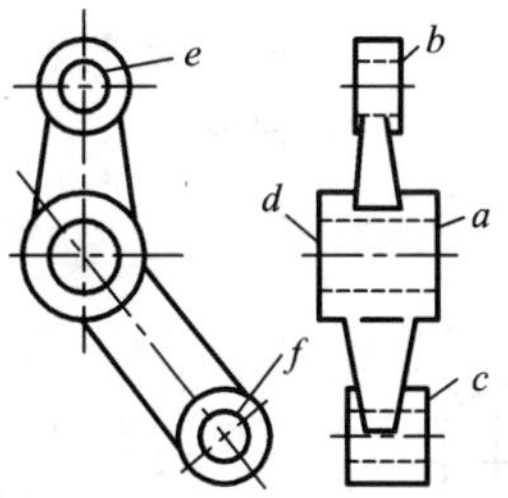	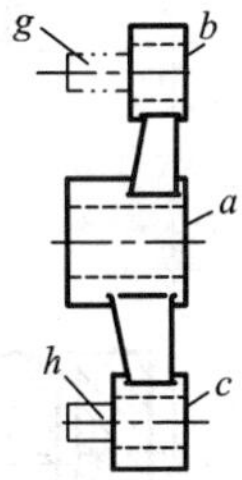	改进后,不仅 *a*、*b*、*c* 处于同一平面上,而且还设计了两工艺凸台 *g*、*h*,其直径分别小于 *e*、*f* 孔,当孔钻通时,凸台自然脱落
减少工件安装次数	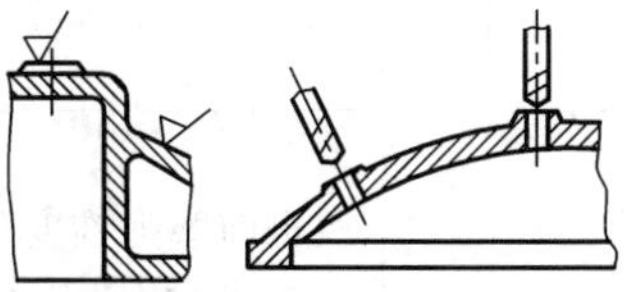	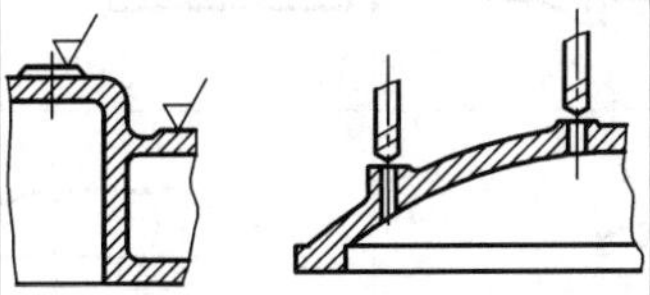	改进后只需一次安装
	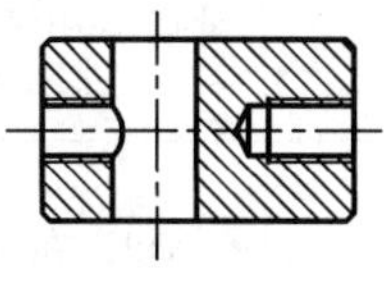	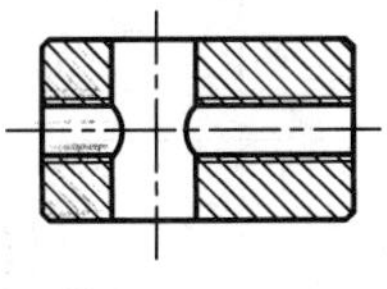	改为通孔,可减少安装次数,并保证孔的同轴度,若尚需淬硬,则还可改善热处理工艺性

项目	改 进 前	改 进 后	说 明
孔和槽的形状应便于加工			槽的形状(直角、圆角)和尺寸应与立铣刀形状相符合
			箱体上同一轴线各孔应都是通孔,无台阶;孔径向同一方向递减(也可以从两边向中间递减),端面应在同一平面上
			不通孔和阶梯孔的孔底形状应与钻头形状相符合
避免零件内表面的加工			加工阀杆的沟槽比加工阀套内孔的沉割槽方便,槽间距的精度也容易保证
应便于加工时进刀、退刀和测量			各磨削表面间的过渡部位应设计出越程槽
			改进前磨削锥度部分时,由于轴肩的影响使进给量减小,生产效率低
			刨削时,在平面的前端必须留有让刀的部位

续表 3 - 9

项目	改　进　前	改　进　后	说　明
合理采用组合件或组合表面			改进前的花键前加工很困难,改进后,用管材和拉削后的中间体组合而成
			改进前,孔愈深加工愈困难,且难以保证内部大孔的尺寸精度和粗糙度
提高刀具刚性和寿命			设计出工艺孔(光孔),便于选用标准钻头和攻螺纹工具,避免采用加长钻头
			改进后可避免在曲面或斜壁上钻孔导致钻头单边切削
			钻深孔时,冷却、排屑困难,效率低,应尽量避免
			凸起部分应具有足够的高度,以改善刀具的工作条件

项目	改 进 前	改 进 后	说 明
减少加工面数和缩小加工面面积			铸出凸台和凹槽,以减少切去金属的体积
			将中间部位改为粗车,并尽量增加长度,以减少精车工作量
			若轴上仅一小部分长度的直径有严格的公差,则应将零件设计成阶梯状,以减少磨削工作量
统一刀具规格以减少刀具种类			轴的沉割槽或键槽的形状与宽度应尽量一致
			磨削和精车时,轴上的过渡圆角半径应尽量一致
减少刀具切削空程			改进后,减少了刀具的空程时间,并提高了工件的刚性,可采用较大的切削用量加工

续表 3 - 9

项目	改 进 前	改 进 后	说 明
减少刀具的调整次数	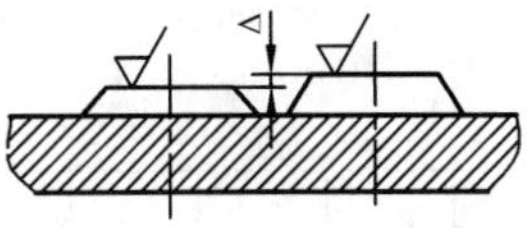	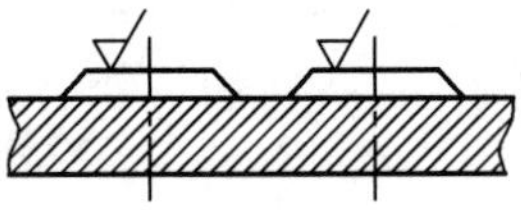	被加工表面尽量设计在同一平面上
			改进后锥度相同,刀具只需作一次调整

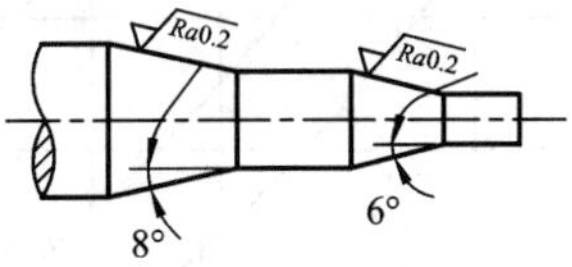

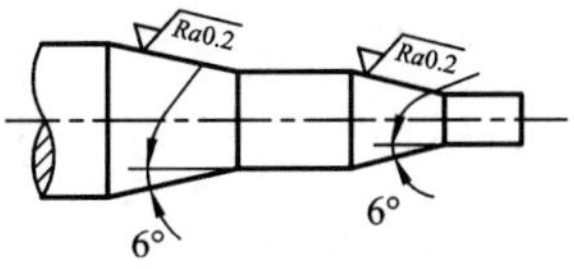

3.4 工艺路线的制定

3.4.1 加工经济精度与加工方法的选择

1. 加工经济精度

了解各种加工方法所能达到的加工经济精度及表面粗糙度是拟定零件加工工艺路线的基础。

各种加工方法(车、铣、刨、磨、钻、镗、铰等)所能达到的加工精度和表面粗糙度,都在一定的范围内。对于任何一种加工方法,只要精心操作、细心调整、选择合适的切削用量,就可以得到较高的加工精度和较低的表面粗糙度值,但所耗费的时间与成本也会愈大。

加工精度的高低是用可以控制的加工误差的大小来表示的。加工误差小,则加工精度高,反之则加工精度低。统计资料表明,加工误差和加工成本之间成反比例关系,如图 3 - 17 所示。图中,δ 表示加工误差,S 表示加工成本。可以看出:对于一种加工方法来说,加工误差小到一定程度(如曲线中 A 点的左侧)后,加工成本提高很多,加工误差却降低很少;加工误差大到一定程度后(如曲线中 B 点的右侧),即使加工误差增大很多,加工成本却降低很少。这说明该加工方法在 A 点的左侧或 B 点的右侧应用都是不经济的。例如,对于表面粗糙度值 $Ra < 0.4\mu m$ 的外圆加工,通常采用磨削加工而不用车削加工方法,因为车削加工方法不经济。但是,对于表面粗糙度为 $Ra = 1.6 \sim 2.5\mu m$ 的外圆加工,则多用车削加工而不用磨削加工方法,因为这时车削加工方法比较经济。

每种加工方法都存在加工经济精度问题。所谓加工经济精度,是指在正常加工条件下(采用符合质量标准的设备和工艺装备、标准技术等级的工人,不延长加工时间),所能保证的加工精度和表面粗糙度。

应该指出,加工经济精度是一个相对的概念。随着机械工业的不断发展,提高机械加工精度的研究工作从未停止过,加工精度在不断地提高。各种加工方法的加工经济精度的概念也在发展,其指标不断提高。图 3 – 18 给出了加工精度随年代发展的统计结果。不难看出,20 世纪 40 年代的精密加工精度大约只相当于 80 年代的一般加工精度。

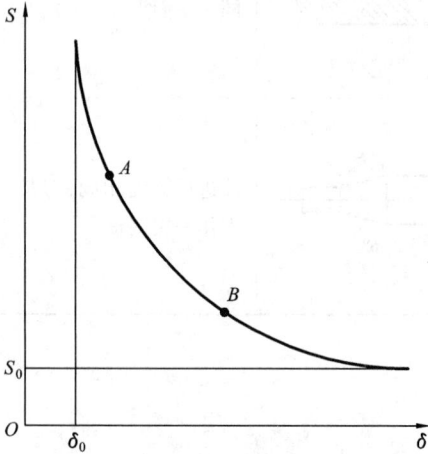

图 3 – 17　加工误差与加工成本的关系

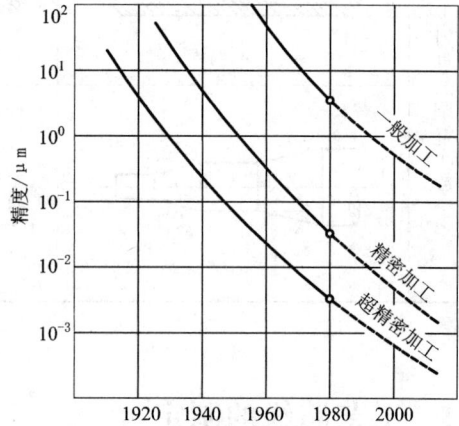

图 3 – 18　加工精度发展趋势

2. 加工方法的选择

一般情况下,应根据零件的精度要求(包括尺寸精度、形状精度和位置精度以及表面粗糙度),考虑现场工艺条件和加工经济精度的因素来选择加工方法。

在选择加工方法时应考虑的主要问题如下:

(1)所选择的加工方法能否满足零件加工精度的要求。

(2)零件材料的机械加工工艺性。例如,由于非铁金属易堵塞砂轮工作面,故宜采用切削加工方法,不宜采用磨削加工方法。

(3)生产率对加工方法有无特殊要求。例如,为满足大批大量生产的需要,齿轮内孔常采用拉削方法加工。

(4)现场工艺能力和现有加工设备的加工经济精度。工艺人员必须熟悉本车间(或者本企业)现有加工设备的种类、数量、加工范围和精度水平以及工人的技术水平,以充分利用现有资源,并不断地对原有设备、工艺装备进行技术改造,挖掘企业潜力,创造经济效益。

表 3 – 10 至表 3 – 12 分别介绍了外圆表面、内孔表面和平面的加工方案及其经济精度,表 3 – 13 介绍了螺纹的加工方法,表 3 – 14 介绍了齿形的加工方案,供选择加工方法时参考。其他加工方法的加工经济精度和表面粗糙度及各种机床能达到的几何形状精度和相互位置精度可参考有关的工艺人员手册。

表 3 – 10　外圆表面加工方案及其经济精度

加　工　方　案	经济精度公差等级	表面粗糙度/μm	适　用　范　围
粗车 └ 半精车 　└ 精车 　　└ 滚压（或抛光）	IT11 ~ 13 IT8 ~ 9 IT7 ~ 8 IT6 ~ 7	$Rz50 ~ 100$ $Ra3.2 ~ 6.3$ $Ra0.8 ~ 1.6$ $Ra0.08 ~ 0.20$	适用于除淬火钢以外的金属材料
粗车 → 半精车 → 磨削 　　└ 粗磨 → 精磨 　　　└ 超精磨	IT6 ~ 7 IT5 ~ 7 IT5	$Ra0.40 ~ 0.80$ $Ra0.10 ~ 0.40$ $Ra0.012 ~ 0.10$	主要适用于淬火钢件的加工,不宜用于非铁金属件的加工
粗车 → 半精车 → 精车 → 金刚石车		$Ra0.025 ~ 0.40$	主要用于非铁金属加工
粗车 → 半精车 → 粗磨 → 镜面磨 　　└ 精车 → 精磨 → 研磨 　　　└ 粗研 → 抛光		$Ra0.025 ~ 0.20$ $Ra0.05 ~ 0.10$ $Rz0.025 ~ 0.40$	主要用于高精度要求的钢件加工

表 3 – 11　内孔表面加工方案及其经济精度

加　工　方　案	经济精度公差等级	表面粗糙度/μm	适　用　范　围
钻 ├ 扩 │└ 铰 │　└ 粗铰 → 精铰 ├ 铰 └ 粗铰 → 精铰	IT11 ~ 13 IT10 ~ 11 IT8 ~ 9 IT7 ~ 8 IT8 ~ 9 IT7 ~ 8	$Rz ≥ 50$ $Rz25 ~ 50$ $Ra1.60 ~ 3.20$ $Ra0.80 ~ 1.60$ $Ra1.60 ~ 3.20$ $Ra0.80 ~ 1.60$	适用于加工未淬火钢及铸铁的实心毛坯,也可用于加工非铁金属（所得表面粗糙度 Ra 值稍大）
钻 → 扩 → 拉	IT7 ~ 8	$Ra0.025 ~ 0.40$	适用于大批大量生产（精度依拉刀精度而定）。校正拉削后,Ra 值可降低至 0.40 ~ 0.20
粗镗（或扩） └ 半精镗（或精扩） 　└ 精镗（或铰） 　　└ 浮动镗	IT11 ~ 13 IT8 ~ 9 IT7 ~ 8 IT6 ~ 7	$Ra25 ~ 50$ $Ra1.60 ~ 3.20$ $Ra0.80 ~ 1.60$ $Rz0.20 ~ 0.40$	适用于加工除淬火钢外的各种钢材(毛坯上已有铸出或锻出的孔)
粗镗（或扩）→ 半精镗 → 磨 　　　└ 精磨 → 精磨	IT7 ~ 8 IT6 ~ 7	$Ra0.20 ~ 0.80$ $Ra0.10 ~ 0.20$	主要用于淬火钢,不宜用于非铁金属
粗镗 → 半精镗 → 精镗 → 金刚镗	IT6 ~ 7	$Ra0.05 ~ 0.20$	主要用于精度要求高的非铁金属
钻 →（扩）→ 粗铰 → 精铰 → 珩磨 　　　└ 拉 → 珩磨 粗镗 → 半精镗 → 精镗 → 珩磨	IT6 IT6 ~ 7 IT6 ~ 7	$Ra0.025 ~ 0.20$ $Ra0.025 ~ 0.20$ $Ra0.025 ~ 0.20$	对精度要求很高的孔,以研磨代替珩磨,精度可达 IT6 以上,Ra 可降低至 0.1 ~ 0.01

表3-12 平面加工方案及其经济精度

加 工 方 案	经济精度公差等级	表面粗糙度/μm	适 用 范 围
粗车 └→半精车 　　└→精车 　　└→磨	IT11~13 IT8~9 IT7~8 IT6~7	$Rz \geqslant 50$ $Ra3.20 \sim 6.30$ $Ra0.80 \sim 1.60$ $Ra0.20 \sim 0.80$	适用于工件的端面加工
粗刨（或粗铣） └→精刨（精铣） 　　└→刮研	IT11~13 IT7~9 IT5~6	$Rz \geqslant 50$ $Ra1.60 \sim 6.30$ $Ra0.10 \sim 0.80$	适用于不淬硬的平面加工（端铣加工的表面粗糙速较低）
粗刨（或粗铣）→精刨（精铣） 　　　　└→宽刃精刨	IT6~7	$Ra0.20 \sim 0.80$	适用于较大批量生产,宽刃精刨的效率较高
粗刨（或粗铣）→精刨（精铣）→磨 　　　　└→粗磨→精磨	IT6~7 IT5~6	$Ra0.20 \sim 0.80$ $Ra0.025 \sim 0.40$	适用于精度要求较高的平面加工
粗铣→拉	IT5~6 IT5以上	$Ra0.025 \sim 0.20$ $Rz0.025 \sim 0.10$	适用于大量生产中加工较小的不淬火平面
粗铣→精铣→磨→研磨 　　　　└→抛光	IT5~6 IT5以上	$Ra0.025 \sim 0.20$ $Rz0.025 \sim 0.10$	适用于高精度平面的加工

表3-13 螺纹的加工方法及其选择

螺纹类别	加工方法		公差等级	表面粗糙度 Ra/μm	适用生产类型	附 注
外螺纹	板牙套螺纹		9~8	6.3~3.2	各种批量	
	车 削		7~4	3.2~0.4	单件小批	
	铣 削		7~6	6.3~3.2	大批大量	
	磨 削		6~4	0.4~0.1	各种批量	可加工淬硬的外螺纹
	滚压	搓丝板	8~6	1.6~0.8	大批大量	
		滚子	6~4	1.6~0.8	大批大量	
内螺纹	攻螺纹		7~6	6.3~1.6	各种批量	
	车 削		8~4	3.2~0.4	单件小批	
	铣 削		8~6	6.3~3.2	成批大量	
	拉 削		7	1.6~0.8	大批大量	采用拉削丝锥,适于加工方牙及梯形螺孔
	磨 削		6~4	0.4~0.1	单件小批	适用于加工直径小于30mm的淬硬内螺纹

表 3 – 14　齿形加工方案

齿轮精度等级	齿面粗糙度 $Ra/\mu m$	热处理	齿形加工方案	生产类型
9 级以下	6.3 ~ 3.2	不淬火	铣齿	单件小批
8 级	3.2 ~ 1.6	不淬火	滚齿或插齿	
		淬　火	滚(插)齿—淬火—珩齿	
7 级或 6 级	0.8 ~ 0.4	不淬火	滚齿—剃齿	单件小批
		淬　火	滚(插)齿—淬火—磨齿	
			滚齿—剃齿—淬火—珩齿	
6 级以上	0.4 ~ 0.2	不淬火	滚(插)齿—磨齿	
6 级以上	0.4 ~ 0.2	淬　火	滚(插)齿—淬火—磨齿	

注:未注生产类型的,表示适用于各种批量。此时加工方案的选择主要取决于齿轮精度等级和热处理要求。

3.4.2　工序顺序的安排

复杂零件的制造需经过切削加工、热处理和各种辅助工序等许多工序。在拟定工艺路线时,应进行综合分析,安排一个合理的加工顺序。这对保证零件质量、提高生产率、降低加工成本都至关重要。

1. 工序顺序的安排原则

1) 先加工基准面,再加工其他表面

本原则有以下两层含义:①工艺路线开始安排的加工面应是选作定位基准的精基准面,然后再以精基准定位,加工其他表面;②为保证一定的定位精度,当加工面的精度要求很高时,精加工前一般应先精修精基准。例如,对于精度要求较高的轴类零件(如机床主轴、丝杠,汽车发动机曲轴等),其第一道机械加工工序是铣端面,打中心孔,然后以顶尖孔定位加工其他表面;对于箱体类零件(如车床主轴箱、汽车发动机中的汽缸体、汽缸盖、变速箱壳体等),都是先安排定位基准面的加工(多为一个大平面和两个销孔),再加工孔系和其他平面。

2) 一般情况下,先加工平面,后加工孔

本原则的含义是:①当零件上有较大的平面可作定位基准时,可先将其加工出来作为定位面,以面定位来加工孔。这样可以保证定位稳定和准确,安装工件往往也比较方便。②在毛坯面上钻孔,容易使钻头引偏。对于需要加工的平面,应在钻孔之前先加工平面。

在特殊情况下(例如对某项精度有特殊要求)也有例外。例如,手铰车床主轴箱主轴孔止推面时,为了保证止推面与主轴轴线垂直度要求,精镗主轴孔后,以孔定位手铰止推面。

3) 先加工主要表面,后加工次要表面

本原则所说的主要表面是指设计基准面和主要工作面,次要表面是指键槽、螺孔等其他表面。由于次要表面和主要表面之间往往有相互位置精度要求,因此一般应在主要表面达到一定精度之后,再以主要表面定位加工次要表面。应注意的是,"后加工"的含义并不一定是整个工艺过程的最后。

4) 先安排粗加工工序,后安排精加工工序

对于精度和表面质量要求较高的零件,粗精加工应该分开(详见 3.4.4　加工阶段的划

111

分)。

2. 热处理工序及表面处理工序的安排

为了改善工件材料的切削性能而进行的热处理工序(如退火、正火、调质等),应安排在切削加工之前。

为了消除工件的内应力而进行的热处理工序(如人工时效、退火、正火等),最好安排在粗加工之后。有时,为减少运输工作量,对精度要求不是很高的零件,常将去除内应力的人工时效或退火安排在切削加工之前(即在毛坯车间)进行。

为了改善工件的力学物理性质,在半精加工之后,精加工之前常安排淬火、淬火–回火、渗碳淬火等热处理工序。对于整体淬火的零件,淬火之前应将所有应切削加工的表面加工完。因为淬硬后,再进行切削加工比较困难。变形很小的热处理工序(例如高频感应加热淬火、渗氮)有时允许安排在精加工之后进行。

对于高精度的精密零件(如量块、量规、铰刀、样板、精密丝杠、精密齿轮等),常在淬火之后安排冷处理工序(使零件在低温介质中继续冷却到零下80℃),以稳定零件的尺寸。

为了提高零件的表面耐磨性或耐腐蚀性而安排的热处理工序以及以装饰为目的安排的热处理工序和表面处理工序(如镀铬、阳极氧化、镀锌、发蓝处理等),一般都安排在工艺过程的最后。

3. 辅助工序的安排

辅助工序的种类很多,包括检验、去毛刺、平衡、去磁、清洗等,也是工艺规程的重要组成部分。

检验工序是保证产品质量合格的关键工序之一。操作工人在操作过程中和操作结束以后均应进行自检。在工艺规程中,下列情况应安排专门的检验工序:①零件加工完毕后;②零件从一个车间转移到另一个车间的前后;③工时较长或重要的关键工序的前后。

除了一般性的尺寸检查(包括形状、位置误差的检查)以外,X 射线检查、超声波探伤检查等多用于工件(毛坯)内部质量的检查,一般安排在工艺过程的开始;磁力探伤、荧光检验主要用于工件表面质量的检验,通常安排在精加工的前后;密封性检验、零件的平衡、零件的重量检验等,一般安排在工艺过程的最后阶段。

切削加工之后,应安排去毛刺处理。零件表层或内部的毛刺会影响装配操作和装配质量,甚至会影响整机性能,应予以充分重视。

工件在进入装配之前,一般均应安排清洗。工件的内孔和箱体的内腔易存留切屑,清洗时应予以特别注意。研磨、珩磨等光整加工工序之后,砂粒易附着在工件表面上,要认真清洗,否则会加剧零件在使用过程中的磨损。对于采用磁力夹紧工件的工序(如在平面磨床上用电磁吸盘夹紧工件),工件被磁化,应安排去磁处理,并在去磁后进行清洗。

3.4.3 工序的集中与分散

工序集中和工序分散是拟定工艺路线时确定工序的数目(或工序内容的多少)的两种不同的原则。它与设备类型的选择有密切的关系。

所谓工序集中,是使每个工序中包括尽可能多的加工内容,从而使总的工序数目减少,夹具的数目和工件的安装次数也相应减少。所谓工序分散,是将工艺路线中的加工内容分散在较多的工序中完成,因而每道工序的加工内容很少(最少时一道工序中仅一个简单工序),但工艺路线长。

工序集中和工序分散各有特点。工序集中有利于保证各加工面之间的相互位置精度要求,有利于采用高生产率机床,节省安装工件的时间,减少工件的搬动次数。工序分散可使每个工序采用的设备和夹具比较简单,调整、对刀比较容易,对操作工人的技术水平要求也比较低。

传统的流水线、自动线生产多采用工序分散的组织形式(个别工序亦有相对集中的形式,如箱体类零件采用专用组合机床加工孔系)。这种组织形式可以实现很高的生产率,但适应性较差。对于工序相对集中,专用组合机床采用较多的生产线来说,转产比较困难。

采用高效自动化机床,以工序集中的形式组织生产(典型的实例如采用加工中心机床组织生产),除了具有上述工序集中的优点以外,还具有生产适应性强,转产相对容易的显著优点。

对于加工精度要求比较高的零件,常需要把工艺过程划分为不同的加工阶段,工序必须比较分散。

3.4.4　加工阶段的划分

对于加工精度要求比较高的零件,若将粗、精加工,甚至精密加工都集中在一个工序中连续完成,则难以保证零件的精度要求,或者会造成人力、物力资源的浪费。其原因在于:

(1)粗加工的切削层厚,切削热量大,无法消除因热变形带来的加工误差,也无法消除因粗加工留在工件表层的残余应力所引起的加工误差。

(2)后续加工容易划伤已加工好的表面。

(3)不利于及时发现毛坯的缺陷。若在加工的最后阶段才发现毛坯的缺陷,则会造成大量的浪费。

(4)不利于合理地使用设备。把精密机床用于粗加工,会使其过早地丧失精度。

(5)不利于合理地使用技术工人。用高技术等级工人完成粗加工任务是人力资源的浪费。

(6)不利于合理安排热处理工序。例如,粗加工后工件的残余应力大,可安排时效处理以消除残余应力,而且热处理引起的变形可在精加工中消除。

因此,通常都将高精零件的工艺过程划分为几个加工阶段。

1)粗加工阶段

粗加工阶段主要是去除各加工表面的余量,并作出精基准。这一阶段的关键问题是提高生产率。

2)半精加工阶段

半精加工阶段的任务是减小粗加工留下的误差,使加工面达到一定的精度,为精加工做好准备。

3)精加工阶段

精加工阶段的任务是确保达到或基本达到(精密件)图纸规定的精度要求与表面粗糙度要求。

4)精密、超精密加工、光整加工阶段

对于加工精度要求很高的零件,在工艺过程的最后安排珩磨、研磨、精密磨、超精加工、金刚石车、金刚镗或其他特种加工方法加工,以达到零件最终的精度要求。

高精度零件的中间热处理工序,可以自然地把工艺过程划分为几个加工阶段。

3.5　加工余量、工序间尺寸及公差的确定

3.5.1　加工余量的概念

1. 加工总余量(毛坯余量)与工序余量

毛坯尺寸与零件设计尺寸之差称为加工总余量,其大小等于加工过程中各个工步切除金属层厚度的总和。每一道工序切除的金属层厚度称为工序余量。加工总余量和工序余量的关系如式(3-2)所示:

$$Z_0 = Z_1 + Z_2 + Z_3 + \cdots + Z_n = \sum_{i=1}^{n} Z_i \qquad (3-2)$$

式中　Z_0——加工总余量;

Z_i——工序余量;

n——机械加工工序数量。

其中,Z_1 为第一道粗加工的工序余量。它与毛坯的制造精度有关。若毛坯制造精度高(例如大批大量生产的模锻毛坯),则第一道粗加工的工序余量小;若毛坯制造精度低(例如单件小批生产的自由锻毛坯),则第一道粗加工的工序余量大(具体数值可参阅有关的毛坯余量手册)。

工序余量还可定义为相邻两工序基本尺寸之差。

工序余量有单边余量和双边余量之分。

对于零件非对称结构的非对称表面,其加工余量一般为单边余量[见图3-19(a)],可表示为:

$$Z_i = l_{i-1} - l_i \qquad (3-3)$$

式中　Z_i——本道工序的工序余量;

l_i——本道工序的基本尺寸;

l_{i-1}——上道工序的基本尺寸。

对于零件对称结构的对称表面,其加工余量为双边余量[见图3-19(b)],可表示为:

$$2Z_i = l_{i-1} - l_i \qquad (3-4)$$

回转体表面(内、外圆柱面)的加工余量为双边余量,对于外圆表面[见图3-19(c)],可表示为:

$$2Z_i = d_{i-1} - d_i \qquad (3-5)$$

对于内圆表面[见图3-19(d)],可表示为:

$$2Z_i = D_i - D_{i-1} \qquad (3-6)$$

由于工序尺寸有公差,所以工序余量也必然在某一公差范围内变化。工序余量公差的大小等于本道工序尺寸公差与上道工序尺寸公差之和。因此,工序余量有标称余量(简称余量)、最大余量和最小余量的区别(见图3-20)。从图中可知,被包容件的工序余量 Z_b 包含上道工序工序尺寸公差。工序余量公差可表示如下:

114

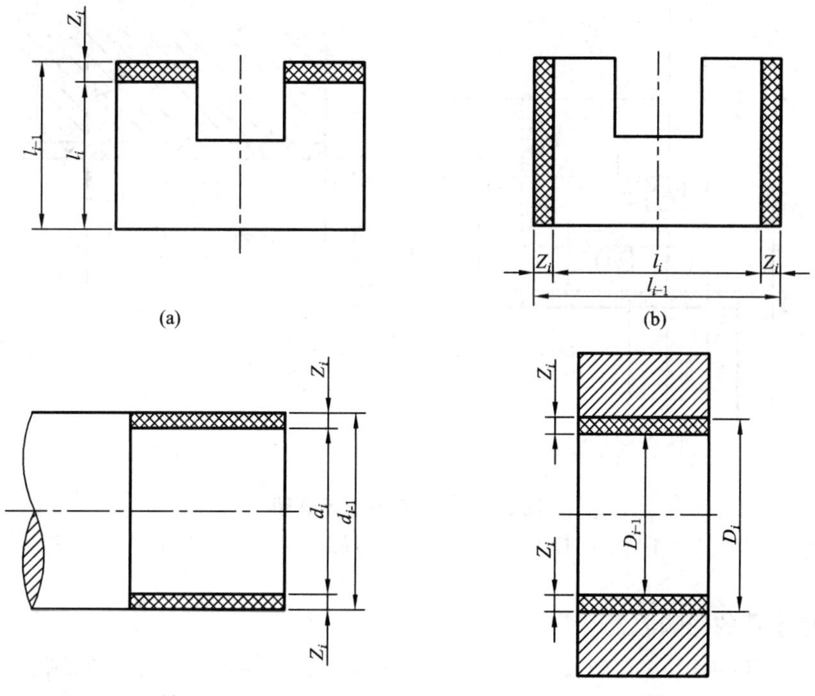

图 3 – 19　单边余量与双边余量

$$T_Z = Z_{max} - Z_{min} = T_a + T_b \qquad (3-7)$$

式中　　T_Z——工序余量公差；

Z_{max}——工序最大余量；

Z_{min}——工序最小余量；

T_b——被加工表面在本道工序的工序尺寸公差；

T_a——被加工表面在上道工序的工序尺寸公差。

一般情况下,工序尺寸的公差按"入体原则"标注。对于被包容尺寸(轴的外径,实体的长、宽、高),其最大加工尺寸就是基本尺寸,上偏差为零。对于包容尺寸(孔的直径、槽的宽度),其最小加工尺寸是基

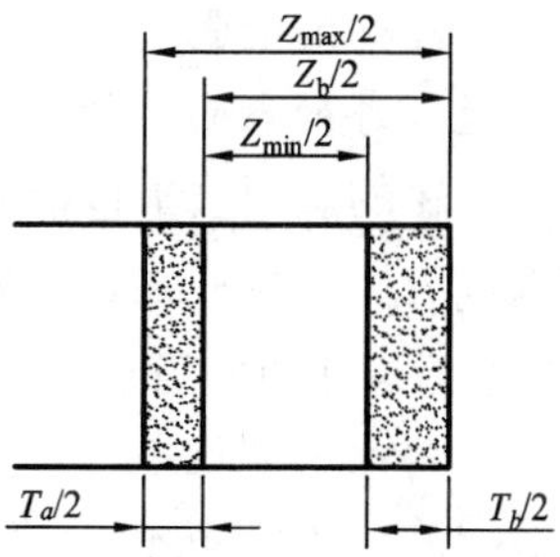

图 3 – 20　被包容件的加工余量及公差

本尺寸,下偏差为零。毛坯尺寸的公差按双向对称或不对称偏差形式标注。图 3 – 21(a)、(b)分别表示被包容件(轴)和包容件(孔)的工序尺寸、工序尺寸公差、工序余量和毛坯余量之间的关系。图中,对被加工表面安排了粗加工、半精加工和精加工。$d_{坯}(D_{坯})$ 为毛坯尺寸,$d_1(D_1)$、$d_2(D_2)$、$d_3(D_3)$ 分别为粗加工、半精加工、精加工工序尺寸;$T_{坯}$ 为毛坯尺寸公差,T_1、T_2 和 T_3 分别为粗加工、半精加工、精加工工序尺寸公差;Z_0 为毛坯余量,Z_1、Z_2、Z_3 分别为精加工、半精加工、精加工工序余量。

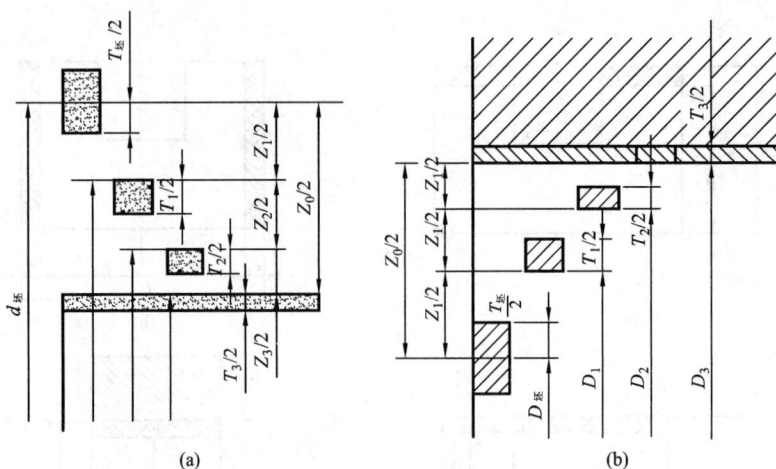

图 3 – 21　工序余量示意图
（a）被包容件粗加工、半精加工、精加工的工序余量　（b）包容件粗加工、半精加工、精加工的工序余量

2. 工序余量的影响因素

工序余量的影响因素比较复杂,除第一道粗加工工序的余量与毛坯的制造精度有关以外,其他工序的工序余量主要有以下几方面的影响因素。

1）上道工序的加工精度

本道工序应切除上道工序加工误差中包含的各种可能产生的误差。上道工序的加工误差包括上道工序的加工尺寸公差 T_a 和位置误差 e_a 两部分。上道工序的加工精度愈低,则本道工序的标称余量愈大。

2）上道工序的表面质量

上道工序的表面质量包括上道工序产生的表面粗糙度 R_y（表面轮廓最大高度）和表面缺陷层深度 H_a（见图 3 – 22）。在本道工序加工时,应将它们切除掉。各种加工方法产生的 R_y 和 H_a 数值大小可参考表 3 – 15 中的实验数据。

3）本工序的安装误差

安装误差 ε_b 包括定位误差和夹紧误差。由于安装误差会直接影响被加工表面与切削刀具的相对位置,所以加工余量中应包括这项误差。

由于位置误差 e_a 和安装误差 ε_b 都是有方向的,所以应采用矢量相加的方法进行余量计算。

综合上述各影响因素,可以得到如下的加工余量计算公式:

（1）对于单边余量

$$Z_b = T_a + R_y + H_a + |e_a + \varepsilon_b|\cos\alpha$$

$$\text{（3 – 8）}$$

（2）对于双边余量

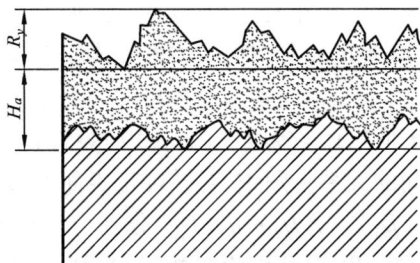

图 3 – 22　工件表层结构

116

$$2Z_b = T_a + 2(R_y + H_a + |e_a + \varepsilon_b|\cos\alpha) \qquad (3-9)$$

其中,α 为位置误差矢量 e_a 与安装误差矢量 ε_b 之和与 Z_b 之间的夹角。

表 3-15　各种加工方法的表面粗糙度 Ry 和表面缺陷层 H_a 的数值　　　μm

加工方法	Ry	H_a	加工方法	Ry	H_a
粗车内外圆	15 ~ 100	40 ~ 60	磨端面	1.7 ~ 15	15 ~ 35
精车内外圆	5 ~ 40	30 ~ 40	磨平面	1.5 ~ 15	20 ~ 30
粗车端面	15 ~ 225	40 ~ 60	粗刨	15 ~ 100	40 ~ 50
精车端面	5 ~ 54	30 ~ 40	精刨	5 ~ 45	25 ~ 40
钻	45 ~ 225	40 ~ 60	粗插	25 ~ 100	50 ~ 60
粗扩孔	25 ~ 225	40 ~ 60	精插	5 ~ 45	35 ~ 40
精扩孔	25 ~ 100	30 ~ 40	粗铣	15 ~ 225	40 ~ 60
粗 铰	25 ~ 100	25 ~ 30	精铣	5 ~ 45	25 ~ 40
精 铰	8.5 ~ 25	10 ~ 20	拉	1.7 ~ 35	10 ~ 20
粗 镗	25 ~ 225	30 ~ 50	切断	45 ~ 225	60
精 镗	5 ~ 25	25 ~ 40	研磨	0 ~ 1.6	3 ~ 5
磨外圆	1.7 ~ 15	15 ~ 25	超精加工	0 ~ 0.8	0.2 ~ 0.3
磨内圆	1.7 ~ 15	20 ~ 30	抛光	0.06 ~ 1.6	2 ~ 5

3.5.2　加工余量的确定

确定加工余量的方法有计算法、查表法和经验法三种。

1. 计算法

在影响因素清楚的情况下,计算法比较准确。为了清楚地了解对加工余量的各个影响因素,必须具备一定的测量手段和掌握必要的统计分析资料。只有掌握了各误差因素的大小,才能对加工作余量进行比较准确的计算。

在应用式(3-8)和式(3-9)时,应针对具体的加工方法进行简化。

2. 查表法

本方法主要以根据工厂生产实践和实验研究积累的经验数据制成的表格为基础,结合实际加工情况加以修正,从而确定加工余量。这种方法方便、迅速,生产上应用广泛。

3. 经验法

本方法是指由有经验的工程技术人员或工人根据经验确定加工余量的大小。应该指出,由经验法确定的加工余量往往偏大,这主要是因为主观上怕出废品的缘故。这种方法多在单件小批生产中采用。

3.5.3　工序尺寸与公差的确定

生产中绝大多数被加工表面都是在工艺基准和设计基准重合的情况下进行加工的,所以掌握基准重合情况下工序尺寸与公差的确定方法与过程非常重要。其步骤如下：

（1）拟定被加工表面的工艺路线，确定工序及工步；

（2）按工序用分析计算法或查表法确定各加工工序的加工余量；

（3）从终加工工序开始（即从设计尺寸开始）到第一道加工工序，逐次加上每道工序的加工余量，分别得到各工序的基本尺寸（包括毛坯尺寸）；

（4）除终加工工序公差按设计要求确定以外，其他各加工工序按各自采用的加工方法的加工经济精度确定其工序尺寸公差和表面粗糙度；

（5）填写工序基本尺寸并按"入体原则"标注工序尺寸公差。

例如，某轴的直径为 $\phi50$，尺寸精度要求为 IT5，表面粗糙度要求为 $Ra0.05\,\mu m$，并要求高频淬火，毛坯为锻件。其工艺路线为：粗车—半精车—高频淬火—粗磨—精磨—研磨。下面计算各工序的工序尺寸及公差。

先用查表法确定各工序的加工余量。由工艺手册查得：研磨余量为 0.01；精磨余量为 0.1；粗磨余量为 0.3；半精车余量为 1.1；粗车余量为 4.5。由式（3 - 2）可得加工总余量为 6.01，取加工总余量为 6，并将粗车余量修正为 4.49。

计算各加工工序的基本尺寸。研磨后工序的基本尺寸为 50（零件的设计尺寸），其他各工序基本尺寸依次为：

精磨　$50 + 0.01 = 50.01$

粗磨　$50.01 + 0.1 = 50.11$

半精车　$50.11 + 0.3 = 50.41$

粗车　$50.41 + 1.1 = 51.51$

毛坯　$51.51 + 4.49 = 56$

确定各工序的加工经济精度和表面粗糙度。由工艺设计手册查得：研磨后为 IT5，$Ra0.05\,\mu m$（零件的设计要求）；精磨后为 IT6，$Ra0.20\,\mu m$；粗磨后为 IT8，$Ra1.60\,\mu m$；半精车后为 IT11，$Ra3.2\,\mu m$；粗车后为 IT13，$Ra12.5\,\mu m$。

根据上述加工经济精度查公差表，将查得的公差数值按"入体原则"标注在工序基本尺寸上。查工艺手册可得锻造毛坯公差为 ±2。

为便于理解，将上述计算和查表结果汇总于表 3 - 16。

表 3 - 16　工序间尺寸、公差、表面粗糙度及毛坯尺寸的确定

工序名称	工序余量 /mm	加工经济精度 /mm	表面粗糙度 $Ra/\mu m$	工序基本尺寸 /mm	尺寸、公差/mm	表面粗糙度 $Ra/\mu m$
研磨	0.01	h5	0.05	50	$\phi50_{-0.011}^{0}$	0.05
精磨	0.1	h6	0.20	$50 + 0.01 = 50.01$	$\phi50.01_{-0.019}^{0}$	0.20
粗磨	0.3	h8	1.60	$50.01 + 0.1 = 50.11$	$\phi50.11_{-0.046}^{0}$	1.60
半精车	1.1	h11	3.2	$50.11 + 0.3 = 50.41$	$\phi50.41_{-0.19}^{0}$	3.2
粗车	4.49	h13	12.5	$50.41 + 1.1 = 51.51$	$\phi51.51_{-0.46}^{0}$	12.5
锻造		±2		$51.51 + 4.49 = 56$	$\phi56 \pm 2$	

在工艺基准与设计基准不重合的情况下,确定工序余量之后,应通过工艺尺寸链进行工序尺寸和公差的换算。具体换算方法详见 3.6 工艺尺寸链。

3.6 工艺尺寸链

尺寸链原理是分析和计算工艺尺寸的有效工具,在制定机械加工工艺过程和装配工艺规程(见第 6 章)中都有很重要的应用。以下介绍最基本的线(性)尺寸链(由彼此平行的长度尺寸组成的尺寸链)问题。

3.6.1 工艺尺寸链的定义和特征

在零件的加工或测量过程,以及在机器的设计或装配过程中,由相互联系的、按一定顺序排列成封闭图形的尺寸组合,称为尺寸链。其中,由单个零件在工艺过程中的有关尺寸所组成的尺寸链称为工艺尺寸链;在机器的设计和装配过程中,由有关

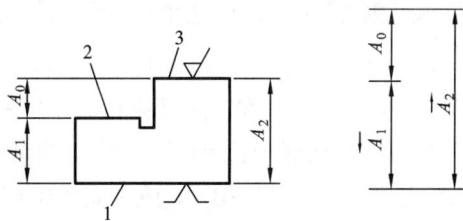

图 3-23 工艺尺寸链

零(部)件上的有关尺寸组成的尺寸链,称为装配尺寸链。

加工图 3-23 所示的零件时,先以平面 1 定位加工平面 3,得到尺寸 A_2,在下一道工序中仍以平面 1 定位加工平面 2,得尺寸 A_1。该零件上在加工时未直接予以保证的尺寸 A_0 亦随之确定。由该零件在加工过程中的有关尺寸 $A_2 - A_1 - A_0$ 构成了一个封闭的尺寸组合,即形成了一个工艺尺寸链。其中,尺寸 A_0 是在加工后间接形成的,其误差大小取决于尺寸 A_1 和 A_2 的误差大小。

3.6.2 尺寸链的组成和尺寸链图的作法

组成尺寸链的各个尺寸称为尺寸链的环。图 3-23 中的尺寸 A_1、A_2、A_0 都是尺寸链的环。这些环可分为:

(1)封闭环——根据尺寸链的封闭性,最终被间接保证精度的环称为封闭环。如图 3-23 中的三个环中,A_0 就是封闭环。加工工艺尺寸链的封闭环由零件的加工顺序确定。在零件工作图中,零件尺寸链的封闭环是图上未标注的尺寸。在机器的装配过程中,装配后形成的尺寸(例如,通常的装配间隙或装配后形成的过盈),称为装配尺寸链的封闭环。它是由两个零件上的表面(或中心线等)构成的。

(2)组成环——除封闭环以外的其他环称为组成环。例如,图 3-23 中的尺寸 A_1 和 A_2 就是组成

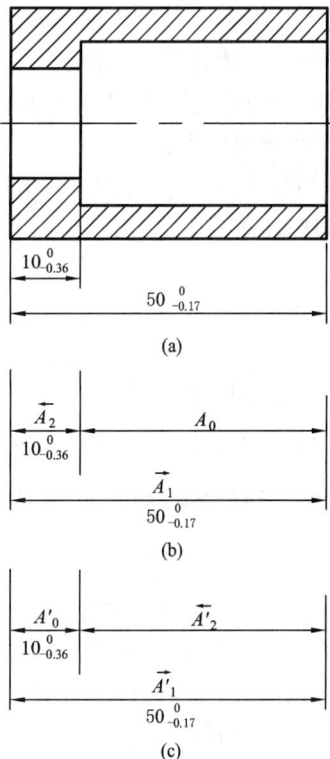

图 3-24 套筒零件的两种尺寸链

环。组成环按其对封闭环影响的性质分成如下两类：

①增环——其余各组成环不变，其增大使封闭环也增大的环。例如，图 3 - 23 中的尺寸 A_2 就是增环。为明确起见，通常加标一个箭头，如 $\overrightarrow{A_2}$。

②减环——其余各组成环不变，其增大使封闭环反而减小的环。例如，图 3 - 23 中的尺寸 A_1 就是减环。通常加标一个反向的箭头，如 $\overleftarrow{A_1}$。

下面举例说明尺寸链图的具体作法：

图 3 - 24 所示为一套筒零件。设计时根据装配要求，标注了如图中（a）所示的轴向尺寸 $10_{-0.36}^{0}$ 和 $50_{-0.17}^{0}$，对于大孔深度没有明确的精度要求，只要上述两个尺寸加工合格，它就符合要求。因此，零件图中这个未标注的深度尺寸，就是零件设计时的封闭环 A_0。连接有关的标注尺寸绘成尺寸链图[见图 3 - 24（b）]，图中 $\overrightarrow{A_1} = 50_{-0.17}^{0}$ 为增环，$\overleftarrow{A_2} = 50_{-0.36}^{0}$ 为减环。

可是，在实际加工该零件时往往先加工外圆、车端面，再钻孔、镗孔、切断，然后调头装夹，车另一端面，保证全长 $50_{-0.17}^{0}$。由于测量 $10_{-0.36}^{0}$ 比较困难，所以总是用深度游标卡尺直接测量大孔深度。这样，$10_{-0.36}^{0}$ 成为间接保证的尺寸，即成为工艺尺寸链的封闭环 A_0'[见图 3 - 24（c）]。其中，$\overrightarrow{A_1} = 50_{-0.17}^{0}$ 仍为增环，而 $\overleftarrow{A_2'}$（大孔深度）成为减环。制定工艺规程时，为了间接保证 $A_0' = 10_{-0.36}^{0}$，就必须进行尺寸链计算，以确定作为组成环的大孔深度 $\overleftarrow{A_2'}$ 的制造公差。这就是因测量基准不重合引起的尺寸换算。

由上例可将工艺尺寸链图的作法可归纳为：

（1）根据工艺过程或加工方法，找出间接保证的尺寸，即封闭环。

（2）从封闭环开始，按照零件上表面之间的联系，依次画出有关的直接获得的尺寸（即组成环），直到尺寸的终端回到封闭环的始端形成一个封闭图形。应该强调指出，必须使组成环环数达到最少。

（3）按照各尺寸首尾相接的原则，顺着一个方向在各尺寸线终端画箭头。凡是箭头方向与封闭环箭头方向相同的尺寸都是减环，箭头方向与封闭环箭头方向相反的尺寸都是增环。

这里还应注意如下三个问题：

（1）工艺尺寸链的构成取决于工艺方案和具体的加工方法。

（2）确定封闭环，是解尺寸链的关键步骤。封闭环确定错误，必然全盘皆错。

（3）一个尺寸链只能解一个封闭环或一个组成环。

3.6.3　尺寸链的基本计算式

计算工艺尺寸链的方法有极值法（又称极大极小法）和概率法（又称统计法）。目前生产中一般采用极值法。概率法主要用于生产批量大的自动化及半自动化生产。但是，当尺寸链的环数较多时，即使生产批量不大也以采用概率法为宜。这里只介绍极值法。

用极值法解算尺寸链封闭环的基本计算式如下：

1. 封闭环的基本尺寸

根据尺寸链的封闭性，封闭环的基本尺寸等于各增环基本尺寸的和减去各减环基本尺寸的和，即：

$$A_0 = \sum_{i=1}^{m} \overrightarrow{A_i} - \sum_{i=m+1}^{n-1} \overleftarrow{A_i} \tag{3-10}$$

式中　A_0——封闭环的基本尺寸；

$\overrightarrow{A_i}$——增环的基本尺寸；

$\overleftarrow{A_i}$——减环的基本尺寸；

m——增环的环数；

n——包括封闭环在内的总环数。

2. 封闭环的极限尺寸

若组成环中的增环均为最大极限尺寸，减环均为最小极限尺寸，则封闭环的尺寸必然是最大极限尺寸(故称极值法或极大极小法)，即：

$$A_{0max} = \sum_{i=1}^{m} \overrightarrow{A}_{imax} - \sum_{i=m+1}^{n-1} \overleftarrow{A}_{imin} \tag{3-11a}$$

同理有

$$A_{0min} = \sum_{i=1}^{m} \overrightarrow{A}_{imin} - \sum_{i=m+1}^{n-1} \overleftarrow{A}_{imax} \tag{3-11b}$$

3. 封闭环的上偏差与下偏差

最大极限尺寸减去基本尺寸就是上偏差，最小极限尺寸减去基本尺寸就是下偏差。分别用式(3-11a)、式(3-11b)减去式(3-10)，并用 $ES(\overrightarrow{A_i})$ 代替 $\overrightarrow{A}_{imax} - \overrightarrow{A_i}$，$EI(\overrightarrow{A_i})$ 代替 $\overrightarrow{A}_{imin} - \overrightarrow{A_i}$，$ES(\overleftarrow{A_i})$ 代替 $\overleftarrow{A}_{imax} - \overleftarrow{A_i}$，$EI(\overleftarrow{A_i})$ 代替 $\overleftarrow{A}_{imin} - \overleftarrow{A_i}$，可得：

$$ES(A_0) = \sum_{i=1}^{m} ES(\overrightarrow{A_i}) - \sum_{i=m+1}^{n-1} EI(\overleftarrow{A_i}) \tag{3-12a}$$

$$EI(A_0) = \sum_{i=1}^{m} EI(\overrightarrow{A_i}) - \sum_{i=m+1}^{n-1} ES(\overleftarrow{A_i}) \tag{3-12b}$$

式中　$ES(\overrightarrow{A_i})$ 和 $ES(\overleftarrow{A_i})$——尺寸 $\overrightarrow{A_i}$ 和 $\overleftarrow{A_i}$ 的上偏差；

$EI(\overrightarrow{A_i})$ 和 $EI(\overleftarrow{A_i})$——尺寸 $\overrightarrow{A_i}$ 和 $\overleftarrow{A_i}$ 的下偏差。

4. 封闭环的公差

用式(3-11a)减去式(3-11b)，或用式(3-12a)减去式(3-12b)，可得：

$$A_{0max} - A_{0min} = \left(\sum_{i=1}^{m} \overrightarrow{A}_{imax} - \sum_{i=1}^{m} \overrightarrow{A}_{imin} \right) + \left(\sum_{i=m+1}^{n-1} \overleftarrow{A}_{imax} - \sum_{i=m+1}^{n-1} \overleftarrow{A}_{imin} \right)$$

$$T(A_0) = \sum_{i=1}^{m} T(\overrightarrow{A_i}) + \sum_{i=m+1}^{n-1} T(\overleftarrow{A_i}) \tag{3-13}$$

式中　$T(\overrightarrow{A_i})$ 和 $T(\overleftarrow{A_i})$——尺寸 $\overrightarrow{A_i}$ 和 $\overleftarrow{A_i}$ 的公差。

上述基本计算式中，式(3-11a)、式(3-11b)分别和式(3-12a)、式(3-12b)重复。这里必须特别强调计算式(3-13)的重要性。它表明：封闭环的公差等于各组成环公差之和。为了能经济合理地保证封闭环精度，组成环环数越少越有利。

下面用上述计算式解算图3-24(b)所示尺寸链的封闭环 A_0。把相应的数值代入式(3-10)、式(3-12a)、式(3-12b)、式(3-13)中，可得：

$$A_0 = \overrightarrow{A_1} - \overleftarrow{A_2} = 50 - 10 = 40$$

$$ES(A_0) = ES(\overrightarrow{A_1}) - EI(\overleftarrow{A_2}) = 0 - (-0.36) = +0.36$$

$$EI(A_0) = EI(\overrightarrow{A_1}) - ES(\overleftarrow{A_2}) = -0.17 - 0 = -0.17$$

$$T(A_0) = T(\overrightarrow{A_1}) + T(\overleftarrow{A_2}) = [0 - (-0.36)] + [0 - (-0.17)] = 0.53$$

因此,当大孔的深度为尺寸链的封闭环时,其基本尺寸及上、下偏差为 $40^{+0.36}_{-0.17}$。

上述极值法的计算还可采用如下的竖式法,清晰方便,一目了然。将计算式(3-10)、式(3-12a)、式(3-12b)改写成表3-17所示的竖式。在"增环"行中填入尺寸 A_1 及其上、下偏差,在"减环"行中将尺寸 A_2 的上、下偏差的位置对调,并改变其正负号(原来的正号改负号,原来的负号改正号),同时将减环的基本尺寸也改为负值,然后分别对三列数值求代数和,即得到封闭环的基本尺寸、上偏差及下偏差。

表 3-17　计算封闭环的竖式

	基本尺寸/mm	ES/mm	EI/mm
增　　环	+50	0.00	-0.17
减　　环	-10	+0.36	0.00
封 闭 环	40	+0.36	-0.17

同样,可解算图3-24(c)所示的工艺尺寸链。按照题意,是已知封闭环 A_0' 和一个组成环,求解另一个组成环 A'_2,解算过程如下:

$$A_0' = \overrightarrow{A_1'} - \overleftarrow{A_2'}$$

$$\overleftarrow{A_2'} = \overrightarrow{A_1'} - A_0' = 50 - 10 = 40$$

$$ES(A_0') = ES(\overrightarrow{A_1'}) - EI(\overleftarrow{A_2'})$$

$$EI(\overleftarrow{A_2'}) = ES(\overrightarrow{A_1'}) - ES(A_0') = 0 - 0 = 0$$

$$EI(A_0') = EI(\overrightarrow{A_1'}) - ES(\overleftarrow{A_2'})$$

$$ES(\overleftarrow{A_2'}) = EI(\overrightarrow{A_1'}) - EI(A_0') = (-0.17) - (-0.36) = +0.19$$

由上述解算可知,当大孔的深度为尺寸链的组成环时,其基本尺寸及上、下偏差为 $40^{+0.19}_{0}$。

可见,由于度量基准与设计基准不重合,同一个尺寸的上、下偏差也就不同。

在解算尺寸链时,可能会遇到以下两种比较麻烦的情况:

(1)在求某一组成环的公差时得到零值或负值(或上偏差小于下偏差),即其余组成环的公差之和等于或已大于封闭环的公差。此时,必须根据工艺可能性重新决定其余组成环的公差,即提加工精度,紧缩它们的制造公差。

(2)设计工作中,通常是根据给定的封闭环的公差来决定各组成环的公差。

解决这类问题有以下三种方法:

①按等公差值原则分配封闭环的公差,即:

$$T(\overrightarrow{A_i}) = T(\overleftarrow{A_i}) = \frac{T(A_0)}{n-1} \tag{3-14}$$

这种方法计算比较方便,但工艺上不够合理,只宜有选择地使用。

②按等公差等级原则分配封闭环的公差,即各组成环的公差根据其基本尺寸的大小按比例分配,或是按照公差表中的尺寸分段及所选定公差等级规定组成环的公差,然后验算各组成环的公差是否符合下列条件:

$$\sum_{i=1}^{m} T(\overrightarrow{A_i}) + \sum_{i=m+1}^{n-1} T(\overleftarrow{A_i}) \leqslant T(A_0) \qquad (3-15)$$

若不符合,则进行适当调整。这种方法从工艺上讲比前一种方法合理。

③按照具体情况和工作经验将封闭环的公差分配分配给各组成环,其实质是从工艺的合理性考虑。

如前所述,减少组成环的环数即可放宽组成环的公差,有利于零件的加工,但需要改变零部件的结构设计,减少零件数目(即从改变装配尺寸链着手,使组成环的环数减少),或改变加工工艺方案以改变工艺尺寸链的组成,减少尺寸链的环数。这是经济合理地保证和提高封闭环精度的一种有效方法。

确定了组成环的公差值以后,可按工艺习惯决定上、下偏差的数值,并校核上、下偏差是否符合计算式(3-12a)及式(3-12b)。如不符合,则再作适当调整。

3.6.4　几种工艺尺寸链的分析和解算

1. 定位基准和设计基准不重合的尺寸换算

零件加工中,若被加工表面的定位基准与设计基准不重合,则应进行尺寸换算。

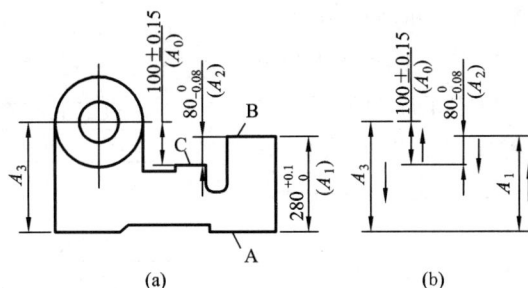

图 3-25　定位基准与设计基准不重合的尺寸换算

(a)零件图　(b)尺寸链

图 3-25 所示的零件镗孔前,表面 A、B、C 已经过加工。镗孔时,为了便于工件装夹,选择表面 A 为定位基准,并按垂直方向的工序尺寸 A_3 进行加工。为了保证镗孔后间接获得的设计尺寸 A_0 符合图样规定的精度要求,必须将 A_3 的加工误差控制在一定范围内。

首先必须明确设计尺寸 A_0 是本工序加工中间接保证的尺寸,即封闭环。然后从封闭环出发,按顺序将尺寸 A_2、A_1 和 A_3 联结为封闭的工艺尺寸链简图[见图 3-25(b)]。在此尺寸链中,按画箭头方法可迅速判断 A_3 与 A_2 为增环,A_1 为减环。

本工序镗孔的工序尺寸 A_3 可按以下各式进行计算。

按式(3-10)计算基本尺寸。

因为
$$A_0 = A_3 + A_2 - A_1$$
$$100 = A_3 + 80 - 280$$

所以 $A_3 = 280 + 100 - 80 = 300$

按式(3-12a)计算上偏差。

因为

$$\mathrm{ES}(A_0) = \sum_{i=1}^{m} \mathrm{ES}(\overrightarrow{A_i}) - \sum_{i=m+1}^{n-1} \mathrm{EI}(\overleftarrow{A_i})$$

$$0.15 = 0 + \mathrm{ES}(A_3) - 0$$

所以 $\mathrm{ES}(A_3) = 0.15$

按式(3-12b)计算下偏差。

$$\mathrm{EI}(A_0) = \sum_{i=1}^{m} \mathrm{EI}(\overrightarrow{A_i}) - \sum_{i=m+1}^{n-1} \mathrm{EI}(\overleftarrow{A_i})$$

$$-0.15 = -0.06 + \mathrm{EI}(A_3) - 0.1$$

所以 $\mathrm{EI}(A_3) = 0.1 + 0.06 - 0.15 = 0.01$

最后求得垂直方向上镗孔尺寸为 $A_3 = 300^{+0.15}_{+0.01}$

2. 工序尺寸及其公差的计算

机械加工过程中零件上各个尺寸的获得必然存在先后顺序,因此工艺尺寸就与设计尺寸不同。就某一个尺寸而言,往往是在加工过程中经过若干个工序,逐步切除余量提高加工精度,最后才达到图纸设计要求的。工序尺寸及其公差是根据零件的设计要求,结合考虑加工中的基准、工序余量以及工序的经济精度等因素,对各工序提出的尺寸要求。因此,零件加工后的最终尺寸和有关工序的工序尺寸以及工序余量具有尺寸链的关联性,构成一种工艺尺寸链,通常也称为工序尺寸链。

以被包容面为例,可得到图3-26所示的工序余量和工序尺寸的关系。机械加工中上工序的工序尺寸和公差、本工序的工序尺寸和公差,一般是直接获得的,所以本工序的工序余量Z_b成为工序尺寸链的封闭环。根据式(3-10)、式(3-11a)、式(3-12b)、式(3-13)可以得到:

本工序公称余量 $Z_b = H_a - H_b$;

本工序最大余量

$$Z_{b\max} = H_{a\max} - H_{b\min} \qquad (3-16)$$

本工序最小余量

$$Z_{b\min} = H_{a\min} - H_{b\max} \qquad (3-17)$$

本工序余量的变化量

$$T(Z_b) = T(H_a) + T(H_b) \qquad (3-18)$$

各种加工方法的工序余量及所能达到的加

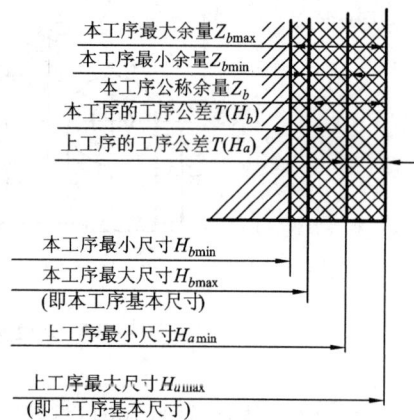

图3-26 工序余量与工序尺寸

(被包容面——平面)

工经济精度可由有关技术手册(如《金属机械加工工艺人员手册》)查出,或凭经验决定。

以下用三个解算实例进一步说明涉及工序余量的工序尺寸链的解算方法。

(1)图3-27(a)为某小轴轴向尺寸的加工工艺过程。取工序尺寸为:

工序1:粗车端面Ⅰ和Ⅱ,直接获得尺寸$A_1 = 28^{0}_{-0.52}$和$A_2 = 35^{0}_{-0.34}$;

工序2:调头,粗、精车端面Ⅲ,直接获得尺寸$A_3 = 26^{0}_{-0.28}$;

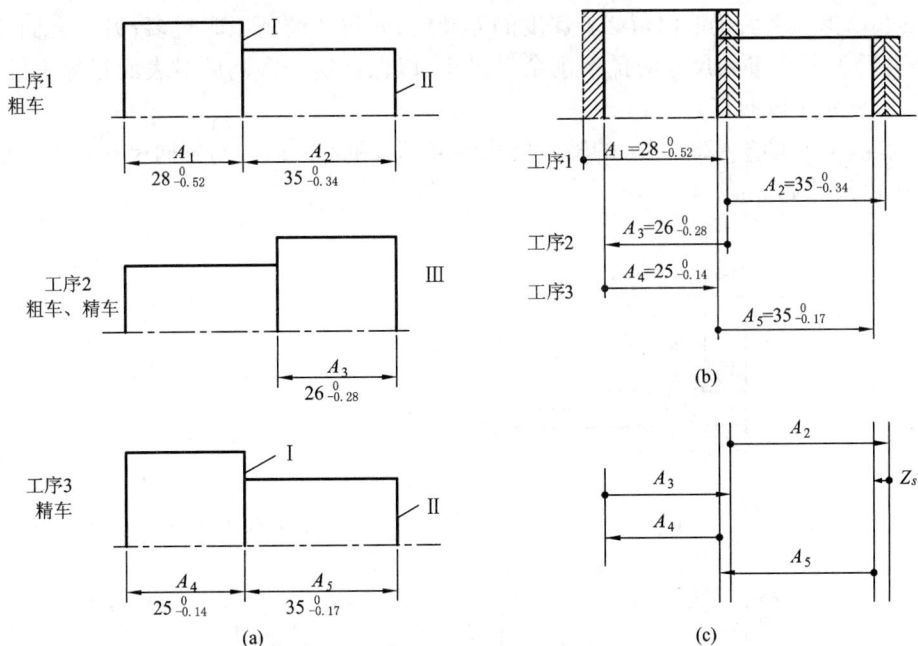

图 3 - 27　小轴轴向尺寸的工艺过程及工序尺寸链

工序 3：再调头，精车端面 I 和 II，直接获得尺寸 $A_4 = 25_{-0.14}^{\ 0}$ 和 $A_5 = 35_{-0.17}^{\ 0}$。

试检查工序 3 精车端面 II 的工序余量 Z_3。

解：先作轴向尺寸形成过程及余量分布图［见图 3 - 27(b)］。由加工过程知，工序 3 精车端面 II 的工序余量 Z_3 为封闭环，即 $Z_3 = A_0$；

从封闭环 Z_3 开始，顺序作出有关尺寸的封闭图［即工序尺寸链图，见如图 3 - 27(c)］，并判定其为组成环环数最少的尺寸链；

分析并标定各组成环的性质；

用竖式法验算封闭环的基本尺寸和上、下偏差（见表 3 - 18）：

表 3 - 18　工序余量 Z_3 的验算

基本尺寸/mm	ES/mm	EI/mm
+ 35	0.00	- 0.34
+ 26	0.00	- 0.28
- 25	+ 0.14	0.00
- 35	+ 0.17	0.00
1	+ 0.31	- 0.62

得：$Z_3 = 1_{-0.62}^{+0.31}$

最大余量：$Z_{3max} = 1.31$

最小余量：$Z_{3min} = 0.38$

（2）在磨削渗碳淬火表面时，一方面应防止渗碳淬火后工件为最大极限尺寸时的磨削余量过大，以保证磨后仍能保留必要深度的淬硬层，并避免磨削工时过多；另一方面应防止渗碳淬火后为最小极限尺寸时的磨削余量过小，以保证达到磨削后对表面粗糙度的要求。必要时，应分别予以验算。

某齿轮轴（见图3－28）要求的轴向尺寸为 $45_{-0.17}^{0}$ 和 $235_{-0.5}^{0}$。与轴向尺寸有关的加工工序及其工序尺寸如下：

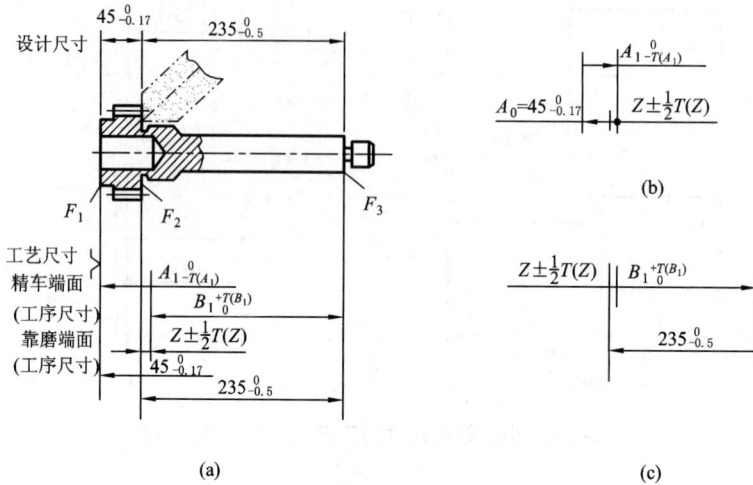

图3－28　端面靠磨法的工序尺寸链

精车端面 F_2 和 F_3：以精车过的端面 F_1 轴向定位，精车端面 F_2，直接获得工序尺寸 $A_{1-T(A_1)}^{0}$；精车端面 F_3，直接获得工序尺寸 $B_{1\;0}^{+T(B_1)}$。

磨端面 F_2：热处理后磨削端面 F_2。此处采用"靠磨法"，即在磨削端面 F_2 时，磨床工作台作纵向进给，直至工件靠到砂轮进行磨削。此时的磨削余量（即靠磨余量）$Z \pm \frac{1}{2}T(Z)$ 由加工现场条件确定。靠磨时，操作者凭经验磨去一层很薄的余量，并根据靠磨过程中所出现火花的多少来判断实际磨削余量的大小（故又称"看火花磨削"），从而间接保证轴向尺寸 $45_{-0.17}^{0}$ 和 $235_{-0.5}^{0}$。由于磨削中不再测量工序尺寸，因而靠磨法有较高的生产率。从上述磨削尺寸的形成过程分析可知，靠磨余量 Z 是这种工序尺寸链的组成环，而磨后的轴向尺寸 $45_{-0.17}^{0}$ 和 $235_{-0.5}^{0}$ 则成为封闭环［图3－28（b）、（c）］。这一点在解算靠磨法工序尺寸链时必须首先分析清楚。此处根据加工条件和操作经验取靠磨余量为：

$$Z \pm \frac{1}{2}T(Z) = 0.1 \pm 0.02$$

经计算可得精车的工序尺寸及其上、下偏差：

$$A_{1-T(A_1)}^{0} = 45.1_{-0.15}^{-0.02} = 45.08_{-0.13}^{0}$$

$$B_{1\;0}^{+T(B_1)} = 234.9_{-0.48}^{-0.02} = 234.42_{0}^{+0.46}$$

应该注意，此时的精车公差：$T(A_1) = 0.13 < 0.17$（尺寸45的磨后公差）。

$T(B_1) = 0.46 < 0.5$（尺寸235的磨后公差）。

126

即靠磨后的尺寸误差比磨前的精车误差还大。这是因为余量为组成环,从而引入了靠磨余量实际变化量 $T(Z)$ 的影响。因此,靠磨法只适用于尺寸公差较大的轴向尺寸的加工,而且在靠磨前必须考虑 $T(Z)$ 的大小并相应紧缩精车工序的公差,以确保靠磨后的精度要求。

最后,对靠磨后的精度进行验算,如表 3 - 19 所示。

$44.98^{+0.02}_{-0.15}$ 即设计要求尺寸 $45^{\ 0}_{-0.17}$,$234.52^{+0.48}_{-0.02}$ 即设计要求尺寸 $235^{\ 0}_{-0.5}$。

表 3 - 19　靠磨精度验算

基本尺寸/mm	ES/mm	EI/mm	基本尺寸/mm	ES/mm	EI/mm
45.08	0.00	-0.13	234.42	+0.46	0.00
-0.10	+0.02	-0.02	+0.10	+0.02	-0.02
44.98	+0.02	-0.15	234.52	+0.48	-0.02

(3)带有键槽的内孔要淬火及磨削时,键槽的深度成为工序尺寸。由图 3 - 29(a)知,键槽深度的设计尺寸为 $43.3^{+0.2}_{0}$。

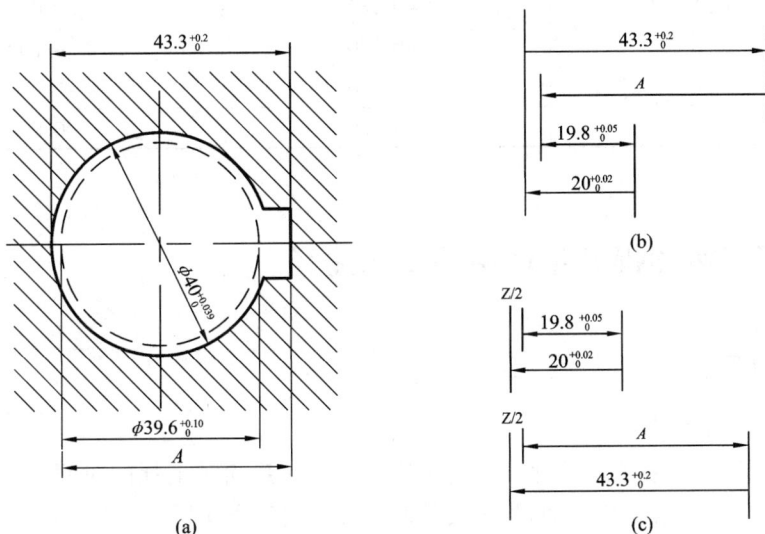

图 3 - 29　内孔及键槽的工序尺寸链

内孔及键槽的加工顺序如下:

工序 1:镗内孔至 $\phi39.6^{+0.1}_{0}$;

工序 2:插键槽至尺寸 A;

工序 3:热处理;

工序 4:磨内孔至 $\phi40^{+0.039}_{0}$。

下面通过计算确定工艺过程的工序尺寸 A 及其偏差(假定热处理后内孔没有胀缩)。

为解算这个工序尺寸链,可以作出两种不同的尺寸链[分别见图 3 - 29(b)、(c)]。图(b)是一个四环尺寸链,它表示了 A 和三个工艺尺寸的关系,其中 $43.3^{+0.2}_{0}$ 是封闭环。但这里看不到工序余量与尺寸链的关系。图(c)是把图(b)的尺寸链分成两个三环尺寸链,并引进了半径余量 $Z/2$。在图(c)的上图中,$Z/2$ 是封闭环;在图(c)的下图中,$43.3^{+0.2}_{0}$ 是封闭环,$Z/2$ 是组成环。由此可见,为了保证 $43.3^{+0.2}_{0}$,必须控制工序余量的变化。而要控制该工序余量的变化,就必须控制其组成环——$19.8^{+0.05}_{0}$ 和 $20^{+0.02}_{0}$ 的变化。工序尺寸 A 可以由图(b)解出,也可由图(c)解出。但一般来说,前者便于计算,后者利于分析。

对图(b)进行计算,尺寸链中 A 和 $20^{+0.02}_{0}$ 是增环,$19.8^{+0.02}_{0}$ 是减环。可得:

$$A = 43.3 - 20 + 19.8 = 43.1$$
$$\mathrm{ES}(A) = 0.2 - 0.02 + 0 = 0.18$$
$$\mathrm{EI}(A) = 0 - 0 + 0.05 = 0.05$$
$$A = 43.1^{+0.18}_{+0.05}$$

经用竖式验算(见表 3-20),再按"入体"方向标注尺寸,可得工序尺寸为:

$$A = 43.15^{+0.13}_{0}$$

表 3-20 键槽深度的验算

基本尺寸/mm	ES/mm	EI/mm
+43.1	+0.180	+0.050
+20.0	+0.020	0.000
-19.8	0.000	-0.050
43.3	+0.200	0.000

3.7 时间定额和提高生产率的工艺途径

3.7.1 时间定额

1. 时间定额的概念

所谓时间定额,是指在一定生产条件下完成一道工序所需消耗的时间。它是安排作业计划、进行成本核算、确定设备数量、人员编制以及规划生产面积的重要根据。因此,时间定额是工艺规程的重要组成部分。

合理地制定时间定额对保证产品质量、提高劳动生产率、降低生产成本具有十分重要的作用。时间定额定得过紧,容易诱发忽视产品质量的倾向,甚至影响工人的主动性、创造性和积极性。时间定额定得过松就起不到指导生产和促进生产发展的积极作用。

最初,时间定额是采用经验统计定额,不够准确,带有较大的主观性,有时还会阻碍生产的发展,因此便出现了技术时间定额。技术时间定额是根据科学的方法,对整个时间定额进行分析,研究它的组成及各部分时间所占的比例,从而挖掘生产潜力。

2. 技术时间定额的组成

1)基本时间 $t_基$

所谓基本时间,是指直接改变生产对象的尺寸、形状、相对位置以及表面状态或材料性质等的工艺过程所消耗的时间。

对于切削加工来说,基本时间是指切除金属所消耗的机动时间。机动时间可通过计算的方法确定。对于不同的加工面,不同的刀具或者不同的加工方式和方法,计算公式不完全一样,但其计算公式中一般都包括有切入、切削加工和切出时间。例如,图 3 - 30 所示车削加工的机动时间计算公式为:

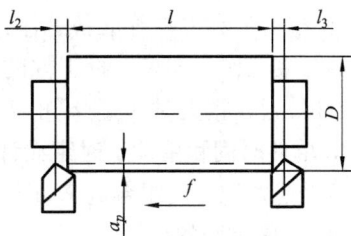

图 3 - 30　计算基本时间举例

$$t_{基} = \frac{l + l_1 + l_2}{fn}i; \qquad (3-19)$$

式中　$i = \dfrac{Z}{a_p}$,进给次数;

$n = \dfrac{1000v_c}{\pi D}$;

l——工件加工计算长度,mm;

l_1——刀具的切入长度,mm;

l_2——刀具的切出长度,mm;

Z——加工余量,mm;

a_p——背吃刀量,mm;

f——工件每转进给量,mm/r;

n——机床主轴转速,r/min;

v_c——切削速度,m/min;

D——工件直径,mm。

各种不同方式和方法下机动时间的计算公式可参考有关手册,针对具体情况予以确定。

2)辅助时间 $t_{辅}$

所谓辅助时间,是指为实现工艺过程而必须进行的各种辅助动作所消耗的时间。辅助动作包括装卸工件、开动和停止机床、改变切削用量、测量工件尺寸以及进刀和退刀动作等。

确定辅助时间的方法主要有两种:①对于大批大量生产,可先将各辅助动作分解,然后查表确定各分解动作所需消耗的时间,再进行累加;②对于中小批生产,可按基本时间的百分比进行估算,并在实际中修改百分比,使之趋于合理。

基本时间和辅助时间的和称为操作时间,又称工序时间。

3)布置工作地时间 $t_{布置}$

所谓布置工作地时间,是指为使加工正常进行,工人照管工作地(如更换刀具、调整或润滑机床、清理切屑、收拾工具等)所消耗的时间,一般按操作时间的 2% ~ 7% 计算。

4)休息和自然需要时间 $t_{休}$

所谓休息和自然需要时间,是指工人在工作班内,为恢复体力和满足自然需要所消耗的时间,一般按操作时间的 2% 计算。

5)准备与终结时间 $t_{准终}$

所谓准备与终结时间,是指工人为了生产一批产品和零、部件,进行准备和结束工作所消耗的时间。准备和结束工作包括:在加工前进行的熟悉工艺文件、领取毛坯、安装刀具和夹具、调整机床和刀具等准备工作,加工一批工件终了后进行的拆卸和归还工艺装备、发送成品等结束工作。如果一批工件的数量为 n,则每个零件分摊的准备与终结时间为 $t_{准终}/n$。可以看出,当 n 很大时,$t_{准终}/n$ 可忽略不计。

3. 单件时间和单件工时定额计算公式

将上述各项时间组合起来,即可得到各种时间定额:

(1)工序时间的计算

$$t_{工序} = t_{基} + t_{辅} \tag{3-20}$$

(2)单件时间的计算

$$t_{单件} = t_{基} + t_{辅} + t_{布置} + t_{休} \tag{3-21}$$

(3)单件工时定额的计算

$$t_{定额} = t_{单件} + (t_{准终}/n) \tag{3-22}$$

在大量生产中,每个工作地点完成固定的一个工序,工件数量 n 很大,$t_{准终}/n$ 可忽略不计,所以其单件工时定额中没有准备与终结时间,即:

$$t_{定额} = t_{单件}$$

3.7.2 提高劳动生产率的工艺措施

所谓劳动生产率,是指工人在单位时间内制造合格产品的数量,或用于制造单件产品所消耗的劳动时间。制定工艺规程时,必须在保证产品质量的同时,提高劳动生产率和降低产品成本。

1. 缩短单件时间定额

缩短单件时间定额是提高劳动生产率的重要措施。首先应注意缩短占工时定额较大的部分。例如,在普通车床上小批量生产某零件,基本时间仅占 26% ,而辅助时间占 50% ,故应着重在缩短辅助时间上采取措施。如果生产批量较大,在多轴自动机床上加工,基本时间占 69.5% ,而辅助时间仅占 21% ,则应着重设法缩短基本时间。

1)缩减基本时间

(1)提高切削用量

提高切削速度、进给量和背吃刀量都可以缩减基本时间,减少单件时间,是广为采用的提高劳动生产率的有效方法。

随着刀具材料的改进,刀具的切削性能已有很大提高。采用硬质合金刀具车削的切削速度一般可达 200m/min,而采用陶瓷刀具可达 500m/min。采用聚晶立方氮化硼刀具切削普通钢材的切削速度可达 900m/min,切削硬度达 HRC60 以上的淬火钢、高镍合金钢时,在980℃下仍能保持其红硬性,切削速度可达 90m/min 以上。

磨削的发展趋势是采用高速和强力磨削,提高金属切除率。国外工业应用的超高速磨削速度已达 200m/s。强力磨削是采用小进给量和大深度一次磨削成形的工艺方法,可将铸、锻件毛坯或棒料直接磨出零件所要求的表面形状和尺寸,使粗、精加工一次完成,部分取代铣、刨等粗加工工序。由于磨削深度大(一次可达 6~12mm),金属切除率大,磨削工序的基本时间可以大为减少。

(2)减少切削行程长度

减少切削行程长度也可以缩短基本时间。例如,用几把车刀同时加工同一个表面,用宽砂轮作切入法磨削等,均可大幅度提高生产率。某厂采用宽 300、直径 600 的砂轮,用切入法磨削花键轴上长度为 200 的表面,单件时间由原来的 4.5min 减少到 45s。但是,切入法加工要求工艺系统具有足够的刚性和抗震性,且应适当减小横向进给量,以防止振动,同时主电机功率也需相应增大。

（3）合并工步

用几把刀具对一个零件的几个表面,或用一把复合刀具对同一个表面同时进行加工,将原来的若干工步集中为一个复合工步。由于工步的基本时间全部或部分重合,故可减少工序的基本时间,并可减少操作机床的辅助时间,同时因减少了工位数和工件安装次数,因而有利于提高加工精度。例如,在龙门铣床上安装三把铣刀,同时加工主轴箱上的有关平面,可大幅度提高生产率。图 3-31 所示为采用复合刀具对同一表面先后或同时进行加工,将几个工步合并在一起。但这种方法调整安装用的辅助时间长,刀具费用大,对工艺系统刚性的要求较高,机床功率也要相应增加。

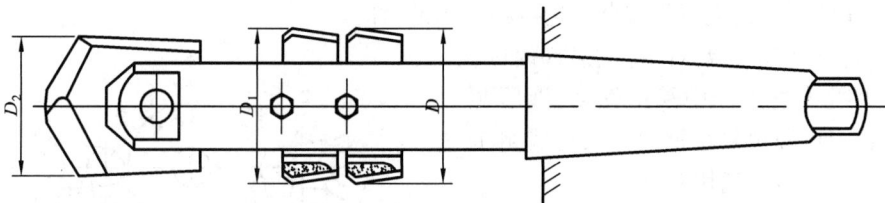

图 3-31　复合刀具加工

（4）多件加工

多件加工有下列三种方式:

①顺序多件加工。工件按走刀方向按顺序安装,如图 3-32 所示。这种方法在滚齿机、插齿机、龙门刨床、平面磨床、铣床和车床上都有应用,可减少刀具切入和切出时间,也可减少每个工件分摊的辅助时间。

②平行多件加工。按照这种方法,一次走刀可同时加工几个平行排列的工件,如图 3-33 所示。其优点是加工所需的基本时间和加工一个工件的基本时间相同,每个工件分摊的基本时间

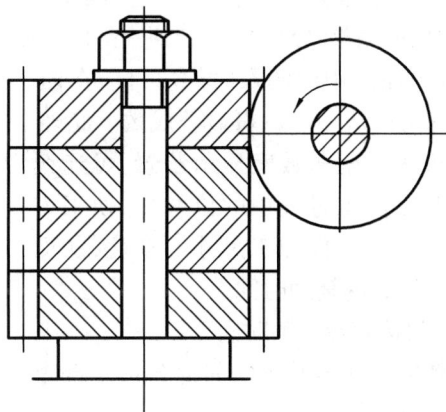

图 3-32　顺序加工

可大大减少。因此,用这种方法提高劳动生产率比顺序加工更为有利。但是,由于同时切削的表面增多,机床应具有足够的刚度和较大的功率。此法常用于铣床、龙门刨床和平面磨床上的加工。

③平行顺序加工。这种方法是上述两种方法的综合应用,如图 3-34 所示。它适用于工件较小、批量较大的情况。在立轴平磨和铣床上加工时,常采用这种方法。

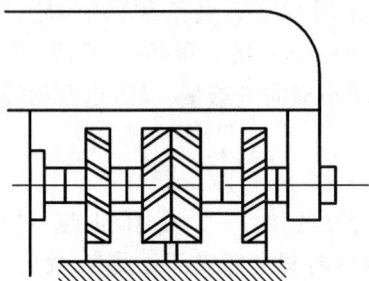

图 3-33 平行多件加工

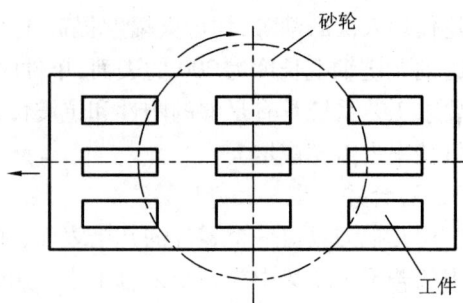

图 3-34 平行顺序加工

2）缩减辅助时间

若辅助时间在单件时间中占有很大比重,则提高生产率应着重从缩短辅助时间着手。

（1）直接缩减辅助时间

实现辅助动作的机械化和自动化可减少辅助时间。

采用先进夹具可减少工件的装卸时间。例如,在大批大量生产中采用气动、液压驱动的高效夹具;对单件小批生产实行成组工艺,采用成组夹具或通用夹具。

生产中常采用主动检验或数字显示自动测量装置在加工过程中测量工件的实际尺寸,并根据测量结果控制机床进行自动调整,可减少加工中的测量时间。目前在内、外圆磨床上的应用已取得显著成效。此外,在各类机床上配备数字显示装置,可连续显示刀具在加工过程中的位移量,使工人能直观地读出工件加工尺寸的变化,从而节省停机测量的辅助时间。

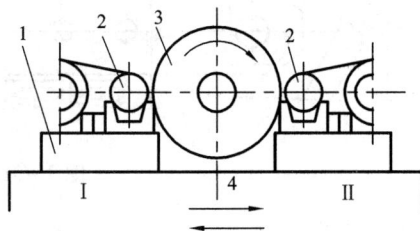

图 3-35 往复式进给铣床夹具

（2）间接缩减辅助时间

使辅助时间与基本时间部分或全部重合,从而减少辅助时间。

采用往复式进给铣床夹具,如图 3-35中所示,当工件 2 在工位 Ⅰ 上加工时,工人在工位 Ⅱ 上装卸另一工件,工位 Ⅰ 切削完毕后,铣刀反向进给可以立即加工工位 Ⅱ上的工件,使辅助时间与基本时间部分重合。

图 3-36 所示为采用回转工作台实现工件的连续送进和加工。机床具有两个铣

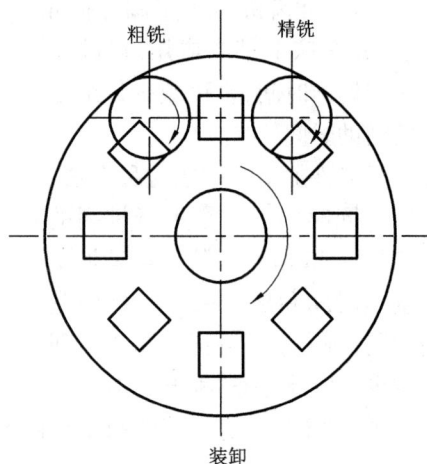

图 3-36 连续回转进给加工
1—夹具；2—工件；3—铣刀；4—工作台

132

头,能顺次进行粗铣和精铣。装卸工件时,机床不需停顿,机床空程时间可以缩减到最低限度。

3)缩减布置工作地时间

主要是缩减刀具调整次数和每次更换刀具的时间。提高刀具或砂轮的耐用度,使之在两次刃磨和修整之间可以加工更多的零件,可以缩短加工每个零件所需的布置工作地时间。采用各种快换刀具、刀具微调机构、专用对刀样板以及自动换刀装置等,可以减少刀具的装卸和对刀时间。采用不重磨硬质合金刀片,除了可减少刀具装卸和对刀时间外,还能节省刃磨时间。

4)缩减准备终结时间

在中、小批生产中,由于批量小、品种多,准备终结时间在单件时间中占有较大比重,因此应尽可能使零件通用化和标准化,以增大批量或采用成组工艺。

2. 采用先进工艺方法

采用先进工艺或新工艺可显著提高生产率,例如:

(1)对特硬、特脆、特韧材料及复杂型面采用特种加工来提高生产率。例如,用电火花加工锻模、用电解加工锻模、线切割加工冲模等,均能减少大量钳工劳动。

(2)在毛坯制造中广泛采用冷挤压、热挤压、粉末冶金、失蜡铸造、压力铸造、精锻和爆炸成型等新工艺,能提高毛坯精度,实现少、无切削加工,节约原材料,经济效果十分显著。例如,用冷挤压齿轮代替剃齿,表面粗糙度可达 $Ra1.25 \sim 0.63\mu m$,生产率提高 4 倍。因此,提高机械加工生产率不能只限于机械加工本身,还应十分重视毛坯工艺及其他新工艺、新技术的应用。

(3)改进加工方法。在大批大量生产中采用拉削、滚压代替铣削、铰削和磨削,在成批生产中采用精刨、精磨或金刚镗代替刮研,都能大大提高生产率。例如,某车床主轴铜轴承套采用金刚镗代替刮研,表面粗糙度小于 $Ra0.16\mu m$,圆柱度误差小于 0.003,装配后与主轴接触面积达 80%,而生产率提高 32 倍。

3. 进行高效及自动化加工

自动化是提高劳动生产率的一个极为重要的方向,详见第八章。

3.8 工艺方案的比较与技术经济分析

3.8.1 机械加工工艺成本

当用于同一加工内容的几种工艺方案均能保证所要求的产品质量和生产效益要求时,一般可通过经济评比加以选择。

零件生产成本的组成如表 3 - 21 所示。其中,与工艺过程有关的那一部分成本称为工艺成本;与工艺过程无直接关系的那一部分成本(如行政人员工资等),在工艺方案经济评比中可不予考虑。

全年工艺成本包含两种费用,可用式(3 - 23)表示。其中,与年产量 N 同步增长的费用,称为全年可变费用 NV,如材料费、通用机床折旧费等;不随年产量变化的费用,称为全年不变费用 C_n,如专用机床折旧费等。由于专用机床是专为某零件的某加工工序所用,不能用于其他工序的加工,当负荷不满时,只能闲置不用,而设备的折旧年限(或年折旧费用)是确定的,因此专用机床的全年费用不随年产量变化。

表 3-21　零件成本的组成

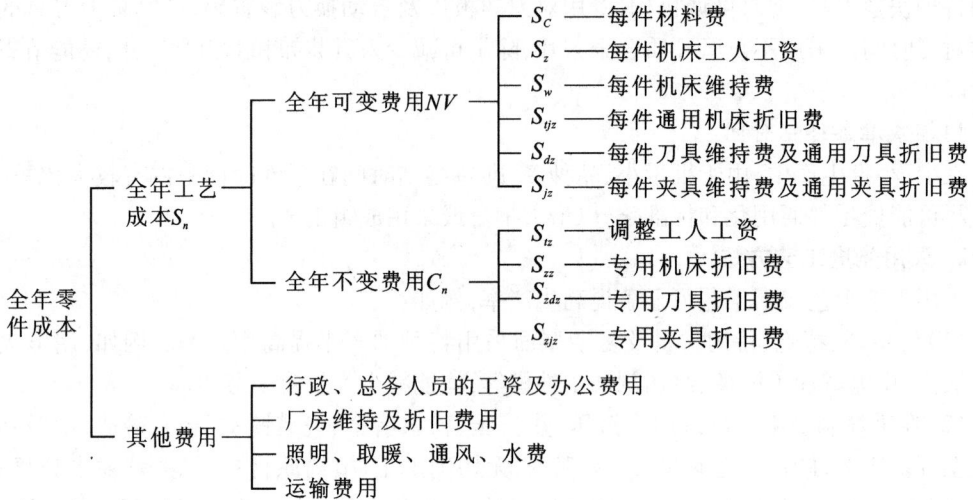

			S_c——每件材料费
			S_z——每件机床工人工资
		全年可变费用 NV	S_w——每件机床维持费
			S_{tjz}——每件通用机床折旧费
	全年工艺		S_{dz}——每件刀具维持费及通用刀具折旧费
	成本 S_n		S_{jz}——每件夹具维持费及通用夹具折旧费
全年零件成本			S_{tz}——调整工人工资
		全年不变费用 C_n	S_{zz}——专用机床折旧费
			S_{zds}——专用刀具折旧费
			S_{zjz}——专用夹具折旧费
	其他费用	行政、总务人员的工资及办公费用	
		厂房维持及折旧费用	
		照明、取暖、通风、水费	
		运输费用	

注:有些费用是随生产批量而变化的,如调整费、用于在制品占用资金等,在一般情况下不予单列。

零件(或工序)的全年工艺成本为:

$$S_n = VN + C_n \qquad (3-23)$$

式中　V——每个零件的可变费用,元/件;

　　　N——零件的生产纲领,件;

　　　C_n——全年的不变费用,元。

其函数图形为直线。图 3-37(a)中直线 Ⅰ、Ⅱ、Ⅲ 分别表示三种加工方案。方案 Ⅰ 系采用通用机床加工;方案 Ⅱ 系采用数控机床加工;方案 Ⅲ 系采用专用机床加工。三种方案的全年不变费用依次递增,每个零件的可变费用 V 则依次递减。从图中可以看出,C_n 与年产量无关,VN 随年产量成正比增加。

单个零件(或单个工序)的工艺成本应为:

$$S_d = V + \frac{C_n}{N} \qquad (3-24)$$

其函数图形为双曲线,如图 3-37(b)所示。三条曲线分别对应上述三种加工方案。因为 C_n 是不变费用,年产量 N 愈大,每一零件所占的不变费用愈小,故在大批量生产时,应着重注意控制可变费用 V,而在单件小批生产时,应着重注意控制不变费用 C_n。

3.8.2　工艺方案的技术经济对比

当需评比的工艺方案均采用现有设备或其基本投资接近时,对加工内容相同的几种工艺方案的经济评比,可采用工艺成本作为衡量各种工艺方案经济性的依据。各方案的取舍与加工零件的年生产纲领有密切关系,如图 3-37(a)所示。各方案直线交点的年产量称为临界年产量 N_j。由计算可知:

$$S_n = V_1 N_j + C_{n1} = V_2 N_j + C_{n2}$$

$$N_j = \frac{C_{n2} - C_{n1}}{V_1 - V_2}$$

$$(3-25)$$

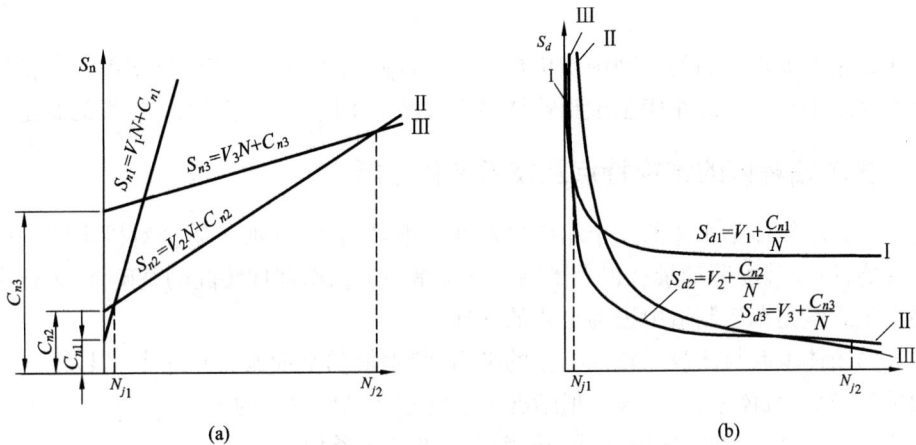

图 3-37　工艺成本与年产量的关系

(a)全年工艺成本　(b)单件工艺成本

Ⅰ—通用机床;Ⅱ—数控机床;Ⅲ—专用机床

根据图 3-37(a)可以看出,当 $N < N_{j1}$ 时,宜采用通用机床;当 $N > N_{j2}$ 时,宜采用专用机床;数控机床介于两者之间。临界年产量的具体数值与加工对象的形状、尺寸和质量等因素有关。图 3-37(a)中的 N_{j1} 一般为 20～30 件,N_{j2} 为 1000～3000 件。重型机械零件的 N_{j1} 小于 10 件,N_{j2} 小于几百件。

应当指出,当工件的复杂程度较大时,例如具有复杂曲面的成型零件,则不论年产量多少,均宜采用数控机床加工,如图 3-38 所示。当然,在同一用途的各种数控机床之间,仍然需要进行经济评比。

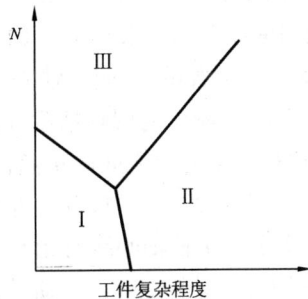

图 3-38　工件复杂程度与机床选择

Ⅰ—通用机床;Ⅱ—数控机床;Ⅲ—专用机床

第4章
典型零件的机械加工

4.1 车床主轴箱箱体的加工及其工艺规程的制定

机床是精度要求较高的一种中型机械产品。普通机床的年生产纲领多属于成批生产类型。下面介绍中批生产的车床主轴箱箱体零件机械加工的要点及其工艺规程的制定。

4.1.1 主轴箱箱体的结构特点及技术条件分析

车床主轴箱箱体是车床的几个箱体中精度要求最高的,其加工质量对机床的工作精度和工作性能,以及装配劳动量有很大影响。它又是在主轴箱部件装配的基础件,因此主轴箱箱体的加工质量是车床制造中极为重要的一环。

主轴箱箱体上有与床身导轨面结合的平面、装手柄的平面及其他平面,以及一些孔系。箱体内部有隔板,且体积较小,在一般情况下它的刚性是比较高的。

图4-1为车床主轴箱箱体零件的简图。主要技术条件如下:

(1)轴孔精度:轴孔的尺寸精度和形状精度直接影响轴承的配合质量,因而对轴的回转精度、传动平稳性、噪声和轴承寿命有重大影响。主轴箱箱体各轴孔的尺寸精度、表面粗糙度、形状精度都要求较高。其中主轴孔的要求最高,其尺寸精度为IT6,其余轴孔的尺寸精度为IT6或IT7。轴孔的形状精度,一般在其尺寸公差范围之内。对主轴孔常单独规定圆度允差,一般不超过孔径尺寸公差的一半。例如,轴线 IV-IV 上的主轴孔中 ϕ140J6、ϕ160J6、ϕ180J6 的圆度误差均要求小于 0.01mm。

(2)轴孔的位置精度:同一轴心线上各轴孔的同轴度和端面对轴心线的垂直度误差会导致轴承歪斜,影响轴的回转精度和轴承的寿命。轴心线之间的平行度误差会影响轴上齿轮的啮合质量。轴心线之间的距离偏差对渐开线齿轮的影响较小,但距离过小会导致齿轮啮合时没有齿侧间隙,甚至咬死。车床主轴箱箱体与床身连接的装配基准是底面 D 和导向面 E,它们决定了主轴轴心线对床身导轨的位置关系。主轴轴心线对装配基准的距离偏差和平行度误差,还对装配时的刮研劳动量有重要影响。零件图中规定:

①主轴孔中 ϕ180J6、ϕ160J6、ϕ140J6 的同轴度公差为 0.008。

②各轴孔轴线之间距离的尺寸公差为 ±0.1 左右;

③各轴孔轴线之间的平行度大多是在 300 长度上允差为 0.03;

④主轴孔端面与轴线的垂直度允差为 0.015～0.02;

⑤主轴孔轴线对装配基面的平行度是在 650 长度上允差为 0.03,且只允许主轴前端向上和向前(在垂直和水平两个方向上)。

136

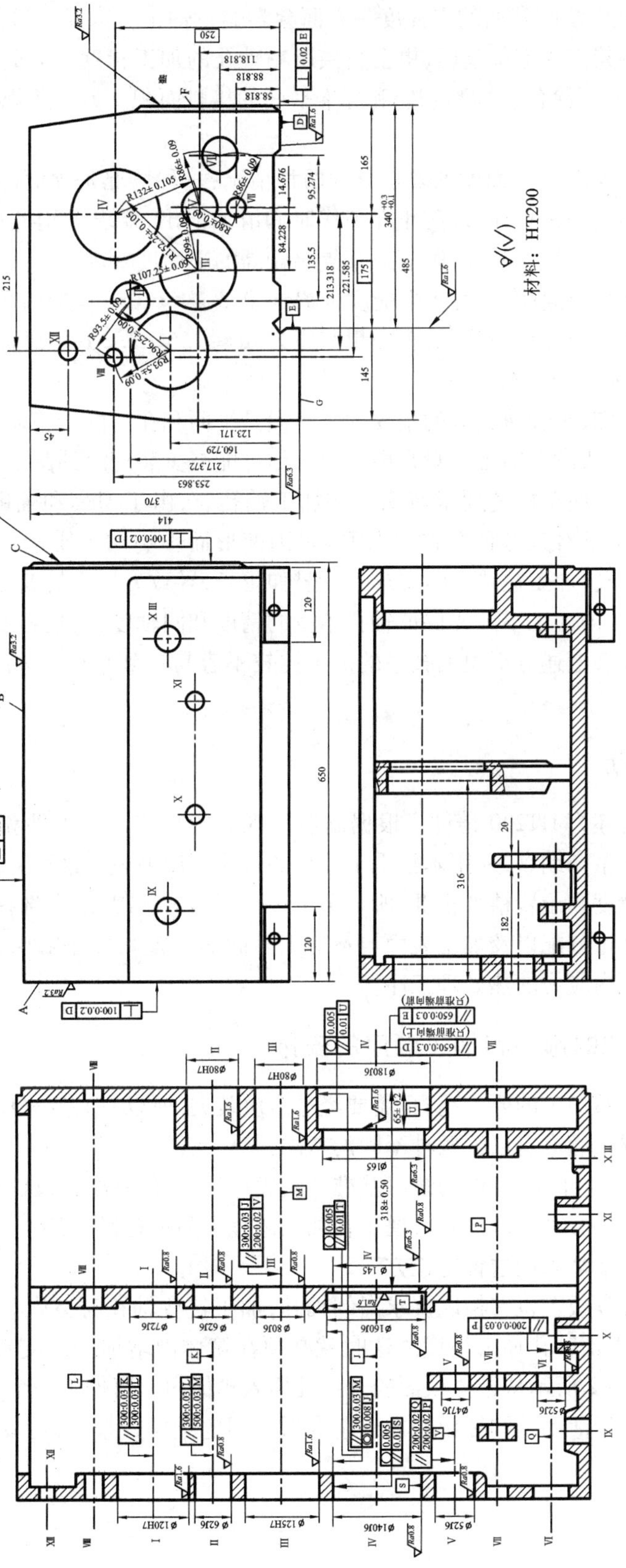

图4-1 车床主轴箱箱体(简图)

材料：HT200

（3）平面的精度：装配基面的平面度一方面会影响主轴箱与床身的接触质量，另一方面若在加工过程中将其作为定位基面，更会直接影响轴孔的加工精度。因此规定底面 D 和导向面 E 必须平直，并用涂色法检验它们和标准平面的接触面积。另外还规定了 D 面和 E 面的垂直度公差。

对于主轴箱的顶面 B 平面度的要求分为两种情况：一种情况是顶面的平面度只是为了保证顶面和主轴箱盖的密封性，以防止在工作时润滑油泄出，要求可稍低；另一种情况是在加工过程中以顶面作为统一基准，则应对其提出较高的平面度要求。

（4）表面粗糙度：主轴孔的表面粗糙度为 $Ra \leqslant 0.8 \sim 1.6\mu m$，其余轴孔的表面粗糙度为 $Ra \leqslant 1.6\mu m$；装配表面和定位基面的表面粗糙度为 $Ra \leqslant 1.6 \sim 3.2\mu m$（刮研加工），其他平面的表面粗糙度为 $Ra \leqslant 1.6 \sim 6.3\mu m$。

由以上分析可知，主轴箱箱体的主要加工表面是平面和孔。由于箱体的尺寸不大、刚性较大，其平面加工一般没有困难。只是由于要求尽可能减少装配时的刮研劳动量，因此对平面精加工的精度和表面粗糙度要求较高。在加工轴孔时，由于刀具和辅助工具（例如钻头和镗杆）的尺寸受到孔径尺寸的限制，因而容易因变形而影响加工质量。箱体内的隔板上也有精度要求高的孔，加工这些孔时要求刀具悬伸更长，导致刀杆更易变形，精度更难保证。此外，主轴箱各轴孔的加工不但要保证轴孔本身的精度和同轴度，而且还要保证和其他轴孔及平面的位置精度。上述分析说明孔系的加工比较不容易达到精度，是主轴箱箱体加工的关键。

4.1.2 毛坯分析

主轴箱箱体毛坯为 HT200 铸件。根据制造厂现有的毛坯生产条件和主轴箱箱体零件属中批生产类型的生产纲领，采用木模手工造型的方法生产毛坯。这种毛坯的精度很低，尤其是铸孔的形状精度和位置精度很低，所留余量多而不均匀。因此，在选择粗基准时应特别注意加工表面的余量分配以及加工表面与不加工表面的位置和尺寸要求，同时还必须注意合理安排消除毛坯内应力的热处理工序。

4.1.3 定位基准的选择和加工顺序的安排

主轴箱箱体孔系加工的要求高，且需要经过多次装夹，所以有必要采用面积分布较大的平面作为统一基准。通常有以下两种不同的考虑：

（1）用底面 D 及导向面 E 作为统一基准。其优点是：定位基准与设计基准重合，没有基准不重合误差；箱体的顶面开口向上，便于在加工过程中测量孔径，安装、调整刀具和观察加工情况。一般情况下都采用这种定位方法。

由于箱体内部隔板上也有精度要求高的轴孔，加工这些轴孔时会因刀杆伸出过长而易于弯曲变形，不能保证轴孔加工精度。这时就必须在箱体内增加中间支承（即吊模），且中间支承只能如图 4 - 2 所示从箱体顶面的开口处插入箱体内。每加工一个工件，吊模就要装拆一次。其缺点在于活动结构镗模的加工精度低于固定结构镗模，且需要装卸吊模的辅助时间。

(a)

(b)

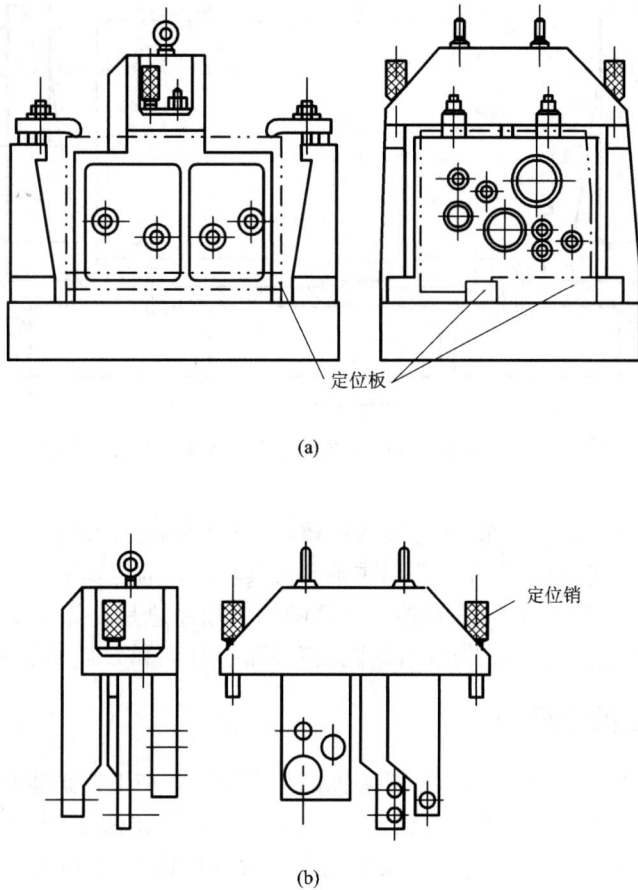

图 4 - 2 主轴箱箱体以底面作为定位基准的镗模示意图

(a)镗模 (b)镗模用于插入箱体内的吊模

(2)在批量大时,可采用图 4 - 3 所示的定位方案和夹具结构,用顶面及两销孔作为统一基准,将镗孔用的中间支承直接固定在夹具底板上。这样可以解决上述加工精度低和辅助时间长的问题。这种定位方法的缺点在于:加工过程中无法观察加工情况、测量孔径和调整刀具,要求采用定尺寸刀具直接保证孔的尺寸精度;切屑会全部落在镗模底板上,在装卸工件时必须注意清除切屑以免影响定位精度;必须提高作为定位面的顶面的加工精度,两个定位销孔或是额外加工(此时称为工艺孔),或是把原有孔的加工精度提高。

根据工厂生产经验和对上述两方案所需工艺成本的估算,采用第(1)方案较为经济合理。

选择主轴箱箱体加工的粗基准时应考虑的主要问题是:

(1)主轴孔是主轴箱箱体要求最高的孔,粗基准的选择应保证其加工余量均匀、孔壁厚薄均匀;

(2)保证所有轴孔都有适当的加工余量和适当的孔壁厚度;

(3)保证底面和导向面有足够的加工余量;

(4)保证箱体内壁与装配时的装入零件(主要是齿轮)之间有足够的间隙。

139

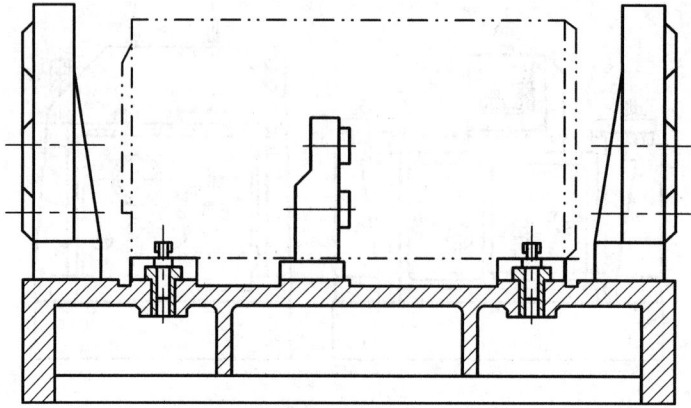

图 4 – 3　主轴箱箱体以顶面作为定位基准的镗模示意图

由于该箱体零件是形状复杂、尺寸较大的铸件,所以成批生产条件下粗加工时采用划线找正方法较易解决上述问题,也就是要以主轴孔及其轴心线为粗基准进行划线。

结合对粗、精基面选择的考虑,箱体类零件的加工顺序总是先加工平面再加工孔系,先加工主要表面再加工次要表面,并应提高作为精基面的 D 面和 E 面的加工精度。

4.1.4　加工方法的选择

成批生产条件下,主轴箱箱体上各种表面的加工方法和加工方案通常有:平面加工可用粗刨—精刨方案或粗铣—精铣方案或粗铣—磨(可分为粗磨和精磨)方案等;主轴孔和其余轴孔的加工可用粗镗—精镗(可分几个工步完成)方案或粗镗—半粗镗—精镗—细镗(金刚镗或滚压)方案等。根据工厂生产经验和车间加工设备情况,决定一般平面的加工选用粗铣—精铣方案,定位用的统一基面(D 面和 E 面)的加工选用粗铣—半精铣—粗磨—精磨方案,以达到高的生产效率和高的定位精度。孔系加工选用粗镗—半精镗—精镗方案。由于主轴孔的加工精度和表面粗糙度要求比其余轴孔高,所以选用粗镗—半精镗—精镗—浮动镗(亦称铰孔)方案,即以浮动镗作为主轴孔的终加工工序。主轴孔很少采用铰刀铰削,其原因在于铰刀尺寸很大,制造费用和刃磨费用昂贵,劳动强度大。若用通常的单刃镗刀镗孔,加工精度不易达到主轴孔的技术要求。采用浮动镗刀镗高精度孔比用铰刀铰孔和单刃镗刀镗孔更有利于保证高的尺寸精度和小的表面粗糙度要求,是机床制造厂用得较多的一种方法(见图 4 – 4)。加工中把浮动镗刀块(见图 4 – 5)安装在镗杆的长方形孔中,不作紧固,使其能在长方形孔中浮动,加工余量一般为 0.03 ~ 0.07mm。镗刀块在镗杆的方孔中按孔的加工余量自动定心,进行切削和产生挤压作用。由于镗刀块是浮动安装,只能凭借尺寸精度很高的镗刀块来提高孔的尺寸精度和降低表面粗糙度的高度参数,没有纠正形状误差和位置误差的能力,因此这种加工方法对前一道精镗工序的要求较高。

为了达到对孔系精度的要求,主要采取了以下措施:除了选择底面 D 和导向面 E 作为统一基面外,粗镗前先用样板在经过精铣的端面上划出各轴孔的加工线,以代替镗模,节省镗模的制造费用和缩短制造周期,并可提高粗镗工序的位置精度;精镗是保证孔系位置精度的关键工序,方案中采用了专用镗模,使孔系的位置精度只取决于专用镗模和镗杆的制造精

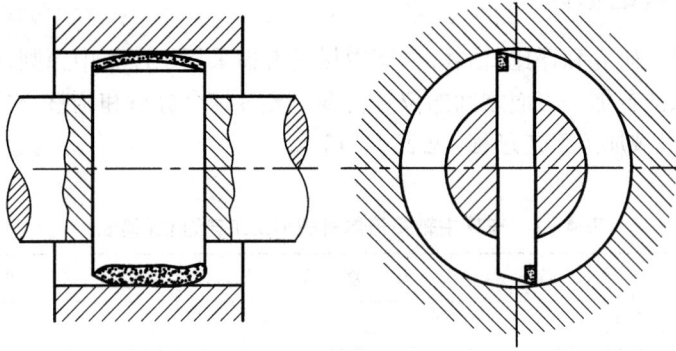

图 4 − 4　浮动镗刀镗孔

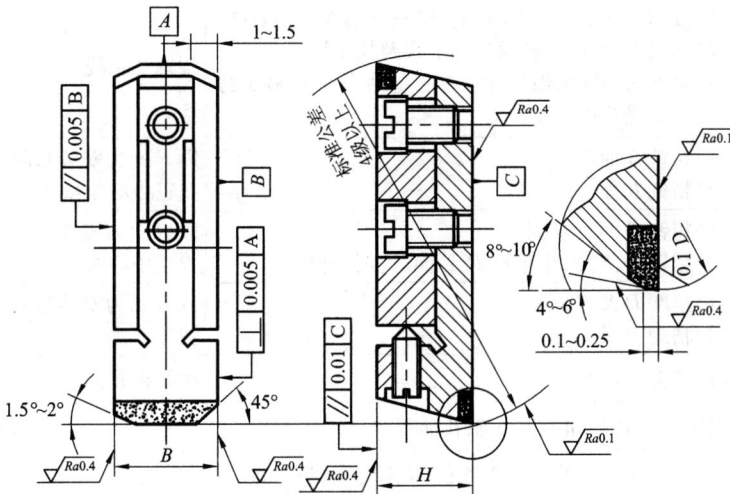

图 4 − 5　浮动镗刀块

度,这样就可利用制造精度一般而生产效率较高的组合机床完成精镗孔系工序。

4.1.5　热处理工序的安排

　　主轴箱箱体是加工要求较高的基准件,但其毛坯是形状复杂的铸件,所以必须合理安排时效处理工序,以消除内应力,防止加工和装配以后产生变形。一般精度机床铸件内应力的消除可以采用自然时效和人工时效两种方式。方案中采用主轴箱箱体在粗加工前(即在毛坯铸造后)进行人工时效,消除铸件内应力,以免除箱体在机械加工车间和热处理车间之间的运输劳动量。为了进一步消除粗加工后的内应力,方案中将粗、精加工分开,并在粗加工以后精加工以前将工件存放一段时间,起到自然时效的作用,以利于保证精加工的质量。

4.1.6　检验工序的安排

　　由于加工方案中已安排两次划线工序,各轴孔除经过用样板划线后粗镗外还要采用专用镗模进行精镗加工,所以只考虑安排一次最终检验(按零件图要求进行检验)。

4.1.7 工艺过程的拟订

经过上述分析、研究和评比、估算,方案中尽量考虑采用工序集中原则,减少装夹和调整的次数,以利于保证各加工表面之间的位置精度。经过综合分析和调整,得到中批生产条件下主轴箱箱体的机械加工工艺过程(见表4-1)。

表 4-1 车床主轴箱箱体机械加工工艺过程(简表)

序号	工序名称	工 序 内 容 及 要 求	基 准	设 备
1	铸 造	清除浇冒口		
2	热处理	人工时效,消除内应力		
3	上底漆	喷砂,上底漆		
4	划 线	(1)按图纸外形尺寸及各轴孔位置划出Ⅳ孔中心线 (2)划出B、D、E、F各面的加工线及找正线 (3)根据内部轴承档位置及内腔壁划出A、C两面的加工线及找正线	主轴孔轴线	划线平板
5	铣顶面	(1)粗铣B面 (2)精铣B面	以F面为安装基面找正中心线垫平	端面铣床
6	铣侧面和定位面	(1)粗铣F面及G面 (2)粗铣D、E面,半精铣D、E面,铣沉割槽	以B面为安装基面,找正中心线	专用龙门铣床
7	磨定位面	(1)粗磨D及E面 (2)精磨D及E面	以B面为安装基面,找正E面	专用磨床
8	铣端面	粗、精铣A、C面	D面和E面	端面铣床
9	划 线	用样板划出Ⅰ、Ⅱ、Ⅲ、Ⅳ轴孔加工线		划线平板
10	粗 镗	(1)由C面粗镗Ⅱ、Ⅲ、Ⅳ各孔,留双边余量4~5mm (2)由A面粗镗Ⅰ、Ⅱ、Ⅲ、Ⅳ各孔,留双边余量3~4mm	D面和E面,并按轴孔加工线找正	卧式镗床
11	油 漆	全部油漆		
	自然时效			
12	半精镗和钻扩铰	(1)由C面钻扩铰Ⅶ、Ⅷ两孔 (2)由F面钻扩铰Ⅸ、Ⅹ、Ⅺ各孔,钻Ⅻ孔 (3)由A面半精镗Ⅰ、Ⅱ、Ⅲ、Ⅳ各孔并精铰Ⅰ、Ⅱ、Ⅲ各孔。钻扩铰Ⅴ、Ⅵ、Ⅶ、Ⅷ各孔	D面、E面及C面	镗孔组合机床
13	浮动镗	用浮动镗刀块精镗主轴孔Ⅳ	D面、E面及C面	卧式镗床
14	钻 孔	钻全部光孔和螺孔,攻全部螺孔,钻扩铰Ⅻ孔		立式钻床
15	磨侧面	粗、精磨F面	D面和E面	导轨磨床
16	去毛刺	倒棱、去毛刺		钳工台
17	检 验	按零件图要求进行最终检验		检验平板
18	涂 油	除锈斑、清洗上油		
	入 库			

142

4.1.8　加工余量的决定

平面采用单边余量[见图 3 – 19(a)],孔采用直径上的双边余量[见图 3 – 19(b)]。由于此处均为简单情况下的余量问题,所以可直接参阅《金属机械加工工艺人员手册》或《机械制造工艺设计手册》等参考资料,结合生产经验进行选取。

4.1.9　工艺尺寸的计算

本加工方案没有基准不重合的尺寸换算和复杂的工序尺寸计算。但为了专用镗模和划线样板的设计与制造,需要对孔系坐标尺寸进行换算,以便在坐标镗床上按换算结果调整精密的坐标读数。

在主轴箱箱体的零件图上,各轴孔的位置已换算成从设定的原点(某一轴孔的中心或箱体上两个加工平面的交点)出发的坐标尺寸。例如,主轴轴孔 IV 的位置以底面 D 和导向面 E 的交点 O 为原点标注坐标尺寸。轴孔 III、V 在水平方向的尺寸以轴孔 IV 的中心为原点标注坐标尺寸(见图 4 –6)。

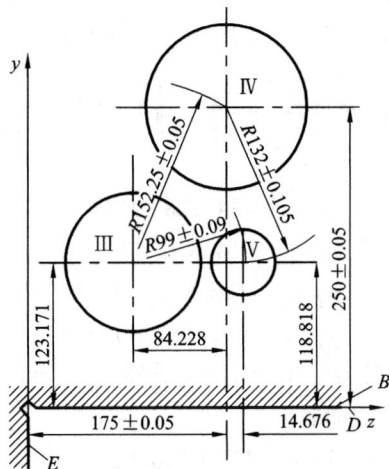

图 4 – 6　车床主轴箱箱体轴孔轴心位置关系

下面以这三个轴孔坐标尺寸的换算为例,说明孔系工艺尺寸的计算:

(1)确定轴孔 IV 相对于 D 面和 E 面的交点 O 的坐标尺寸公差。零件图上已标有基本尺寸,结合考虑车床产品装配时解等高性尺寸链等要求(参阅 7.2.2 装配尺寸链)取经济公差:

$$x_{0-\text{IV}} = 175 \pm 0.05 , \quad y_{0-\text{IV}} = 250 \pm 0.05$$

(2)以轴孔 IV 为坐标原点,计算轴孔 III 和轴孔 V 的坐标尺寸和公差。

轴孔 III 的坐标尺寸为:

$$x_{\text{IV}-\text{III}} = 84.228$$

$$y_{\text{IV}-\text{III}} = 250 - 123.171 = 126.829$$

轴孔 V 的坐标尺寸为:

$$x_{\text{IV}-\text{V}} = 14.676$$

$$y_{IV-V} = 250 - 118.818 = 131.182$$

此处,通过 x_{IV-III} 和 y_{IV-III} 保证零件图中 IV – III 的中心距 152.25 ± 0.05 的设计要求,通过 x_{IV-V} 和 y_{IV-V} 保证零件图中 IV – V 的中心距 132 ± 0.105 的设计要求。III – V 的中心距 99 ± 0.09 为组成环最多的封闭环,所以应由此决定坐标尺寸的公差:

$$x_{III-V} = 84.228 + 14.676 = 98.904$$

$$y_{III-V} = 123.171 - 118.818 = 4.353$$

以 R_{III-V} 表示轴孔 III – V 的中心距,则:

$$(R_{III-V})^2 = (x_{III-V})^2 + (y_{III-V})^2$$

两边微分后为

$$2(R_{III-V})d(R_{III-V}) = 2(x_{III-V})d(x_{III-V}) + 2(y_{III-V})d(y_{III-V})$$

取 $d(x_{III-V}) = d(y_{III-V})$

则有

$$d(x_{III-V}) = d(y_{III-V}) = \frac{(\pm 0.09)99}{98.904 + 4.353} \approx \pm 0.086$$

按等公差值法求 x_{III-V} 和 y_{III-V} 的组成环的公差:

$$T(x_{IV-III}) = T(x_{III-V}) = \pm \frac{1}{2}(0.086) = \pm 0.043$$

$$T(y_{IV-III}) = T(y_{III-V}) = \pm \frac{1}{2}(0.086) = \pm 0.043$$

所以坐标尺寸及其公差为:

$$x_{IV-III} = 84.228 \pm 0.043$$

$$x_{IV-V} = 14.676 \pm 0.043$$

$$y_{IV-III} = 126.829 \pm 0.043$$

$$y_{IV-V} = 131.182 \pm 0.043$$

由于 x_{IV-III} 和 y_{IV-III} 又是 152.25 ± 0.05 的组成环,x_{IV-V} 和 y_{IV-V} 又是 132 ± 0.105 的组成环,都是公共环,所以应分别予以验算:

$$d(152.25) = \frac{\pm 0.043(84.228 + 126.829)}{152.25} = \pm 0.0596 > \pm 0.05$$

$$d(132) = \frac{\pm 0.043(131.182 + 14.676)}{132} = \pm 0.0475 < \pm 0.105$$

由以上计算可知,封闭环 152.25 有超差的危险,故应由此重新分配公差:

取

$$d(x_{IV-III}) = d(y_{IV-III}) = \frac{\pm 0.05(152.25)}{84.228 + 126.829} = \pm 0.036$$

最后可得坐标尺寸及其公差为:

$$x'_{IV-III} = 84.228 \pm 0.036$$

$$x'_{IV-V} = 14.676 \pm 0.05$$

$$y'_{IV-III} = 126.829 \pm 0.036$$

$$y'_{IV-V} = 131.182 \pm 0.05$$

再将此换算结果按直角坐标标注,如图 4 – 7。

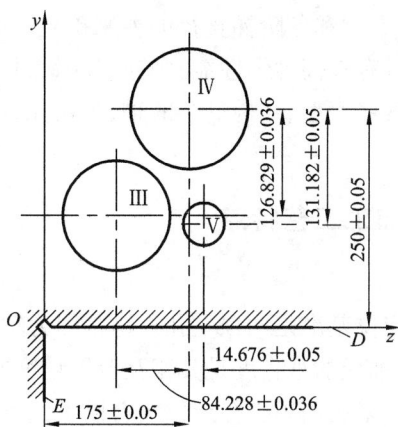

图 4-7　车床主轴箱箱体轴孔轴心坐标尺寸换算结果

4.1.10　确定切削用量、时间定额和填写"机械加工工艺卡"

4.2　轴类零件的加工

所谓轴类零件,是指长度大于直径的旋转体零件。其加工表面通常有内、外圆柱面、圆锥面、孔、螺纹、花键、键槽、沟槽等。根据其结构形状,可将轴类零件分为光轴、空心轴、半轴、阶梯轴、花键轴、十字轴、偏心轴、曲轴和凸轮轴等,如图 4-8 所示。在机器中,轴类零件主要用来支承传动零件和传递转矩。

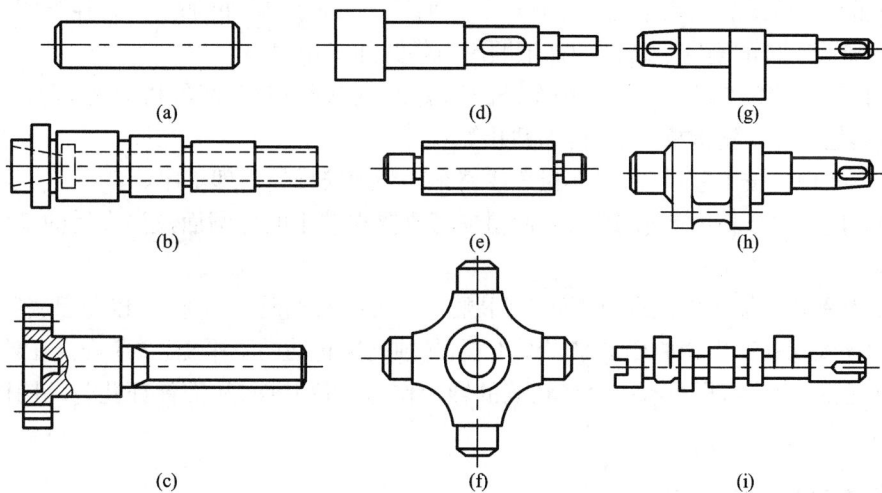

图 4-8　轴的种类

(a)光轴　(b)空心轴　(c)半轴　(d)阶梯轴　(e)花键轴
(f)十字轴　(g)偏心轴　(h)曲轴　(i)凸轮轴

光轴的毛坯一般选用热轧圆钢或冷轧圆钢;阶梯轴的毛坯可选用热轧圆钢或冷轧圆钢,也可选用锻件,主要根据生产纲领和各阶梯直径的差来确定。批量越大,直径相差越大,采用锻件越为有利。若要求轴具有较高力学性能,则应采用锻件。单件小批生产采用自由锻件;成批生产采用模锻件;对某些大型、结构复杂的轴,也可采用铸件,如曲轴可以采用球墨铸铁件。

4.2.1 轴类零件的机械加工工艺特点

1. 定位基准的选择

轴类零件加工最常用的定位基准是两顶尖孔。这是因为轴类零件各外圆表面、锥孔、螺纹表面的同轴度,端面对旋转轴线的垂直度是其相互位置精度的主要项目,而这些表面的设计基准一般都是轴的中心线。采用两顶尖孔定位具有以下优点:一是符合基准重合原则,二是能够最大限度地在一次安装中加工出多个外圆的端面,符合基准统一原则。所以,只要可能就应尽量采用顶尖孔作为轴加工的定位基准。加工过程中,顶尖孔应始终保持准确和清洁。每次热处理后,以及转入下一加工阶段前,应对顶尖孔进行研磨或修整,以去除顶尖孔表面的氧化皮和其他损伤。

当不能用顶尖孔作定位基准时(例如加工轴的锥孔),或粗加工时为了提高零件的刚度,可采用轴的外圆表面作为定位基准,或采用外圆表面和顶尖孔共同作为定位基准。用外圆表面定位时,一般用卡盘装夹。因基准面的加工和工件装夹都比较方便,故此法应用较多。但是,卡盘的定位精度较低,且工件调头车削时,两端外圆表面会产生同轴度误差,影响位置精度。

2. 工艺过程分析

轴类零件的一般机械加工工艺过程如下:

(1)预备加工　校直、切断、车端面和钻顶尖孔。

(2)粗车　外圆表面粗车的加工顺序是先加工大直径外圆,再加工小直径外圆,以免加工开始就降低工件的刚度。端面的加工顺序与外圆加工相同。

(3)精车　按粗车的加工顺序精车外圆和端面,再进行切槽、倒角和车螺纹等加工。

(4)其他工序　铣键槽、铣花键和钻孔等。

(5)热处理　按工艺需要,可在粗车或精车工序后安排热处理工序。

(6)磨削　对于精度要求较高,表面粗糙度值要求较小的外圆面及淬火后的工件,可采用磨削加工。

对轴上深孔的加工应注意以下两个问题:①应安排在调质以后加工,以免因调质处理变形较大而导致深孔产生弯曲变形难以纠正,引起轴高速转动的不平衡;②应安排在外圆粗车或半精车之后进行,这样可有一个较精确的轴颈作为定位基面,从而保证孔与外圆同心,并使轴的壁厚均匀。

4.2.2 传动轴加工工艺

图4-9为运载车辆侧减速器中的一根传动轴。下面以该轴为例进行机械加工工艺分析。

146

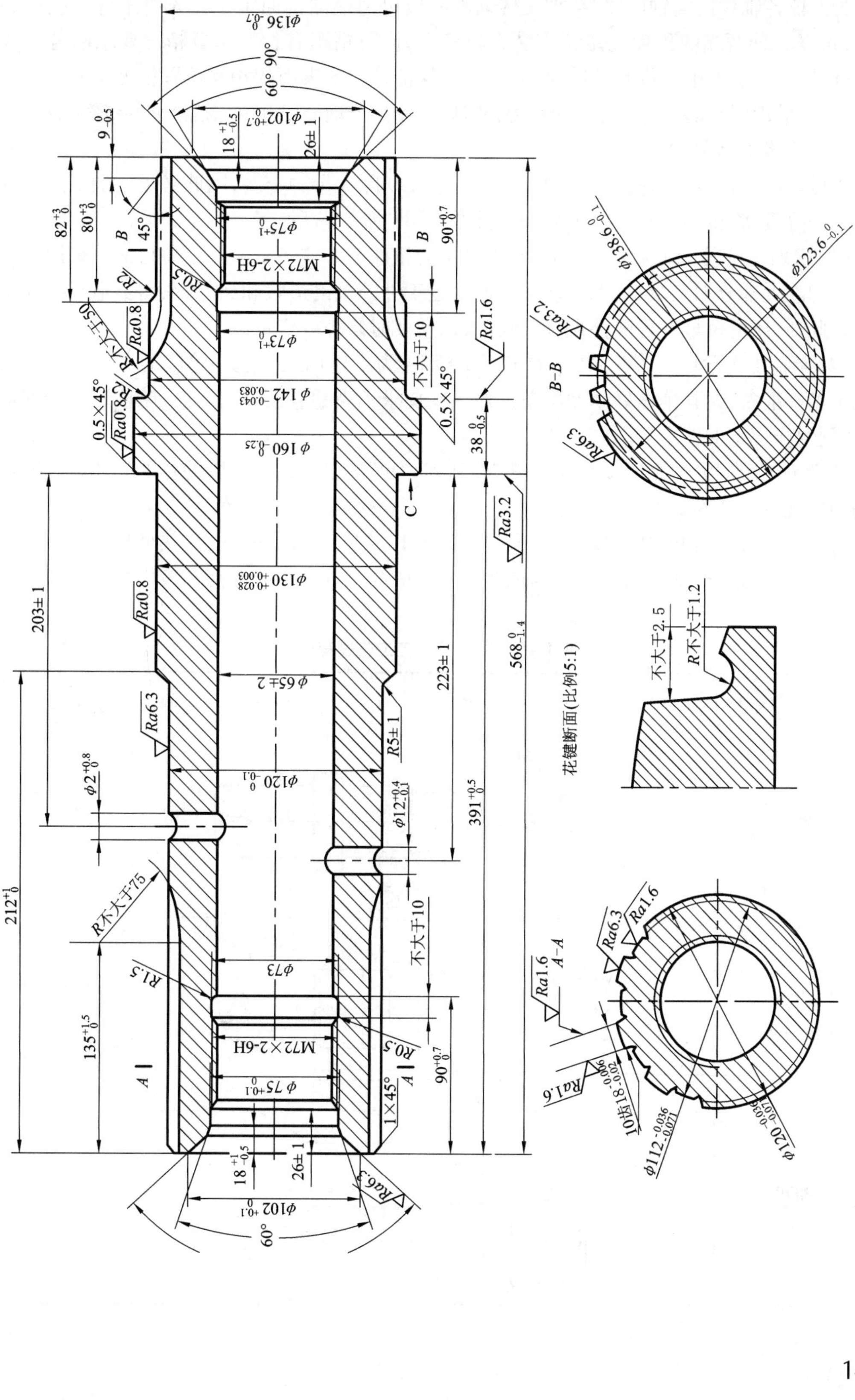

图 4-9 传动轴零件简图

1. 定位基准的选择

为保证各轴颈的同轴度要求,加工传动轴时应以两端的锥面定位。先将工件安装在心轴上,再以心轴两端的顶尖孔定位安装在机床上,同时精车有相互位置精度要求的各个表面,然后铣齿。加工中定位基准应保持不变,以保证各加工表面的相互位置精度。

最后,采用同样的定位方法,磨键底、键侧、轴承配合面 $\phi 130 k6(^{+0.028}_{+0.003})$、凸缘等表面。

2. 加工阶段的划分

该传动轴的精度要求高,且在加工过程中需要切除大量的金属,因此必须将加工过程划分为几个阶段,将粗加工和精加工分别安排在不同的加工阶段。

(1)粗加工阶段 表4-2中的工序1到4为粗加工。这一阶段的主要目的是采用大切削用量切除大部分加工余量,把毛坯加工至接近工件的最终形状和尺寸,只留下适当的加工余量。此外,还可及早发现锻件裂缝等缺陷,以便及时修补或作报废处理。

(2)半精加工阶段 表4-2中的工序5到14为半精加工。这一阶段的主要目的是为精加工做好准备,尤其是做好基面准备。对一些要求不高的表面,应在这一阶段完成全部加工,达到图样规定的技术要求。

(3)精加工阶段 表4-2中的工序18到21为精加工。这一阶段的目的是使各表面都达到图样规定的技术要求。

另外,根据传动轴的技术要求,淬火硬度为 321~444HB,故还应安排热处理工序。热处理工序一般安排在磨削之前进行。其主要目的是提高零件的力学性能和表面硬度。

表4-2 传动轴加工工艺过程

序号	工序内容	工 序 简 图	定位、夹紧及设备
1	钻中心孔		镗 床
2	粗车大头外圆及端面		夹小头,顶大头 车床
3	粗车小头外圆及端面		夹大头,顶小头 车床

续表 4 - 2

序号	工序内容	工 序 简 图	定位、夹紧及设备
4	钻孔		夹大头，托小头 车床
5	车定位面		两头支顶 车床
6	车大头内孔		夹小头，托大头 车床
7	车小头内孔		夹大头，托小头 车床
8	精车小头外圆及端面		两头支顶 车床

序号	工序内容	工序简图	定位、夹紧及设备
9	精车大头外圆及端面		两头支顶车床
10	铣小头矩形花键		两头支顶花键铣
11	铣大头渐开线花键		两头支顶花键铣
12	钻 $\phi 12$ 孔		立钻
13	钳　修		钳工台

150

续表 4 - 2

序号	工序内容	工 序 简 图	定位、夹紧及设备
14	中间检验		顶尖孔 各种量规
15	热处理		淬火硬度 321~444HB
16	车小头内螺纹		夹大头,托小头 车床

序号	工序内容	工 序 简 图	定位、夹紧及设备
17	车大头内螺纹	M72×2-6H	夹小头,托大头 车床
18	磨前修正		顶尖孔
19	磨矩形花键键底	135±1.5 R≤75 Ra1.6 112f7 +0.036 -0.071	两头支顶 花键磨
20	磨矩形花键键侧	Ra1.6 18 -0.006 -0.03 R不大于1.2 不大于2.5 135±1.5 R≤75	两头支顶 花键磨

续表 4 −2

序号	工序内容	工 序 简 图	定位、夹紧及设备
21	磨外圆	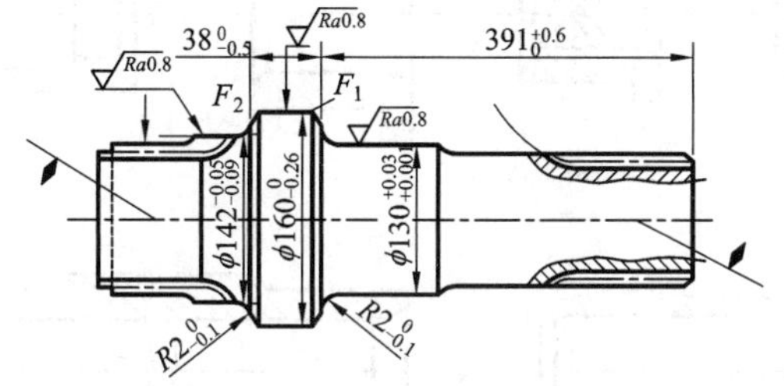	两头支顶外圆磨
22	最后检验	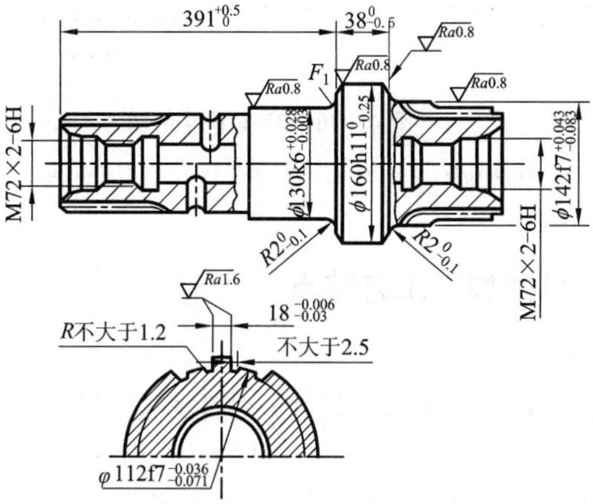	顶尖孔外表面检查、尺寸检查、技术要求检查

4.3　套类零件的加工

套类零件应用范围很广,是机械加工中经常碰到的一类零件。常见的套类零件如支承旋转轴的各种形式的轴承、夹具上的导向套、内燃机上的汽缸套、液压系统中的液压缸等。如图 4 − 10 所示。

机器中的套类零件通常起支承或导向作用。虽然由于功用不同,套类零件的结构和尺寸有很大的差别,但它们在结构上仍有许多共同的特点,如:零件的重要表面为同轴度要求较高的内、外旋转表面;零件的壁厚较薄易变形;零件的长度一般大于直径等。

套类零件的材料一般为钢、铸铁、青铜或黄铜等。有些滑动轴承采用双金属结构,即用离心铸造法在钢套或铸铁套的内壁上浇注巴氏合金等轴承合金材料。这样既可节省贵重的有色金属,又能提高轴承的寿命。

套类零件的毛坯选择与其材料、结构和尺寸等因素有关。孔径较小(如 $d < 20mm$)时,一般选择热轧或冷拉棒料,也可选用实心铸件;孔径较大时,常采用无缝钢管或带孔的铸件和锻件。大量生产时,可采用冷挤压和粉末冶金等先进的毛坯制造工艺,以提高生产率,并节约金属材料。

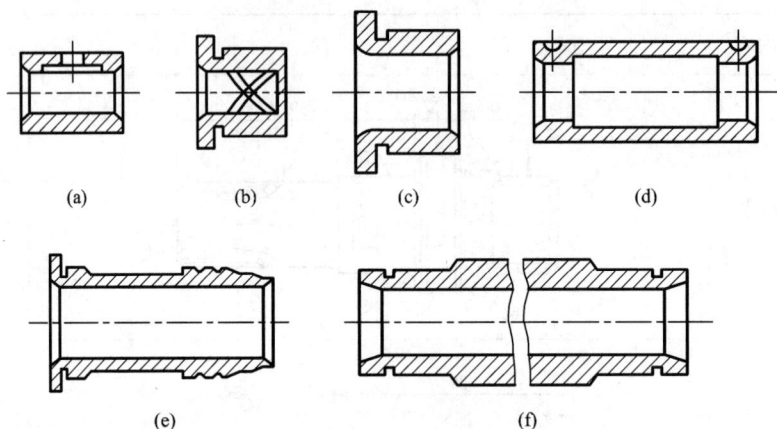

图 4-10 套类零件示例

(a)、(b)滑动轴承 (c)钻套 (d)轴承衬套 (e)汽缸套 (f)液压缸

4.3.1 套类零件的机械加工工艺特点

1. 加工方法的选择

因功用不同,套类零件的结构形状、尺寸及技术要求等都有较大差别,因而其机械加工工艺也有较大区别。

套类零件的主要加工面是孔、外圆和端面。定位基准为外圆或孔。根据精度要求,外圆表面的加工可选择车削和磨削。对于孔的加工,一般根据其结构形状、尺寸、长径比、精度和表面粗糙度要求及生产类型等因素,选择钻、扩、铰、镗、拉和磨削等方法加工。套类零件加工的重要工艺问题是保证各表面之间的相互位置精度和防止变形。

2. 保证各表面之间相互位置精度的方法

(1)在一次安装中完成内外表面及端面的全部加工。这种方法消除了工件因多次安装而造成的误差,可获得很高的位置精度。但是,这种方法的工序比较集中,对尺寸较大的套类工件不便于安装,故多用于尺寸较小的轴套的车削加工。

(2)套类零件主要表面的加工分在几次安装中进行,先粗加工外圆并精加工孔,然后以孔为精基准精加工外圆。这种方法所用夹具(心轴)结构简单,制造和安装误差较小,可以保证较高的位置精度,生产中应用较多。

(3)套类零件主要表面的加工分在几次安装中进行,先精加工外圆,然后以外圆为精基准精加工孔。用这种方法加工工件,装夹迅速可靠,但因一般卡盘的安装误差较大,加工后工件的位置精度较低。为了获得较高的同轴度,应采用定心精度高的夹具,如弹性膜片卡盘、液性塑料夹头,经过修磨的三爪自定心卡盘和"软爪"等。

3. 防止变形的工艺措施

(1)精加工时应使工件在轴向或径向能自由伸缩,以减少热变形引起的误差。在粗、精加工之间,应使工件得到充分冷却,并合理使用切削液。

(2)为了减少热处理的影响,热处理工序应安排在粗、精加工阶段之间,使热处理引起

154

的变形在精加工中得到纠正。

（3）采用轴向夹紧工件的夹具或在工件上做出辅助凸边，以增加工件的刚性。当采用径向夹紧工件的夹具时，应使径向夹紧力均匀，如使用过渡套或弹簧套等夹紧工件。

（4）增大刀具的主偏角，以减小径向切削力。

（5）采用内外表面同时加工的方法，使径向力减少或相互抵消。

（6）将粗、精加工分开，使粗加工产生的变形在精加工中得到纠正。

4.3.2　衬套加工工艺过程

下面以图 4-11 所示的衬套为例，进行衬套零件的机械加工工艺分析。

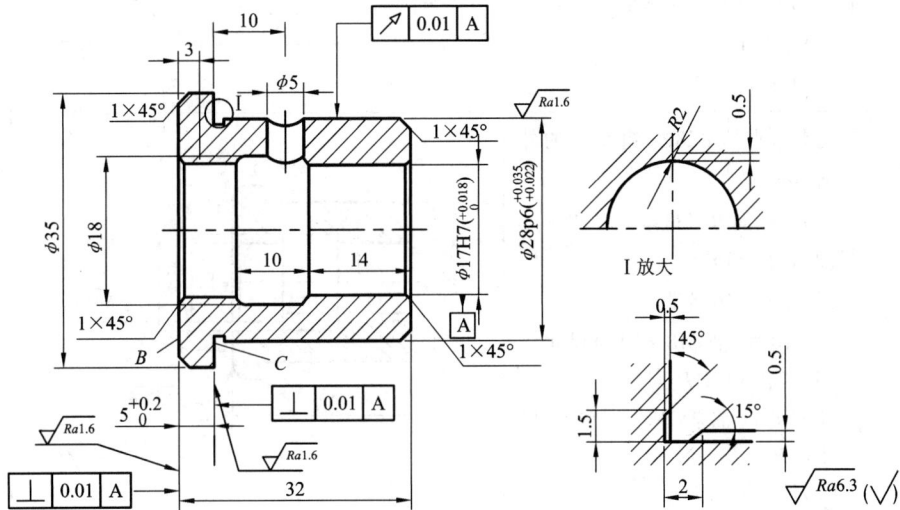

图 4-11　衬套

（1）$\phi 28 \mathrm{p}6\left(^{+0.035}_{+0.022}\right)$ 对内孔 $\phi 17 \mathrm{H}7\left(^{+0.018}_{0}\right)$ 轴线 A 的径向圆跳动允差为 0.01。

（2）端面 B、C 对内孔 $\phi 17 \mathrm{H}7\left(^{+0.018}_{0}\right)$ 轴线 A 的垂直度允差为 0.01。

为满足上述两项要求，镗、铰内孔时，应与端面在一次装夹中加工。精车外圆应以内孔为定位基准，安装圆锥心轴，用两顶尖装夹。这样，加工基准与测量基准一致，容易保证图样的技术要求。

（3）衬套材料为 ZCuSn5Pb5Zn5，且内外圆直径不大，为便于装夹，毛坯选用棒料。

（4）铜的热膨胀系数比钢大，加工时应注意热胀冷缩引起的误差。

（5）衬套每批生产数量为 200 件。

通过上述工艺分析可知：衬套主要表面的尺寸精度、相互位置精度要求高，表面粗糙度值较小。结合考虑工件材料的性质、生产类型等因素，该衬套的加工采用粗车—精车的工艺方案。其加工工艺过程见表 4-3。

表 4 – 3　衬套加工工艺过程

工序号	工序名称	工序内容	加工简图	设备
1	车	用三爪自定心卡盘夹持毛坯外圆[毛坯尺寸 $\phi40 \times (34 + 3 + 20)$] (1)车端面 (2)车外圆 $\phi35$ 至尺寸 (3)车外圆 $\phi28P6$ 至 $\phi28.5_0^{+0.3}$，长度尺寸 $27_{-0.5}^{-0.4}$（即 $32 - 5 = 27$） (4)车沟槽(深度去除精车余量) (5)倒角 $1 \times 45°$ (6)切断，长 $32.5mm$	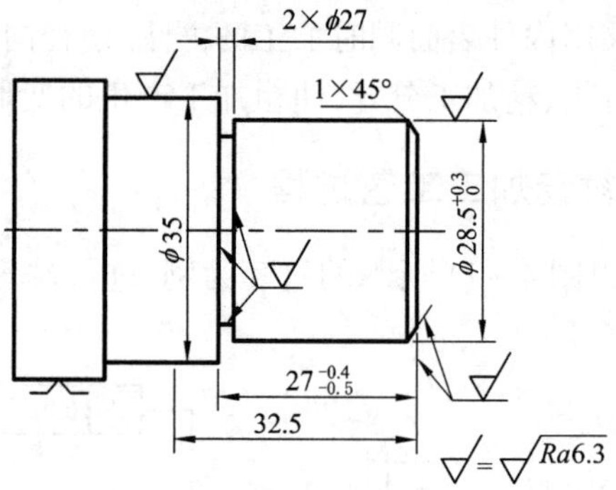	卧式车床
2	车	用卡爪夹持 $\phi28P6$ 粗车后的外圆 $\phi28.5_0^{+0.3}$ (1)车端面 B 长度至尺寸 32 (2)钻孔 $\phi15.5$ (3)车孔 $\phi16.8_{-0.1}^{0}$ (4)车内沟槽 $\phi18 \times 10$ 至尺寸 (5)铰孔 $\phi17H7$ 至尺寸 (6)车拉油槽 $R2$ 至深度尺寸 0.5 (7)倒角 $1 \times 45°$	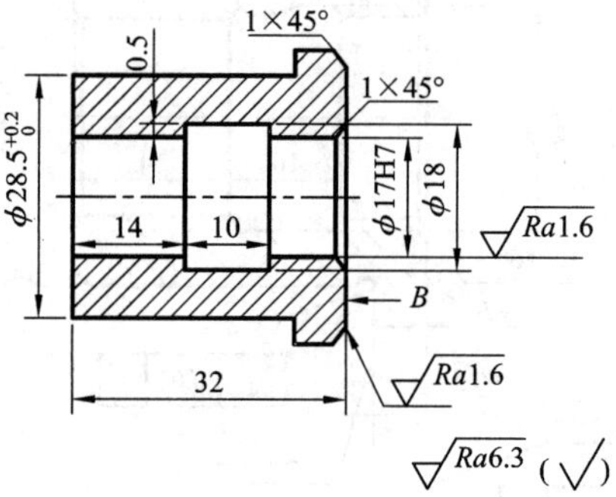	卧式车床
3	车	以孔 $\phi17H7$ 为基准,将工件装在心轴上,夹于两顶尖间 (1)精车 $\phi28_{+0.022}^{+0.035}$ 外圆至尺寸 (2)精车端面 C 至尺寸 $5_0^{+0.2}$ (3)倒角 $1 \times 45°$ (4)检查	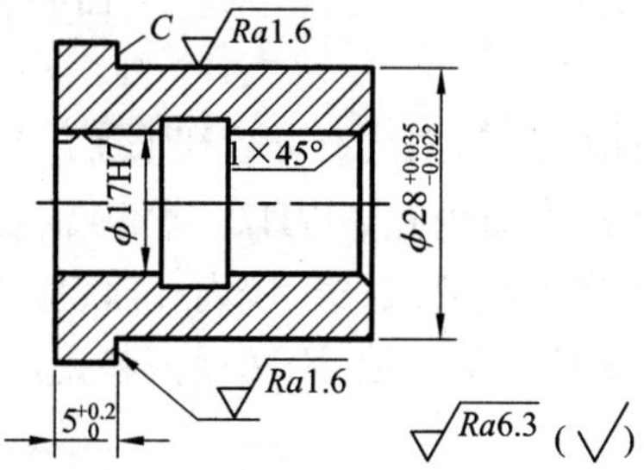	卧式车床
4	钳	(1)划孔 $\phi5$ 尺寸线 (2)钻孔 $\phi5$ 至尺寸 (3)修毛刺 (4)检查	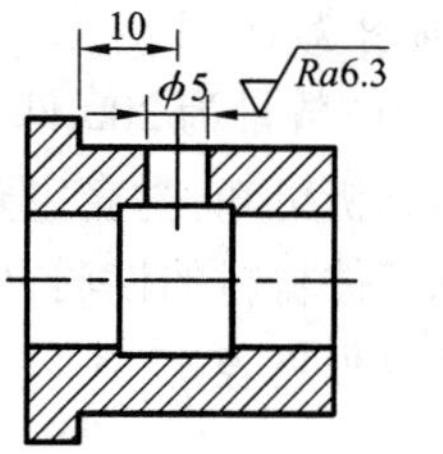	立式钻床
5	普	清洗入库		

156

第 5 章
机械加工精度

5.1　机械加工精度的概念

5.1.1　机械加工精度的含义及内容

所谓加工精度,是指加工后零件的尺寸、几何形状以及各表面相互位置等参数的实际值与理想值相符合的程度,它们之间的偏离程度则称为加工误差。加工精度在数值上通过加工误差的大小来表示。精度和误差是对同一问题的两种不同的描述,两者的概念是相关连的。精度愈高,误差愈小;反之,精度愈低,误差就愈大。

零件的几何参数包括几何形状、尺寸和相互位置三个方面,故加工精度包括以下三个方面:

(1)尺寸精度　限制加工表面与其基准之间的尺寸误差不超过一定的范围;

(2)几何形状精度　限制加工表面的宏观几何形状误差,如圆度、圆柱度、平面度、直线度等;

(3)相互位置精度　限制加工表之面与其基准间的相互位置误差,如平行度、垂直度、同轴度、位置度等。

设计时,零件各表面本身和相互位置的尺寸精度是以公差(公差代号或数值)表示的,公差的数值具体地说明了这些尺寸的加工精度要求和允许的加工误差大小;零件的几何形状精度和相互位置精度用专门的符号规定,或在零件图纸的技术要求中用文字进行说明。

机械加工精度是加工质量的重要组成部分。无论是何种生产类型,分析加工精度对保证质量、提高生产率和降低成本都有重大意义。对于大批大量生产,一旦产生质量问题,将会造成巨大的损失;对于单件小批生产,通过分析贵重零件的加工精度以保证质量有很大的经济效益。

即使是在相同的生产条件下加工出来的一批零件,由于加工中各种因素的影响,其尺寸、形状和表面相互位置也不会绝对准确和完全一致,总是存在着一定的加工误差。从满足产品的工作要求和使用性能出发,零件也不需要加工得绝对准确。在达到所要求的公差范围的前提下,应采取合理的经济加工方法,以提高机械加工的生产率和经济效益。因此,应仔细研究机械加工中的精度规律,分析影响加工精度的各种工艺因素,从而控制加工精度。

5.1.2　机械加工误差分类

1. 系统误差与随机误差

根据误差是否被人们掌握,可将其分为系统误差和随机误差(又称偶然误差)两大类。

大小和方向均已掌握的误差称为系统误差。它可以用代数和来进行综合。系统误差又可以分为常值系统误差和变值系统误差。常值系统误差的大小和方向是不变的。例如,由于采用近似加工方法所带来的理论误差,机床、夹具、刀具和量具的制造误差等都是常值系统误差。采用直径 $\phi20mm$ 的铰刀铰孔时,如果铰刀本身的直径偏大 0.01mm,则整批零件被铰的孔都将偏大 0.01mm,这时的常值系统误差为 +0.01mm。所谓变值系统误差,是指误差的大小和方向按一定的规律变化,可以按线性规律变化,也可以按非线性规律变化。例如,刀具正常磨损时,其磨损值与时间成线性正比关系,因而是线性变值系统误差;刀具受热伸长时,其伸长量和时间是指数曲线关系,因而是非线性变值系统误差。凡是没有掌握变化规律的误差称为随机误差。有可能是掌握了误差的大小但不掌握其方向,也可能是掌握了误差的方向而不掌握其大小。它不能用代数和来进行综合,只能用数理统计方法来处理。例如,由于内应力的重新分布而引起的工件变形,零件毛坯由于材质不匀而引起的变形等都是随机误差。系统误差与随机误差之间并不存在固定不变的分界线。随着科学技术的不断发展,人们对误差规律的逐渐掌握,随机误差不断向系统误差转移。

2. 静态误差与切削状态误差

根据误差是否与切削状态有关,可将其分为静态误差与切削状态误差两类。工艺系统在不切削状态下出现的误差通常称为静态误差,如机床的几何精度和传动精度等。工艺系统在切削状态下出现的误差通常称为切削状态误差,如机床在切削时的受力变形和受热变形等。

5.2 获得加工精度的方法

5.2.1 试切法

操作工人在每一工步或走刀前进行对刀,然后切出一小段,测量其尺寸是否合适,如不合适则调整刀具的位置,再试切一小段,直至达到尺寸要求后才加工这一尺寸的全部表面。图 5-1 所示为采用试切法进行车削加工。试切法的生产率低,且要求工人有较高的技术水平,否则不易保证加工质量,因此多用于单件、小批生产。

5.2.2 调整法

先按规定尺寸调整好机床、夹具、刀具和工件的相对位置及进给行程,从而保证在加工时自动获得符合要求的尺寸。采用这种方法加工时不再进行试切,生产率大大提高,但其精度稍低,主要决定于机床和夹具的精度以及调整误差的大小。

调整法可以分为静调整法和动调整法两类:

1. 静调整法

静调整法又称样件法,是在不切削的情况下,采用对刀块或样件调整刀具的位置。例如,在组合机床上或镗床上,用对刀块调整镗刀的位置,以保证镗孔的直径尺寸(图 5-2);在铣床上用对刀块调整刀具的位置,以保证工件的高度尺寸。为了避免刀具与对刀块相撞,应控制两者接触的轻重。若用厚薄规调整,就更为准确(图 5-3)。

在六角车床、组合机床、自动车床及铣床上,常采用行程挡块调整尺寸。这也是一种静调整法,其调整精度一般较低。

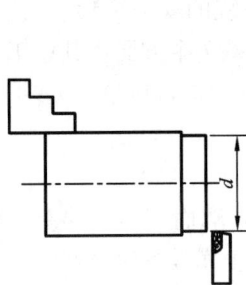

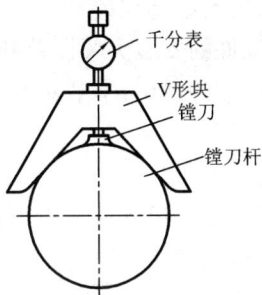

图 5 - 1　试切法　　图 5 - 2　镗孔时的静调整法对刀　　图 5 - 3　铣削时静调整法对刀

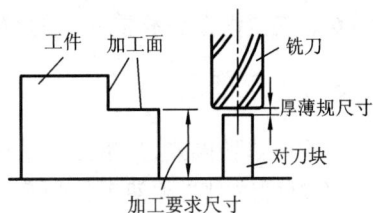

2. 动调整法

动调整法又称尺寸调整法,是按试切零件进行调整,直接测量试切零件的尺寸,可以是试切一件或一组零件(2～15 件),若所有试切零件合格,则调整完毕,即可开始进行加工。这种方法多用于大批大量生产。由于考虑了加工过程中的影响因素,动调整法的精度比静调整法高。

5.2.3　尺寸刀具法

所谓尺寸刀具法,是指利用定尺寸的孔加工刀具,如钻头、镗刀块、拉刀及铰刀等来加工孔。有些定尺寸的孔加工刀具可以获得非常高的精度,生产率也非常高。但是,由于刀具必然有磨损,磨损后尺寸不能保证,因此成本较高,多用于大批大量生产。此外,采用成形刀具加工也属于这种方法。

5.2.4　主动测量法

所谓主动测量法,是指在加工过程中,边加工边测量加工尺寸,达到要求时立即停止加工。图 5 - 4 所示为在外圆磨床上磨削加工时进行主动测量。随着数字化和信息化技术的发展,主动测量中获得的数值可以用数字显示,达到尺寸要求时可自动停车。这种方法的精度高,质量稳定,生产率也高。由于要用一定型号规格的测量装置,故多应用于大批大量生产。应该注意,采用这种方法时对前一工序的加工精度应有一定的要求。

5.3　影响加工精度的因素

研究影响加工精度的因素时,应当对机械加工的整个系统和全过程进行分析,即应对机械加工采用的加工方法、工艺系统(机床、夹具、刀具及工件组成的系统)本身的误差、切削过程可能产生的问题、工作环境、零件检查等进行分析。研究表明,影响机械加工

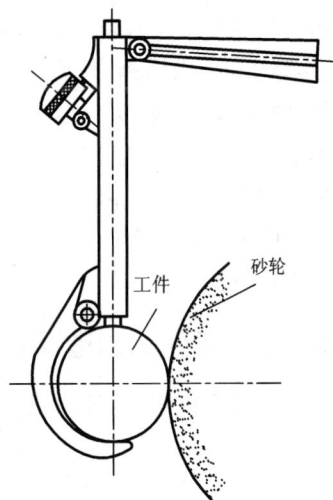

图 5 - 4　主动测量法

精度的主要因素包括原理误差、工艺系统的制造误差和磨损、工艺系统的受力变形、工艺系统的受热变形、工艺系统的调整误差、工件的安装夹紧误差和度量误差7个方面。其中工件的安装夹紧误差在有关夹具的教材有详细的讨论,本节对其他6个方面进行讨论。

5.3.1 原理误差

所谓原理误差,是指由于采用近似的加工运动或者近似的刀具轮廓而产生的误差。例如,车削螺纹时必须使工件和车刀之间有准确的螺旋运动联系,但由于模数螺纹导程的计算式 $t = \pi m$(m 为模数)中的 π 是一个无限小数,所以用配换齿轮来得到导程值时就可能引入原理误差;用滚刀切削渐开线齿轮、渐开线花键轴是利用展成法原理,但由于为了得到切削刃口,在滚刀上形成了刀齿,而这些刀齿是有限的,因此滚刀只能实现断续切削,切出的齿形是由各个刀齿轨迹的包络线所形成的一条近似折线,如图 5-5 所示。增加滚刀的刀齿数和减少滚刀的线数可以减小这种原理误差。

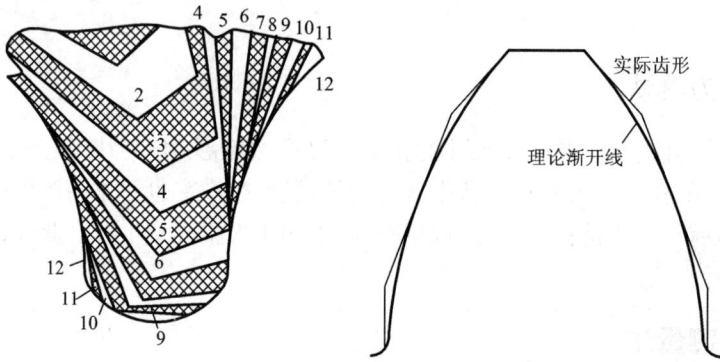

图 5-5 用展成法切削齿轮的齿形误差

用成形刀具加工复杂的曲线表面时,往往难以将刀具刃口刃磨出完全符合理论曲线的轮廓,实际生产中常采用圆弧、直线等简单的近似的线形。例如,齿轮模数铣刀的成形面轮廓不是纯粹的渐开线,所以有一定的原理误差。此外,为了避免模数铣刀的数量过多,对于每种模数,只用一套模数铣刀来分别加工在一定齿数范围内的所有齿轮(见表 5-1)。为了避免齿轮啮合时发生干涉,每一刀号的模数铣刀都是按最少齿数的齿形设计的,因此在加工其他齿数的齿轮时就会产生齿形误差。这也是一种原理误差,其大小可以从有关刀具设计的资料中查得。

5.3.2 工艺系统的制造误差和磨损对加工精度的影响

工艺系统中机床、刀具、夹具本身的制造误差和磨损对工件的加工精度有不同程度的影响。

表 5 - 1 模数铣刀加工齿数范围

刀号	1	2	3	4	5	6	7	8
加工齿数范围	12 ~ 13	14 ~ 16	17 ~ 20	21 ~ 25	26 ~ 34	35 ~ 54	55 ~ 134	135 以上及齿条
齿　形								

1. 机床的制造误差和磨损

1) 导轨误差

导轨是机床中确定各主要部件相对位置的基准,也是运动的基准。它的各项误差直接影响被加工工件的精度。例如,车床的床身导轨在水平面内产生弯曲,会导致纵向切削过程中刀尖的运动轨迹不能对工件轴心线保持平行。导轨向后凸出时,工件会产生鞍形加工误差;导轨向前凸出时,工件会产生鼓形加工误差。

导轨在垂直平面内的弯曲对加工精度的影响较小,往往可以忽略不计。下面通过图 5 - 6 来说明这一点。图 5 - 6(a)表示,由于导轨在垂直面内的弯曲使刀尖在垂直面内产生位移 δz,引起工件产生半径误差 δR。

$$(R + \delta R)^2 = (\delta z)^2 + R^2$$

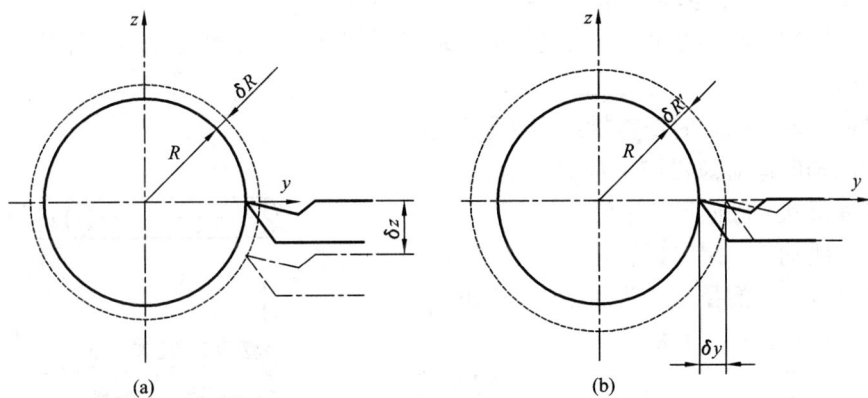

图 5 - 6 刀具在不同方向上的位移量对工件直径的影响

忽略 $(\delta R)^2$ 项,得

$$\delta R \approx \frac{(\delta z)^2}{2R}$$

即工件的直径误差为

$$\delta D \approx \frac{(\delta z)^2}{R} \tag{5 - 1}$$

图 5-6(b)表示,导轨在水平面内的弯曲使刀尖在水平面内产生位移 δy,引起工件产生半径误差 $\delta R'$。因 $\delta R' = \delta y$,所以在工件直径上的加工误差为 $\delta D' = 2\delta y$。

假设 $\delta y = \delta z = 0.1, D = 40$,则

$$\delta R = \frac{0.1^2}{40} = 0.00025$$

$$\delta R' = 0.1 = 400\delta R$$

由此可知,导轨在垂直面内的弯曲对加工精度的影响很小,可以忽略不计,而导轨在水平面内同样大小的弯曲就不能忽视。

2)主轴误差

机床主轴是工件或刀具的位置基准和运动基准,其误差会直接影响工件的加工精度。对于主轴的要求,集中到一点,就是运转条件下仍能保持轴心线的位置稳定不变。这也就是所谓回转精度。主轴的回转精度不仅和主轴部件的制造精度(包括加工精度和装配精度)有关,还和受力后主轴的变形有关。随着主轴转速的增加,还应解决主轴轴承的散热问题。

由于主轴部件存在主轴轴颈的圆度误差、轴颈的同轴度误差、轴承本身的各种误差、轴承之间的同轴度误差、主轴的挠度和支承端面对轴颈轴心线的垂直度误差等原因,主轴回转时,其回转轴心线的空间位置在每一瞬间都是变动的,即存在着回转误差。

机床主轴回转时,主轴的各个截面必然有其回转中心。在主轴的任一截面上,主轴回转时若有一点速度始终为零,则这一点为理想回转中心。但在实际回转过程中,主轴的理想回转中心是不存在的,而是存在一个其位置时刻变动的回转中心。此中心称为瞬时回转中心,主轴各截面瞬间回转中心的连线称为瞬时回转轴线。所谓主轴的回转运动误差,是指主轴的瞬时回转轴线相对其平均回转轴线(瞬时回转轴线的对称中心),在规定测量平面内的变动量。变量动越小,则主轴的回转精度越高;反之则越低。

主轴的回转运动误差可分解为纯轴向窜动、纯径向跳动、纯角度摆动三种基本形式,如图 5-7 所示。

纯轴向窜动——瞬时回转轴线沿平均回转轴线方向的轴向运动,如图 5-7(a)所示。它主要影响端面形状和轴向尺寸精度。

纯径向跳动——瞬时回转轴线始终平行于平均回转轴线方向的径向运动,如图 5-7(b)所示。它主要影响圆柱面的精度。

纯角度摆动——瞬时回转轴线与平均回转轴线成一倾斜角度,但其交点位置固定不变的运动,如图 5-7(c)所示。在不同横截面内,轴心运动误差轨迹相似。它主要影响圆柱度和端面加工精度。

实际中往往是上述几种回转误差的合成。

下面以简单情况下的特例说明主轴回转误差对加工精度的影响

(1)镗削时,主轴纯径向跳动的影响(见图

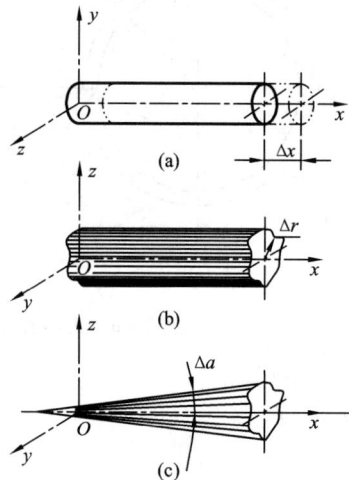

图 5-7 主轴回转误差的基本形式

(a)纯轴向窜动 (b)纯径向跳动 (c)纯角度摆动

5 - 8):镗轴旋转,工件不转。

假定由于主轴存在纯径向跳动,使主轴轴心线在 y 坐标方向上作简谐直线运动,其频率与主轴每秒钟的转数相同,振幅为 A;主轴中心偏移最大(等于 A)时,镗刀尖正好通过水平位置 1。通过分析可知,当镗刀转过 φ 角时(位置 $1'$),刀尖轨迹的水平分量和垂直分量分别为:

$$y = A\cos\varphi + R\cos\varphi = (A + R)\cos\varphi$$

$$z = R\sin\varphi$$

$$\frac{y^2}{(R+A)^2} + \frac{z^2}{R^2} = 1 \qquad (5-2)$$

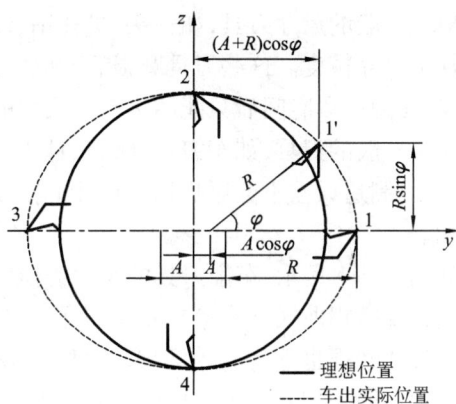

图 5 - 8　纯径向跳动对镗孔圆度的影响

式(5 - 2)为椭圆方程,即镗出的孔成椭圆形,如图 5 - 8 中虚线所示。同样也可以证明,即使主轴中心偏移最大时镗刀尖处于其他位置,镗出的孔也成椭圆形。

(2)车削时,主轴纯径向跳动的影响

车削时主轴纯径向跳动对工件的圆度影响很小。这可以用图 5 - 9 来说明。假定主轴轴心沿着 y 坐标作简谐直线运动(见图 5 - 9)。由于在工件 1 处(主轴中心偏移最大处)切出的半径比在工件 2、4 处切出的半径小一个振幅值 A,在工件 3 处切出的半径则刚好相反,比在工件 2、4 处切出的半径大一个振幅值 A,因此在上述四点的工件直径都相等。通过分析可知在其他各点所形成的直径只有二次小量的误

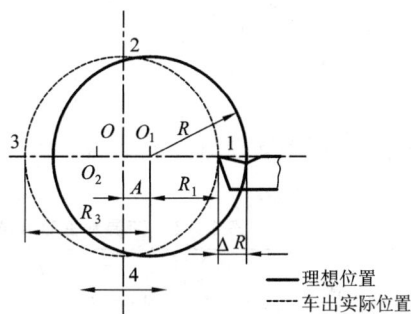

图 5 - 9　纯径向跳动对车削圆度的影响

差,所以车削出的工件表面接近于一个真圆。当主轴纯径向跳动是沿着 z 坐标方向时,车削出的工件直径也只有二次小量的误差。关于上述两项误差是二次小量的原因,可以如分析导轨在垂直平面内的弯曲对加工精度的影响那样作类似的分析得出。

主轴的纯轴向窜动对于孔加工和外圆加工没有影响,但在加工端面时会造成端面与内外圆的轴线不垂直。主轴每转一周,就会沿轴向窜动一次,向前窜动的半周中形成右螺旋面,向后窜动的半周中形成左螺旋面(见图 5 - 10),最后切出如同端面凸轮一般的形状,在端面中心附近出现一个凸台。在这种情况下车削螺纹,必然会产生单个螺距内的周期误差。

当主轴有纯角度摆动时,车削加工时仍然能够得到一个圆的工件,但工件会产生锥度误差;镗削加工时,镗出的孔将产生椭圆形误差。

图 5 - 10　主轴轴向窜动
对端面加工的影响

2. 刀具的制造误差和尺寸磨损

对于一般的尺寸刀具,如钻头、扩孔钻、铰刀、镗刀块和圆孔拉刀等,其制造误差将直接影响加工尺寸精度。这些刀具磨损后,其加工尺寸会产生变化,而且其中某些刀具难以修复或补偿,使用一段时间后只能改为较小尺寸的刀具。

对于一般的刀具,如车刀、立铣刀、镗刀等,加工尺寸主要靠刀具位置的调整(即对刀)来保证,其制造误差不会影响加工尺寸的精度。但是这些刀具的尺寸磨损将对加工精度产生影响。

如图 5-11 所示,车削刀具的尺寸磨损值为 NB。刀具的磨损过程及磨损曲线已在第二章进行了讨论(见图 2-56)。刀具的尺寸磨损也分为起始磨损、正常磨损和剧烈磨损三个阶段。用一般刀具精车时,起始磨损的切削行程长度为 L_1(1000m);正常磨损的切削行程长度为 L_2(8000~30000m)。通常可以用式(5-3)和式(5-4)分别计算起始磨损和正常磨损两个阶段刀具尺寸的磨损值。

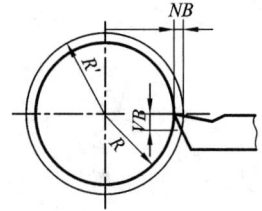

图 5-11　刀具的尺寸磨损

当切削行程长度 L 小于或等于 L_1(1000m)时,刀具处于起始磨损阶段。将起始磨损阶段的非线性关系近似地用线性关系处理,可以得到:

$$NB = \frac{L}{L_1}\mu_B \qquad (5-3)$$

式中　μ_B——起始磨损值,μm/km。

表 5-2　刀具精车时的起始磨损值 μ_B 和单位磨损值 μ_0

被加工材料	刀具材料	切　削　用　量			起始磨损值 $\mu_B/(\mu\mathrm{m}\cdot\mathrm{km}^{-1})$	单位磨损值 $\mu_0/(\mu\mathrm{m}\cdot\mathrm{km}^{-1})$
		背吃刀量 a_p/mm	进给 $f/(\mathrm{mm}\cdot\mathrm{r}^{-1})$	切速 $v/(\mathrm{m}\cdot\mathrm{min}^{-1})$		
45 钢	YT60,YT30	0.3	0.1	465~485	3~4	2.5~2.8
	YT15	<2	<0.3	100~200	4~12	8
灰铸铁 HB200	YG4				3	8.5
	YG6		0.2	90	5	13
		0.5			5	19
	YG8			100	4	13
			0.1	120	5	18
				140	6	35
合金钢 $\sigma_b=9.2\mathrm{MPa}$	YT60,YT30				2	2.0~3.5
	YT15				4	8.5
	YG3	0.5	0.2	135	5	9.5
	YG4				6	30

当切削行程长度大于 L_1(1000m)且小于等于 L_2(8000~30000m)时,刀具处于正常磨损阶段,有:

$$NB = \mu_B + \frac{L-L_1}{1000}\mu_0 \qquad (5-4)$$

164

式中 μ_0——单位磨损值，$\mu m/km$，为切削行程长度 1000m 的正常磨损。

表 5-2 给出了一般刀具在精车时的起始磨损值 μ_B 和单位磨损值 μ_0。粗加工时对尺寸精度要求不高，故一般着重于提高刀具耐用度，对刀具的尺寸磨损要求不高。

砂轮的磨损比一般金属切削刀具要大得多。砂轮的磨损与其硬度有关。对于外圆磨床，由于砂轮直径一般较大，故其磨损对工件的尺寸精度和形状精度影响较小；对于内圆磨床，由于砂轮直径较小，故其磨损对工件精度的影响也比较大。因此，在精密外圆磨床、精密内圆磨床、齿轮磨床及花键磨床上多设有砂轮补偿机构，砂轮修整后能及时进行尺寸补偿。修整砂轮的装置有时采用定时自动修整并及时补偿的联合结构。

为了减少刀具尺寸磨损对加工精度的影响，可以采取如下措施：

(1)进行尺寸补偿。在数控机床上可以方便地进行刀具尺寸补偿。它不仅可以补偿尺寸磨损，而且可以补偿刀具(如棒铣刀、圆盘铣刀)等刃磨后的尺寸变化。

(2)降低切削速度，增长刀具寿命。

(3)选用耐磨性较高的刀具材料，如复合氮化硅、立方氮化硼等，或在高速钢上进行多元合金共渗和在硬质合金上进行镀膜等措施来提高刀具的耐用度。

3. 夹具的制造误差和磨损

夹具的制造误差主要表现在定位元件、对刀装置和导向元件等本身的误差以及它们之间的相对位置误差。定位元件用于确定工件与夹具之间的相对位置，对刀装置和导向元件用于确定刀具与夹具之间的相对位置。这样，通过夹具就可间接确定工件和刀具之间的相对位置，从而保证加工精度。

对于 IT4~7 级精度的零件，夹具的制造公差一般取零件公差的 1/2~1/3。对于 IT8 级精度以下的零件，夹具的制造公差可取零件公差的 1/5~1/10。

图 5-12(a)所示是一个钻床夹具(即钻模)，工件为一套筒，需在距端面 $a\pm\delta_a$ 处钻一个通过轴心线的孔。夹具上的钻套(即导向元件)中心线与工件端面的定位面之间距离的公差可取为 $\pm\delta_a/3$。图 5-12(b)所示是在一个轴承座零件上钻两个通孔，孔间距为 $a\pm\delta_a$，钻模板上两个钻套之间的间距可取 $a\pm\dfrac{\delta_a}{3}$。

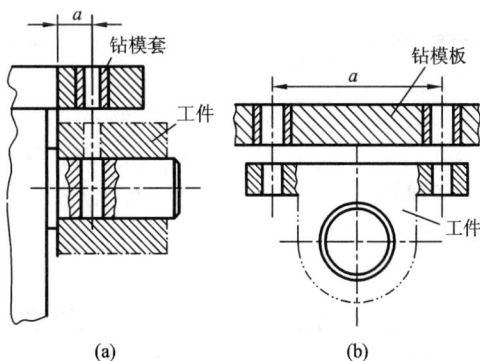

图 5-12　夹具精度与零件精度之间的关系

夹具中定位元件、对刀装置和导向元件的磨损会直接影响加工精度。

5.3.3 工艺系统受力变形对加工精度的影响

1. 刚度的概念

工艺系统中,机床、刀具、夹具及工件等由于受到切削力、传动力、惯性力、重力、夹紧力和内应力等作用,会产生弹性变形。若变形超过弹性变形极限,则会产生塑性变形。工艺系统的变形一般都属于弹性变形。

所谓刚度,是指物体受力后抵抗外力的能力,即物体在受力方向上产生单位弹性变形所需要的力

$$k = \frac{F_y}{y} \qquad (5-5)$$

式中 F_y———沿 y 方向的外力,N;

y——沿受力方向的变形,mm。

所谓柔度,是指物体受单位力时沿受力方向的变形。它是刚度的倒数。

$$G = \frac{y}{F_y} \qquad (5-6)$$

物体受力后会产生变形,但力和变形之间的关系不一定是线性的。上述刚度的概念是指平均刚度。所谓瞬时刚度,是指在受力方向上某一时刻力的变化量与在该方向上物体产生变形的变化量的比值。

$$k = \frac{\Delta F_y}{\Delta y} \qquad (5-7)$$

在工艺系统中,往往一个方向的力会同时引起几个方向的变形,如图 5-13 和图 5-14 所示。因此,实际变形往往是几个方面变形的合成。

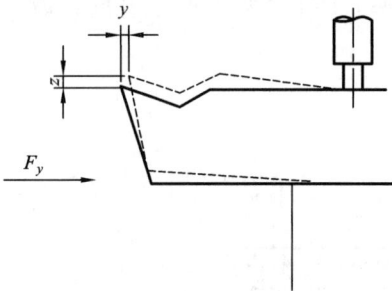

图 5-13 车刀受力 F_y 力时同时在 y,z 方向产生变形

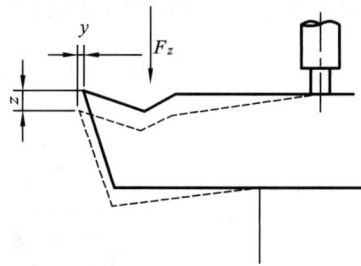

图 5-14 车刀受 F_z 力同时在 y,z 方向产生变形

刀刃在 y 方向的实际位移 y 是切削分力 F_x、F_y、F_z 共同作用的结果。因此,可对前面所述刚度的定义作出如下补充定义:

$$k = \frac{F_y(切削力沿 y 方向的分力)}{y(在 F_x、F_y、F_z 共同作用下的 y 方向的变形)} \qquad (5-8)$$

显然,在 F_x、F_y、F_z 共同作用下的刚度和式(5-5)中所示单纯模拟 F_y 作用下所测定的

刚度是有出入的。

机床是由多个零件组成的,一台机床或一个部件的受力变形,除了包括零件本身的变形以外,还有零件之间接触面的变形。这就是接触刚度的概念。

2. 刚度曲线及影响刚度的因素

1)工艺系统的变形曲线

(1)加载变形曲线

图 5-15 表示一台机器或部件的加载变形曲线。从图中可以明显地看出,载荷和变形不成线性关系,而是成曲线关系。这主要是接触变形的影响,也可能是由于存在刚度很差的零件。载荷和变形曲线又可以分为如下两类:一是凹形曲线[见图 5-15(a)],一是凸形曲线[见图 5-15(b)]。凹形曲线的特点是开始时刚度很差,变形很大,逐渐刚度变好;凸形曲线的特点是开始时刚度较好,随着载荷的加大,刚度愈来愈差。凹形加载变形曲线可能由于是机器或部件中存在着刚度很差,极易变形的零件,一旦该零件变形变小,则整个刚度值逐渐上升。凸形加载变形曲线则可能是由于结构中有预紧力,当载荷超过预紧力时,刚度愈来愈差。

(2)正反加卸载变形曲线

图 5-16 表示某结构的正反加卸载变形曲线。先在正方向加载,得到加载变形曲线,然后卸载,得到卸载变形曲线。由图可知,两条曲线不重合,产生类似"磁滞"的现象。这主要是由于接触面上的塑性变形,零件位移时的摩擦力消耗以及间隙的影响。同样,在反方向加载和卸载,又可得到反方向的加载变形曲线和卸载变形曲线,两者也不重合。整个加卸载过程最后不回原点,最终的最大间隙量为 y。图中的正向加载曲线未从原点开始是由于考虑了结构的间隙,开始时加载很小,只要超过位移面间的摩擦力即可使零件产生位移。

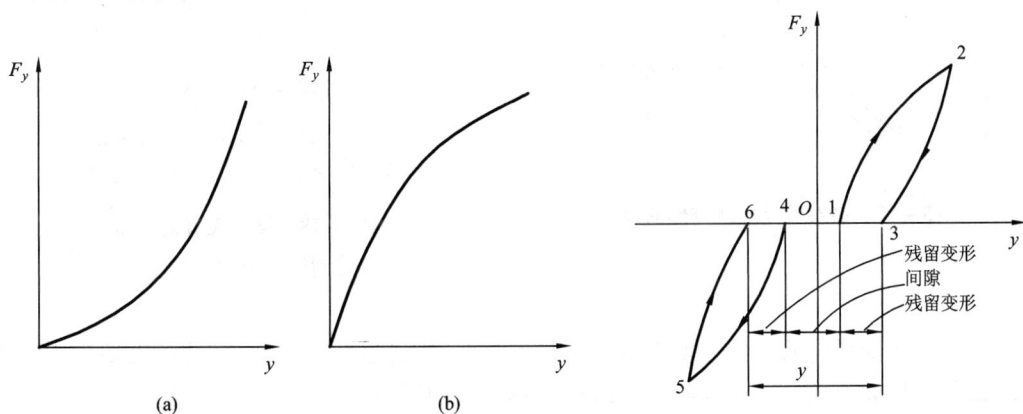

图 5-15　加载变形曲线

图 5-16　正反加卸载变形曲线

(3)多次重复加卸载变形曲线

图 5-17 表示某结构的多次重复加载卸载变形曲线。图中绘出了三次加卸载的情况。第一次加卸载,"磁滞"现象最严重,以后逐渐减小。这是因为结构经过第一次加卸载后,大部分间隙被消除,接触面上的变形由于接触面积增大而减小,故经过若干次重复加载,卸载曲线逐渐接近加载曲线,加载曲线的起始点和卸载曲线的终点也逐渐逼近。应该指出,由

于摩擦力消耗,接触面变形愈来愈小,使得加卸载曲线逐渐接近,是指在相同外力的作用下而言。

总结机器或部件的加载变形曲线,可以得到以下几点结论:

①加载变形曲线是非线性的,有凸形和凹形两种。可根据曲线求解瞬时刚度和平均刚度。

②加载变形曲线与卸载变形曲线不重合,且不回到起始点。

③多次重复加卸载变形曲线不重合,随着重复次数的增加,加载与卸载变形曲线逐渐接近。

④单件零件的加载变形曲线与一台机器或一个部件的变形曲线相差很大。

2)影响机器或部件刚度的因素

(1)接触面的表面质量

影响接触刚度的因素很多,如表面粗糙度、表面纹理方向、表面硬度、表面几何形状等。

接触面间的变形与零件的表面粗糙度、几何形状、接触面积大小及材料的物理机械性能有关。如图 5-18 所示,由于零件的表面存在微观几何形状误差(即表面粗糙度),故两个表面开始接触时,因接触面较小,不仅有弹性变形,而且在局部区域还有塑性变形,变形较大。随着变形的增加,接触面积不断增大,变形应力不断减小,变形也逐渐减小。加载变形曲线是凹形曲线。

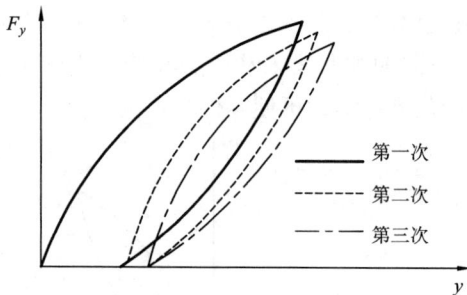

图 5-17　多次重复加载变形曲线

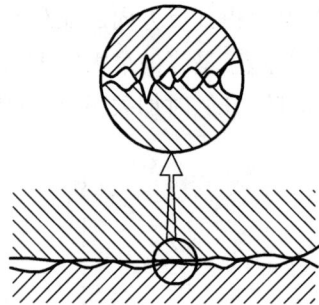

图 5-18　接触面表面质量
对接触刚度的影响

由于接触变形中的弹性变形在外力去除后会恢复,而塑性变形则会保留,故必然存在能量的消耗和损失。这是造成加载与卸载曲线不重合的原因之一。

接触面上的塑性变形会造成零件之间的间隙变大,使得卸载曲线不回到原点。

(2)机器或部件中存在薄弱环节——刚度较差的零件

机器或部件中经常采用镶条、键等联结零件。这些零件本身的刚度很差,极易变形,使整个机器或部件的刚度变差,加载变形曲线成凹形。图 5-19 所示,为一燕尾导轨的镶条结构。镶条为细长扁薄零件,在两个截面上均易变形(图右边为镶条变形情况)。受力后,镶条首先发生变形,影响了整个机器或部件的刚度。如图 5-20 所示的薄壁套筒零件也是极易变形的零件。

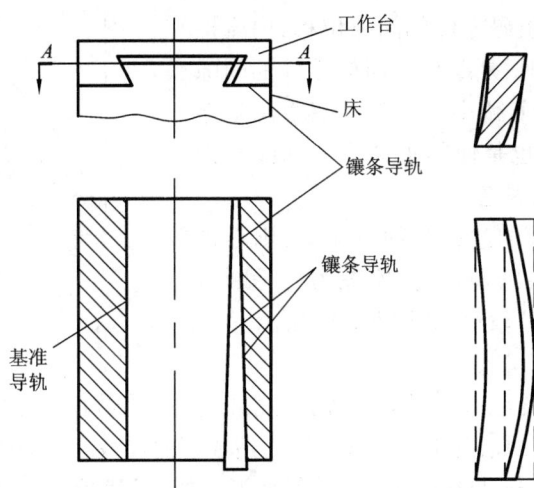

图 5 – 19　刚度较差的零件——镶条

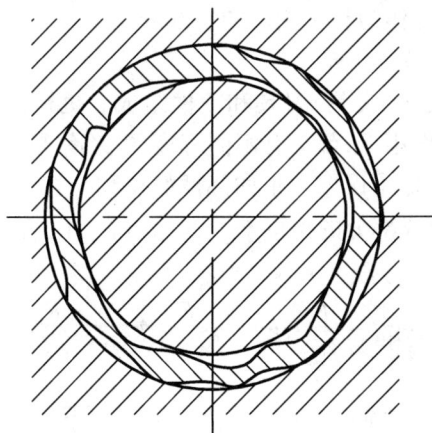

图 5 – 20　刚度较差的零件——薄壁套筒

（3）连接件夹紧力的影响

机器和部件中的许多零件是用螺钉等连接起来的。当外加载荷的方向与螺钉的夹紧力方向相反时,若载荷小于螺栓夹紧力,则变形较小,刚度较高;若载荷大于螺栓的夹紧力,则螺栓会发生变形,因其变形较大,刚度较差。所以,在有连接件的一些结构中,多出现凸形加载变形曲线。

为了提高刚度和接触刚度,在一些结构中采用了加预紧力的措施。当载荷超过预紧力时就会有较大的变形,因此其加载变形曲线是凸形的。例如,滚动导轨结构有摩擦小、轻便灵活等优点,但刚度和接触刚度较差,常采用加预紧力的办法来提高其刚度。应该指出,通常都不希望预紧力过大。

（4）摩擦力的影响

加载时，外摩擦力阻碍零件的间隙位移，内摩擦力阻碍变形增加；卸载时，外摩擦力阻碍零件的间隙恢复，内摩擦力阻止变形减小。但是摩擦力总是会造成能量的消耗，因此也是使得加载变形曲线与卸载变形曲线不重合的原因之一。

如果在加载和卸载的过程中加以振动，则零件的变形和位移是断续跳跃地进行，摩擦力也是断续地发生作用，因此"磁滞"较小，如图5-21所示。

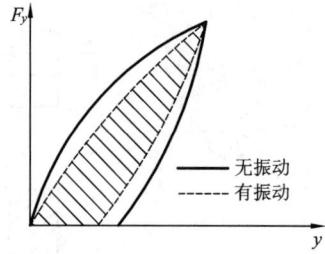

图5-21　振动对变形曲线的影响

（5）间隙的影响

在机器或部件上进行正向加载时，由于间隙的存在，当载荷大于零件间的摩擦力，就会产生位移。反向加载时的情况也是一样。因而造成正向加载变形曲线的起始点与反向卸载变形曲线的终结点不重合，见图5-16。接触变形会加大间隙量，使得间隙对刚度的影响更为严重。在结构上应考虑减小间隙，对于某些精密机器可进行一定时间的空运转预热，以减小间隙，增大刚度。

由于刚度包括零件本身的变形和零件接触面上的接触变形，因此在分析影响机器或部件刚度的因素时，把接触刚度作为整个刚度的一部分。

3）工艺系统刚度及其组成

机械加工工艺系统由机床、夹具、刀具和工件组成。机械加工时，机床的有关部件、夹具、刀具和工件在切削力的作用下，都会有不同程度的变形，导致刀刃和加工表面在y方向的相对位置发生变化而产生加工误差。正如部件的位移一样，机械加工工艺系统在受力情况下的总位移$y_{系统}$是各个组成部分的位移$y_{机床}$、$y_{夹具}$、$y_{刀具}$、$y_{工件}$的叠加，即

$$y_{系统} = y_{机床} + y_{夹具} + y_{刀具} + y_{工件}$$

由

$$k_{系统} = \frac{F_y}{y_{系统}}, k_{机床} = \frac{F_y}{y_{机床}}, k_{夹具} = \frac{F_y}{y_{夹具}}, k_{刀具} = \frac{F_y}{y_{刀具}}, k_{工件} = \frac{F_y}{y_{工件}}$$

可得

$$k_{系统} = \frac{1}{\dfrac{1}{k_{机床}} + \dfrac{1}{k_{夹具}} + \dfrac{1}{k_{刀具}} + \dfrac{1}{k_{工件}}}$$

确定工艺系统各个组成部分的刚度以后，即可求出整个工艺系统的刚度，即

$$\frac{1}{k_{系统}} = \frac{1}{k_{机床}} + \frac{1}{k_{刀具}} + \frac{1}{k_{工件}} + \frac{1}{k_{夹具}} \qquad (5-9)$$

柔度为刚度的倒数，即$G = \dfrac{1}{k}$。工艺系统的柔度等于机床、刀具、工件及夹具的柔度之和。

$$G_{系统} = G_{机床} + G_{刀具} + G_{工件} + G_{夹具} \qquad (5-10)$$

3. 切削力对加工精度的影响

工艺系统受切削力的作用会产生变形，切削力的变化会造成变形量的变化，这将会影响工件的尺寸精度、形状精度及位置精度。导致切削力变化的主要因素有加工余量不均匀，材料硬度不均匀以及机床、夹具、刀具等在不同受力部位刚度不同等。

如图5-22所示，在车床上安装一个阶梯轴试件，试件上有三组阶梯，各组阶梯的高度差值相等，一次走刀将这三个阶梯车去后发现：因系统存在弹性变形，各组阶梯的高度差仍

然存在,只是数值大为减小。这种现象称为
误差复映现象。

设原来的阶梯高度差为

$$\Delta_0 = a_{p1} - a_{p2}$$

式中　a_{p1}——切削阶梯 1 时的背吃刀量;

　　　a_{p2}——切削阶梯 2 时的背吃刀量。

一次走刀车去阶梯后的高度差为:

$$\Delta_1 = y_1 - y_2$$

式中　y_1——切削阶梯 1 时的弹性变形;

$$y_1 = \frac{F_{y1}}{k}$$

　　　y_2——切削阶梯 2 时的弹性变形。

$$y_2 = \frac{F_{y2}}{k}$$

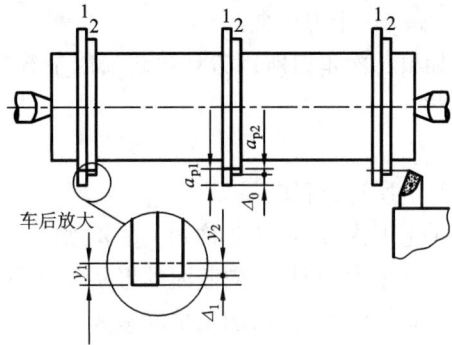

图 5 - 22　车床切削力对
加工精度的影响

由式 $F_y = ca_p$ 可以得到(式中 c 为系数):

$$\varepsilon = \frac{\Delta_1}{\Delta_0} = \frac{y_1 - y_2}{a_{p1} - a_{p2}} = \frac{\frac{F_{y1}}{k} - \frac{F_{y2}}{k}}{a_{p1} - a_{p2}} = \frac{\frac{c(a_{p1} - a_{p2})}{k}}{a_{p1} - a_{p2}} = \frac{c}{k} \tag{5-11}$$

通常将比值 $\varepsilon = \Delta_1/\Delta_0$ 称为误差复映系数,显然它是小于 1 的。ε 愈小,则系统刚度值愈高。对于车削工艺系统来说,不同切削处的系统刚度值不同。图 5 - 22 的试件上有三组阶梯,左边的阶梯表示车床主轴处,右边的阶梯表示车床尾架处,中间的阶梯表示工件中间处,分别用 $\varepsilon_主$、$\varepsilon_尾$、$\varepsilon_中$ 表示,可以得到该系统中三个不同切削处的误差复映系数:

$$\varepsilon_主 = \frac{c}{k_主} \qquad \varepsilon_尾 = \frac{c}{k_尾} \qquad \varepsilon_中 = \frac{c}{k_中}$$

由于车床在主轴、尾架、中间三处的刚度不同,其误差复映系数也不同。工件经一次走刀后,径向截面的精度都有所提高,提高的程度可由误差复映系数 ε 表示。这说明了切削力对轴类零件径向截面形状精度的影响,系数 c 就是一个与切削力有关的系数。下面以中间处阶梯为例进行说明。

工件第一次走刀时,中间处误差复映系数用 $\varepsilon_{中1}$ 表示,$\varepsilon_{中1} = \Delta_1/\Delta_0 = c_1/k_{中1}$;

工件第二次走刀时,误差复映系数用 $\varepsilon_{中2}$ 表示,$\varepsilon_{中2} = \Delta_2/\Delta_1 = c_2/k_{中2}$。由于考虑到第二次走刀可能是另一工步,所用的刀具和切削用量与第一次走刀不同,故用系数 c_2 表示;同时由于工件第一次走刀时被切削掉一部分,工艺系统刚度也不同,故用 $k_{中2}$ 表示。

同理,工件第三次走刀时,$\varepsilon_{中3} = \Delta_3/\Delta_2 = c_3/k_{中3}$。工件经过三次走刀后,其径向截面形状精度的变化可用总的误差复映系数 $\varepsilon_中$ 表示:

$$\varepsilon_中 = \frac{\Delta_3}{\Delta_0} = \frac{\Delta_1}{\Delta_0} \cdot \frac{\Delta_2}{\Delta_1} \cdot \frac{\Delta_3}{\Delta_2} = \varepsilon_{中1}\varepsilon_{中2}\varepsilon_{中3} \tag{5-12}$$

由于 $\varepsilon_{中i}$ 均小于 1,故 $\varepsilon_中$ 小于 $\varepsilon_{中1}$、$\varepsilon_{中2}$、$\varepsilon_{中3}$。由此可见,工件经过三次走刀,其径向截面精度逐次提高。

因此,工件经过多次走刀,其总的误差复映系数 ε 等于各次走刀误差复映系数 ε_i 的乘积,

$$\varepsilon = \varepsilon_1 \varepsilon_2 \varepsilon_3 \cdots \varepsilon_n \qquad (5-13)$$

式中 n——走刀次数。

如果每次走刀所用刀具和切削用量等都相同,又忽略 $k_{系统}$ 的变化,则各次走刀的 ε_i 相等,则有

$$\varepsilon = \varepsilon_i^n \qquad (5-14)$$

综上所述,可知:

①走刀次数(或工步次数)愈多,则总的误差复映系数愈小,零件形状精度愈高。对于轴类零件来说,则是径向截面的形状精度愈高。

②系统刚度愈好,加工精度愈高。

③背吃刀量 a_p 值的大小不影响误差复映系数 ε 的值,误差复映系数 ε 只与背吃刀量 a_p 的差值有关,因此背吃刀量 a_p 值的大小不会影响横向截面的形状精度。但是它会影响切削力的大小,使工件、机床等的变形产生变化,因而会影响工件的横向截面尺寸精度。所以,工件进行多次走刀时,不论每次切削的背吃刀量为多少,也许第二次走刀的背吃刀量比第一次走刀的还大,每次走刀后的横向截面形状精度总会提高。尺寸精度却不同,背吃刀量愈大,工件的横向截面尺寸精度愈差。

④可以根据零件要求的形状精度和毛坯的情况来选择工艺系统的刚度及走刀次数;也可以根据现有工艺系统的刚度及走刀次数来计算工件可能达到的形状精度。

工艺系统的刚度除了受到各组成部分刚度的影响之外,还有一个很大的特点,即随着受力点位置的变化而变化。下面以在车床顶尖间加工的光轴为例进行说明。

先假定工件短而粗,刚度很高,受力后的变形比之机床、夹具、刀具的变形小到可以忽略不计,则工艺系统的总位移完全取决于机床头、尾座(包括顶尖)和刀架(包括刀具)的位移,如图 5-23(a)所示。当车刀走到图示位置时,在切削力的作用下(图中仅表示 F_y),头座由

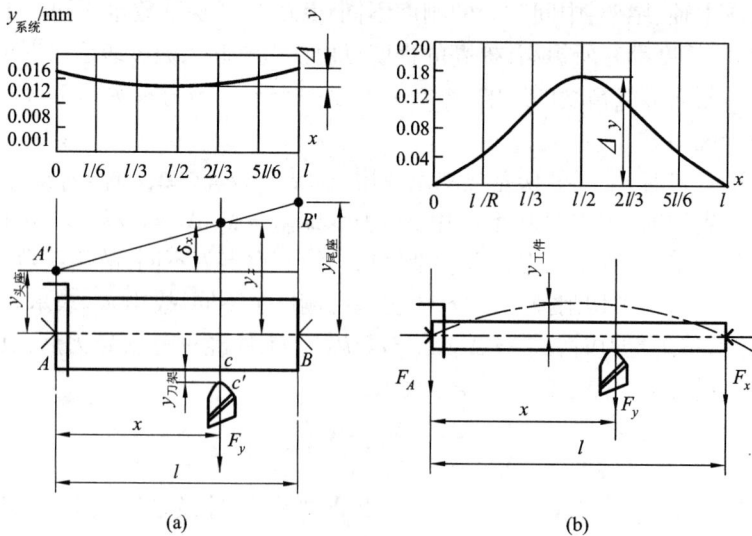

图 5-23 工艺系统的位移随施力点位置的变化的情况

A 位移到 A'，尾座由 B 位移到 B'，刀架由 C 位移到 C'，其位移分别为 $y_{头座}$、$y_{尾座}$、$y_{刀架}$。此时，工件的轴心线由 AB 位移到 $A'B'$，则在切削点处的位移 y_x 为

$$y_x = y_{头座} + \delta_x$$

由于

$$\delta_x = (y_{尾座} - y_{头座})\frac{x}{l}$$

所以

$$y_x = y_{头座} + (y_{尾座} - y_{头座})\frac{x}{l}$$

设 F_A、F_B 为 F_y 引起的在头、尾座处的作用力，则

$$F_A = F_y \frac{l-x}{l}, \qquad F_B = F_y \frac{x}{l}$$

把

$$y_{头座} = \frac{F_A}{k_{头座}}, \qquad y_{尾座} = \frac{F_B}{k_{尾座}}$$

代入上式，得到

$$y_x = \frac{F_y}{k_{头座}}\left(\frac{l-x}{l}\right)^2 + \frac{F_y}{k_{尾座}} \cdot \left(\frac{x}{l}\right)^2$$

又因 $y_{刀架} = \dfrac{F_y}{k_{刀架}}$，故工艺系统的总位移为

$$y_{系统} = y_x + y_{刀架} = F_y\left[\frac{1}{k_{刀架}} + \frac{1}{k_{头座}}\left(\frac{l-x}{l}\right)^2 + \frac{1}{k_{尾座}}\left(\frac{x}{l}\right)^2\right]$$

工艺系统的刚度为

$$k_{系统} = \frac{F_y}{y_{系统}} = \frac{1}{\dfrac{1}{k_{刀架}} + \dfrac{1}{k_{头座}}\left(\dfrac{l-x}{l}\right)^2 + \dfrac{1}{k_{尾座}}\left(\dfrac{x}{l}\right)^2}$$

测得 $F_y = 300\text{N}$，$k_{头座} = 60000\text{N/mm}$，$k_{尾座} = 50000\text{N/mm}$，$k_{刀架} = 40000\text{N/mm}$，两顶尖间距离为 600mm，沿工件长度方向工艺系统的位移如表 5 – 3 所示 [参阅图 5 – 23(a)]。

表 5 – 3

x	0（头座处）	$\frac{1}{6}l$	$\frac{1}{3}l$	$\frac{1}{2}l$（工件中间）	$\frac{2}{3}l$	$\frac{5}{6}l$	l（尾座处）
$y_{系统}$ /mm	0.0125	0.0111	0.0104	0.0103	0.0107	0.0118	0.0135

工件轴向最大直径误差（鞍形）为

$$(y_{尾座} - y_{中间}) \times 2 = (0.0135 - 00103) \times 2 = 0.0064$$

再假定工件细而长，刚度很低，机床、夹具、刀具在受力下的变形比之工件的变形小到可以忽略不计，则工艺系统的位移完全取决于工件的变形，如图 5 – 23(b)所示。当车刀走到图示位置时，在切削力作用下工件的中心线产生弯曲。根据材料力学的计算公式，在切削点处的位移为：

$$y_{工件} = \frac{F_y}{3EI} \cdot \frac{(l-x)^2 \cdot x^2}{l}$$

仍设 $F_y = 300\text{N}$，工件尺寸为 $\phi 30 \times 600$，$E = 2 \times 10^5 \text{N/mm}^2$，则沿工件长度的位移如表 5 – 4 所示 [参阅图 5 – 23(b)]。

故工件轴向的最大直径误差(鼓形)为

$$0.17 \times 2 = 0.34$$

比之上面的误差要大 50 倍。

表 5 − 4

x	0(头座处)	$\frac{1}{6}l$	$\frac{1}{3}l$	$\frac{1}{2}l$(工件中间)	$\frac{2}{3}l$	$\frac{5}{6}l$	l(尾座处)
$y_{系统}$ /mm	0	0.052	0.132	0.17	0.132	0.052	0

综合以上两种情况的分析,可以推广到一般情况,即工艺系统的总位移为图 5 − 23(a)和图 5 − 23(b)的位移的叠加:

$$y_{系统} = F_y \left[\frac{1}{k_{刀架}} + \frac{1}{k_{头座}} \left(\frac{l-x}{l} \right)^2 + \frac{1}{k_{尾座}} \left(\frac{x}{l} \right)^2 + \frac{(l-x)^2 x^2}{3EIl} \right]$$

$$k_{系统} = \cfrac{1}{\cfrac{1}{k_{刀架}} + \cfrac{1}{k_{头座}} \left(\cfrac{l-x}{l} \right)^2 + \cfrac{1}{k_{尾座}} \left(\cfrac{x}{l} \right)^2 + \cfrac{(l-x)^2 x^2}{3EIl}}$$

由上述分析可知,工艺系统的刚度在沿工件轴向的各个位置是不同的,加工后工件各个横截面上的直径尺寸也不相同,从而造成加工后工件的形状误差(如锥度、鼓形、鞍形等)。图 5 − 24(a)、(b)、(c)表示在内圆磨床、单臂龙门刨床和卧式镗床上加工时,工艺系统中对加工精度起决定性作用的部件的变形状况。它们的变形均随着施力点位置的变化而变化。图 5 − 24(d)亦为镗孔加工,但采取了工件进给而镗杆不进给的方式。由于工艺系统的刚度不随施力点位置的变动而变化,同时镗杆受力情况从悬臂梁变成简支梁,因而大大地提高了加工精度。

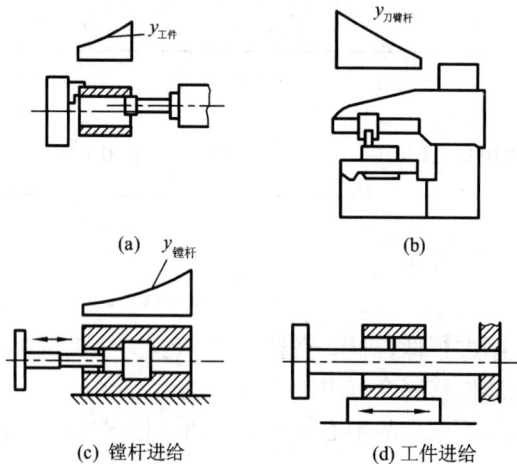

(a)

(b)

(c) 镗杆进给

(d) 工件进给

图 5 − 24　工艺系统受力变形随施力点位置的变化而变化的情况

4. 传动力对加工精度的影响

在车床、磨床上加工轴类零件时,往往用顶尖孔定位,通过装在主轴上的拨盘和传动销拨动装在工件左端的夹头使工件回转,如图 5 - 25(a)所示。拨盘上的传动销拨动装在工件上的夹头,使工件回转的力称为传动力。在拨盘转动的过程中,传动力 F 与切削分力 F_y 时而同向,时而反向,大多数时候是成一定的角度,因此传动力的方向是不断变化的。传动力 F 与切削分力 F_y 方向相同时,会导致背吃刀量减小,但两者方向相反时,会导致背吃刀量增加,因而引起加工误差。

如图 5 - 25(b)所示,当传动销在位置 1 时,传动力 F 与切削分力 F_y 的方向垂直,所引起的工艺系统在尺寸敏感方向(y 向)的变形 y_1 可以忽略;当传动销在位置 2 时,传动力 F 在 y 向的分力为 $F\sin\theta$(θ 为位置 2 与水平轴的圆周夹角),它在尺寸敏感方向的变形 $y_2 = (F\sin\theta)G$(G 为柔度)。这时工件的切削点在位置 2′,变形为负向,即工件被多切了一些,依此推算可知

$$y_i = \pm (F\sin\theta)G$$

式中 θ——传动销所在位置,传动力与水平轴(y 向)的圆周夹角,$\theta = 0° \sim 360°$;

y_i——传动销在各个位置时,传动力使工艺系统在 y 向产生的变形。当 $\theta = 0° \sim 180°$,y_i 为负值,工件尺寸变小;当 $\theta = 180° \sim 360°$ 时,y_i 为正值,工件尺寸变大。

由图 5 - 25(b)可以清楚地看出,工件的径向截面形状误差,形状以垂直轴对称。

应该指出,传动力 F 与切削分力 F_y 多数情况都不在同一作用线上,因而还将造成扭转变形。

如图 5 - 25(c)所示,传动力对工件径向截面形状误差的影响在靠近拨盘处较大。距拨盘较远时,由于传动力 F 与切削分力 F_y 不在同一径向截面上,加上工件的扭转变形,其影响很小。

精加工时,为了避免采用单爪拨盘时传动力的影响,采用了双爪拨盘传动结构(见图 5 - 26)。由于有两个拨爪同时拨动,两个传动力大小相等、方向相反,因而可以避免传动力引起背吃刀量的变化。例如,在外圆磨床、花键磨床上都采用双爪拨盘。

5. 惯性力对加工精度的影响

高速回转零件的不平衡会产生离心力。在零件回转过程中离心力不断改变方向,有时与切削分力 F_y 同向,有时反向,同向时会减小实际背吃刀量,反向时则会增加实际背吃刀量,引起工艺系统的受力变形不断变化,因而产生加工误差。

如图 5 - 27 所示,在车削中由于工件本身不平衡,如安装偏心或工件本身不对称而引起重心偏移等,产生离心力 F。在位置 1 时,离心力 F 与切削分力 F_y 同向,减小了实际背吃刀量,离心力 F 引起的 y 方向上的变形 $y_1 = F \cdot G$(G 为工艺系统柔度),相应的的切削位置在 1′。在位置 2 时,离心力在 y 向的分力为 $F\cos\theta$(θ 为离心力与水平轴的夹角),离心力引起的变形 $y_2 = (F\cos\theta) \cdot G$,相应的切削位置在 2′处。在位置 4 时,离心力 F 与 F_y 成 90°夹角,变形 y_4 可以忽略。因此,离心力 F 所引起的沿尺寸敏感方向上的工艺系统变形是在不断变化的。

$$y_i = \pm (F\cos\theta) \cdot G$$

从图 5 - 27 中可以清楚地看出由惯性力引起的工件在径向截面上的形状误差,其形状对称于水平轴。惯性力对加工精度的影响与传动力的影响相似。

为了消除惯性力对加工精度的影响,在车削或磨削中常采用加配重平衡的方法。

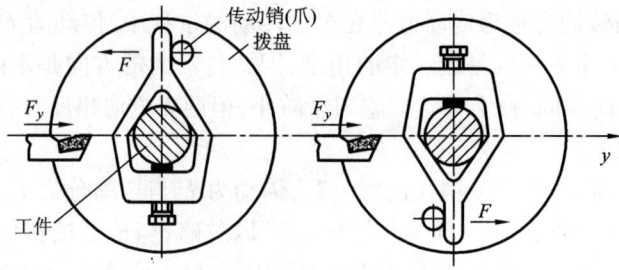

(a)

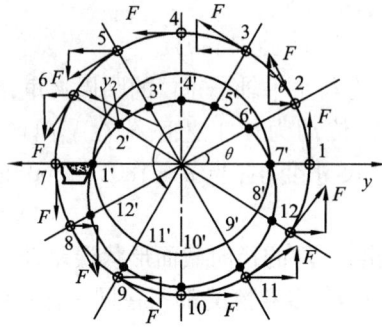

(b)

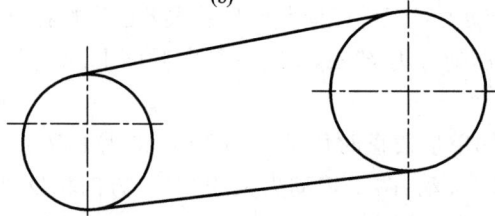

(c)

图 5 – 25　传动力对加工精度的影响

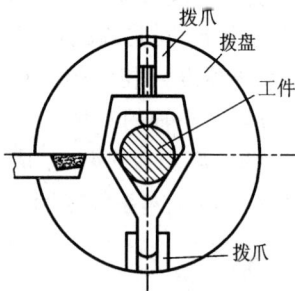

图 5 – 26　用双爪拨盘传动工件的结构示意图

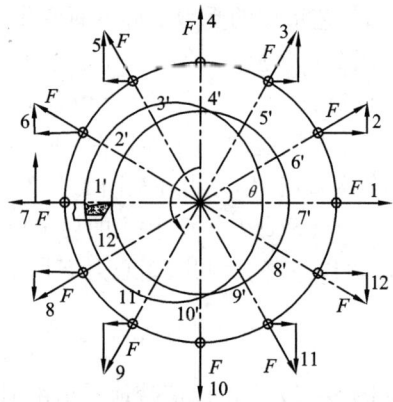

图 5 – 27　惯性力对加工精度的影响

176

6. 夹紧力对加工精度的影响

对于刚度比较差的零件,加工时往往因夹紧力安排不当而使零件产生弹性变形,加工完卸下工件后,由于弹性恢复的结果而造成形状误差。典型实例如:①在车床或内圆磨床上用三爪卡盘夹持薄壁套筒零件来加工其内孔(见图5－28)。夹紧后,在夹紧力的作用下工件内孔变形成三棱形。内孔加工后成为圆形,但松开夹紧力后因弹性恢复,又变形成三棱形[见图5－28(a),(b),(c)]。解决的方法是加大三爪的接触面以减小压强,或采用开口垫套加大夹紧力的接触面积,如图5－28(d)所示。②在平面磨床上加工薄片零件,如薄垫圈、薄垫片等。由于零件本身原来有形状误差,当用电磁吸盘夹紧时,零件产生弹性变形。磨削后松开工件,弹性变形恢复,仍然存在形状误差,如图5－29(a),(b),(c)所示。解决的办法是用导电磁填料垫平工作,使工件在夹紧而不变形的状态下磨出一个平面,再以此平面定位夹紧,即可加工出不变形的平面[图5－29(d)]。

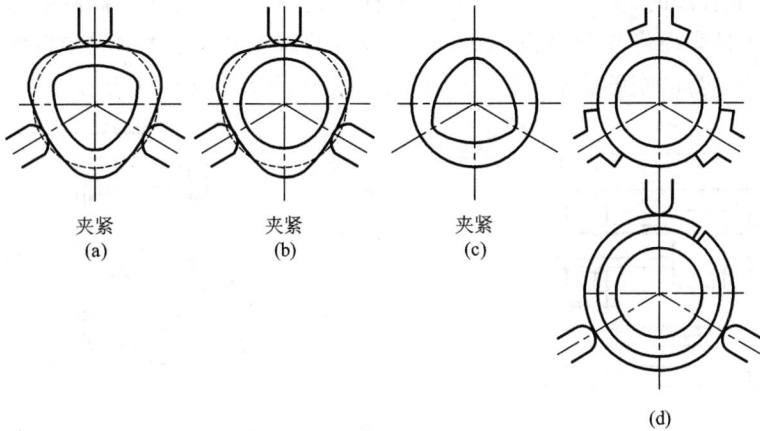

图 5－28　薄壁套筒零件由于夹紧力引起的加工误差

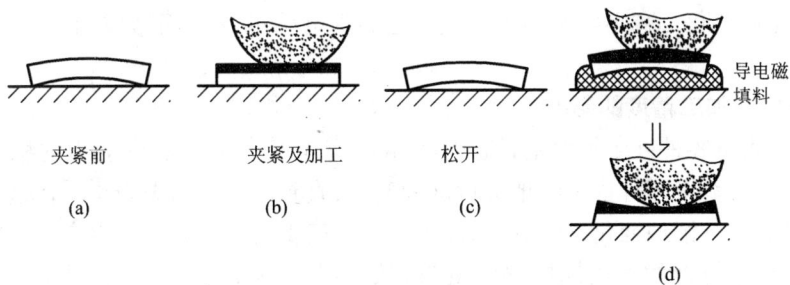

图 5－29　平面磨削薄片零件由于夹紧力引起的加工误差

在生产中,有时可利用夹紧力使工件变形而达到所要求的精度。如图5－30所示,为了提高床身零件的使用寿命将导轨做成中凸形。由于中凸量很小,加工时使导轨中部受夹紧力产生微量中凹变形,待加工完松开后,因弹性恢复而自然形成中凸形。只要夹紧力控制得当,可以保证所要求的中凸量。

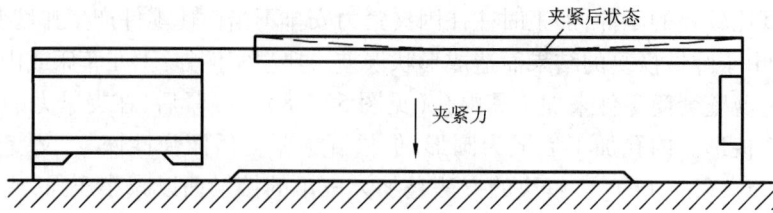

图 5-30　利用夹紧力使工件变形达到要求的精度

7. 重力对加工精度的影响

在大型机床(如大型立车、龙门铣床、龙门刨床等)上加工时,往往由于机床部件或工件的移动使其重力作用点变化引起弹性变形而造成加工误差。如图 5-31 所示,当主轴箱或刀架在横梁上面移动时,由于主轴箱的重力使横梁在不同位置产生不同的变形,因而造成加工误差,这时工件表面将成中凹形。减少这种影响的措施之一是将横梁导轨面做成中凸形。当然,提高横梁本身的刚度是根本措施。如图 5-32 所示,铣床的床鞍在升降台上横向移动

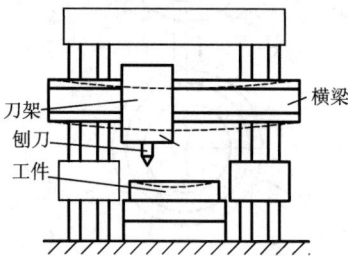

图 5-31　机床部件的重力引起的加工误差

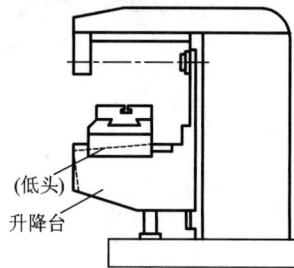

图 5-32　铣床床鞍等零件自重所引起的加工误差

时,由于工作台、回转盘和床鞍的自重使升降台产生变形而低头,其变形量随床鞍在升降台上的位置变化而变化。减小影响的措施之一是将升降台的导轨面做成前高后低(即抬头)来抵消。

8. 内应力对加工精度的影响

具有内应力的零件处于不稳定状态,其内部组织有恢复到没有内应力的稳定状态的强烈倾向,即使在常温下零件也不断地进行这种变化,直到内应力消失为止。在这种变形过程中,零件的形状会逐渐地变化,使原有的加工精度逐渐丧失。若将具有内应力的重要零件装配成机器,它会在机器的使用期中逐渐变形,从而可能破坏整台机器的质量,带来严重的后果。

下面对产生内应力的几种外部原因及其特点加以分析:

1)毛坯制造中产生的内应力

在铸、锻、焊、热处理等过程中,毛坯的各部分因冷却收缩不均匀以及金相组织转变引起的体积变化,其内部会产生相当大的内应力。毛坯结构愈复杂,各部分厚度愈不均匀,散热条件相差愈大,则毛坯内部产生的内应力也愈大。具有内应力的毛坯由于内应力暂时处于相对平衡的状态,在短时期内还看不出有大的变形。但在切削去除其某些表面部分以后,这

178

种相对平衡被打破,内应力重新分布,零件会产生明显的变形。通过图 5 – 33 的实例,可以说明上述现象。

图 5 – 33(a)表示一个内外壁厚度相差较大的铸件。浇铸后的冷却过程大致如下:壁 1 和壁 2 比较薄,散热较易,冷却较快。壁 3 较厚,冷却较慢。当壁 1 和壁 2 从塑性状态冷却到弹性状态时(620℃ 左右),壁 3 的温度仍然较高,尚处于塑性状态,所以壁 1 和壁 2 收缩时壁 3 不起阻碍变形的作用,铸件内部不产生内应力。当壁 3 也冷却到

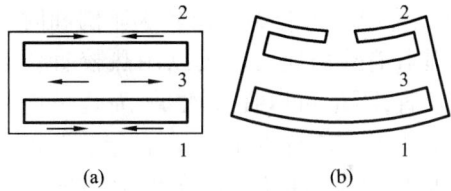

图 5 – 33　铸件因内应力而引起的变形

弹性状态时,壁 1 和壁 2 的温度已经降低很多,收缩速度变得很慢,但这时壁 3 收缩较快,其变形必然受到壁 1 和壁 2 的阻碍。其结果是,壁 3 受到拉应力,壁 1 和壁 2 受到压应力,形成相互平衡的状态。如图 5 – 33(b)所示,如果在该铸件的壁 2 上开一个口,则壁 2 的压应力消失,而在壁 3 和壁 1 的内应力作用下,铸件发生弯曲变形,壁 3 收缩,壁 1 伸长,直至内应力重新分布达到新的平衡为止。推广到一般情况,各种铸件都难免因冷却不均匀而产生内应力。铸件的外表面总是比中心部分冷却得快,特别是有些铸件,如机床床身,为了提高导轨面的耐磨性,采用局部激冷的工艺使它冷却更快一些,以获得较高的硬度,因此在铸件内部形成的内应力也更大一些。若导轨表面经过精加工去除一层,这就像图 5 – 33 (b)中铸件壁 2 上开口一样,会引起内应力的重新分布并产生弯曲变形(见图 5 – 34)。但达到新的平衡需要较长的一段时间才能完成,因此尽管导轨经过精加工去除了这个变形的大部分,但精加工后铸件内部还会继续转变,致使合格的导轨面逐渐丧失原有的精度。为了克服内应力重新分布引起的变形,特别是对大型和高精度要求的零件,一般在铸件粗加工后进行时效处理,然后再精加工。

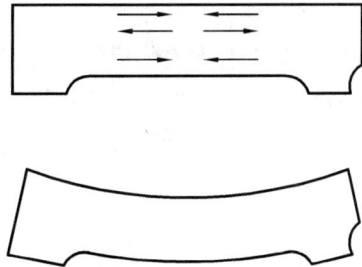

图 5 – 34　床身因内应力而引起的变形

2)冷校直带来的内应力

冷校直带来的内应力,可以用图 5 – 36 说明。丝杆类的细长轴经过车削以后,棒料在轧制中产生的内应力会重新分布,导致产生弯曲变形,如图 5 – 35(a)所示。所谓冷校直,是在原有变形的相反方向加力 P,使工件向相反方向弯曲,产生塑性变形,从而达到校直的目的。在力 P 的作用下,工件内部的应力分布如图 5 – 35(b)所示,在轴心线以上的部分产生压应力(用“ – ”号表示);在轴心线以下的部分产生拉应力(用“ + ”表示)。在轴心线和上下两条虚线之间是弹性变形区域,应力分布成直线;在上下两虚线以外是塑性变形区域,应力分布成曲线。当外力 P 去除以后,弹性变形部分本来可以完全消失,但因塑性变形部分不能恢复,内外层金属互相牵制,产生新的内应力平衡状态,如图 5 – 35(c)所示。因此,冷校直后工件虽然减少了弯曲,但由于是处于不稳定状态,再加工一次后,又会产生新的弯曲变形。对要求较高的零件,应在高温时效后,进行低温时效,以克服这个不稳定的问题。为了从根

本上消除冷校直带来的不稳定问题,对于高精度的丝杠(6级以上),根本不允许像普通精度丝杠的制造那样采用冷校直工序,而是采用较粗的棒料经多次车削和时效处理来消除内应力。可以用热校直代替冷校直,不但可以提高质量,而且可以提高生产率。热校直工艺是结合工件正火处理进行的,即将工件在正火温度下(对45钢是860~900℃)放到平台上用手动压力机进行校直。生产批量比较大时,丝杠用三辊式校直机进行校直。

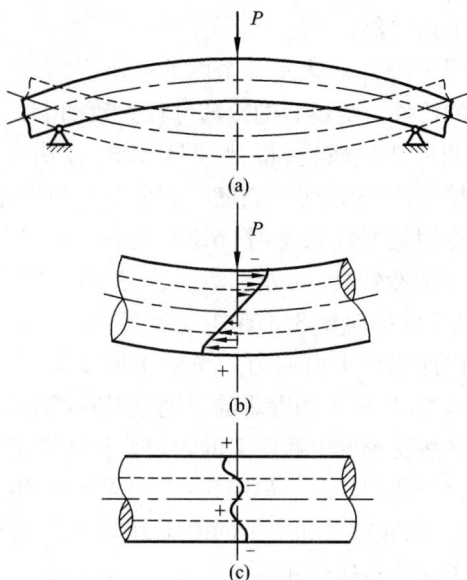

图5-35 校直引起的内应力

9. 工艺系统刚度的提高

可以从提高各部分元件本身的刚度和接触刚度这两方面着手提高工艺系统的刚度,具体措施如下:

1)机床构件自身刚度的提高

在机床设计时应注意提高支承件、传动件及主轴系统本身的刚度。

2)提高工件安装时的刚度

工件安装时应考虑安装后的刚度问题。如图5-36所示,是铣削一个支架类零件的端面。图5-36(a)所示的加工方案因工件悬伸太高而刚度较差;图5-36(b)所示的方案仍然是在卧式铣床上加工,但工件卧置,定位接触面大,悬伸短,因而刚度大大提高。

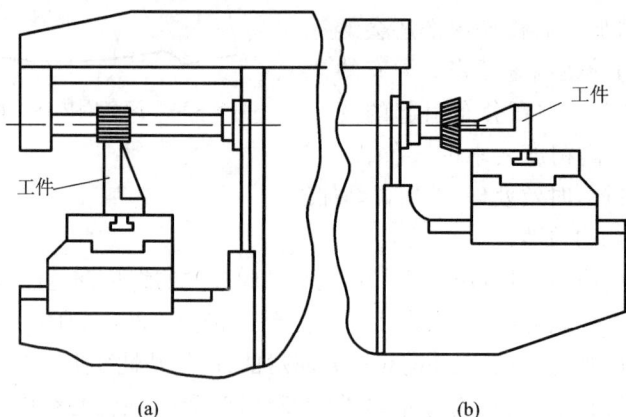

图5-36 提高工件安装时的刚度

提高工件的安装刚度可以采用增加辅助支承的方法。这样既不会造成过定位,又可以保证加工精度。对于已经有精基准的零件,还可以采用过定位的方法提高工件的安装刚度。例如,细长轴类零件在车、铣加工时常采用中心架或跟刀架来提高工件的刚度。

180

3）提高加工时刀具的刚度

加工时,刀具的悬伸应尽量短,刀杆应尽可能粗,以提高自身的刚度。应特别注意多刀加工时整个刀具系统的刚度。图 5 - 37 所示是在立轴转塔车床上加工。图 5 - 37(a)表示利用导向杆和支承座提高刀具在加工时的刚度;图 5 - 37(b)表示利用装在主轴内孔中的导向套提高刀具在加工时的刚度。类似的方法在镗床、钻床上加工时的运用很多。例如,镗长孔时,镗杆应用两个镗套来导向及支承,以提高其刚度。

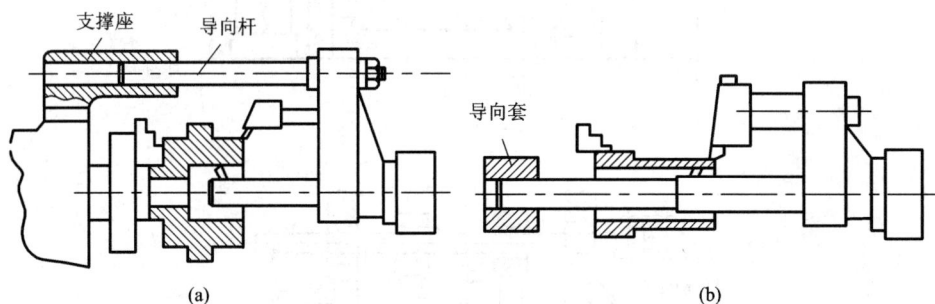

图 5 - 37　提高加工时刀具的刚度

4）提高零件表面质量

接触刚度与零件的表面质量有密切关系,因此应注意接触表面的粗糙度、形状精度及物理机械性能等。

5）减少接触面

为了提高整个工艺系统的刚度,应尽量减少接触面以提高接触刚度。例如,为了提高多刀车床和六角车床的刚度,将主轴箱和床身做成一个整体(见图 5 - 38),去掉主轴箱与床身这个重要的接触面。但是,这样会给加工带来许多困难,如不容易保证主轴系统和床身导轨面的位置精度,主轴箱的孔系加工不方便等。

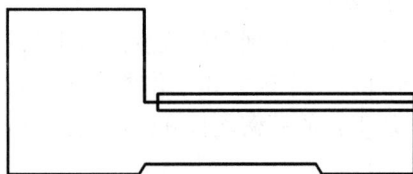

图 5 - 38　车削加工中减少接触面的措施

在万能卧式镗床上加工时,若接触面过多,即会影响整个工艺系统的刚度。图 5 - 39(a)所示,是在万能卧式镗床上加工一个支架零件的孔系,计有两个尺寸链共 9 个接触面(未算主轴箱内零件的接触面),因此工艺系统刚度不好。如果改用专用机床、组合机床或用专用镗模加工[见图 5 - 39(b)],则可减少接触面,提高接触刚度。

6）加预紧力

加预紧力可使接触面产生预变形,减小间隙,从而提高接触刚度。对于相互静止的结

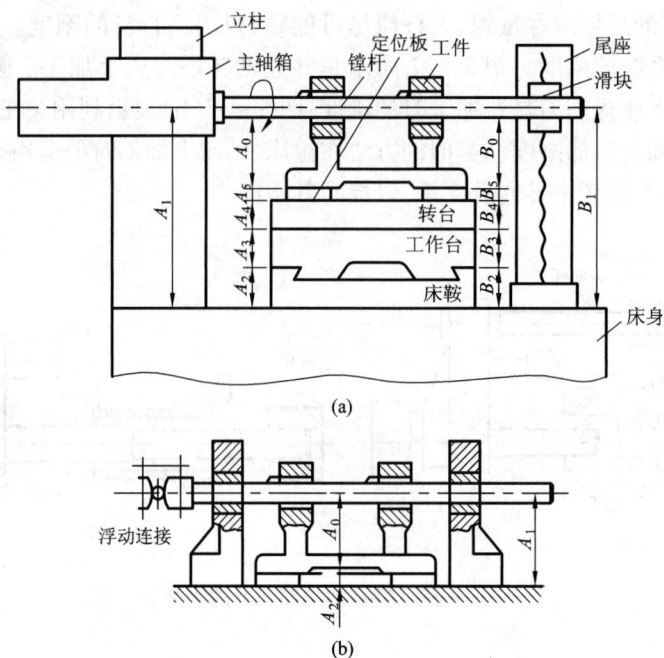

图 5 - 39　镗削加工中减少接触面的措施

构,可加 150MPa 的预紧压力;对于相互运动的结构(如滚动导轨等),可加 10 ~ 20MPa 的预紧压力。

5.3.4　工艺系统受热变形对加工精度的影响

在金属的切削加工过程中,工艺系统的温度会产生非常复杂的变化。这是由于工艺系统受到切削热、摩擦热以及日光和供暖设备的辐射热而引起的。工艺系统中,机床、夹具、刀具、工件的结构一般都比较复杂,所以热的传导和分布也很复杂。对于工件来说,温度升高会引起体积的变化,并造成背吃刀量和切削力的改变。对于工艺系统的其他环节来说,温度的变化会导致工艺系统中各元件之间正确的相互位置发生变化,使工件与刀具的相对位置和切削运动产生误差。例如,加工长的精密丝杠和薄的壳体类零件时,温度变化往往是引起加工误差的重要因素。

1. 工艺系统的热源

1)切削热

在金属的切削过程中,切削层金属的弹塑性变形以及刀具、工件与切屑间的摩擦所消耗的能量中的绝大部分转化为切削热,这些热量将传到工件、刀具、切屑和周围介质中去。

切削热是工件和刀具产生热变形的主要热源。假定忽略进给运动消耗的能量,主切削运动所消耗的能量全部转化为切削热,则单位时间内传入工件或刀具的切削热 Q 可按下式估算

$$Q = F_c vK \tag{5 - 15}$$

式中　F_c——主切削力,N;

182

v——切削速度,m/s;

K——切削热传给刀具或工件的百分比。

2)传动系统的摩擦热和能量的损耗

轴承、齿轮副、摩擦离合器、溜板和导轨、丝杠和螺母等运动副中产生的摩擦热,以及动力源能量损耗,如电动机、液压系统的发热等,是导致机床热变形的主要热源。

3)派生热源

部分切削热经由切削液、切屑带走,而切削液、切屑落到床身上,再把热量传到床身,即形成派生热源。此外,摩擦热还通过润滑油的循环散布到各处,也是重要的派生热源。派生热源对机床热变形也有很大影响。

4)外部热源

所谓外部热源,主要指周围环境通过空气的对流,环境热源,如日光、照明灯具、加热器等,通过辐射传到工艺系统的热量。外部热源的影响有时也是不可忽视的。例如,在加工大型工件时,往往需要昼夜连续加工。由于昼夜温度不同,引起工艺系统的热变形也不一样,从而影响了加工精度。再如,照明灯光、加热器等对机床的辐射热往往是局部的,日光对机床的照射不仅是局部的,而且不同时间的辐射热量和照射位置也不同,都会引起机床的各部分不同的温升而产生复杂的变形。这对大型工件的加工及精密加工尤其不能忽视。

2. 工件的热变形

加工过程中传到工件的热主要是切削热(或磨削热)。对于精密零件来说,周围环境的温度和局部受到日光等外部热源的辐射热也不容忽视。工件受热后的变形决定于工件本身的结构形状、所采用的加工方法以及连续走刀的次数等。工件在切削过程中的受热有均匀和不均匀两种情况。

1)工件比较均匀地受热

加工一些形状较简单的轴类、套类、盘类零件的内、外圆时,切削热比较均匀地传入工件。如不考虑工件温升后的散热,则其温度沿工件全长和圆周的分布均比较均匀,热变形也较均匀。它只引起工件尺寸的变化,而几何形状则不受影响。宽砂轮磨短轴也可认为是接近这种状况。

工件直径方向的热膨胀为

$$\Delta D = aD\Delta\theta \qquad (5-16)$$

长度方向的热伸长为

$$\Delta L = aL\Delta\theta \qquad (5-17)$$

式中　ΔD——工件直径方向的热膨胀量;

a——工件材料的线膨胀系数;

L——工件在热变形方向的尺寸;

$\Delta\theta$——工件的平均温升。

例如,磨削直径为100mm的钢轴,工件温度均匀地由室温20℃升至60℃,沿直径方向的热膨胀量为0.048mm,相当于IT8精度的公差值;车削一个长度为300mm,内径为100mm,外径为140mm的45钢管,开始切削时工件温升为零,随着切削的进行,工件温度逐渐增加,使得直径上的差值为37μm,长度伸长量为80μm,沿工件轴向将形成300:0.037的锥度。

2）工件不均匀受热

加工时，工件的温升与传入工件的热量、工件的质量、工件材料的热容量等有关。传入工件的切削热主要决定于切削用量。由于加工条件的复杂性和多样性，大多数情况下是工件不均匀受热。

若工件受热不均匀，如磨削板类零件的上平面时，由于工件单面受热使其中部凸起变形 y 而产生中凹的形状误差[见图 5 – 40(a)]，中凹量 Δ 的大小可根据图[5 – 40(b)]所示的几何关系作如下近似计算。

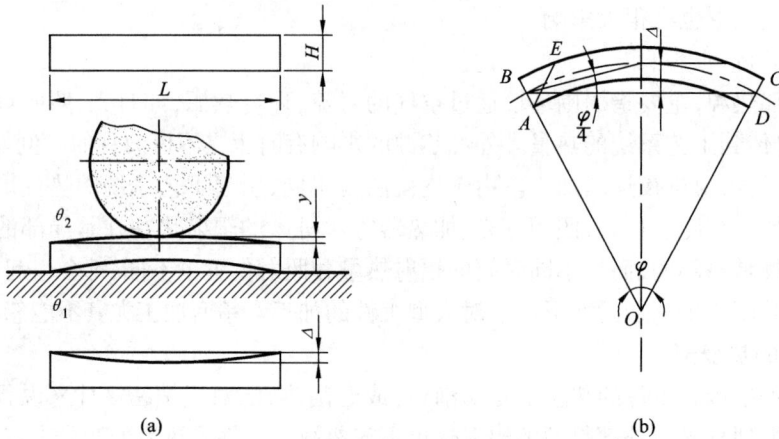

图 5 – 40　平板磨削加工时的翘曲变形及其计算

由于中心角 φ 很小，故中性层的弦长可近似视为原长 L，于是有

$$\Delta = y = \frac{L}{2} \cdot \sin \frac{\varphi}{4} \approx \frac{L\varphi}{8}$$

作 $AE /\!/ CD$，可认为 BE 近似等于 L 的热伸长量 ΔL，则

$$BE \approx \Delta L = a \cdot (\theta_2 - \theta_1) \cdot L = a \cdot \Delta \theta \cdot L$$

$$\varphi = \frac{BE}{AB} \approx \frac{a \cdot \Delta \theta \cdot L}{H}$$

$$\Delta \approx \frac{L\varphi}{8} \approx \frac{a \cdot \Delta \theta \cdot L^2}{8H}$$

由上式可知，工件的长度 L 越大，厚度 H 越小，则中凹量 Δ 就越大。为减少工件的热变形，必须减小上下两面之间的温差 $\Delta\theta$，即须设法减少热量的传入。

当工件用顶尖装夹进行加工时，工件在长度方向的热伸长，有时会对加工精度产生很大的影响。特别是用顶尖装夹加工细长轴时，工件的热伸长会使两顶尖间产生轴向力，细长轴在轴向力和切削力的共同作用下，会出现弯曲并可能导致切削过程不稳定。

在精密丝杠的加工中，工件的热伸长会引起螺距累积误差。根据实测，磨削精密丝杠螺纹时，工件丝杠的温度平均高出室温 3.5℃ 左右，并高于机床传动丝杠的温升。如传动丝杠与工件丝杠的温差为 1℃，则 300mm 长度上将出现 3.6μm 的螺距累积误差。而对 5 级精度的丝杠，300mm 长度上的螺距累积误差的允许值仅为 5μm，故必须采取措施减少工件热变

184

形的影响。

如图5-41(a)所示,在内圆磨床上磨削一个薄圆环零件。磨削后将工件冷却至室温,经测量画出其内圆的极坐标轨迹,发现有三棱形的圆度误差[见图5-41(b)]。磨削时,工件装夹在三个支承垫上,当大大减少夹紧力之后,这种误差仍然出现。这说明这种误差不是由三个夹紧点的受力变形引起的,而是由于加工中磨削热传给工件后,因三个支承垫部位的散热快,该处工件的温度较其他部位低,磨削量较大所致。

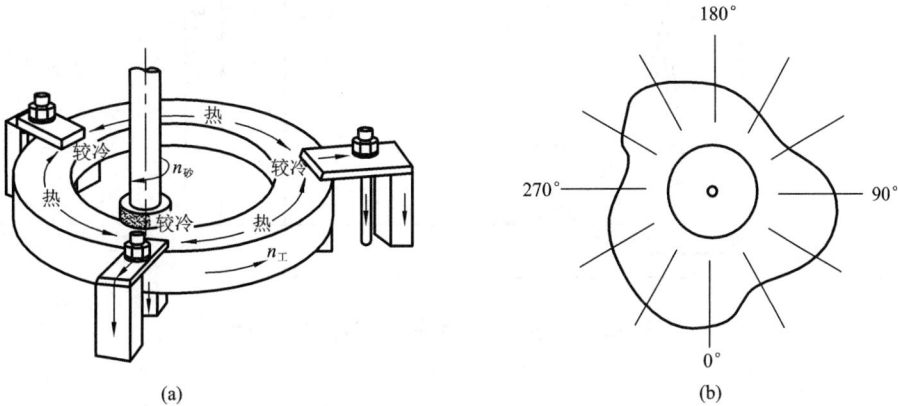

图5-41 圆环零件内孔磨削时的热变形

3. 刀具的热变形

传给刀具的热主要是切削热,虽然仅占切削总热的3%~5%,但因刀具的质量小,热容量小,故仍会有很高的温升。例如,高速钢车刀工作表面的温度可达700~800℃。刀具受热伸长主要会影响工件的尺寸精度。在加工大型零件时,如车削长轴的外圆,也会影响零件的几何形状精度。车刀受热的伸长量与切削时间的关系可参考图5-42中"连续加工时"曲线。刀具在断续加工时,初期切削时的热伸长变形 $\xi_{机动}$ 大于停歇时的冷却收缩变形 $\xi_{停歇}$,随着断续加工的延续,切削时的热伸长变形 $\xi_{机动}$ 逐渐达到与停歇时的冷却收缩变形 $\xi_{停歇}$ 相等,即刀具的热变形达到相对稳定的状态。

热伸长量 ξ 与时间 τ 的关系式为

$$\xi = \xi_{max}(1 - e^{-\tau/\tau_c}) \qquad (5-18)$$

式中,τ_c 是与刀具的质量 m、比热容 c、截面面积 A 及表面换热系数 α_s 有关的、量纲为时间的常数。根据试验知,$\tau_c = 3~6min$。ξ_{max} 为达到热平衡后的最大伸长量。

4. 机床的热变形

各类机床(包括夹具)的结构和工作条件相差很大,引起机床热变形的热源和变形特性也多种多样。除切削热有一小部分会传入机床外,传动系统、导轨等运动件产生的摩擦热是机床的主要热源。另外,液压系统、冷却润滑液等也是机床的重要热源。

各类机床热变形的一般趋势如图5-43所示。图5-43(a)表示车床的主要热源为床头箱的发热,它会引起床头箱箱体及床身在垂直面内和水平面内的变形和翘曲,从而造成主轴的位移和倾斜;图5-43(b)表示立铣主轴箱箱体和主轴热变形的趋势,它使铣削后的平面与基面之间出现平行度误差;图5-43(c)表示卧式升降台铣床的热变形趋势,横梁的热

185

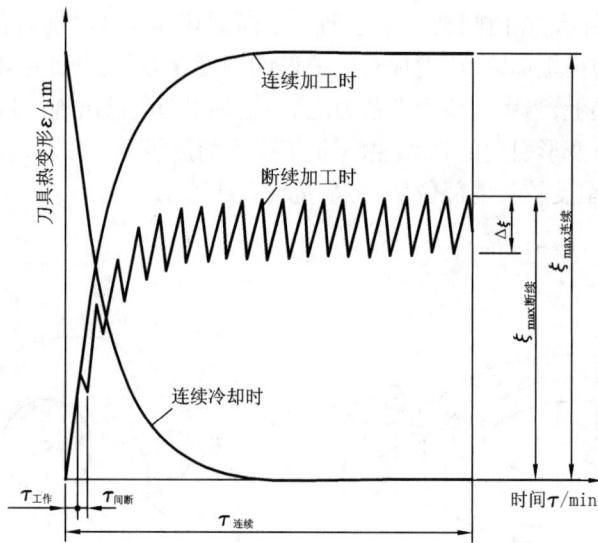

图 5 - 42　有节奏加工时车刀的温度变形规律

变形加大了主轴轴线对工作台的平行度误差;图 5 - 43(d)表示坐标镗床主轴变速箱的热变形趋势,它使主轴在 x 方向(横向)和 y 方向(纵向)产生位移和倾斜;加工中心机床(自动换刀数控镗铣床)内部有很大的热源,在未采取适当措施之前的热变形相当大,其热变形趋势如图 5 - 43(e)所示;在热变形的影响下,外圆磨床的砂轮轴心线与工件轴心线之间的距离会发生变化,并可能产生平行度误差,如图 5 - 43(f)所示;双端面磨床的冷却液喷向床身中部的顶面,使其局部受热而产生中凸变形,从而使两砂轮的端面产生倾斜,如图 5 - 43(g)所示;大型导轨磨床因床身较长,车间温度的变化也会引起附加的变形。由于地面温度变化不大(因其热容量较大),若车间温度高于地面温度,则床身产生中凸变形,反之则产生中凹变形,如图 5 - 43(h)所示。

机床热变形与刀具热变形的区别在于前者的速度比较缓慢,且机床部件的温升一般不可能很高(低于 60℃),其原因在于机床的质量和体积比刀具大得多。研究机床热变形对加工精度的影响时,主要考虑主轴位置的变化以及导轨的变形,因为它们都会直接影响刀具相对于工件加工表面的位置。

5. 减小热变形对加工精度影响的措施

1)减少热源或热源的能量

为了减小机床的热变形,凡有可能从主机分离出去的热源,如电机、变速箱、液压装置的油箱等,应尽可能放置在机床外部。对于不能与主机分离的热源,如主轴轴承、丝杆螺母副、高速运动的导轨副等,则应从结构、润滑等方面采取措施改善其摩擦特性,以减少发热,如采用静压轴承、静压导轨、改用低粘度润滑油等。

如果热源不能从机床中分离出去,可在发热部件与机床大件之间用绝热材料隔开。对于发热量大的热源,若既不能从机内移出,又不便于隔热,则应采用有效的冷却措施,如增加散热面积或采用强制风冷、水冷、循环润滑等。

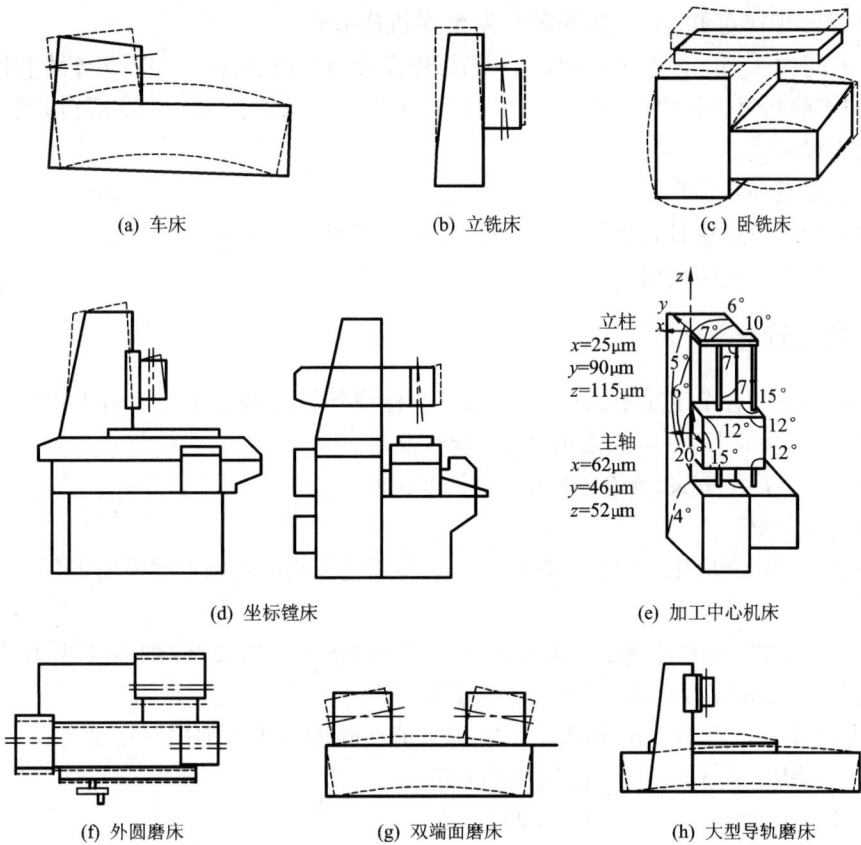

(a) 车床　　　　　　　(b) 立铣床　　　　　　　(c) 卧铣床

立柱
$x=25\mu m$
$y=90\mu m$
$z=115\mu m$

主轴
$x=62\mu m$
$y=46\mu m$
$z=52\mu m$

(d) 坐标镗床　　　　　　　　　(e) 加工中心机床

(f) 外圆磨床　　　　　　(g) 双端面磨床　　　　　　(h) 大型导轨磨床

图 5-43　各类机床热变形的一般趋势

2) 用热补偿方法减小热变形

单纯减小温升往往不能收到满意的效果,此时应采用热补偿方法使机床的温度场比较均匀,从而使机床仅产生均匀变形,而不影响加工精度。对于平面磨床来说,磨削热引起磨床床身的温度升高,使之上热下冷而使导轨产生中凸热变形。若将液压系统的油池设计在床身底部,则因油使床身下部温度升高而使导轨产生中凹热变形,可以补偿由于磨削热产生的导轨中凸热变形。

3) 通过改善机床结构减小热变形

机床结构的设计应有利于热的传导。例如,传统的牛头刨床滑枕截面结构下[见图 5-44(a)],由于导轨面的高速滑动,使滑枕上冷下热,会产生较大的弯曲变形。若将导轨布置在截面的中间使上、下对称[见图 5-44(b)],即可大大减小滑枕的弯曲变形而提高机床的精度。

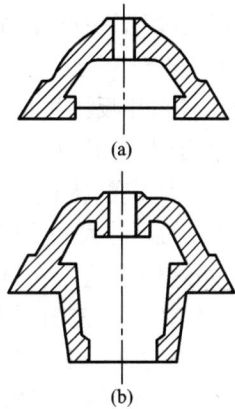

图 5-44　热对称结构

4）保持工艺系统的热平衡

由热变形规律可知，大的热变形是发生在机床开动后的一段时间内。当工艺系统达到热平衡后，热变形趋于稳定，此后加工精度才有保证。因此，在精加工前后可先让机床空运转一段时间（机床预热），等达到热平衡后再开始加工，加工精度会比较稳定。

5）控制环境温度

精加工机床应避免日光直接照射，布置采暖设备时也应避免机床受热不均匀。精密机床应安装在恒温车间中使用。

5.3.5 调整误差

在机械加工的各个工序中，总是需要进行这样或那样的调整工作。由于调整不可能达到绝对准确，也就带来了一项原始误差，即调整误差。

对于不同的调整方式，会有不同的误差来源：

1）试切法调整

试切法调整广泛应用于单件小批生产。这种调整方式产生调整误差的来源有如下三个方面：

（1）度量误差　量具本身的误差及其在使用条件下产生的误差（如温度、使用者细致程度的影响）掺入到测量读数，间接扩大了加工误差。

（2）加工余量的影响　在切削加工中，刀刃能切除的最小切削层厚度是有一定限度的，对于锐利的刀刃可达 $5\mu m$，对于已钝化的刀刃则只能达到 $20\sim 50\mu m$。若切削层厚度小于最小切削厚度，刀刃就"咬"不住金属而打滑，只能起挤压作用。精加工时，试切的最后一刀的切削厚度总是很薄，这时如果认为试切尺寸已经合格，合上纵向走刀机构进行加工，则新切到部分的切深比已试切的部分大，刀刃不打滑，必然会多切下一点，因此最后所得的工件尺寸会比试切部分的尺寸小一些［见图 5 - 45（a）］镗孔时则相反。粗加工试切时的情况与此相反，由于粗加工的余量比试切层大得大，受力变形也大得多，因此粗加工所得的尺寸会比试切部分的尺寸大一些［见图 5 - 45（a）］。

（3）微进给误差　在试切最后一刀时，总是会微量调整一下车刀（或砂轮）的径向进给，这时常会出现进给机构"爬行"现象，使刀具的实际径向移动比手轮上转动的刻度数偏大或偏小，以致难以控制尺寸精度，造成加工误差。爬行现象是在极低的进给速度下才产生的，常采用以下两种措施避免。一种是在微量进给

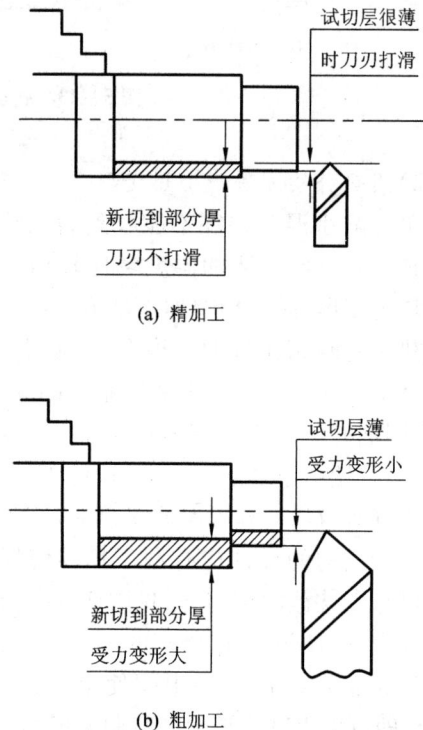

(a) 精加工

(b) 粗加工

图 5 - 45　试切调整

之前先退出刀具,然后再将刀具快速引进到新的手轮刻度值,中间不加停顿,使进给机构滑动面之间不产生静摩擦;另一种是在进给之前先轻轻敲击手轮,用振动消除静摩擦。因此,这种调整误差的大小取决于操作者的操作水平。

2)按定程机构调整

在大批大量生产中广泛采用行程挡块、靠模、凸轮等机构保证加工精度。这些机构的制造精度、调整精度以及与它们配合使用的离合器、电气开关、控制阀等器件的灵敏度是这种方式下影响调整误差的主要因素。

3)按样件或样板调整

在大批大量生产中,采用多刀加工时,如半精车和精车活塞槽,常用专门样件调整刀刃之间的相对位置。

当工件形状复杂,尺寸和质量都比较大时,利用样件进行调整就过于笨重,也不经济,这时可以采用样板进行对刀。例如,在龙门刨床上刨削床身导轨时,是用一块轮廓和导轨横截面相同的样板来对刀;在一些铣床夹具上常装有对刀块,专门供铣刀对刀用。这种情况下,样板本身的误差(包括制造误差和安装误差)和对刀误差就成为调整误差的主要因素。

5.3.6　测量误差

零件在加工过程中或加工后进行测量时,总是会产生测量误差,从而影响加工精度。因此,对于一定的加工精度要求,应采用与之相适应的测量方法和测量仪器。造成测量误差的因素有以下四个方面:

1)测量方法和测量仪器的选择

任何测量仪器都有一定的误差。通常,测量仪器和测量方法的误差占被测量零件误差的 10% ~ 30%,对于高精度的零件占 30% ~ 50%。因此,测量仪器和测量方法的精度与被测零件的精度有关,应根据被测零件的精度等级进行修正。

在选择测量方法和测量仪器时,还应考虑到"阿贝原则"。所谓"阿贝原则",是使零件上的被测线与测量仪器上的测量线重合或在测量线的延长上。违背"阿贝原则"会由于测量仪器本身的制造误差而造成较大的测量误差。

2)测量力引起的变形误差

进行接触测量时,测量力会使测量仪器本身或被测零件变形而造成测量误差。动态测量时,其影响更大。因此,在精密测量时,测量力必须恒定。

3)测量环境的影响

测量时,必须对环境的温度、洁净度进行控制,精密测量应在恒温室及洁净车间进行。

4)读数误差

测量者的视差和主观读数误差都会直接反映到测量误差上。

5.4　加工误差的综合分析

上节已经分析了产生加工误差的各种因素及其物理、力学本质,提出了一些解决问题的途径。但是,从分析方法来讲,这些分析还是属于局部的,单因素的性质。在实际生产中出现的加工精度问题往往是综合性很强的工艺问题,影响因素比较复杂,因此运用已学到的基本知识,对生产实际中的加工精度问题进行综合分析,提出解决问题的对策,并在实际中获得成效,是培养工艺能力的重要环节之一。

对于生产实际中因各种复杂因素的影响而出现的加工误差问题,不能简单地采用前述的单因素分析估算方法衡量其因果关系,更不能从单个工件的检查获得结论。其原因在于,单个工件不能暴露出误差的性质和变化的规律,单个工件的误差大小也不能代表整批工件的误差大小。在一批工件的加工过程中,既有系统性误差因素,也有随机性误差因素起作用,所以单个工件的误差是不断地变化的,仅凭单个工件误差去推断整批工件的误差情况极不可靠,所以应采用统计分析的方法。

所谓统计分析法,是以对生产现场的许多工件进行检查的结果为基础,再运用数理统计的方法对这些结果进行处理,从中提炼出规律性的东西,从而找出解决问题的途径。

常用的统计方法有分布曲线法和点图法两种。

5.4.1　分布曲线法

1. 正态分布曲线

检查一批精镗后的活塞销孔的直径(系尚未滚压加工前的工件)。图纸规定的尺寸为 $\Phi100_{-0.015}^{0}$,抽查件数为 100 件。测量后发现它们的尺寸各不相同,这种现象称为尺寸分散。将测得的数据按尺寸大小分组,每组的尺寸间隔为 0.002mm,得到表 5-5。

表 5-5　活塞销孔直径测量结果

组　别	尺寸范围/mm	中点尺寸 x/mm	组内工件数 m	频率 m/n
1	27.992~27.994	27.993	4	4/100
2	27.994~27.996	27.995	16	16/100
3	27.996~27.998	27.997	32	32/100
4	27.998~28.000	27.999	30	30/100
5	28.000~28.002	28.001	16	16/100
6	28.002~28.004	28.003	2	2/100

表 5-5 中,n 是测量的总工件数。以每组的件数 m 或频率 m/n 为纵坐标,以尺寸范围的中点 x 为横坐标,叮以作出图 5-46 所示的折线图。由图中可知:

分散范围 = 最大孔径 - 最小孔径 = 28.004 - 27.992 = 0.012

分散范围中心(即平均孔径) $= \dfrac{\sum mx}{n} = 27.9979$

公差范围中心 $= 28 - \dfrac{0.015}{2} = 27.9925$

实际测量的结果表明,一部分工件的尺寸已超出公差范围(28.00~28.004,占 18%),成为废品。图 5-46 中的阴影部分即表示废品部分。但是,从图中还可以看出,这批工件的分散范围 0.012mm 比公差带 0.015mm 小。如果设法将分散中心调整至公差范围中心,工件就完全合格。具体的工艺措施是,镗孔时将镗刀伸出量调整得短一些。因此,解决该工序精度问题的实质是消除常值系统性误差 $\Delta_{系统} = 27.9979 - 27.9927 = 0.0054(\text{mm})$。

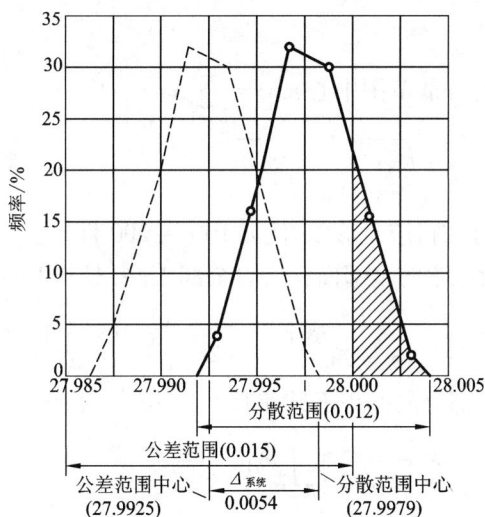

图 5 -46　活塞销孔实际直径尺寸分布折线图

在无心磨床上用贯穿法磨活塞销,其尺寸为 $\phi 28_{-0.010}^{-0.001}$,公差范围为 27. 999 - 27. 990 = 0. 009(mm)。加工后测得工件的尺寸分布如图 5 - 47 所示,尺寸分散范围 0. 016 大于公差范围 0. 009。这种情况下,即使把分散范围中心调整到公差范围中心 27. 9945,也还是会产生不合格品(如图 5 - 46 阴影部分所示)。要解决这项精度问题,不仅需减小系统性误差,还需设法减小随机性误差。对于前者,可以通过将砂轮和导轮间的距离调整得小一些来解决。对于后者,就不是调整方法可以收效的,应全力找出随机性误差过大的原因。经过调查研究知道,尺寸分散过大是毛坯误差复映的影响。根据复映系数随着磨削次数增加而递减的原理,可以增加一次贯穿磨削。这样当然会增加费用,降低生产率。近年来有些工厂采用冷挤压新工艺,使毛坯误差大为降低,这就可以从根本上解决问题。

在绘制一批工件的尺寸分布图时,若抽取的工件数量增加而尺寸间隔取得很小,则作出的折线图非常接近光滑的曲线,称为实际分布曲线,如图 5 - 47 中的点划线所示。无数的生产实际经验表明:在正常条件下加工一批工件,其尺寸分布情况常和上述曲线相似。在研究加工误差问题时,常应用数理统计学中的一些"理论分布曲线"来近似地代替实际分布曲线,应用最广的是正态分布曲线(或称高斯曲线)。其方程式用概率密度函数 $y(x)$ 表示:

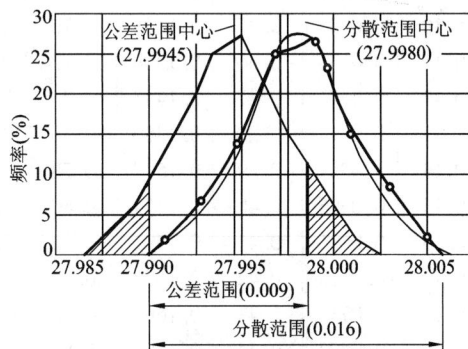

图 5 -47　活塞销实际直径尺寸分布折线图

$$y(x) = \frac{1}{\sigma\sqrt{2\pi}}\exp\left[-\frac{(x-\bar{x})^2}{2\sigma^2}\right] \qquad (5-19)$$

191

采用正态分布曲线代表加工尺寸的实际分布曲线时,式(5-19)中的各个参数分别为:

x——工件尺寸;

$\bar{x}$—— 工件平均尺寸(分散范围中心),$\bar{x} = \sum\limits_{i=1}^{n} x_i/n$;

σ—— 均方根误差,$\sigma = \sqrt{\sum\limits_{i=1}^{n}(x_i - \bar{x})^2/n}$;

n——工件总数(工件数目应足够多,例如100~200件)。

正态分布曲线下面所包含的全部面积代表全部工件,即100%,

$$\int_{-\infty}^{+\infty} \frac{1}{\sigma\sqrt{2\pi}}\exp\left[\frac{-(x-\bar{x})^2}{2\sigma^2}\right]\mathrm{d}x = 1 \qquad (5-20)$$

图5-48(a)中阴影部分的面积 F 代表尺寸从 $\bar{x}$ 到 x 之间的工件的频率:

$$F = \frac{1}{\sigma\sqrt{2\pi}}\int_{\bar{x}}^{x}\exp\left[\frac{-(x-\bar{x})^2}{2\sigma^2}\right]\mathrm{d}x \qquad (5-21)$$

实际计算时,可以直接采用前人已经作出的积分表(见表5-6)。

表5-6 $\quad F = \dfrac{1}{\sigma\sqrt{2\pi}}\displaystyle\int_{\bar{x}}^{x}\exp\left[\dfrac{-(x-\bar{x})^2}{2\sigma^2}\right]\mathrm{d}x$

$\dfrac{x-\bar{x}}{\sigma}$	F	$\dfrac{x-\bar{x}}{\sigma}$	F	$\dfrac{x-\bar{x}}{\sigma}$	F	$\dfrac{x-\bar{x}}{\sigma}$	F	$\dfrac{x-\bar{x}}{\sigma}$	F
0.00	0.0000	0.25	0.0987	0.50	0.1915	1.00	0.3413	2.50	0.4938
0.01	0.0040	0.26	0.1026	0.52	0.1985	1.05	0.3531	2.60	0.4953
0.02	0.0080	0.27	0.1064	0.54	0.2054	0.10	0.3643	2.70	0.4965
0.03	0.0120	0.28	0.1103	0.56	0.2123	1.15	0.3749	2.80	0.4974
0.04	0.0160	0.29	0.1141	0.58	0.2190	1.20	0.3849	2.90	0.4981
0.05	0.0199	0.30	0.1179	0.60	0.2257	1.25	0.3944	3.00	0.49865
0.06	0.0239	0.31	0.1217	0.62	0.2324	1.30	0.4032	3.20	0.49931
0.07	0.0279	0.32	0.1255	0.64	0.2389	1.35	0.4115	3.40	0.49966
0.08	0.0319	0.33	0.1293	0.66	0.2454	1.40	0.4192	3.60	0.499841
0.09	0.0359	0.34	0.1331	0.68	0.2517	1.45	0.4265	3.80	0.499928
0.10	0.0398	0.35	0.1368	0.70	0.2580	1.50	0.4332	4.00	0.499968
0.11	0.0438	0.36	0.1406	0.72	0.2642	1.55	0.4394	4.50	0.499997
0.12	0.0478	0.37	0.1443	0.74	0.2703	1.60	0.4452	5.00	0.49999997
0.13	0.0517	0.38	0.1480	0.76	0.2764	1.65	0.4505		
0.14	0.0557	0.39	0.1517	0.78	0.2823	1.70	0.4554		
0.15	0.0596	0.40	0.1554	0.80	0.2881	1.75	0.4599		
0.16	0.0636	0.41	0.1591	0.82	0.2939	1.80	0.4641		
0.17	0.0675	0.42	0.1628	0.84	0.2995	1.85	0.4678		
0.18	0.0714	0.43	0.1664	0.86	0.3051	1.90	0.4713		
0.19	0.0753	0.44	0.1700	0.88	0.3106	1.95	0.4744		
0.20	0.0793	0.45	0.1736	0.90	0.3159	2.00	0.4772		
0.21	0.0832	0.46	0.1772	0.92	0.3212	2.10	0.4821		
0.22	0.0871	0.47	0.1808	0.94	0.3264	2.20	0.4861		
0.23	0.0910	0.48	0.1844	0.96	0.3315	2.30	0.4893		
0.24	0.0948	0.49	0.1879	0.98	0.3365	2.40	0.4918		

实践证明:在已调整好的机床(如自动机)上加工时,若引起误差的因素中没有特别显著的因素,而且加工进行情况正常(即机床、夹具、刀具均处于良好的状态),则一批工件的实际尺寸分布可以视为正态分布。这也就是说,如果引起系统性误差的因素不变,引起随机误差的多种因素的作用都微小且在数量级上大致相等,则加工所得工件的实际尺寸按正态分布曲线分布。

正态分布曲线具有如下特点:

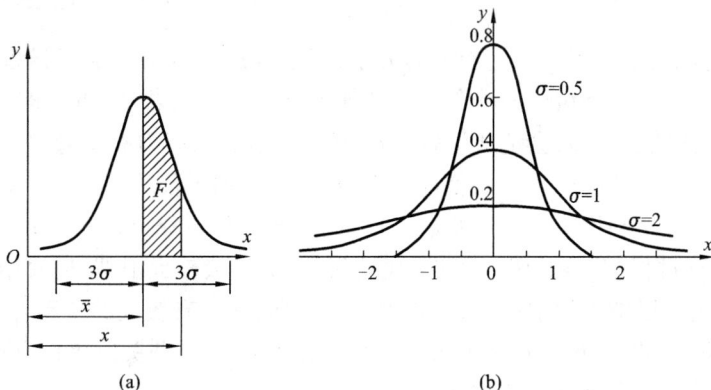

图 5 – 48　正态分布曲线的性质

(1)曲线成钟形,中间高,两边低。这表示尺寸接近分散中心的工件占大部分,尺寸远离分散中心的工件是极少数。

(2)工件尺寸大于 $\bar{x}$ 和小于 $\bar{x}$ 的同间距范围内的频率相等。

(3)决定正态分布曲线形状的参数是 σ。如图 5 – 48(b)所示,σ 越大,曲线越平坦,尺寸越分散,即加工精度越低;σ 越小,曲线越陡峭,尺寸越集中,即加工精度越高。

(4)从附表中可以查得,$x - \bar{x} = 3\sigma$ 时,$F = 49.865\%$,$2F = 99.73\%$。这说明工件尺寸在 $\pm 3\sigma$ 以外的频率只占 0.27%,可以忽略不计。因此,一般取正态分布曲线的分散范围为 $\pm 3\sigma$[见图 5 – 48(a)]。

$\pm 3\sigma$(或 6σ)的概念在研究加工误差问题时应用很广,是一个很重要的概念。简单地说,6σ 的大小代表一种加工方法在规定的条件(毛坯余量、切削用量、正常的机床、夹具、刀具等)下所能达到的加工精度。因此一般情况下应该使公差带的宽度 T 和均方根误差 σ 之间的关系满足式(5 – 22):

$$T \geqslant 6\sigma \tag{5 – 22}$$

考虑到变值系统性误差(如刀具磨损)及其他因素的影响,通常总是使公差带的宽度 T 大于 6σ。刀具磨损会导致分布曲线的位置移动,σ 逐渐加大。在外圆加工中,开始加工阶段应使尺寸分散范围接近公差带的下限;在孔加工中,开始加工阶段应使尺寸分散范围接近公差带上限。这样,在刀具磨损过程中,工件的尺寸分散范围会逐渐向公差带的上限(外圆加工)或下限(孔加工)移动,从而保持在比较长的加工时间内使工件尺寸不超出公差带。

2. 利用分布曲线研究加工精度

1)工艺验证——工艺能力系数

用车床及外圆磨床加工同一批零件时,由于磨削精度比普通车削高,因此磨削后一批零

件的 σ 值会小于车削后一批零件的 σ 值。所以,可以用 σ 值的大小比较各种加工方法和加工设备的精度。

在生产中,可以利用正态分布曲线进行工艺验证来判断某种加工方法或加工设备进行加工时能否胜任零件加工精度的要求。T 表示加工所要求达到的精度,6σ 表示实际上能达到的精度,两者的比值称为工艺能力系数。

$$C_p = \frac{T}{6\sigma} \qquad (5-23)$$

通常用工艺能力系数表示工艺能力的大小,即某种加工方法和加工设备能胜任零件所要求加工精度的程度。$T > 6\sigma$,表示全部零件加工合格。但是若 $T \gg 6\sigma$,即 σ 很小,则表示所采用的加工方法精度过高,会造成浪费。$T = 6\sigma$,表示加工能力有些勉强。一旦遇有外来因素或随机因素影响,就会产生不合格品。$T < 6\sigma$,表示加工能力不足,加工精度不能满足要求,必须进行改进。利用工艺能力系数,可以将生产过程划分为如下 5 个等级。

(1)特级生产过程($C_P > 1.67$) 加工精度过高,会造成较大浪费,应改用精度较低的加工方法或设备,也可以加大切削用量,延长刀具调整期,允许有较大的波动。

(2)一级生产过程($1.67 > C_P > 1.33$) 加工精度足够,对非关键零件,可适当放宽波动的幅度,同时可以简化产品检查工作。

(3)二级生产过程($1.33 > C_P > 1.00$) 加工精度勉强,应加强对生产过程的监视,采用抽样检查,防止外来波动。

(4)三级生产过程($1.00 > C_P > 0.67$) 加工精度不足,应对产品进行全部检查以排除不合格品,并考虑改进措施。

(5)四级生产过程($0.67 > C_P$) 加工精度完全不能满足要求,应改用别的加工方法和设备,在工艺上进行根本改革。

2)误差分析

根据分布曲线的形状和位置,可以分析各种误差的影响。常值系统误差不会影响分布曲线的形状,只会影响它的位置。若分布曲线中心和公差带中心不重合,则说明加工中存在常值系统误差。

在机械加工中,工件实际尺寸的分布情况有时会出现不近似于正态的分布。

(1)等概率密度分布曲线[见图 5-49(a)] 特点是有一段曲线的概率密度相等。这表明加工中存在线性变值系统误差。例如,刀具在正常磨损阶段的磨损是一种线性变值系统误差,其磨损量与刀具的切削长度成线性正比关系。

(2)不对称分布曲线[见图 5-49(b)] 用试切法或调整法获得加工尺寸时,为了防止出废品,轴的尺寸总是接近于公差上限,孔的尺寸总是接近于公差下限,从而造成不对称分布。这是由一种随机误差(主观误差)所形成的。

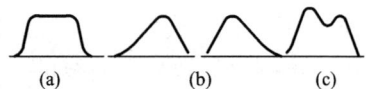

图 5-49 非正态分布曲线

(3)多峰值分布曲线[图 5-49(c)] 一般的分布曲线只存在一个峰值,它表示尺寸分布的中心。所谓多峰值分布,表示存在几个分布中心,其原因是加工中存在着阶跃变值系统误差。例如,用调整法加工零件时,将几次调整加工的零件合在一起画分布曲线就会出现多峰值分布。

对于非正态分布的加工误差,在计算出均方根 σ 值以后,不能以 $\pm 3\sigma$ 作为其分散范围。根据数理统计理论的数学分析,非正态分布的分散范围应取为 $\dfrac{6\sigma}{K}$。其中 K 称为相对分布系数,其大小与分布曲线的形状有关。表 5 - 7 列出了几种典型分布曲线的 K 值和 a 值,a 称为相对不对称系数。

表 5 - 7　典型分布曲线的 K 值和 a 值

典型分布	正态分布	辛浦生分布(等腰三角形)	等概率分布	平顶分布	偏态分布
分布曲线图形					$a\cdot\frac{A}{2}$
K	1	1.22	1.73	1.1 ~ 1.5	≈1.17
a	0	0	0	0	≈0.26
分布范围 Δ	6σ	4.92σ	3.47σ	$4\sigma \sim 5.45\sigma$	5.13σ

3. 运用分布曲线研究加工精度所存在的问题

分布曲线只能在一批零件加工完毕后画出,因此利用分布曲线研究加工精度时存在以下问题:

(1)不能看出误差的发展趋势和变化规律,不能主动控制加工精度。

(2)分布曲线主要表示各工艺因素对加工精度的综合影响,很难分辨各因素的分别作用。

(3)对于大批大量生产,将一直加工下去,因此不可能得到母体的分布曲线。这时可以采用抽样检查的方法得到样本,根据样本的分布曲线来分析母体加工情况。这是分布曲线应用上的一个发展。因为样本和母体之间存在密切的联系,因此可以根据样本分布算出其合格率的大小,来估算母体的合格率,样本的零件数量愈大,则愈准确。从理论上说,母体的算术平均值与均方差和样本的算术平均值和均方差是不相等的,所以只能从样本来估算母体。

(4)如果发现问题,例如出现废品,对本批零件来说已无法采取措施,只能对下一批零件起作用。

5.4.2　点图法

1. 点图

在大批大量生产中,采取逐个检查零件的方法来控制加工质量需要很大的工作量。为了掌握加工过程中精度变化的趋势,多采用定时抽检的办法。如图 5 - 50,若每隔 1 小时抽检 m 个零件(一般 $m = 2 \sim 15$ 件),对这 m 个零件进行检查后算出其算术平均值 $\bar{x_i}$,画在尺寸 - 时间图上,依次画出一系列的点,即得到点图。

例如,每小时生产 100 件,每次抽检 5 件,在第一小时,将所抽检的 5 个零件尺寸的平均

值 $\bar{x}_1$ 画在尺寸－时间图上,再将这 5 个零件中的最大值 x_{1max} 和最小值 x_{1min} 也画在图上,就能在图上表示出极差 R_1。

$$R_1 = x_{1max} - x_{1min}$$

依次画下去,可得到一系列的 $\bar{x}_i$,x_{imax} 和 x_{imin},直到进行下一次调整为止。将这些 $\bar{x}_i$ 点、x_{imax} 点和 x_{imin} 点分别连起来,就得到 $\bar{x}$ 折线和 R 折线,从而可以看出在整个加工过程中,零件组的平均值 $\bar{x}$ 和极差 R 变化的情况,即精度发展趋势。

由于每小时生产 100 个零件,如果将这 100 个零件全部进行测量,就得到一个相应的分布曲线,其尺寸分布范围为 $\Delta_{瞬时}$,将这个数值也画在尺寸－时间图上,就得到 $\Delta_{瞬时}$ 折线。这样即可在图上清楚地观察到,每个小时中抽检零件组的平均值 $\bar{x}$、极差 R 和全部零件尺寸分布范围之间的关系。

2. 精度曲线图

用光滑曲线取代点图上的折线,即得到精度曲线图(见图 5－51),它反映在一次调整中,尺寸精度与时间的关系。

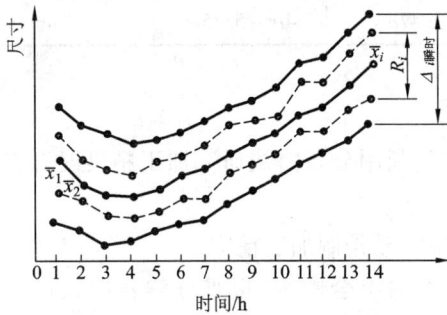

图 5－50　点图

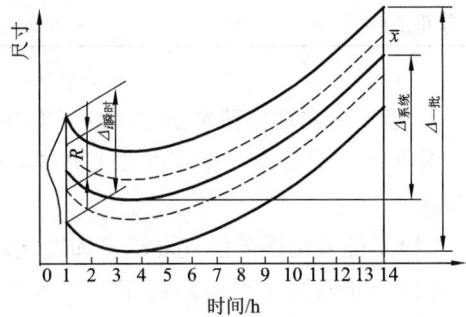

图 5－51　精度曲线图

由于各个时间间隔的极差 R_i 可能不相等,为了计算简便,当 R_i 值比较接近时,可取其平均值

$$\bar{R} = \frac{R_1 + R_2 + \cdots + R_n}{n} = \sum_{i=1}^{n} R_i / n \qquad (5-24)$$

式中　n——一次调整中的时间间隔数。

R 是抽检零件组的极差,表示抽检零件的尺寸分布范围。$\Delta_{瞬时}$ 是每一时间间隔内所生产全部零件的尺寸分布范围,可见前者一定包含在后者之中。抽检的零件数愈多,R 与 $\Delta_{瞬时}$ 就愈接近。因此,从数理统计学上,可以根据 R 来计算 $\Delta_{瞬时}$,

$$\Delta_{瞬时} = 6\sigma = 6\frac{R}{d_m} \qquad (5-25)$$

式中,d_m 是和抽检零件组的零件数 m 有关的系数,可参见表 5－8。m 愈大,则 d_m 愈大。当 $d_m = 6$ 时,$\Delta_{瞬时} = R$,表示在该时间间隔内所加工的零件全部都被抽检。

对于每一个时间间隔,都可以从 R_i 得到 $\Delta_{i瞬时}$。如果各时间间隔的 R_i 相差不大,则可用 $\bar{R}$ 来代替,这时所有时间间隔的 $\Delta_{瞬时}$ 也相等。

表 5 - 8　d_m 值

m	d_m	m	d_m	m	d_m	m	d_m
2	1.128	6	2.534	10	3.078	14	3.407
3	1.693	7	2.704	11	3.172	15	3.472
4	2.059	8	2.847	12	3.258		
5	2.326	9	2.970	13	3.336		

在精度曲线上,一次调整中,$\bar{x}$ 的最大值与最小值之差表示该次调整的系统误差 $\Delta_{系统}$,因为平均值的变化是由系统误差造成的。一次调整中,$\Delta_{瞬时}$ 总的分布范围 $\Delta_{一批}$ 就是全部零件的尺寸分布范围,包括系统误差和随机误差在内。因此,从精度曲线可以比较明显地看出一次调整中误差的发展趋势和变化规律。图 5 - 51 中所示的精度曲线中,各个时间间隔的极差 R 和 $\Delta_{瞬时}$ 都相等,实际上是不一定的,可以有各种不同的情况,如图 5 - 52 所示。

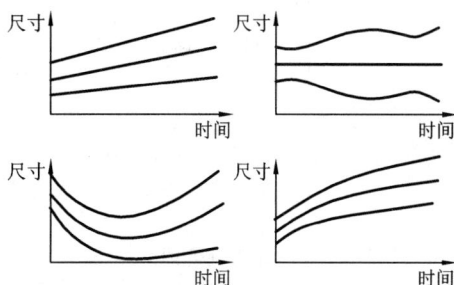

图 5 - 52　各种精度曲线举例

3. 精度曲线与分布曲线的关系

精度曲线与分布曲线的关系在表 5 - 9 中表示得很清楚。将精度曲线在时间坐标上重叠起来,即成为分布曲线;将分布曲线在时间坐标上展开,即得到精度曲线。因此,分布曲线是精度曲线在时间上的压缩,精度曲线是分布曲线在时间上的展开,两者的联系十分密切。两者的差别在时间性,正是在这一点上,精度曲线比分布曲线优越。

从表 5 - 9 还可以看出,常值系统误差影响分布曲线的中心位置,变值系统误差和随机误差影响分布曲线的形状。

5.4.3　相关分析法

1. 相关性

相关分析法主要用于分析某些因素之间是否存在关联。例如,磨削加工时发现工件尺寸的随机误差与毛坯尺寸存在一定的对应关系,毛坯尺寸大,工件尺寸也大,为了保证工件尺寸就必须控制毛坯尺寸。这就是说,这两个变量存在相关关系或有相关性。反之,两个变量之间没有相关关系就称为不相关或无相关性。

相关关系与函数关系是不同的的概念。所谓函数关系,是指两个变量之间存在一一对应的关系,知道其中一个变量值,即可确切推出另一变量值,如图 5 - 53(a)所示。所谓相关关系,是指从总体上来看,两个变量之间是有关的,但个别点可能无关甚至相反,因此它不像函数关系那样确切。相关性的程度可以分为相关性强[见图 5 - 53(b)]、相关性弱[见图 5 - 53(c)]。相关性愈强就愈接近函数关系,相关性愈弱就愈接近于无相关性[见图 5 - 53(d)]。无相关性时,两个变量是相互独立的。

表 5 – 9　精度曲线与分布曲线的关系

组平均值 $\bar{x}$	$\Delta_{瞬时}$	精 度 曲 线	分 布 曲 线
常　值	常　值	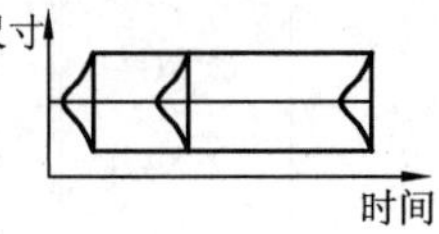 尺寸／时间	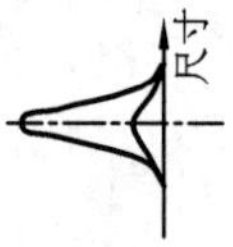 尺寸
线性变值	常　值	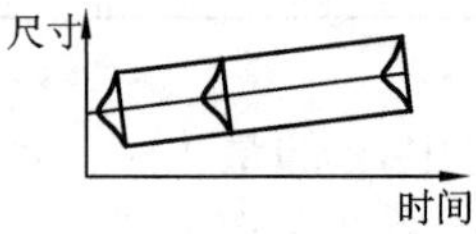 尺寸／时间	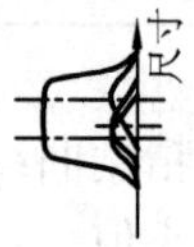 尺寸
非线性变值		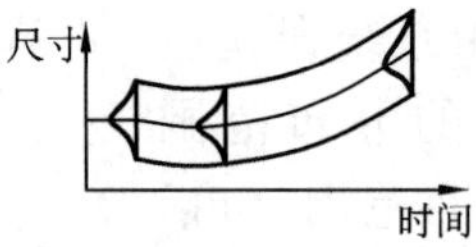 尺寸／时间	 尺寸
常　值	非线性变值	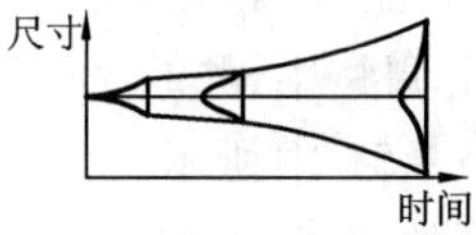 尺寸／时间	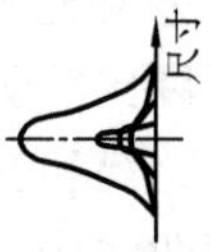 尺寸
线性变值	线性变值	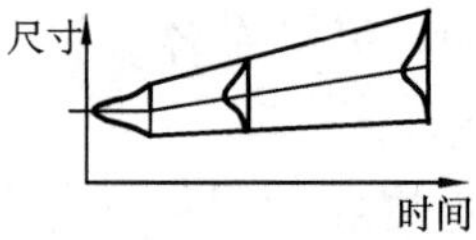 尺寸／时间	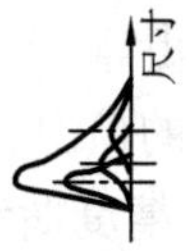 尺寸

相关性还可以分为正相关和负相关。变量 y 随变量 x 的增加而增加称为正相关[见图 5 – 53(e)];变量 y 随变量 x 的增加而减少为称负相关[见图 5 – 53(f)]。

2. 回归直线

如果两个变量之间有相关性,可以具体表现在回归直线上。回归直线的方程式为 $y = ax + b$,两个变量之间的相关程度用相关系数 r 表示。回归直线可以用数理统计中的最小二乘法求出。

如图 5 – 54 所示,设回归直线为 $y' = ax' + b$,所有点的 x 坐标平均值和 y 坐标平均值分别为 $\bar{x}$ 和 $\bar{y}$。设与某点 $P(x_i, y_i)$ 对应的回归直线上的点为 $P'(x_i, y'_i)$,则误差为 $e_i = y_i - y'_i$。设误差的平方和为 E,则

$$E = \sum_{i=1}^{n} e_i^2 = \sum_{i=1}^{n} (y_i - y'_i)^2 \tag{5 – 26}$$

式中　　n——实测点的总数。

将 E 分别对 a, b 求偏微分,并令其等于零,可求出 a, b 值

$$a = \frac{\sum_{i=1}^{n} (\Delta x_i \Delta y_i)}{\sum_{i=1}^{n} \Delta x_i^2} = \frac{S_{xy}}{S_{xx}} \tag{5 – 27}$$

$$b = \bar{y} - a\bar{x} \tag{5 – 28}$$

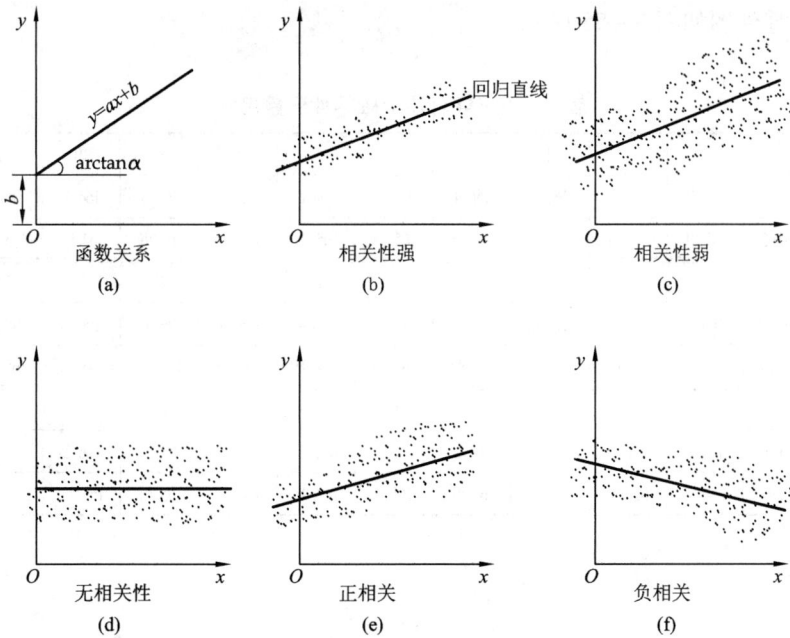

图 5 − 54　函数关系和相关关系

式中　$S_{xy} = \sum\limits_{i=1}^{n} \Delta x_i \Delta y_i$, 是 x 的离差 Δx_i 和 y 的离差 Δy_i 的乘积之和, $\Delta x_i = x_i - \bar{x}$, $\Delta y_i = y_i - \bar{y}$; $S_{xx} = \sum\limits_{i=1}^{n} \Delta x_i^2$, 是 x 的离差 Δx_i 的平方和。

系数 a, b 求出后, 回归直线 $y' = ax' + b$ 就可以求出。为了表示 x, y 两个变量的相关性, 可按下式求出相关系数 r

$$r = \frac{S_{xy}}{\sqrt{S_{xx}S_{yy}}} \qquad (5-29)$$

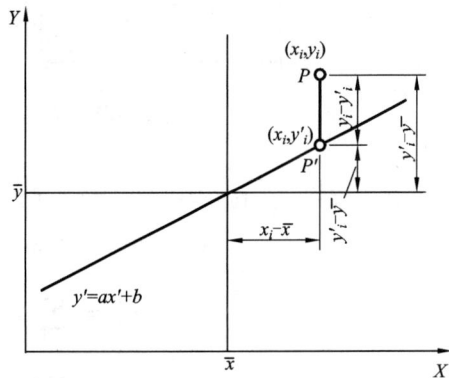

图 5 − 54　用最小二乘法求出归曲线

式中　$S_{yy} = \sum\limits_{i=1}^{n} \Delta y_i^2$, 为 y 的离差 Δy_i 的平方和。

r 值介于 0 和 1 之间。r 愈大, 表示相关程度愈高; 如果两个变量 x, y 是函数关系, 则 $r = 1$; 如果两个变量 x, y 不相关, 则 $r = 0$。

3. 应用举例

采用相关分析方法对零件的加工精度进行分析, 可以确定零件加工精度与某些因素的相关程度。例如, 某厂生产的空气压缩机小曲轴, 毛坯为模锻件, 第 1 道工序为铣大头端 B, 得到轴向尺寸 x, 第 3 道工序多刀车时, 得到轴向尺寸 y。测量 34 个零件后, 发现尺寸 y 不能满足精度要求。下面用相关分析法解算 y 与 x 是否有相关关系。测得的 34 对测量值列于表 5-10,零件图如图 5-55 所示。

表 5-10　34 件小曲轴零件测量尺寸

零件号	1	2	3	4	5	6	7	8	9	10	11	12
x_i/mm	165.8	166.0	166.1	166.2	166.4	166.5	166.6	165.9	166.0	166.2	166.2	166.4
y_i/mm	164.95	165.01	165.01	165.09	165.15	165.08	165.08	165.04	164.99	164.96	165.11	165.03
零件号	13	14	15	16	17	18	19	20	21	22	23	24
x_i/mm	166.5	166.6	165.9	166.0	166.2	166.3	166.4	166.5	166.6	166.0	166.0	166.2
y_i/mm	165.15	165.13	164.95	164.95	164.93	165.10	164.95	164.95	165.15	164.94	165.05	165.02
零件号	25	26	27	28	29	30	31	32	33	34		
x_i/mm	166.3	166.4	166.5	166.7	166.0	166.1	166.2	166.3	166.4	166.5		
y_i/mm	164.94	164.98	164.98	165.15	164.91	165.0	164.98	164.95	165.07	165.11		

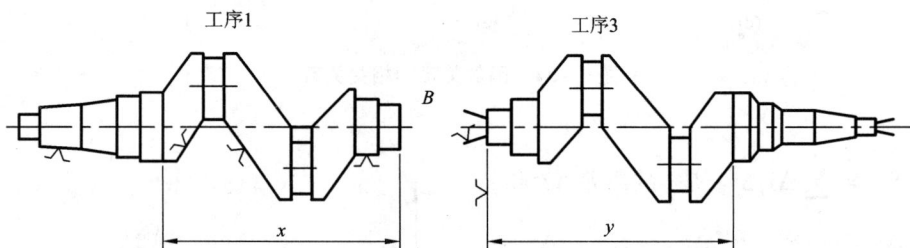

图 5-55　空气压缩机小曲轴加工尺寸

用最小二乘法求回归直线,由表 5-10 计算可得

$$\bar{x} = 166.2618\text{mm} \qquad \bar{y} = 165.0247\text{mm}$$

$$S_{xx} = \sum_{i=1}^{n} \Delta x_i^2 = 1.8800\text{mm}^2$$

$$S_{yy} = \sum_{i=1}^{n} \Delta y_i^2 = 0.1903\text{mm}^2$$

$$S_{xy} = \sum_{i=1}^{n} \Delta x_i \Delta y_i = 0.3533\text{mm}^2$$

进一步计算可得

$$a = \frac{S_{xy}}{S_{xx}} = \frac{0.3533}{1.8800} = 0.1783$$

$$b = \bar{y} - a\bar{x} = 165.0247 - 0.1783 \times 166.2618 = 135.37$$

回归直线方程为 $y' = 0.1783x' + 135.37$

$$相关系数\ r = \frac{S_{xy}}{\sqrt{S_{xx}S_{yy}}} = \frac{0.3533}{\sqrt{1.8800 \times 0.1903}} = \frac{0.3533}{0.598} = 0.56$$

由此可知,这两道工序的尺寸 x 和 y 是相关的,即第 1 道工序的加工尺寸 x 的精度对第 3 道工序的加工尺寸 y 的精度有较大影响。

5.4.4　分析计算法

无论采用分布曲线法还是点图法,均不能定量分析影响加工精度的因素。所谓分析计算法则是根据具体加工情况定量分析影响加工精度的各项因素。其具体方法是:首先根据加工的具体情况分析影响加工精度的主要因素,舍去次要因素;然后分项计算误差,并判断是系统误差还是随机误差;最后按代数和及数理统计学方法将各项误差综合起来,即可得到总的误差。

1. 系统误差的综合

由于系统误差的大小和方向是已经知道的,故可以用代数和进行综合

$$\Delta_{系统} = (+\Delta_{系统1}) + (-\Delta_{系统2}) + \cdots + (-\Delta_{系统n}) \tag{5-30}$$

2. 随机误差的综合

由于随机误差或是知道其大小不知道其方向,或是知道其方向不知道其大小,因此它是以分布带的方式出现,即是一个尺寸范围。随机误差可以采用极值法和概率法进行综合。

(1)极值法综合

$$\Delta_{随机} = \sum_{i=1}^{n} \Delta_{随机i}^2 \tag{5-31}$$

这种综合方法比较保守,因为不可能所有情况下各项因素同时出现极值。

(2)概率法综合

根据数理统计学方法

$$\Delta_{随机} = \sqrt{\sum_{i=1}^{n} k_i \Delta_{随机i}^2} \tag{5-32}$$

式中　k_i 为相对差异系数,它表示随机误差分布曲线与正态分布曲线相差的程度。

3. 系统误差与随机误差的综合

用绝对值相加。这种处理方法比较方便,但也比较保守。

$$\Delta = \Delta_{系统} + \Delta_{随机} \tag{5-33}$$

4. 应用举例

车削一根直径为 φ150,长度为 2000,材料为 45 钢的光轴,横向切削力系数 $c = 337.64$ N/mm,进给量 $f = 0.25$ mm/r,已算出切削分力 $F_z = 600$ N,$F_y = 300$ N,刀具为 YT15 硬质合金,刀杆截面积为 $A = 20 \times 30 = 600$ mm^2,刀杆悬伸长度为 $L_p = 30$,车床主轴箱、尾架及刀架的刚度均为 $K = 50000$ N/mm,纵向导轨在垂直面上的磨损量 h 已测出如表5-9所示,表中 x 为测试点距工件右端的距离。下面采用分析计算方法分析加工精度,将工件分为 9 个测试计算点如表 5-11,按各测试计算点求算零件的精度,最后得到零件加工后的精度。

表 5-9　车床纵向导轨在垂直面上的磨损值 h

x/mm	2000	1750	1500	1250	1000	750	500	250	0
h/mm	1.28	1.73	1.94	2.03	1.84	1.50	1.22	0.86	0

影响加工精度的主要因素包括:机床受力变形、工件受力变形、机床导轨磨损、刀具尺寸

磨损和刀具受热变形等,另外还有度量误差和对刀误差(调整误差)。下面逐项分析计算:

(1)机床的受力变形

机床柔度　　　$G_{床} = (\frac{x}{L})^2 G_{主轴箱} + (\frac{L-x}{L})^2 G_{尾架} + G_{刀架}$

$$G_{主轴箱} = G_{尾架} = G_{刀架} = \frac{1}{K} \times 1000 = 0.02(\mu m)$$

则变形　　　$y_{主轴箱} = y_{尾架} = y_{刀架} = F_y \times G = 300 \times 0.02 = 6(\mu m)$

机床的受力变形对工件直径的影响是两倍关系,且是工件直径变大,故机床受力变形对加工精度的影响为

$$\Delta_{机床} = 2y_{机床} = 2[(\frac{x}{L})^2 y_{主轴箱} + (\frac{L-x}{L})^2 y_{尾架} + y_{刀架}]$$

$$= 2[(\frac{x}{2000})^2 + (\frac{2000-x}{2000})^2 + 6]$$

计算结果见表 5 – 12。

表 5 – 12　车床受力变形对加工精度的影响

x/mm	2000	1750	1500	1250	1000	750	500	250	0
$\Delta_{机床}/\mu m$	24	21	19	18	18	18	19	21	24

(2)工件纵截面的受力变形

工件在切削力 F_y 作用下的变形为

$$\Delta_{工件} = 2y_{工件} = \frac{2}{3} F_y \frac{L^3}{EJ}(\frac{x}{L})^2(\frac{L-x}{L})^2 = 316.05(\frac{x}{2000})^2(\frac{2000-x}{2000})^2$$

式中,钢件的弹性模数 $E = 2 \times 11^{11} Pa$;

圆截面材料横截面的惯性矩 $J = 0.05 \times D^4 = 0.05 \times 150^4 (mm^4)$。

计算结果见表 5 – 13。

表 5 – 13　工件受力变形对加工精度的影响

x/mm	2000	1750	1500	1250	1000	750	500	250	0
$\Delta_{工件}/\mu m$	0	4	11	18	20	18	11	4	0

(3)机床导轨的磨损

刀具在机床纵向导轨磨损的影响下向下位移 h,设工件原应加工至直径为 $2R$,这时将增大至 $2R'$(见图 5 – 6),故机床导轨磨损对加工精度的影响为

$$\Delta_{导磨} = 2(R' - R) = \frac{h^2}{R} = \frac{h^2}{75}$$

计算结果见表 5 – 14。

表 5 - 14　机床导轨磨损对加工精度的影响

x/mm	2000	1750	1500	1250	1000	750	500	250	0
h/mm	1.28	1.73	1.94	2.03	1.84	1.50	1.22	0.86	0
$\Delta_{导磨}/\mu m$	22	40	50	55	45	30	20	10	0

（4）刀具磨损

刀具起始磨损阶段的尺寸磨损值为　　　　$NB = \dfrac{L}{L_1}\mu_B$　　$\mu_B = 10\mu m$　　$L_1 = 1000m$

刀具正常磨损阶段的尺寸磨损值为　　　　$NB = \mu_B + \dfrac{L - L_1}{1000}\mu_0$

$$L = \frac{\pi D \cdot x}{1000 \cdot f} = \frac{\pi \times 150}{1000} \cdot \frac{x}{0.25} = 1.885x$$

刀具磨损对加工精度的影响为　$\Delta_{刀磨} = 2NB$

分别用刀具起始磨损阶段和正常磨损阶段的公式计算，计算结果见表 5 - 15。

表 5 - 13　刀具尺寸磨损对加工精度的影响

x/mm	2000	1750	1500	12500	1000	750	500	250	0
L/mm	3700	3299	2828	2356	1885	1414	942	471	0
磨损阶段			正　常　磨　损				起　始　磨　损		
$NB/\mu m$	32.2	28.4	24.6	20.8	17.1	13.3	9.4	4.7	0
$\Delta_{刀磨}/\mu m$	64	57	49	42	34	27	19	9	0

（5）刀具受热变形

这种加工为刀具连续工作情况，刀具的热伸长量为

$$\xi = \xi_{max}(1 - e^{-\tau/\tau_c})$$

经计算得：

$$\xi_{max} = 73\mu m$$

$$\tau_c = 4min$$

刀具受热变形对加工精度的影响为

$$\Delta_{刀热} = 2\xi = 146(1 - e^{\tau/4})$$

计算结果见表 5 - 16。

表 5 - 16　刀具受热变形对加工精度的影响

x/mm	2000	1750	1500	1250	1000	750	500	250	0
τ/min	19.2	16.8	14.4	12.0	9.6	7.2	4.8	2.4	0
$\Delta_{刀热}/\mu m$	-146	-146	-142	-139	-133	-122	-102	-66	0

以上 5 项误差都是系统误差，将它们用代数和进行综合，可得到工件的纵向截面精度 $\Delta_{系统纵向}$，见表 5 - 17。

表 5 – 17　工件的纵向截面精度

x/mm	2000	1750	1500	1250	1000	750	500	250	0
$\Delta_{机床}/\mu\text{m}$	24	21	19	18	18	18	19	21	24
$\Delta_{工件}/\mu\text{m}$	0	4	11	18	20	18	11	4	0
$\Delta_{导磨}/\mu\text{m}$	22	40	50	55	45	30	20	10	0
$\Delta_{刀磨}/\mu\text{m}$	64	57	49	42	34	27	19	9	0
$\Delta_{刀热}/\mu\text{m}$	– 146	– 146	– 142	– 139	– 133	– 122	– 102	– 66	0
$\Delta_{系统纵向}/\mu\text{m}$	– 36	– 24	– 13	– 6	– 16	– 29	– 33	– 22	+ 24

图 5 – 56 表示上述工艺因素对加工精度的影响和工件的纵截面形状。从图中可以看出,刀具热伸长、刀具尺寸磨损和机床导轨磨损的影响较大。从表 5 – 17 可知,$\Delta_{系统纵向}=$ $\mid -36\mid +24=60(\mu\text{m})$。

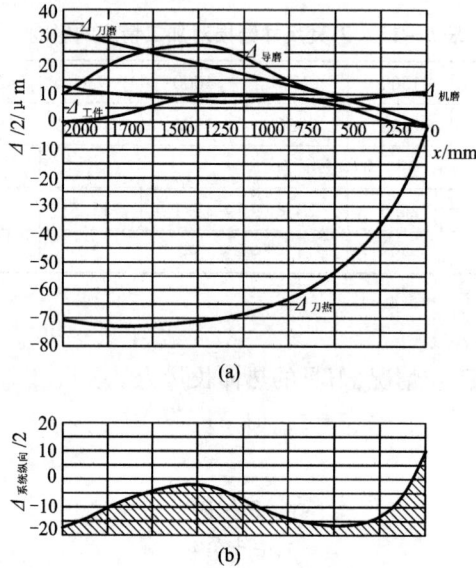

(a)

(b)

图 5 – 56　几个主要工艺因素对工件精度的影响和工件的纵截面形状

(6)工件横截面的受力变形

设工件一次走刀,毛坯的尺寸及误差为 $\phi155^{+3}_{-5}\text{mm}$,经过粗车后得到尺寸 $\phi152^{\ 0}_{-0.063}$ mm,以车床的刚度代替工艺系统的刚度

$$k_{系统}=k_{车床}=\cfrac{1}{\left(\cfrac{x}{L}\right)^2\cfrac{1}{k_{主轴箱}}+\left(\cfrac{L-x}{L}\right)^2\cfrac{1}{k_{尾架}}+\cfrac{1}{k_{刀架}}}$$

$x = 0$ 和 $x = 2000\text{mm}$ 时车床的刚度较差,以此时的刚度进行计算:

$$k_{系统}=25000\text{N}/\text{mm}$$

$$\varepsilon = \frac{c}{k_{系统}} = \frac{337.64}{25000} = 0.0135$$

$$\Delta_0 = 630 \mu m$$

$$\Delta_{系统横向} = \varepsilon \times \Delta_0 = 0.0135 \times 630 = 8.5 (\mu m)$$

（7）测量误差

设工件在车床上的加工精度为 IT8，查手册知 IT8 精度的测量仪器和测量方法的误差为 0.016mm，一级千分尺测量的极限误差为 0.012mm，并考虑到其他因素（如读数误差等），取测量误差 $\Delta_{测量} = 0.025mm$。这是一项随机误差。

（8）对刀误差

设加工时用车床上的刻度盘对刀，刻度盘的分值为 0.05mm，取对刀误差为 $\Delta_{对刀} = 0.03mm$。这是一项随机误差。

将上述各项误差综合起来，即可得到总误差。

工件的系统误差为纵截面系统误差与横截面系统误差的综合

$$\Delta_{系统} = \Delta_{系统纵向} + \Delta_{系统横向} = 60 + 8.5 = 68.5 (\mu m)$$

工件的随机误差为度量误差与对刀误差的综合

$$\Delta_{随机} = \sqrt{\Delta_{测量}^2 + \Delta_{对刀}^2} = \sqrt{25^2 + 30^2} = 39.05 (\mu m)$$

总误差为系统误差与随机误差的综合

$$\Delta_{总} = \Delta_{系统} + \Delta_{随机} = 68.5 + 39.05 = 107.55 (\mu m)$$

分析计算法的计算工作量很大，而且必须具有相应的资料，因此多用于大批大量生产或单件小批生产中的关键零件，且一般都是应用于精加工工序。

第6章
机械加工表面质量

机械加工表面质量包括几何参数方面的质量和物理力学性能参数方面的质量。所谓几何参数方面的质量,是指机械加工表面本身的精度和各表面之间的相对位置精度,即尺寸精度、几何形状精度和位置精度;所谓物理力学性能参数方面的质量,是指机械加工表面层因塑性变形引起的冷作硬化,因切削热引起的金相组织变化和残余应力。其中,表面物理力学性能参数方面的质量和微观几何形状精度属于表面质量范畴。

6.1 机械加工表面质量的概念

6.1.1 机械加工表面质量的含义

所谓机械加工表面质量,是指经过机械加工后,在零件已加工表面上深度为几微米至几百微米的表面层产生的物理力学性能的变化以及表面层的微观几何形状误差,即机械加工表面质量的主要内容包括表面层微观几何形状和表面层物理力学性能。

1. 表面层几何形状误差

表面层几何形状误差主要包括表面粗糙度和波度两部分。所谓表面粗糙度,是指表面的微观几何形状误差,是切削运动后刀刃在被加工表面上形成的峰谷不平的痕迹。所谓波度,是指介于加工精度(宏观几何形状误差)和表面粗糙度之间的周期性几何形状误差,主要由加工过程中工艺系统的振动引起。

2. 表面层物理力学性能

切削加工时,表面层的金属材料会产生物理、力学性能的变化,主要包括以下变化:

(1)表面层硬化 在机械加工过程中,工件表面层金属会产生强烈的塑性变形,使表面层的硬度提高。这种现象称为表面冷作硬化。

(2)表面层残余应力 在切削或磨削加工过程中,由于切削变形和切削热的影响,加工表面层内会产生残余应力。残余应力的性质(拉应力或压应力)、大小、方向及分布情况对零件的使用性能有很大影响。

(3)表面层金相组织变化 主要包括晶粒大小和形状、析出物和再结晶等的变化。例如,磨削淬火零件时,磨削烧伤引起表面层金相组织由马氏体转为屈氏体、索氏体,表面层硬度降低。

(4)表面层内其他物理力学性能的变化 包括极限强度、疲劳强度、导热性和磁性等的变化。

6.1.2 表面质量对使用性能的影响

表面质量对零件的使用性能,如耐磨性、耐疲劳性、耐腐蚀性、配合质量等,都有一定程度的影响。

1. 耐磨性

零件的耐磨性主要与摩擦副的材料、热处理状况及润滑条件等因素有关。在上述因素已经确定的情况下,零件的表面质量就起决定性作用。

1)表面粗糙度对初期磨损量的影响

表面粗糙度对初期磨损量的影响曲线如图 6 - 1 所示。在一定条件下,摩擦副表面会有一个最佳粗糙度,表面粗糙度过大或过小都会使起始磨损量增大。

2)表面粗糙度的纹理方向对零件耐磨性影响

轻载条件下,摩擦副两个表面的纹理方向与相对运动方向一致时磨损最小,见图 6 - 2。重载条件下,由于压强、分子亲和力和储存润滑油等因素的变化,摩擦副两个表面的纹理相垂直,且运动方向与下表面的纹理方向平行时磨损最小;摩擦副两个表面的纹理方向均与相对运动方向一致时容易发生咬合,磨损量最大。

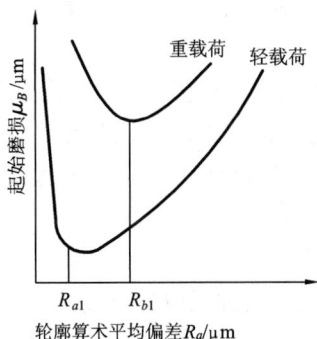

图 6 - 1 不同载荷下的最优粗糙度

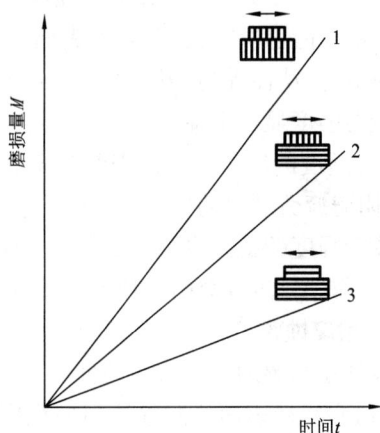

图 6 - 2 刀纹方向对耐磨性的影响

3)表面层物理力学性能对耐磨性的影响

表面冷作硬化一般有利于提高耐磨性,其原因是因为冷作硬化提高了表面层的硬度,减少了表面层进一步塑性变形和表面层金属咬焊的可能。但是,并非硬化程度越高耐磨性越好,过度的冷作硬化会使表面层金属组织过度疏松,甚至出现疲劳裂纹和产生剥落,反而会降低耐磨性,如图 6 - 3 所示。表面层有残余应力时,一般来说残余压应力使结构变得紧凑,耐磨性提高。

2. 耐疲劳性

在交变载荷的作用下,零件上的应力集中区最容易产生和发展成疲劳裂纹,导致疲劳损坏。

（1）表面粗糙度值过大（特别是在零件上应力集中区的粗糙度参数值大）会大大降低零件的耐疲劳强度。图6－4表示表面粗糙度对疲劳强度的影响。从图中可以看出，当表面粗糙度值 Ra 从 $0.63\mu m$ 减小到 $0.04\mu m$，其耐疲劳强度提高约 25%。另外，刀纹方向与受力方向一致时，耐疲劳性较好。

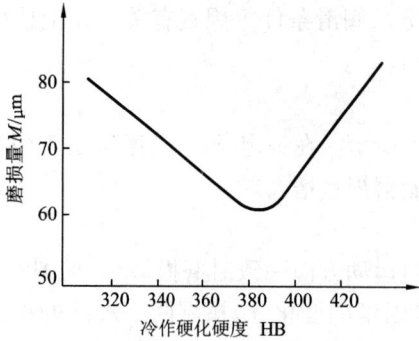

图6－3　冷作硬化对耐磨性的影响

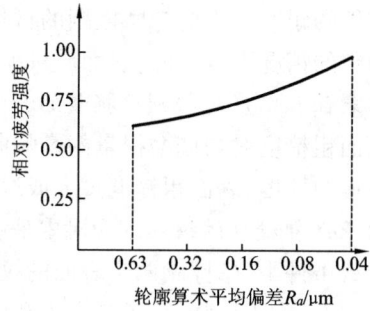

图6－4　表面粗糙度对耐疲劳性的影响

（2）表面层残余应力对疲劳强度的影响极大，因为疲劳损坏是由拉应力产生的疲劳裂纹引起的，并且是从表面开始。表面层如果存在残余压应力，则会抵消一部分由交变载荷引起的拉应力，从而提高零件的耐疲劳强度。与表面残余压应力相反，表面层残余拉应力会导致耐疲劳强度显著下降。

（3）适度的冷作硬化使表面层金属得到强化，可以减小由交变载荷引起的交变变形的幅值，阻碍疲劳裂纹的扩展，从而提高零件的耐疲劳强度。钢材中的含碳量愈高，冷作硬化对耐疲劳强度的提高也愈大，对钢比对铸铁、铜、铝等材料提高耐疲劳强度的程度也更大。但是，冷作硬化过度会引起疲劳裂纹，降低零件的耐疲劳强度。

3. 耐腐蚀性

零件在潮湿的空气或腐蚀性介质中工作时，会发生化学腐蚀或电化学腐蚀。

（1）在粗糙表面的凹谷处容易积聚腐蚀性介质而发生化学腐蚀；在粗糙表面的凸峰间容易产生电化学作用而引起电化学腐蚀。因此，减小表面粗糙度值有利于提高零件的耐腐蚀性。

（2）零件在应力状态下工作时，会产生应力腐蚀，加速腐蚀作用。如表面存在裂纹，则会增加应力腐蚀的敏感性。因此，表面层残余应力一般都会降低零件的耐腐蚀性。表面层冷作硬化或发生金相组织变化时，往往会引起表面残余应力，降低零件的耐腐蚀性。

4. 配合质量

对于间隙配合表面，如果表面粗糙度值太大，起始磨损就会比较严重，导致配合间隙增大，配合精度降低（降低动配合的稳定性，增加对中性的误差，引起间隙密封部分的泄漏等）。对于过盈配合表面，装配时表面粗糙度较大部分的凸峰会被挤平，使实际的配合过盈减少，降低配合表面的结合强度。

208

6.2 表面粗糙度及其影响因素

影响加工表面粗糙度的因素主要有几何因素和物理因素。

6.2.1 切削加工后的表面粗糙度

影响加工表面粗糙度的几何因素是指,刀具相对工件作进给运动时,在加工表面上遗留下来的切削层残留面积(见图 6-5)。切削层残留面积愈大,表面粗糙度值就愈高。减小切削层残留面积的措施主要有:减小进给量 f,减小刀具的主、副偏角 κ_r、κ'_r,增大刀尖半径 r_ε 等。提高刀具的刃磨质量,避免刃口表面粗糙度在工件表面上的"复映",也是降低加工表面粗糙度的有效措施。

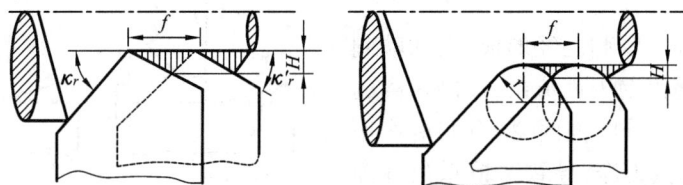

图 6-5 切削层残留面积

切削加工后表面粗糙度的实际轮廓形状一般都与由纯几何因素形成的理想轮廓有较大的差别,这是由于存在与被加工材料的性质及切削机理有关的物理因素的缘故。在切削过程中,刀具刃口圆角及刀具后刀面的挤压与摩擦使金属材料发生塑性变形,导致理想残留面积被挤歪或沟纹加深,从而增大表面粗糙度。图 6-6 表示垂直于切削速度方向的粗糙度,称为"横向粗糙度"。图中的实际轮廓是几何因素和物理因素综合的结果。沿切削方向的粗糙度,称为"纵向粗糙度",主要由物理因素造成。

图 6-6 加工后表面的实际轮廓和理想轮廓

采用低切削速度加工塑性金属材料(如低碳钢、铬钢、不锈钢、高温合金、铝合金等)时,容易出现积屑瘤与鳞刺,使加工表面粗糙度严重恶化,成为影响加工表面质量的主要问题。

如图 6-7 所示,切削过程中出现的积屑瘤是不稳定的,它不断地形成、长大,然后粘附在切屑上被带走或留在工件上。由于积屑瘤长大后有时会伸出切削刃之外,其轮廓又很不规则,因而会使加工表面上出现深浅和宽窄都不断变化的刀痕,增大了表面粗糙度。此外,部分积屑瘤碎屑会嵌在工件表面上,形成硬质点。

所谓鳞刺,是指已加工表面上出现的鳞片状毛刺。在较低的切削速度下,用高速钢、硬质合金或陶瓷刀具切削一些常用的塑性金属(如低碳钢、中碳钢、不锈钢、铝合金、紫铜等)

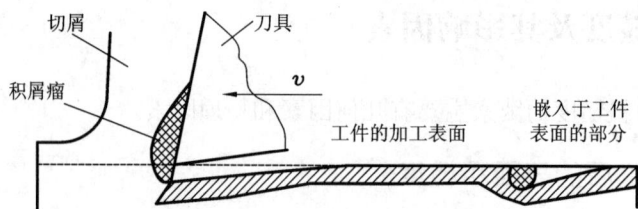

图6-7 积屑瘤对工件表面质量的影响

时,在车、刨、插、钻、拉、滚齿、螺纹车削、板牙铰螺纹等工序中,都可能出现鳞刺。鳞刺对表面粗糙度有严重影响,是切削加工中获得较低粗糙度的重要障碍。

如图6-8所示,鳞刺的形成过程可分为如下四个阶段:

抹试阶段:前一鳞刺已经形成,新的鳞刺还未出现时,切屑沿前刀面流出,以刚切离的新鲜表面抹拭刀-屑摩擦面,将有润滑作用的吸附膜逐渐抹拭干净,导致摩擦系数逐渐增大,并使刀具和切屑的实际接触面积增大,为刀-屑两相摩擦材料的冷焊创造条件,见图6-8(a)。

导裂阶段:由于抹拭阶段中,切屑已将前刀面摩擦面上有润滑作用的吸附膜抹拭干净,而前刀面与切屑之间又存在巨大的压力作用,导致切屑与刀具发生冷焊现象,使切屑停留在前刀面上,暂时不沿前刀面流出。这时实际上是由切屑代替前刀面进行挤压,刀

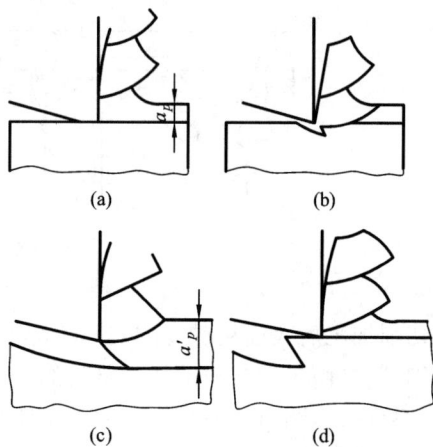

图6-8 鳞刺形成过程

具本身只起支持切削的作用,导致在切削刃的前下方,切屑与加工表面之间出现裂口,见图6-8(b)。

层积阶段:由于切削运动的连续性,切屑一旦停留在前刀面上,便由其代替刀具继续挤压切削层,使切削层中受到挤压的金属转变为切屑。而这部分新成为切屑的金属,只能逐层积聚在起挤压作用的那部分切屑的下方。这些金属一旦积聚并转化为切屑,便会立即参与挤压切削层的工作。随着层积过程的发展,切削厚度逐渐增大,切削力也随之增大,见图6-8(c)。

刮成阶段:随着切削厚度逐渐增大,切削抗力也逐渐增大,推动切屑沿前刀面流出的切削分力 F_y 也增大。层积的金属层达到一定厚度后,F_y 随之增大到能够推动切屑重新流出的程度,推动切屑重新开始沿前刀面流出,使切削刃刮出鳞刺的顶部,见图6-8(d)。至此,一个鳞刺的形成过程便告结束。紧接着,又会开始另一个新的鳞刺形成过程。如此周而复始,在工件加工表面上便会不断地生成一系列鳞刺。

在导裂与层积阶段中,切屑是停留在刀具前刀面上的;在抹拭和刮成阶段中,切屑是沿

210

前刀面流出的。切屑的流出和停留交替地进行,而且交替的频率很高。

从物理因素看,降低表面粗糙度的主要措施是减少加工时的塑性变形,避免产生积屑瘤和鳞刺。其主要影响因素有切削速度、被加工材料的性质、刀具的几何形状、材料性质和刃磨质量。

（1）切削速度的影响

根据实验知道,切削速度愈高,则切削过程中切屑和加工表面的塑性变形程度就愈小,表面粗糙度也就愈低。积屑瘤和鳞刺都是在较低的切削速度范围产生的,对于不同的工件材料、刀具材料、刀具前角,该切削速度范围亦不相同。采用较高的切削速度有利于防止积屑瘤、鳞刺的产生。图6-9表示不同切削速度对表面粗糙度影响的关系曲线,实线表示只受塑性变形影响的情况,虚线表示受积屑瘤影响时的情况。

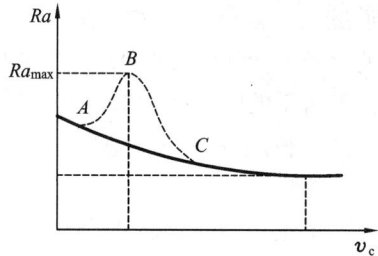

图6-9　切削速度对表面粗糙度的影响

（2）被加工材料性质的影响

一般来说,韧性愈大的塑性材料,加工后表面粗糙度愈差;脆性材料加工后表面粗糙度比较接近理想表面粗糙度。对于同样的材料,晶粒组织愈粗大,加工后表面粗糙度也愈差。因此,为了减小加工后的表面粗糙度,常在切削加工前对材料进行调质处理,以得到均匀细密的晶粒组织和适当的硬度。

（3）刀具的几何形状、材料、刃磨质量的影响

刀具的前角 γ_0 对切削过程的塑性变形影响很大。前角增大时,塑性变形程度减小,表面粗糙度降低。前角为负值时,塑性变形增大,表面粗糙度也随之增大。后角 α_0 过小会增大摩擦,刃倾角 λ_s 的大小会影响刀具的实际工作前角,因此都会影响加工后的表面粗糙度。刀具的材料与刃磨质量对积屑瘤、鳞刺等现象影响甚大。例如,用金刚石车刀粗车铝合金时,由于摩擦系数较小,刀面上不会产生切屑的粘附、冷焊现象,因此能降低表面粗糙度;降低前、后刀面刃磨后的表面粗糙度,也能起到同样的作用。

6.2.2　磨削加工后的表面粗糙度

磨削加工与切削加工有许多不同之处。从几何因素看,由于砂轮上的磨粒形状很不规则,分布很不均匀、而且会随着砂轮的修整、磨粒磨耗状态的变化而不断改变。

磨削加工表面是由砂轮上的大量磨粒划出的无数极细的沟槽形成的。单位面积上刻痕愈多,即通过单位面积的磨粒数愈多,以及刻痕的等高性愈好,表面粗糙度就愈低。

在磨削过程中,由于磨粒大多具有很大的负前角,所以会产生比切削加工大得多的塑性变形。磨粒磨削时,金属材料沿着磨粒的侧面流动,形成沟槽的隆起现象,因而会增大表面粗糙度(见图6-10)。磨削热使表面层金属易于塑性变形,也会进一步增大表面粗糙度。

影响磨削表面粗糙度的主要因素是:

（1）砂轮的粒度

砂轮的粒度愈细,即砂轮单位面积上的磨粒数愈多,在工件上的刻痕也愈密而细,所以

表面粗糙度愈低。粗粒度砂轮经过精细修整,在磨粒上形成微刃(见图6-11)后,也能加工出低粗糙度表面。

（2）砂轮的修整

用金刚石笔修整砂轮,相当于在砂轮上形成一道螺纹。修整导程和切深愈小,修出的砂轮就愈光滑,磨削刃的等高性也愈好,磨出的工件表面粗糙度也就愈低。修整用的金刚石笔是否锋利,也有很大的影响。

（3）砂轮速度

提高砂轮速度,可以增加工件单位面积上的刻痕,降低因塑性变形而造成的隆起,显著降低表面粗糙度。这是因为高速度下塑性变形的传播速度小于磨削速度,材料来不及变形所致。

（4）磨削切深与工件速度

增大磨削切深和工件速度会增加塑性变形的程度从而增大表面粗糙度。通常在磨削过程的初期采用较大的磨削切深,以提高生产率,而在最后则采用小切深或"无火花"磨削,以降低表面粗糙度。

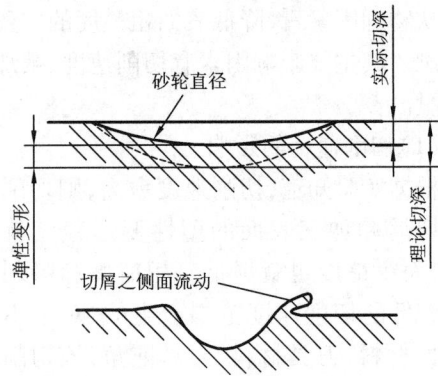

图 6-10　磨粒在工件上的刻痕

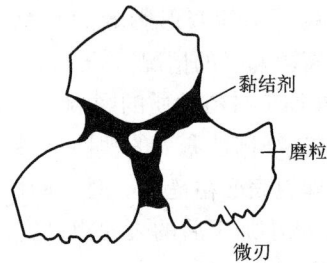

图 6-11　磨粒上的微刃

此外,材料的硬度、冷却润滑液的选择与净化、轴向进给速度等,对于磨削表面粗糙度都是不容忽视的重要因素。

6.3　机械加工后表面物理力学性能的变化

加工过程中,由于受到切削力、切削热的作用,工件表面层的物理力学性能会产生很大的变化,导致表面与基体材料的性能有很大不同。最主要的变化是表面层的金相组织变化、显微硬度变化和在表面层中产生的残余应力。

已加工表面显微硬度的变化是加工时塑性变形引起的冷作硬化和切削热产生的金相组织变化引起的硬度变化综合作用的结果。表面层残余应力的产生是塑性变形引起的残余应力、切削热产生的热塑性变形和金相组织变化引起的残余应力综合作用的结果。许多试验研究结果表明:在磨削过程中,由于磨削速度高,大部分磨削刃有很大的负前角,磨粒除了起切削作用外,很大程度上是在刮擦、挤压工件表面,因而会产生比切削加工大得多的塑性变形和磨削热。此外,磨削时有70%以上的热量瞬时进入工件,只有小部分能通过切屑、砂轮、冷却液、大气带走,而切削时只有约10%的热量进入工件,大部分能通过切屑带走,所以磨削时磨削区的瞬时温度可高达800～1200℃,磨削条件不适当时,甚至可达到2000℃。因此,磨削后表面层的金相组织、显微硬度都会产生很大的变化,并会产生有害的残余拉应力。下面分别对加工后的表面冷作硬化、磨削后的表面金相组织变化和残余应力进行阐述。

212

6.3.1　加工表面的冷作硬化

切削(磨削)过程中,表面层产生的塑性变形会使金属晶体内部产生剪切滑移,晶格严重扭曲,并产生晶粒的拉长、破碎和纤维化,引起材料的强化,使金属的强度和硬度都得以提高。这种现象称为冷作硬化,如图6-12所示。

表面层的硬化程度主要用冷硬层深度 h、表面层显微硬度 H 以及硬化程度 N 表示。硬化程度的概念如式(6-1)所示:

$$N = \frac{H - H_0}{H_0} \qquad (6-1)$$

式中　H_0——原材料的硬度。

表面层的硬化程度取决于产生塑性变形的力、变形速度以及变形时的温度。力愈大,塑性变形愈大,则硬化程度愈大;变形速度愈大,塑性变形愈不充分,则硬化程度愈小;变形时的温度不仅会影响塑性变形速度,还会影响变形后金相组织的恢复,若温度在 $(0.25 \sim 0.3)t_{熔}$($t_{熔}$ 为材料的熔点)范围内,会产生恢复现象,部分地消除冷作硬化。

影响冷作硬化的主要因素有:

(1)刀具的影响　刀具的刃口圆角和刀具后刀面的磨损量对于冷硬层有很大的影响。刃口圆角及后刀面的磨损量增大时,冷硬层深度和硬度也随之增大。

(2)切削用量的影响　切削用量中,对冷作硬化影响较大的是切削速度 v_c 和进给量 f。切削速度增大,硬化层深度和硬度都会有所减小(见图6-13)。这一方面是由于切削速度增大会使温度增高,有助于冷硬的回复,另一方面是由于切削速度增大,刀具与工件接触时间缩短,塑性变形程度减小。进给量 f 增大时,切削力增大,塑性变形程度随之增大,因此硬化现象增大。进给量 f 过小时,由于刀具的刃口圆角在加工表面单位长度上的挤压次数增多,硬化现象也会增大。

(3)被加工材料的影响　材料硬度愈小,塑性愈大,切削后的冷硬现象愈严重。

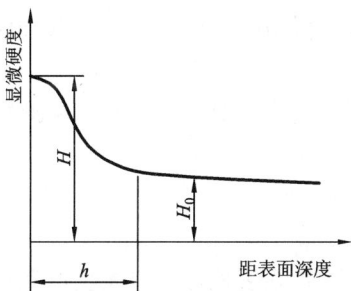

图6-12　切削加工后表面层的冷硬

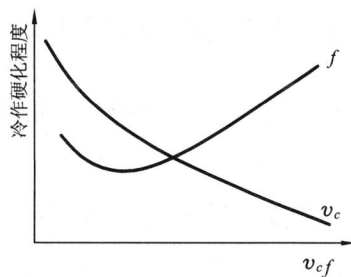

图6-13　切削速度与进给量对冷作硬化的影响

6.3.2　加工表面的金相组织变化——磨削烧伤

磨削时,工件表面常会因磨削温度超过了相变临界温度而产生金相组织变化,表面层的显微硬度也会相应发生变化。影响金相组织变化程度的因素有:工件材料、磨削温度、温度

213

梯度及冷却速度等。各种材料的金相组织及其相变特性很不一样,以下只讨论淬火钢的有关问题。磨削淬火钢时影响金相组织变化程度的主要因素是磨削温度。如果磨削区温度超过马氏体转变温度(中碳钢为 $250 \sim 300℃$)而未超过相变临界温度 A_{c3}(碳钢约为 $720℃$),则工件表面原来的马氏体组织会产生回火现象,转化为硬度较低的回火组织(索氏体或屈氏体),一般称为回火烧伤。如果磨削区温度超过相变温度,加上冷却液的急冷作用,表面的最外层会出现二次淬火马氏体组织,其硬度高于原来的回火马氏体,在其下层因为冷却较慢,会出现硬度较低的回火组织,一般称为淬火烧伤。不用冷却液进行干磨时,温度会超过相变温度,但因工件冷却缓慢,磨削后的表面硬度急剧下降,称为退火烧伤。

图 6-14 表示高碳淬火钢在不同磨削条件下出现的三种硬度分布情况。磨削切深为 $10\mu m$ 时,表面由于温度效应,回火马氏体有弱化现象,与塑性变形产生的冷硬现象综合,产生了比基体硬度低的部分;表面层与基体材料的交界处(以下简称里层)由于磨削中的冷作硬化起主要作用,产生了比基体硬度高的部分。磨削切深为 $20 \sim 30\mu m$ 时,冷作硬化的影响减少,磨削温度起主要作用,但由于磨削温度低于相变温度,表面层中产生比基体硬度低的回火组织。磨削深度增大到 $50\mu m$ 时,磨削区的最高温度超过了相变温度,表面层由于急冷而产生二次淬火组织,硬度高于基体,里层冷却较慢,产生硬度低的回火组织,再往深处,硬度又逐渐升高至等于未受磨削热影响的基体组织。

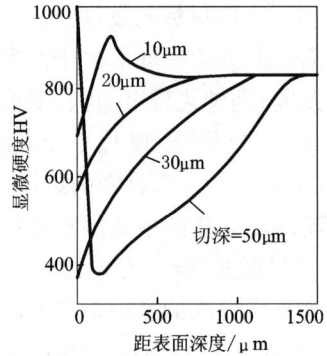

图 6-14 磨削加工面的硬度分布

磨削时表面出现的黄、褐、紫、青等烧伤色,是工件表面在瞬时高温下产生的氧化膜颜色,相当于钢在回火时的颜色。不同的烧伤色表示表面所受到的不同温度与不同的烧伤深度,所以烧伤色能起到显示作用,表明工件的表面层已发生热损伤。但是,表面没有烧伤色,并不等于表面层未受热损伤。如果在磨削过程中采用过大的磨削用量,造成很深的烧伤层,而在以后的无进给磨削中仅磨去表面的烧伤色,却未能去掉烧伤层,留在工件上就会成为使用中的隐患。

避免磨削烧伤的途径是减少热量的产生和加速热量的传出。具体措施与消除磨削裂纹的措施相同,将在后面叙述。

6.3.3 加工表面层的残余应力

切削过程中,当表面层组织发生形状变化和组织变化时,在表面层和里层会产生互相平衡的弹性应力,称为表面残余应力。

1)冷塑性变形的影响

在切削力的作用下,已加工表面产生强烈的塑性变形,表面层金属体积发生变化,此时里层金属受到切削力的影响,处于弹性变形状态。切削力去除后,里层金属的弹性变形趋向复原,但由于受到已产生塑性变形的表面层的限制,不能回复到原状,因而在表面层产生残余应力。一般来说,切削时表面层受刀具后刀面挤压和摩擦的影响较大,使表面层产生伸长塑性变形,表面积趋于增大,但因受到里层的限制而产生残余压应力,里层则产生与之相平衡的残余拉应力。

2）热塑性变形的影响

表面层在切削热的作用下产生热膨胀，而此时基体的温度仍然较低，因此表面层因热膨胀受基体的限制而产生热压缩应力。当表面层温升引起的变形超过材料的弹性变形极限时，就会产生热塑性变形，即在压应力作用下材料相对缩短。切削过程结束后，表面层温度下降至与基体温度一致时，因为表面层已产生热塑性变形，但受到基体的限制而产生残余拉应力，里层则产生残余压应力。根据图 6 – 15 可作如下进一步的分析：当切削区温度升高时，表面层受热膨胀的影响产生热压缩应力 σ，该应力随着温度的升高而线性增大（沿 OA），其值大致为：

$$\sigma_{热} = aE\Delta t \tag{6-2}$$

式中　a——线膨胀系数；

$\quad\quad E$——弹性模量；

$\quad\quad \Delta t$——温升，℃。

当切削温度继续升高至 T_A 时，热应力增大至材料的屈服强度值（A 点处）；温度继续升高时（$T_A \rightarrow T_B$），表面层产生热塑性变形，热应力值将停留在材料不同温度时的屈服强度值处（沿 AB）；切削完毕后，表面层温度下降，热应力按原斜率下降（沿 BC），下降至与基体温度一致时，表面层产生拉应力，其值大致为：

$$\sigma_{残} = OC = BF = \sigma_F - \sigma_B$$

式中　σ_F——不产生热塑性变形时，表面层在温度 T_B 时的热应力值；

$\quad\quad \sigma_B$——材料在温度 T_B 时的屈服强度。

从图 6 – 15 中可以明显地看出，若切削温度低于 T_A，应力沿 OA 增大，因未达到材料的屈服强度 σ_A，故不产生热塑性变形，冷却时仍沿 AO 返回至 O 点，表面层不产生残余拉应力。若切削温度超过 T_A，表面层即产生热塑性变形，就会产生残余拉应力。磨削温度愈高，热塑性变形愈剧烈，残余拉应力也愈大。表面层残余拉应力值还与材料的性能有直接的关系。

3）金相组织变化的影响

切削时产生的高温会引起表面层金属发生相变。由于不同的金相组织有不同的密度，因而表面层金相组织的变化结果会引起体积的变化。表面层金属的体积膨胀时，因受到基体的限制而

图 6 – 15　热塑性变形产生的残余应力

产生残余压应力。反之，表面层金属体积缩小时，则产生残余拉应力。各种金相组织中，马氏体的密度最小，奥氏体的密度最大。磨削淬火钢时，若表面层金属产生回火现象，马氏体转化成索氏体或托氏体（这两种组织均为扩散度很高的珠光体），因体积缩小，故表面层产生残余拉应力，里层产生残余压应力。若表面层金属产生二次淬火现象，则表面层产生二次淬火马氏体，其体积比里层的回火组织大，因而表层产生残余压应力，里层产生残余拉应力。

实际机械加工后，表面层产生的残余应力是上述三方面原因所产生残余应力的综合结果。

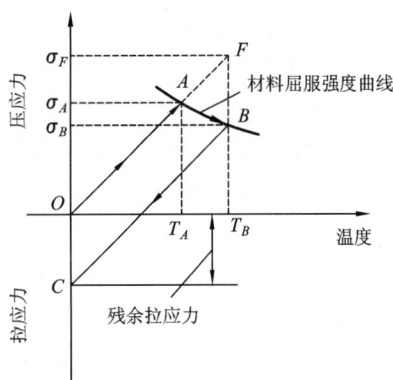

在一定条件下,其中的一种或两种原因可能起主导作用。例如,在切削加工中,如果切削温度不高,表面层未产生热塑性变形,而是以冷塑性变形为主,则此时表面层将产生残余压应力。若切削温度较高,以致在表面层产生热塑性变形时,由热塑性变形产生的残余拉应力会将因冷塑性变形产生的残余压应力抵消掉一部分。冷塑性变形占主导地位时,表面层会产生残余压应力;当热塑性变形占主导地位时,表面层会产生残余拉应力。磨削时,因磨削温度一般较高,常以相变和热塑性变形产生的残余拉应力为主,其表面层常存在残余拉应力。

6.3.4 磨削裂纹及避免产生裂纹的措施

若残余应力超过材料的强度极限,零件表面就会产生裂纹。有些磨削裂纹也可能不位于工件的外表面,而是位于表面层以下成为肉眼难于发现的缺陷。磨削裂纹的方向常与磨削方向垂直或呈网状,常与磨削烧伤同时出现。

磨削裂纹的产生还与材料及热处理工序有很大关系。磨削硬质合金时,由于其脆性大,抗拉强度低,导热性差,特别容易产生磨削裂纹。磨削含碳量高的淬火钢时,由于其晶界脆弱,也极易产生磨削裂纹。工件在淬火后如果存在残余应力,则即使在正常的磨削条件下磨削,也可能会出现磨削裂纹。渗碳、渗氮时,如果工艺措施不当就会在表面层的晶界面上析出脆性碳化物、氮化物,磨削时在热应力作用下就容易沿着这些组织发生脆性破坏,出现网状裂纹。

因此,避免产生磨削裂纹的途径在于降低磨削热与改善散热条件。在磨削前进行去除应力工序能有效地防止磨削裂纹。热处理工序引起的磨削裂纹必须从热处理工艺着手采取措施去解决。

综合上述内容可知,对零件的使用性能危害甚大的残余拉应力、磨削裂纹、烧伤等均起因于磨削热,所以如何降低磨削热并减少其影响,一直是实际生产中的一个重要问题。解决这个问题的措施主要有:

1)提高冷却效果

现有冷却方法的效果往往很差。由于旋转的砂轮表面上会产生强大气流层,导致没有多少冷却液能进入磨削区,往往是大量喷注在已经离开磨削区的已加工表面上,而此时磨削热已经进入工件表面造成热损伤,所以改进冷却方法,提高冷却效果是非常必要的。具体的改进措施有:

(1)采用高压大流量冷却。这样不仅能增强冷却作用,还可对砂轮表面进行冲洗,使其空隙不易被磨屑堵塞。例如,有些磨床使用的冷却流量达 $200L/min$,压力达 $0.8 \sim 1.2MPa$。这类磨床均带有防护罩,以防止冷却液飞溅。

(2)为了减轻高速度旋转的砂轮表面上的高压附着气流的作用,可以加装如图 6 - 16 所示的空气挡板,以使冷却液能顺利地喷注到磨削区。这对于高速磨削更为必要。

(3)采用内冷却方式。砂轮是多孔隙能渗水的,冷却液引入至砂轮中心孔后靠离心力的作用甩出,使冷却液可以直接冷却磨削区,起到有效的冷却作用。由于冷却时会出现大量喷雾,机床应加装防护罩。冷却液必须经过仔细过滤,以防止堵塞砂轮孔隙。这种方法的缺点是操作者看

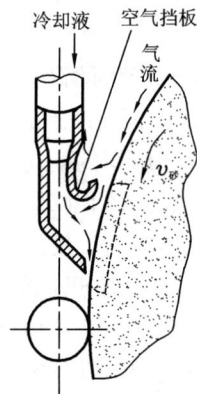

图 6 - 16　带空气挡板的冷却喷嘴

不到磨削区的火花,精密磨削时不能据以判断试磨时的磨削深度,很不方便。

　　2) 磨削用量的选择

　　提高工件速度和减小磨削深度能有效地减小残余拉应力和消除磨削烧伤、磨削裂纹等缺陷。工件速度对残余应力的影响见图 6 − 17。当磨削深度减小至一定程度时,可得到所要求的低残余应力值(见图 6 − 18)。降低砂轮速度能得到残余压应力(见图 6 − 19),但会影响生产效率,一般不常采用。在提高砂轮速度的同时相应提高工件速度,可以避免磨削烧伤。图 6 − 20 表示磨削 18CrNiWA 钢时工件速度和砂轮速度无磨削烧伤的临界比值曲线。曲线的下右方是容易出现烧伤的危险区(I 区),曲线的上左方是安全区(II 区)。

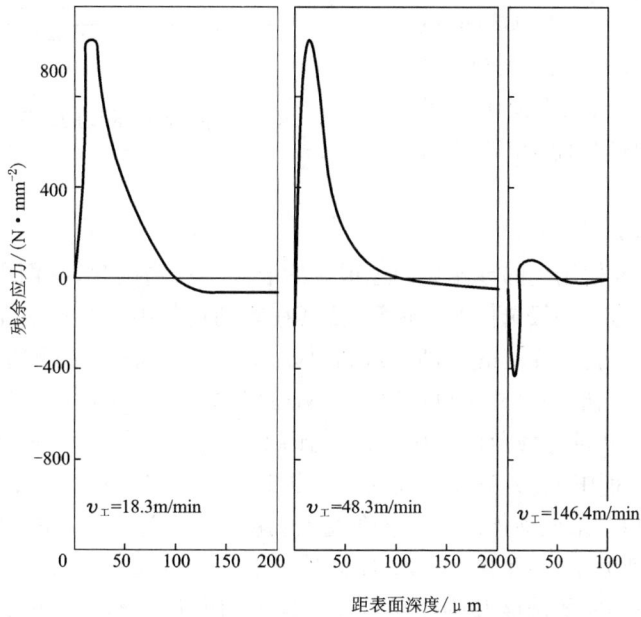

图 6 − 17　工件速度对残余应力的影响

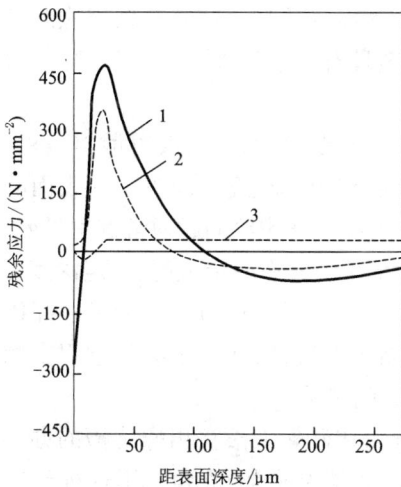

图 6 − 18　磨削深度对残余应力的影响

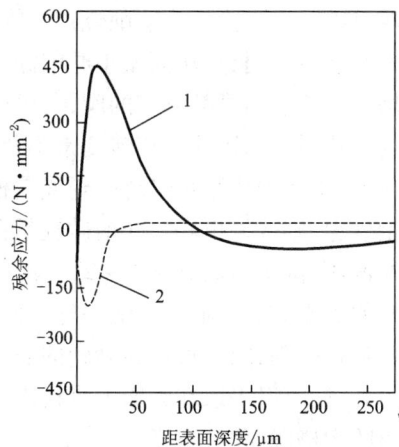

图 6 − 19　砂轮速度对残余应力的影响

磨削高强度合金钢时,因其导热系数低,表面很容易产生磨削烧伤和磨削裂纹。所以,对于使用要求较高的高强度钢零件,应推广采用低应力磨削技术。其特点是采用较软的砂轮、较低的砂轮速度(12~15m/s)以及较小的切入进给量(0.05mm/行程)。在去除最后0.05mm 的余量时,可采用连续的切除量(0.013mm/行程,两次→0.01mm/行程 → 0.005mm/行 程 → 0.002mm/行程),其目的是能在每一次磨削行程中去掉前一次磨削产生的表面损伤层,以保证最后得到应力带小而浅的残余压应力值的表面层。

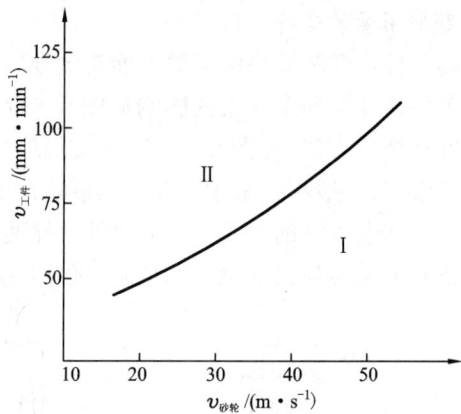

图 6-20　工件和砂轮速度的无烧伤临界比值曲线

3)改善砂轮的磨削性能

砂轮选择不当或使用钝的砂轮会产生很大的磨削力和磨削热,从而引起表面层产生磨削烧伤和残余拉应力。一般选择的砂轮,应使其在磨削过程中具有自锐能力(即砂磨钝后,磨粒能自动破碎产生新的锋利的切削刃或自动从砂轮粘结剂处脱落的能力),使磨粒不致因磨损而出现小平面,磨削时砂轮也不致产生粘屑堵塞现象。不同的磨料在磨削不同材料的工件时,各有其一定的适应范围。例如,氧化铝砂轮磨削低合金钢、镍钢时不会产生化学反应,磨损也较小,而用碳化硅砂轮磨削这些材料时,则会产生较大的化学反应,磨损也大;但在磨削铸铁时,相对来说碳化硅的耐磨性优于氧化铝。人造金刚石的硬度和强度都极高,刀刃锋利,所以磨削力小,用于磨削硬质合金时也不易产生裂纹,但却不适用于磨削钢件。立方氮化硼(CBN)磨料的硬度和强度稍低于金刚石,但其热稳定性好,且与铁族元素的化学惰性高,磨削钢件时不会产生粘屑,磨削热也较低,磨削表面的质量高,因此是一种很好的磨料,适用范围也很广。砂轮的粘结剂也会影响磨削表面的质量。精磨时采用橡胶粘结剂的砂轮可以防止表面产生磨削烧伤。因为橡胶粘结剂具有一定的弹性,当磨粒受到过大的磨削力时会自动退让,从而减小磨削深度。

增大砂轮表面磨粒分布的间距,可以使砂轮和工件间断接触,不仅改善散热条件,而且工件的受热时间缩短使金相转变来不及进行,因此能够在很大程度上减少工件表面的热损伤。例如,生产中采用粗修整砂轮或疏松组织砂轮来解决烧伤裂纹问题通常都很见效,若采用开槽砂轮,则效果更好。开槽砂轮是在砂轮的工作部位上开有一定宽度、一定深度和一定数量的沟槽,沟槽参数见图 6-21。沟槽可以等距开(如 A 型),也可以变距开(如 B 型)。磨削时的操作方法与通常方法一样。砂轮开槽后提高了自锐性,在整个磨削过程中都有锋利的磨粒在磨削,因而可提高砂轮的磨削能力,降低磨削热量。

另外,还可以采取在磨床上直接用带螺旋线的滚轮在砂轮上滚挤出螺旋槽的办法。这样挤出的沟槽浅而窄,宽度为 1.5~2mm,沟槽与砂轮轴线约成 60°夹角。用这种砂轮磨削零件时不会影响表面粗糙度,表面无磨削烧伤,磨削力和能量消耗减少约 30%,砂轮耐用度可提高 10 倍以上。

A型 z=18　　　　　　　　B型 z=16

20°
20°
20°
20°
20°
20°
20°
20°~25°
20°
20°

15° 20°
25°
30°
15~20
15°
20°
25°
30°
30°

20°~30°
7~12

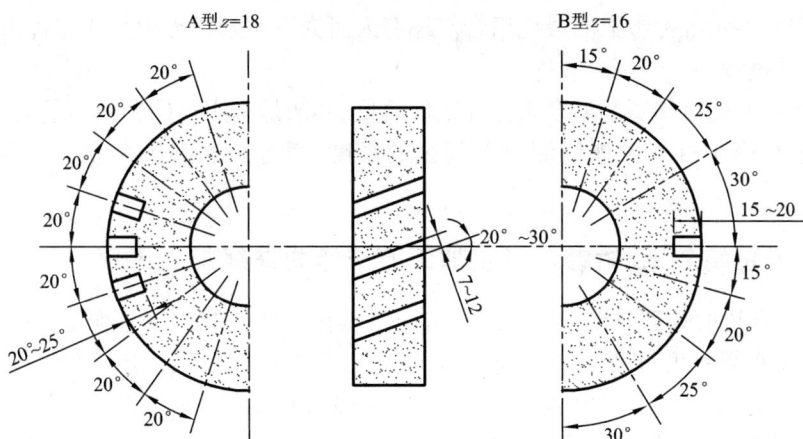

图 6-21　开槽砂轮

6.4　控制加工表面质量的途径

加工过程中影响表面质量的因素非常复杂,为了获得所要求的加工表面质量,必须对加工方法和切削参数进行适当的控制。控制加工表面质量的措施常会增加加工成本,影响加工效率,所以对于一般零件应采用正常的加工工艺保证表面质量,不应提出过高的技术要求。对于一些直接影响产品性能、寿命和安全工作的重要零件的重要表面,必须对加工表面质量加以控制。例如,对于承受较高应力交变载荷的零件,应控制其受力表面不产生裂纹与残余拉应力;为了提高轴承沟道的接触疲劳强度,必须控制其表面不产生磨削烧伤和微观裂纹;对于测量块规,则主要应保证其尺寸精度及稳定性,必须严格控制表面粗糙度和残余应力等。

6.4.1　控制磨削参数

磨削是一种影响因素复杂、对产品表面质量有很大影响的工艺方法。对于直接影响产品性能、寿命、安全的重要零件在采用磨削方法加工时必须严格地控制磨削用量。

前面分别讨论过各种磨削用量对磨削表面质量的影响,但综合起来看,有些参数的选用与控制表面质量是相互矛盾的。例如,修整砂轮时,从降低表面粗糙度考虑,砂轮应修整得细些,但却常因此引起表面的磨削烧伤;为了避免工件产生磨削烧伤,工件速度常选得较大,但又会增大表面粗糙度,也容易引起颤振;采用小磨削用量会降低生产效率;对于不同的材料,其磨削性能也不一样。所以,凭经验或手册往往不能全面地保证加工质量。生产中比较可行的办法是通过试验来确定磨削用量,即先按初步选定的磨削用量磨削试件,然后通过检查试件的金相组织变化和测定表面层的微观硬度变化,确定磨削表面层的热损伤情况,再据此调整磨削用量,直至最后确定下来。

近年来,国内外对磨削用量的优化进行了大量理论研究工作,对如何实现:①高表面质量,即无磨削烧伤、无磨削裂纹,达到要求的表面粗糙度和表面残余应力;②动态稳定性;③

低成本;④高切除率等进行了探讨,分析了磨削用量、磨削力、磨削热与表面质量之间的相互关系,并用图表表示各种参数的最优组合。还有人研究在磨削过程中加入过程指令,通过计算机控制磨削过程。

另外,还可通过控制磨削温度来保证工件质量,办法是利用在砂轮间的铜或铝箔作为热电偶的一极,在磨削过程中连续测量磨削区的温度,通过控制磨削用量来控制磨削表面质量。

6.4.2 采用超精加工、珩磨等光整加工方法作为最终加工工序

超精加工和珩磨等都是以一定的压力将磨条压在工件的被加工表面上,并作相对运动以降低工件表面粗糙度和提高工件加工精度的工艺方法,一般用于表面粗糙度为 $Ra \leqslant 0.1\,\mu m$ 的表面的加工。由于切削速度低,磨削压强小,所以加工时产生的热量很少,不会产生热损伤,并在加工表面形成残余压应力。如果加工余量合适,还可以去除磨削加工变质层。

采用超精加工和珩磨工艺虽然比直接采用精磨达到表面粗糙度要求多增加一道工序,但由于这些加工方法都是用加工表面自身定位进行加工,机床的结构比较简单,精度要求也不高,且大多设计成多工位机床,能进行多机床操作,所以生产效率较高,加工成本较低。由于具有上述优点,超精加工和珩磨工艺在大批大量生产中应用得比较广泛。例如,在轴承制造中,为了提高轴承的接触疲劳强度和寿命,愈来愈普遍地采用超精加工来加工轴承的内、外套以及滚子的滚动表面。

6.4.3 采用喷丸、滚压、碾光等表面强化工艺

对于承受高应力、交变载荷的零件,可以采用喷丸、滚压、碾光等表面强化工艺使表面层产生残余压应力和冷作硬化,并降低表面粗糙度,消除磨削等工序产生的残余拉应力,从而大大提高耐疲劳强度及抗应力腐蚀性能。借助于表面强化工艺,还可以用次等材料代替优质材料,以节约贵重材料。但是,采用表面强化工艺时应注意不要造成过度硬化。过度硬化会使表面层完全失去塑性甚至引起显微裂纹和材料剥落,带来不良后果。因此,采用表面强化工艺时,必须严格地控制工艺参数,以获得所要求的强化表面。

6.5 振动对表面质量的影响及其控制

6.5.1 振动对表面质量的影响

机械加工中产生的振动,在大多数情况下是一种破坏正常切削过程的有害现象。在各种切削和磨削过程中都有可能发生振动。切削速度高、切削金属量大时常会产生较强烈振动。

切削过程中的振动,会影响加工质量和生产率,严重时甚至可能使切削不能继续进行。切削过程中的振动对切削加工的不利影响主要表现在以下几个方面:

(1)影响加工表面粗糙度 振动频率低时会产生波度,频率高时会产生微观平面度误差。

220

（2）影响生产率　加工过程中产生振动,会限制切削用量的进一步提高,严重时甚至使切削不能继续进行。

（3）影响刀具耐用度　切削过程中产生的振动可能导致刀尖刀刃崩碎。对于韧性差的刀具材料,如硬质合金、陶瓷等,更须特别注意消振问题。

（4）对机床、夹具等不利　切削过程中产生的振动会导致机床、夹具等的零件连接部分松动,间隙增大,刚度和精度降低,使用寿命缩短。

振动对机械加工有不利的一面,但也可以利用振动来更好地切削,如振动磨削、振动研抛、超声波加工等都是利用振动来提高表面质量或生产率的典型工艺。

根据产生的原因,大体可将机械加工中产生的振动分为自由振动、强迫振动和自激振动三大类,如图6-22所示。

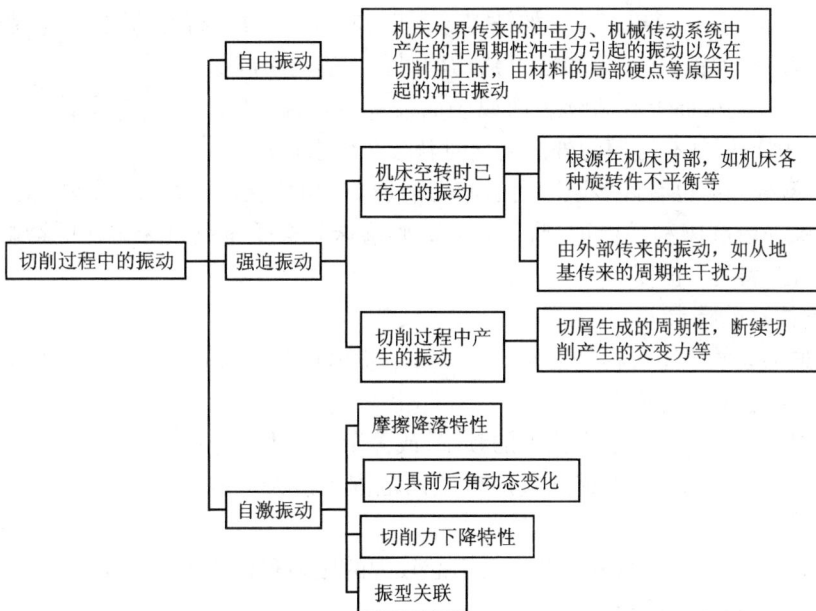

图6-22　切削加工中振动的类型

机械加工中产生的振动还可按工艺系统的自由度数量分为如下两类:

（1）单自由度系统的振动——只用一个独立坐标就可确定系统的振动。

（2）多自由度系统的振动——需用多个独立坐标才能确定系统的振动,两个自由度系统是多自由度系统最简单的形式。

研究表明,工艺系统的振动中,大部分是强迫振动和自激振动。车床自激振动所占比例高达65%,强迫振动所占比例为30%。

6.5.2　自由振动

所谓自由振动,是指当系统所受的外界干扰力去除后,系统本身的衰减运动。当工艺系统受到一些偶然因素的作用时(如外界传来的冲击力、机床传动系统中产生的非周期性冲击力、加工材料的局部硬点等引起的冲击等),系统的平衡被破坏,仅靠其弹性恢复力来维持的振动即属于自由振动。自由振动的频率就是系统的固有频率。由于工艺系统阻尼的作用,这类振动会很快衰减。

6.5.3 强迫振动

所谓强迫振动,是指由外界周期性的干扰力支持的不衰减振动。

1. 切削加工中产生强迫振动的原因

切削加工中产生强迫振动的原因可从机床、刀具和工件三方面进行分析。

机床某些零件的制造精度不高,使机床产生不均匀运动而引起振动。例如,齿轮的周节误差和周节累积误差,使齿轮传动的运动不均匀,从而使整个部件产生振动;主轴与轴承之间的间隙过大、主轴轴颈的椭圆度、轴承制造精度不够等,都会引起主轴箱以至整个机床的振动;皮带接头太粗使皮带传动的转速不均匀,也会产生振动。

在刀具方面,多刃、多齿刀具(如铣刀等)切削时,由于刃口高度的误差,容易产生振动;断续切削的刀具(如铣刀、拉刀和滚刀),切削时也很容易引起振动。

被切削工件的表面上有断续表面或表面余量不均,硬度不均等,都会在加工中产生振动。例如,车削或磨削有键槽的外圆表面时就会产生强迫振动。

在工艺系统外部也有许多原因会引起切削加工中的振动。例如,相邻机床之间会有相互影响,如果一台磨床和一台重型机床相邻,则磨床就会受重型机床工作的影响而产生振动,影响其加工表面粗糙度。

2. 强迫振动的特点

(1)强迫振动的稳态过程是谐振动。只要干扰力存在,强迫振动就不会被阻尼衰减掉;去除了干扰力,强迫振动停止。

(2)强迫振动的频率等于干扰力的频率,或等于干扰频率的整倍数。

(3)阻尼愈小,振幅愈大,谐波响应轨迹的范围也愈大。增加阻尼,能有效地减小强迫振动的振幅。

(4)在共振区,较小的频率变化也会引起较大的振幅和相位角的变化。

3. 消除强迫振动的途径

(1)消振与隔振

消除强迫振动最有效的措施是找出外界的干扰力(振源)并去除之。如果不能去除,则可以采用隔绝措施。例如,机床采用防振地基,可以隔绝相邻机床的振动影响;精密机械、仪器采用空气垫等也是很有效的隔振措施。

(2)消除回转零件的不平衡

机床和其他机械的振动,大多是由回转零件的不平衡引起的。因此,对于高速回转的零件,必须进行平衡,在可能条件下应进行动平衡。

(3)提高传动件的制造精度

提高传动件的制造精度及传动装置的装配精度,保证传动的平稳性,以避免引起振动。

(4)提高工艺系统刚度

提高机床、工件、刀具的刚度都能提高工艺系统的抗震性。应特别注意提高工艺系统薄弱环节的刚度,如提高各结合面的接触刚度,对主轴支承施加预载荷,对刚性较差的工件增加辅助支承等。

（5）增大工艺系统的阻尼

增大工艺系统的阻尼,可通过多种措施实现。例如,采用高内阻材料制造零件,增大运动件的相对摩擦,在床身和立柱的封闭内腔中填充型砂,在主振方向装置阻振器等。

（6）调整振源的频率

通过改变传动比,使可能引起强迫振动的振源的频率远离工艺系统薄弱环节的固有频率,以避免产生共振。一般应满足

$$\left|\frac{f_n - f_{激}}{f_{激}}\right| \geqslant 0.25 \sim 0.3 。$$

式中　f_n——工艺系统薄弱环节的固有频率;

　　　$f_{激}$——激振力的频率。

6.5.4　自激振动

机械加工过程中,还经常出现一种与强迫振动形式完全不同的强烈振动。这种振动是在没有周期性外力(相对于切削过程而言)的干扰下,由振动过程本身引起某种切削力的周期性变化,周期性变化的切削力又反过来加强和维持振动,使振动系统得以补充由阻尼作用消耗的能量。这种类型的振动称为自激振动。切削过程中产生的自激振动是频率较高的强烈振动,也称为颤振,常是影响加工表面质量和限制机床生产率提高的主要障碍。磨削过程中,砂轮磨钝后产生的振动往往也是自激振动。

1. 自激振动的原理

图 6 - 23 表示金属切削过程中自激振动的原理。切削过程产生的交变力(ΔP)激励工艺系统产生振动位移(ΔY),再反馈给切削过程,使切削过程受到工艺系统振动运动的控制。维持振动的能量来源于机床的能源。

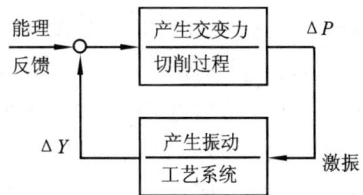

图 6 - 23　机床自激振动系统

2. 自激振动的特点

（1）自激振动是一种不衰减的振动。振动过程本身能引起某种力的周期性变化,振动系统通过这种力的周期性变化,从不具备交变特性的能源中周期性地获得能量补充,从而维持振动。外部的干扰可能在最初触发振动时起作用,但不是产生自激振动的直接原因。

（2）自激振动的频率等于或接近于系统的固有频率。这是与强迫振动的显著差别。

（3）自激振动能否产生,以及振幅的大小,取决于每一振动周期内系统所获得的能量与所消耗的能量的对比。当振幅为某一数值时,如果获得的能量大于消耗的能量,则振幅增大;相反,如果获得的能量小于消耗的能量,则振幅减小。振幅会一直增大或减小至获得的能量等于消耗的能量时为止。如果振幅在任何数值时获得的能量均小于消耗的能量,则自激振动根本不可能产生。如图 6 - 24 所示,E^+ 为获得的能量,E^- 为消耗的能量,只有当 E^+ 和 E^- 相等时,振幅达到 A_0,系统才处于稳定状态。所谓稳定,是指一个系统受到干扰而离开原来状态后,仍能自动恢复到原来状态的现象。

（4）自激振动的形成和持续,是基于切削过程本身产生的激振和反馈作用。若停止切削过程,即使机床仍然继续空运转,自激振动也会随之停止。这也是与强迫振动的区别之

处。所以,可以通过切削试验来研究工艺系统的自激振动,也可以通过改变对切削过程有影响的工艺参数(如切削用量)来控制切削过程,限制自激振动的产生。

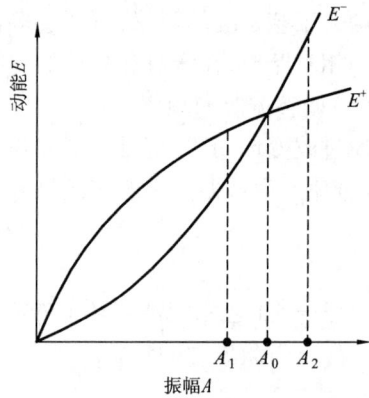

图 6 - 24　自激振动系统的能量关系

3. 消除自激振动的途径

1)合理选择与切削过程有关的工艺参数

(1)合理选择切削用量

车削过程中,切削速度 v_c 在 $20 \sim 60\mathrm{m/min}$ 范围内时,自激振动的振幅增加很快,当切削速度 v 超出此范围后,自激振动会逐渐减弱。通常切削速度 v_c 在 $50 \sim 60\mathrm{m/min}$ 时,工艺系统的稳定性最低,最易产生自激振动,所以应选择高速或低速切削以避免产生自激振动。通常当进给量 f 较小时振幅较大,随着 f 的增大振幅反会减小。所以,在加工表面粗糙度要求许可的条件下,应选取较大的进给量以避免产生自激振动。背吃刀量 a_p 愈大,切削力愈大,愈易产生振动,应在兼顾加工表面质量和生产率的前提下适当选择。

(2)合理选择刀具的几何参数

适当地增大前角 γ_0 和主偏角 κ_r ,能减小切削力而减小振动。后角 α_0 应尽量取得小些。但精加工中,由于背吃刀量 a_p 较小,刀刃不易切入工件,且 α_0 过小会导致刀具后面与已加工表面间的摩擦过大,反而容易引起自激振动。通常在刀具的主后面磨出一段后角为负值的窄棱面,得到所谓防振车刀,如图 6 - 25 所示。实际生产中还常用油

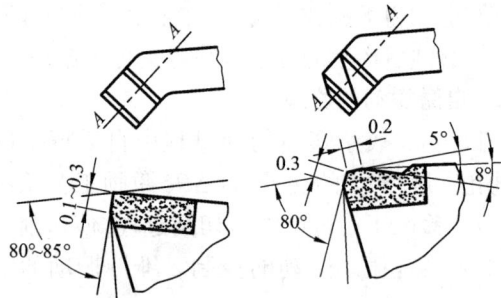

图 6 - 25　防振车刀

石使新刃磨刃口稍稍钝化,也很有效。刀尖圆弧半径和加工表面粗糙度有关,对加工中的振动而言,一般不宜取得太大。例如,车削中,当刀尖圆弧半径与背吃刀量近似相等时,切削力很大,容易产生振动。车削时装刀位置过低,或镗孔时装刀位置过高,都容易产生自激振动。

使用"油"性非常高的润滑剂,也是加工中经常使用的一种防振办法。

2)提高工艺系统本身的抗震性

(1)提高机床的抗震性

机床的抗震性能往往是占主导地位的。可以通过改善机床刚性,合理安排各部件的固有频率,增大阻尼,以及提高加工和装配的质量等,提高其抗震性。如图 6 - 26 所示是具有显著阻尼特性的薄壁封砂结构床身。

(2)提高刀具的抗震性

为了使刀具具有高的弯曲与扭转刚度、高的阻尼系数,应改善刀杆等的惯性矩、弹性模量和阻尼系数。例如,硬质合金虽然具有高弹性模数,但阻尼性能较差,故可与钢组合使用。图 6 - 27 所示的组合刀杆,能发挥钢和硬质合金两者的优点。

224

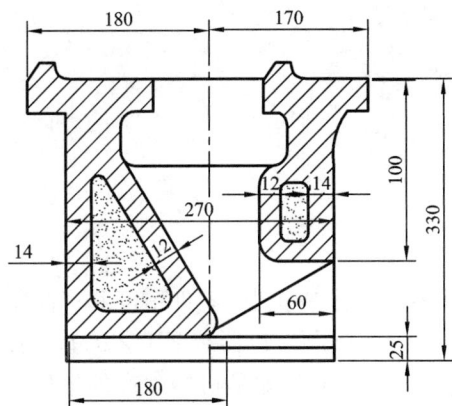

图 6 - 26　薄壁封砂床身

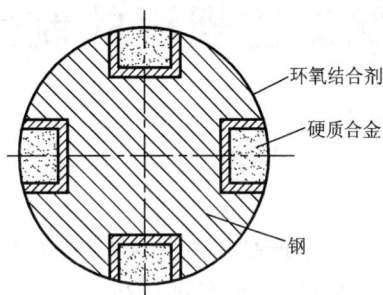

环氧结合剂

硬质合金

钢

图 6 - 27　钢 - 硬质合金的组合刀杆

（3）提高工件安装时的刚性

主要是提高工件的弯曲刚性。例如，细长轴的车削中，可以使用中心架、跟刀架。当用拨盘传动销拨动夹头传动时，应保持切削中传动销和夹头不发生脱离等。

3）使用消振器装置

图 6 - 28 所示，是车床上使用的冲击消振器。图中，6 是消振器座，螺钉 1 上套有质量块 4、弹簧 3 和套 2。当车刀发生强烈振动时，质量块 4 在螺钉 6 和螺钉 1 的头部之间作往复运动，产生冲击，吸收能量。图 6 - 29 所示，是镗孔用的冲击消振器。图中，1 为镗杆，2 为镗刀，3 为工件，4 为冲击块（消振质量），5 为塞盖。冲击块安置在镗杆的空腔中，与空腔壁之间有 0.05 ~ 0.10mm 的间隙。当镗杆发生振动时，冲击块不断撞击镗杆，吸收振动能量，消除振动。这些消振装置经生产使用表明，具有相当好的抑振效果，且可以在一定范围内进行调整，使用也比较方便。

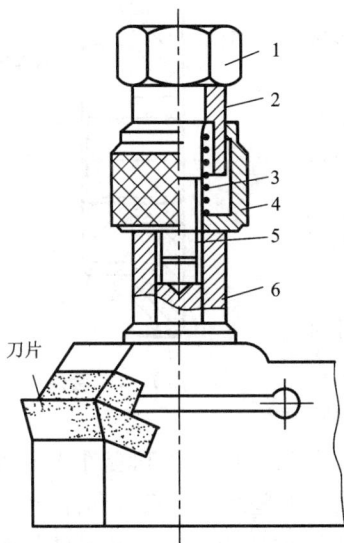

刀片

图 6 - 28　车床上所用冲击消振器

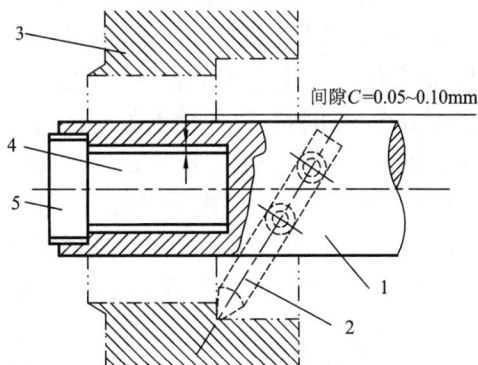

间隙 $C=0.05\sim0.10mm$

图 6 - 29　镗杆上用的冲击消振器

第7章

装配工艺规程的制定

任何机器产品都是由零件装配而成的。如何从零件装配成机器,零件精度和产品精度的关系,达到装配精度的方法,是装配工艺需要解决的基本问题。机器装配工艺的基本任务是在一定的生产条件下,高效经济地装配出质量优良的产品。装配是机器生产的最后一个阶段,包括装配、调试、精度及性能检验、试车等工作。机器的质量最终是通过装配保证的,装配质量在很大程度上决定机器的最终质量。通过机器的装配过程,还可以发现机器设计和零件加工质量中存在的问题,并加以改进,以保证机器的质量。因此,研究装配工艺过程和装配精度,采用有效的装配方法,制定出合理的装配工艺规程,对于保证产品质量,提高生产效率,降低生产成本具有十分重要的意义,对提高产品设计的质量也有很大的影响。

7.1　概述

7.1.1　机器的装配过程

组成机器的最小单元是零件。为了设计、加工和装配的方便,通常将机器分为部件、组件、套件等组成部分。它们都可形成独立的设计单元、加工单元和装配单元。

在一个基准零件上,装上一个或若干个零件即构成一个套件。套件和零件一样,都是最小的装配单元。每个套件只有一个基准零件,其作用是联结相关零件和确定各零件的相对位置。由零件构成套件的装配工作称为套装。图7-1所示的双联齿轮是一个由基准零件小齿轮1和大齿轮2组成的套件。套件的设计主要是考虑加工工艺和材料问题,分成几个零件制造后再套装在一起,在以后的装配中套件即作为一个零件,一般不再分开。图7-2所示为一个由三个零件组成的套件的装配系统图。

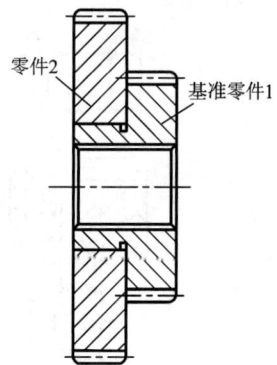

图7-1　套件

在一个基准零件上,装上一个或若干个套件和零件即构成一个组件。每个组件只有一个基准零件,其作用是联结相关零件和套件,并确定它们的相对位置。由零件和套件构成组件的装配工作称为组装。有些组件中没有套件,也是由一个基准零件和若干零件所组成。这种组件与套件的区别在于组件在以后的装配中可以拆开,而套件在以后的装配中一般不再拆开。图7-3所示为组件的装

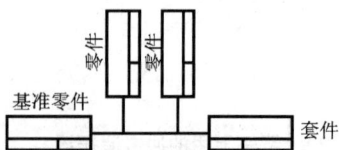

图7-2　套件装配系统图

配系统图。

在一个基准零件上,装上若干个组件、套件和零件即构成部件。一个部件只有一个基准零件,其作用是联结各个组件、套件和零件,并决定它们的相对位置。由零件、套件和组件构成部件的装配工作称为部装。图 7 - 4 所示为部件的装配系统图。

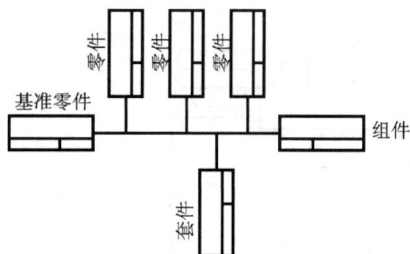

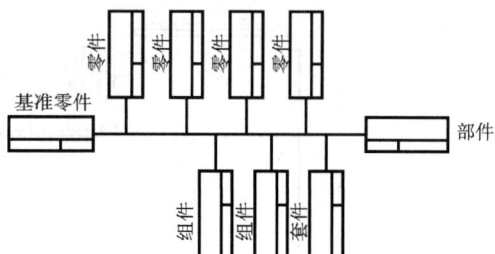

图 7 - 3　组件装配系统图　　　　　　图 7 - 4　部件装配系统图

在一个基准零件上,装上若干个部件、组件、套件和零件即构成机器。一台机器只有一个基准零件,其作用与套件、组件、部件中的基准零件相同。由零件、套件、组件和部件构成机器的装配工作称为总装。例如,车床是由主轴箱、进给箱、溜板箱等部件和若干组件、套件、零件组成,其中床身是基准零件。图 7 - 5 所示为机器的装配系统图。

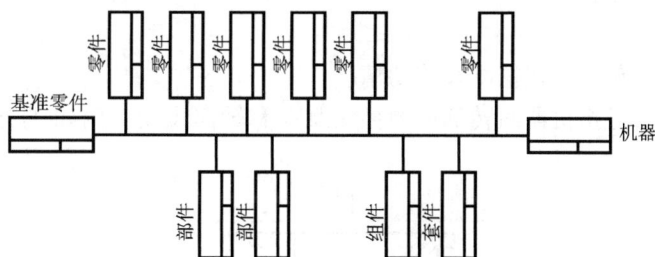

图 7 - 5　机器装配系统图

由装配系统图可知,装配过程是从基准零件开始,沿水平线自左向右进行装配。通常将零件画在水平线的上方,把套件、组件、部件画在水平线的下方,排列的次序就是装配的次序。

装配系统图中的每个方框表示一个零件、套件、组件或部件。每个方框均由三个部分组成,分别为名称、编号和数量。装配系统图是重要的装配工艺文件,通过装配系统图可以清楚地了解整个机器的结构和装配过程。

7.1.2　机器的装配精度

1. 机器的装配精度

机器的装配精度可分为几何精度和运动精度两类。

1)几何精度

所谓几何精度,包括尺寸精度和相对位置精度。装配尺寸精度反映装配中各有关零件的尺寸精度和装配精度的关系。装配相对位置精度反映装配中各有关零件的相对位置精度和装配位置精度的关系。

图 7-6 所示为一台普通卧式车床简图。其装配尺寸精度的一项重要要求是保证装配后顶尖的中心比前顶尖的中心高 0.06mm。经分析知道,该项装配尺寸精度要求与主轴箱前顶尖的高度 A_1,尾架底板的高度 A_2 及尾架后顶尖高度 A_3 有关。

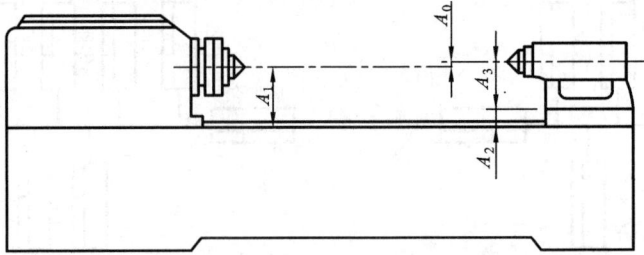

图 7-6 普通卧式车床前后顶尖等高装配尺寸精度

图 7-7 所示为一种单缸发动机的结构简图。其装配相对位置精度的一项要求是保证活塞外圆的中心线与缸体孔中心线的同轴度不超差。经分析可知,该项装配位置精度要求和活塞外圆中心线与其销孔中心线的垂直度 α_1、连杆小头孔中心线与大头孔中心线的平行度 α_2、曲轴的连杆轴颈中心线与其主轴颈中心线的平行度 α_3,以及缸体孔中心线与其主轴孔中心线的垂直度 α_0 有关。

2)运动精度

所谓运动精度,包括回转精度和传动精度。

所谓回转精度,是指机器回转部件的径向跳动和轴向窜动。例如,主轴、回转工作台的

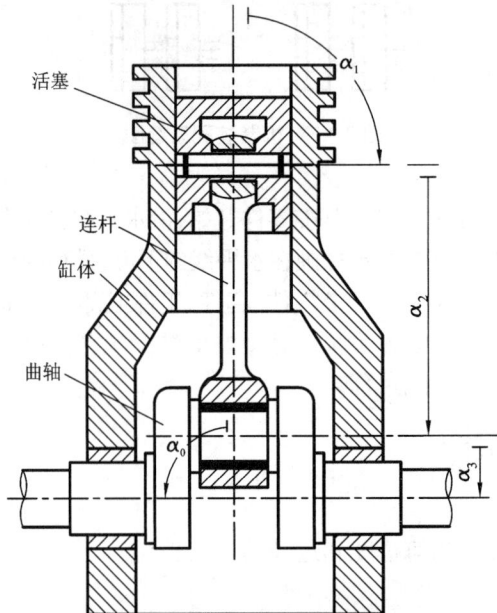

图 7-7 单缸发动机装配相对位置精度

228

回转精度通常都是重要的装配精度。回转精度主要和轴类零件轴颈处的精度、轴承的精度、箱体轴孔的精度有关。

所谓传动精度,是指机器传动件之间的运动关系。例如,转台的分度精度、滚齿时滚刀与工件间的运动比例、车削螺纹时车刀与工件间的运动关系都反映了传动精度。影响传动精度的主要因素包括传动元件本身的制造精度及它们之间的配合精度。传动元件越多,传动链愈长,影响愈大。因此,应尽量减少传动元件的数量。典型的传动元件有齿轮、丝杆螺母和蜗轮蜗杆等。对于要求传动精度很高的机器,应尽量缩短传动链的长度并采用校正装置以提高传动精度。实际上,机器在工作时由于有力和热的作用,使传动元件产生变形,因此传动精度不仅有静态精度,而且有动态精度。

2. 装配精度和零件精度的关系

机器的装配精度和零件的制造精度有着密切的关系。机器的有些装配精度只和一个零件有关,只要保证该零件的精度即可保证该项装配精度,俗称"单件自保"。有些装配精度和几个零件有关,要保证该项装配精度,必须同时保证这些零件的相关精度。这种情况比较复杂,涉及尺寸链问题,需用装配尺寸链解决。

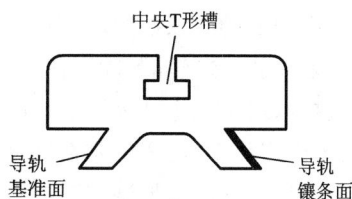

图 7-8　卧式万能铣床第 5 项精度的相关零件

如图 7-8 所示,卧式万能铣床的第 5 项精度是要求工作台中央 T 形槽两侧壁对工作台纵向移动平行。只要保证工作台本身中央 T 形槽两侧壁对其导轨基准面的平行度,即可保证这项精度要求。这种精度要求只涉及一个零件,情况比较简单。

如图 7-9 所示,卧式万能铣床的第 12 项精度要求是升降台垂直移动时对工作台台面垂直。该项精度的检验是在工作台面上放一个直角尺,垂直移动升降台,用千分表测量直角垂直边的偏差。这项装配精度的实质是保证工作台台面对升降台立导轨的垂直度。这两个零件是通过回转盘、床鞍连接起来的,因此这项装配精度与工作台、回转盘、床鞍和升降台 4 个零件有关。影响这项精度的因素有:工作台台面对其下平导轨的平行度 $\delta_{工}$,回转盘上平导轨对其下回转面的平行度 $\delta_{回}$,床鞍上回转面对其下平导轨的平行度 $\delta_{鞍}$,升降台水平导轨对其立导轨的垂直度 $\delta_{升}$。因此,要保证这项精度,必须同时保证这 4 个零件的上述相关精度。需要用装配尺寸链来求解。这项精度要求就是该装配尺寸链的封闭环 δ_0。

从上述分析可知,机器装配精度的要求是提出相关零件的相关精度要求的依据,而相关零件的相关

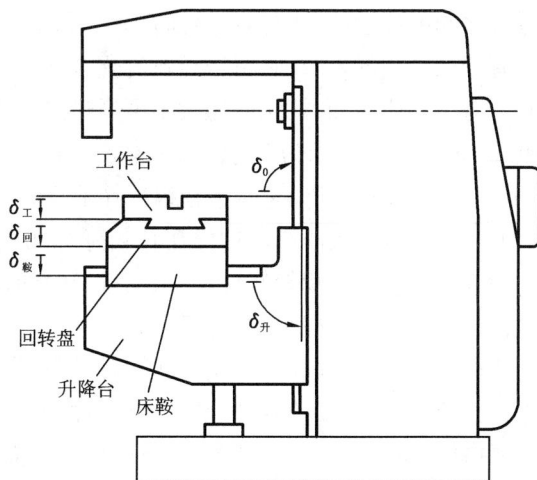

图 7-9　卧式万能铣床第 12 项精度的相关零件

精度的确定又与生产量和装配方法有关。装配方法不同,对相关零件的精度要求也不相同。大量生产时,多采用完全互换法进行装配,零件的互换性要求较高,零件的精度要求也较高,这样才能保证装配精度和生产节拍。单件小批生产时,多采用修配法进行装配,零件的精度可以稍低,主要依靠修配来达到装配精度。各相关零件的精度等级不一定相同,可根据尺寸大小和加工难易程度来决定。

3. 影响装配精度的因素

1) 零件的制造精度

零件的制造精度和机器的装配精度有着密切的关系。一般来说,零件的制造精度愈高,装配精度愈容易保证。但并不是零件的制造精度愈高愈好。零件的制造精度过高会增加产品的成本,造成浪费,因此应该根据装配精度来分析、控制有关零件的制造精度。

零件精度的一致性对装配精度有很大影响。零件制造精度的一致性不好,装配精度就不易保证,同时会增加装配工作量。大批大量生产中多采用专用工艺装备,零件的制造精度受工人技术水平和主观因素的影响较小,其一致性较好;在数控机床上加工是由计算机程序控制,不论产量多少,零件制造精度的一致性都很好;对于单件小批生产,零件制造精度主要靠工人的技术和经验保证,其一致性不好,装配工作的劳动量大大增加。

采用合格的零件不一定能装配出合格的产品。装配工作包括修配、调整等内容,当装配出的产品不符合要求时,应分析是由零件精度低造成的,还是由于装配技术不当造成的,以便采取适当的措施。

2) 零件之间的配合要求和接触质量

零件之间的配合要求是指配合面间的间隙量或过盈量。它决定了配合性质。零件之间的接触质量是指配合面或连接表面之间的接触面积大小和接触位置的要求。它主要影响接触刚度,即接触变形,同时也影响配合性质。

零件之间的配合间隙量或过盈量取决于配合零件的尺寸及其精度,对配合表面的粗糙度也应有相应要求。表面粗糙度值过大时,会因接触变形而影响过盈量或间隙量,从而改变配合性质的要求。

零件之间的接触状态包括接触面积大小和接触位置两个方面。例如,对锥度心轴与锥孔相配有接触面积的要求,对精密导轨的配合面也有接触面积的要求,一般用涂色检验法进行检查。对于刮研表面,接触面的大小可通过涂色检验接触点的数量来判断,一般最低要求为 8 点/$25 \mathrm{mm}^2$,最高要求为 20 点/$25 \mathrm{mm}^2$。齿轮、蜗轮蜗杆等在啮合时对接触区域有要求,图 7-10 表示直齿轮、锥齿轮和蜗轮蜗杆在啮合时对接触区域的要求。对于锥齿轮,要求无载荷时的接触区域靠近小头。这样在有载荷时,由于小头刚度相对较差,产生变形,使接触区域向中部移动。对于蜗轮蜗杆,要求无载荷时的接触区靠近蜗轮齿面的啮合入口处,这样在有载荷时接触区域可向中央部位移动。

现代机器装配中,提高配合质量和接触质量是一个非常重要的问题。提高配合面的接触刚度,对提高整个机器的精度、刚度、抗震性和寿命等都有极其重要的作用。提高接触刚度的主要措施有:减少相连零件数,尽量减少接触面的数量;增加接触面积,减少单位面积上承受的压力,从而减少接触变形。接触面积的实际大小与接触面的表面粗糙度、表面几何形状精度和相对位置精度等因素有关。

230

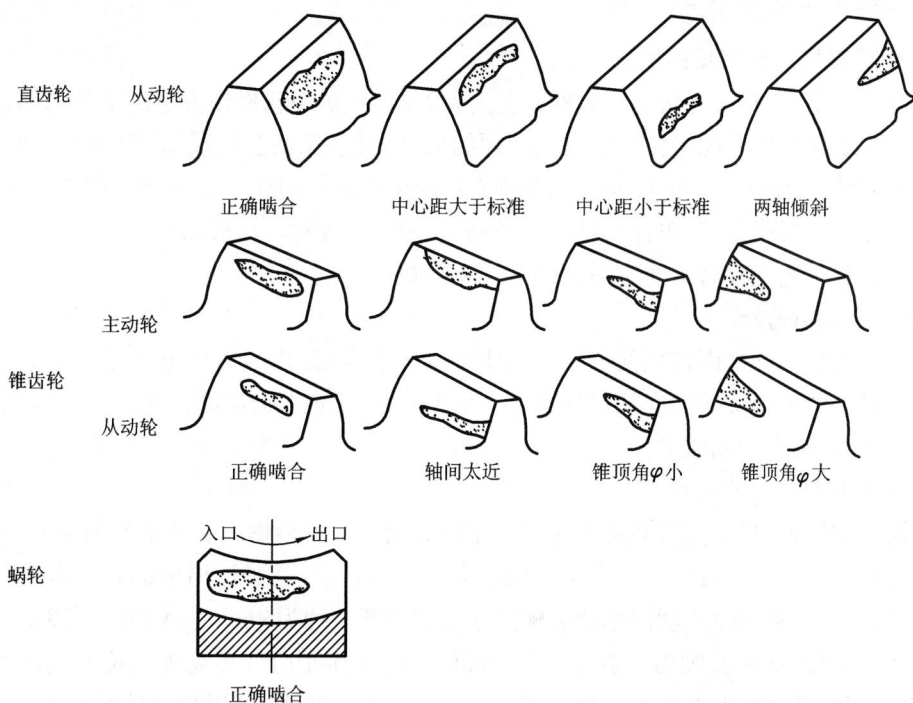

图7-10　直齿轮、锥齿轮和蜗轮蜗杆在啮合时的接触区域

3) 力、热、内应力等所引起的零件变形

在机械加工和装配中，零件在力、热、内应力等的作用下产生的变形，对装配精度有很大影响。

零件产生变形的原因很多。例如，有些零件在机械加工后是合格的，但由于装配不当，如因装配过程中的碰撞、压配合引起变形，就会影响装配精度；有些产品在装配时，由于零件自重作用产生变形，如龙门铣床的横梁、摇臂钻床的摇臂等，从而影响装配精度；有些产品在装配时精度是合格的，但由于加工后零件的表面层存在残余应力，装配后经过一段时间或外界条件有变化时可能产生内应力变形，影响装配精度；有些产品的静态装配精度是合格的，但在运动过程中由于摩擦生热使某些运动件产生热变形，从而影响装配精度。某些精密仪器、精密机床等是在恒温条件下装配的，使用也必须在同一恒温条件下，否则零件会产生热变形以致不能保证原来的装配精度。

4) 旋转零件的不平衡

高速旋转零件的平衡已经愈来愈受到重视。例如，发动机的曲轴、电机的转子及一些高速旋转轴等都应进行动平衡，以便在装配时保证装配精度，使机器能正常工作，同时还能降低噪音。

现在，一些中速旋转零件的平衡问题也开始受到重视。这主要是从工作平稳性、不产生振动、提高工作质量和寿命等来考虑的。

7.1.3 装配工艺规程的制定

1. 制定装配工艺规程的原则

所谓装配工艺规程,是指规定装配工艺过程的内容、顺序和操作方法的工艺文件。它是指导装配工作和处理装配工作中所发生问题的依据,对于保证装配质量,提高生产率,降低生产成本,总结装配工作中的经验教训等都有积极的作用。对于大批大量生产类型,应制定详细的装配工艺规程;对于单件小批生产类型,装配工艺规程可比较简单。

制定装配工艺规程时主要应考虑以下几项原则:

1)保证产品的质量

产品的质量最终是由装配保证的。即使零件全部合格,装配不当也可能装配出不合格的产品。对于装配中反映的产品设计和零件加工问题,应该及时解决。另一方面,装配本身应不断改进,以确保产品质量。

2)满足装配周期的要求

所谓装配周期,是指完成装配工作所给定的时间。它是根据产品的生产纲领来计算的,即所要求的生产率。大批大量生产中多用流水线进行装配,其装配周期的要求由生产节拍来满足。例如,年产 15000 辆汽车的装配流水线的生产节拍为 9min(按每天一班 8 h 工作制计算),表示每隔 9min 装配出一辆汽车。全部的装配工作是由许多装配工位的流水作业完成的,装配工位数与生产节拍有密切关系。在单件小批生产中,多用月产量表示装配周期。

3)减少手工装配劳动量

大多数工厂目前仍采用手工装配方式,有些工厂实现了部分机械化。装配工作的劳动量很大,也比较复杂,有些装配工作实现自动化和机械化还比较困难。近年来装配机械化和自动化的发展很快,出现了装配机械手、装配机器人,乃至由若干工业机器人等所组成的柔性装配工作站。

4)降低装配成本

要降低装配成本,就必须减少装配的投资,对装配生产面积、装配流水线或自动线等的设备投资、装配工人水平和数量等因素进行技术经济分析。另外,装配周期的长短也会直接影响成本。

2. 制定装配工艺规程的原始资料

制定装配工艺规程的依据和原始资料主要有:

1)产品图纸和技术性能要求

产品图纸包括全套总装图、部装图和零件图。从产品图纸可以了解产品的全部结构尺寸、配合性质、精度、材料和质量等,从而可以制定装配顺序、装配方法和检验项目,设计装配工具,购置相应的起吊工具和检验、运输等设备。

技术性能要求是指产品的精度、运动行程范围、检验项目、试验及验收条件等。其中,产品精度一般包括机器几何精度、部件之间的位置精度、零件之间的配合精度和传动精度等;试验一般包括性能试验、温升试验、寿命试验和安全考核试验等。

2)生产纲领

生产纲领是制定装配工艺和选择装配生产组织形式的重要依据。对于大批大量生产,一般采用流水线和自动装配线生产方式。专用生产线有严格的生产节奏,被装配的产品或部件在生产线上按生产节拍连续或断续移动,在行进的过程中或停止在装配工位上进行装配,组织十分严密。装配过程中,可以采用专用装配工具及设备。对于成批或单件生产,多采用固定生产地的装配方式。产品固定在一块生产地上装配完毕,试验后再转到下一工序。

3) 生产条件

在制定装配工艺规程时,应仔细考虑现有的生产和技术条件,如装配车间的生产面积、装配工具和装配设备、装配工人的技术水平等,使所制定的装配工艺规程切合实际。对于新建厂,应注意广泛调查研究,设计出符合生产实际的装配工艺规程。

3. 装配工艺规程的内容及制定步骤

1) 产品图纸分析

从产品的总装图、部装图和零件图了解产品的结构和技术要求,审查产品结构的装配工艺性,研究装配方法,划分装配单元。

2) 确定生产组织形式

根据生产纲领和产品结构确定生产组织形式。

装配生产组织形式分为移动式和固定式两类,移动式又分为强迫节奏和自由节奏两种,如图 7 – 11 所示。

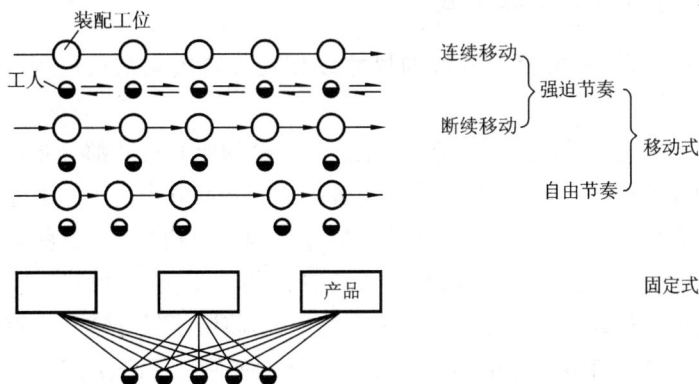

图 7 – 11　各种装配生产组织形式

移动式装配流水线工作时,产品在装配线上移动,有强迫节奏和自由节奏两种。前者的节奏是固定的,又可分为连续移动和断续移动两种方式。各工位的装配工作必须在规定的节奏时间完成,按节拍进行流水生产。装配中如出现装配不上或不能在节奏时间内完成装配工作等问题,应立即将装配对象调至线外处理,以保证流水线的流畅,避免产生堵塞。连续移动装配线作连续缓慢的移动,装配时工人随装配线走动,完成一个工位的装配工作后立即返回原地。对于断续移动装配线,装配线在工人进行装配时不动,到规定时间后装配线带着装配对象移动到下一工位,工人在原地不走动。移动式装配流水线多用于大批大量生产,产品可大可小,多用于仪器仪表等的装配,汽车拖拉机等大产品也可采用。

所谓固定式装配,是指产品固定在一个工地上进行装配。它也可以组织流水线生产作业,即由若干工人按装配顺序分工进行装配。这种方式多用于机床、汽轮机等成批生产。

3)装配顺序的决定

在划分装配单元的基础上决定装配顺序,是制定装配工艺规程中最重要的工作。划分的原则是先难后易、先内后外、先下后上,最后画出装配系统图。

4)装配方法的选择

装配方法主要是根据生产纲领、产品结构及其精度要求等确定。大批大量生产多采用机械化、自动化的装配手段;单件小批生产多采用手工装配。为了达到所要求的装配精度,大批大量生产多采用互换法、分组法和调整法,单件小批生产则多采用修配法。在目前的生产技术条件下,某些要求很高的装配精度仍然要靠高级技工手工操作及经验才能达到。

5)编制装配工艺文件

装配工艺文件主要有装配工艺过程卡、主要工序的装配工序卡、检验卡和试车卡等。装配工艺过程卡包括装配工序、装配工艺装备和工时定额等内容。简单的装配工艺过程卡有时可用装配系统图代替。

7.2 装配尺寸链

7.2.1 装配尺寸链的定义和形式

在机器的装配关系中,由相关零件的尺寸或相互位置关系组成的尺寸链称为装配尺寸链。

装配尺寸链与工艺尺寸链的区别在于:工艺尺寸链的所有尺寸都分布在同一个零件上,主要解决零件的加工精度问题;装配尺寸链的每一个尺寸都分布在不同的零件上,每个零件尺寸构成一个组成环,有时两个零件之间的间隙等也构成组成环,主要解决装配精度问题。装配尺寸链和工艺尺寸链都是尺寸链,具有共同的形式、计算方法和解题类型。

按照各个组成环和封闭环的相互位置分布情况,可将装配尺寸链分为直线尺寸链、平面尺寸链和空间尺寸链。直线尺寸链和平面尺寸链分别如图 7-12、图 7-13 所示。平面尺寸链可分解为两个直线尺寸链求解,如图 7-14 所示。

装配尺寸链还可分为长度尺寸链(如图 7-12、图 7-13、图 7-14 所示)和角度尺寸链。图 7-15 所示为一分度机构的角度尺寸链。

装配尺寸链中的并联、串联、混联尺寸链如图 7-16 所示。图中尺寸链 α 和 γ 构成并联尺寸链;尺寸链 α 和 β 构成串联尺寸联;尺寸链 α、β 和 γ 构成混联尺寸链。

在机床等精度项目要求较多的产品中,并联尺寸链、串联尺寸链和混链尺寸链比较多。在解一个装配尺寸链时,必须注意其相邻的并联和串联尺寸链,特别是并联尺寸链中的公共环。

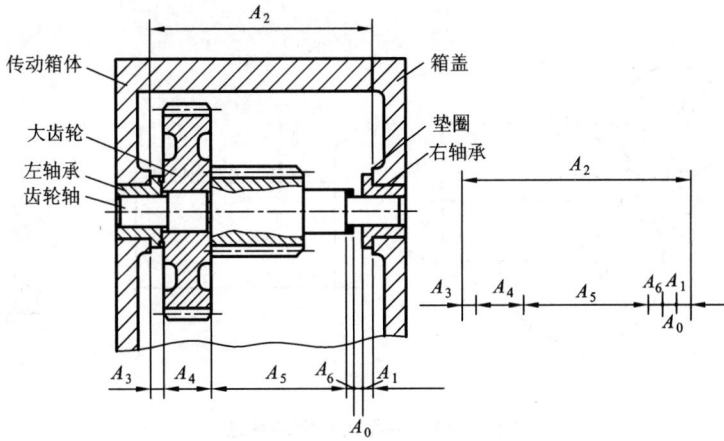

图 7 – 12 装配中的直线尺寸链

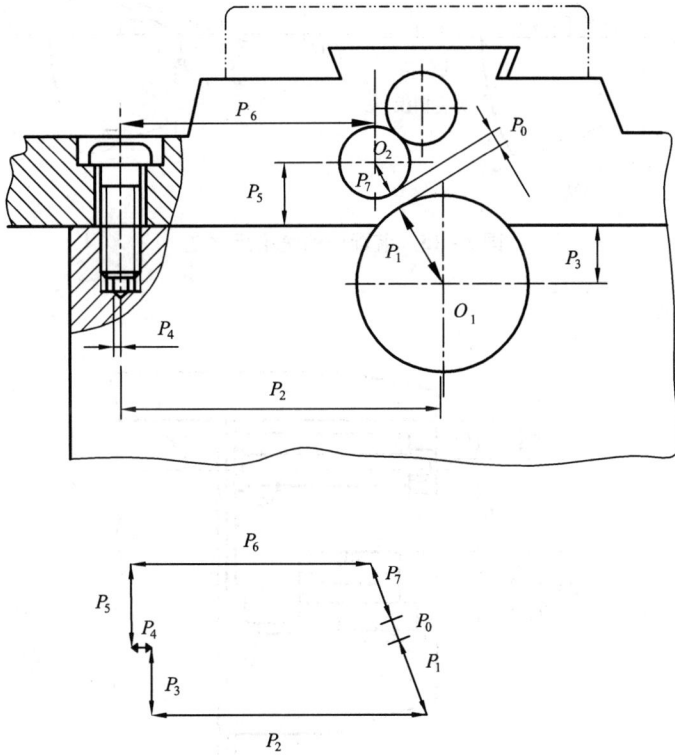

图 7 – 13 装配中的平面尺寸链

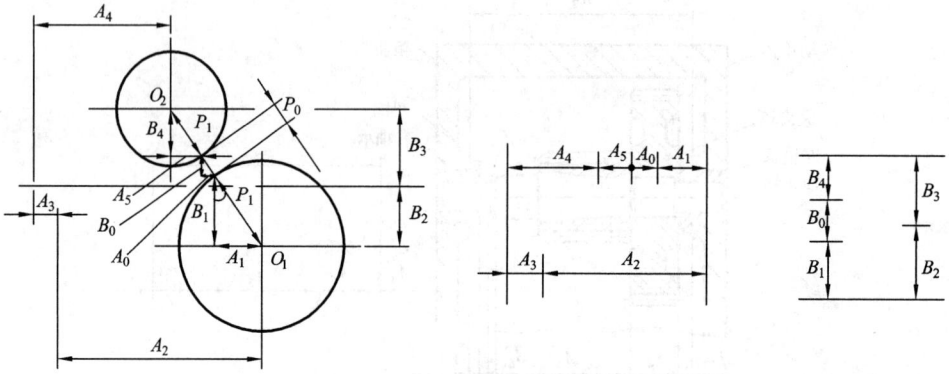

图 7 – 14　平面尺寸链的解法

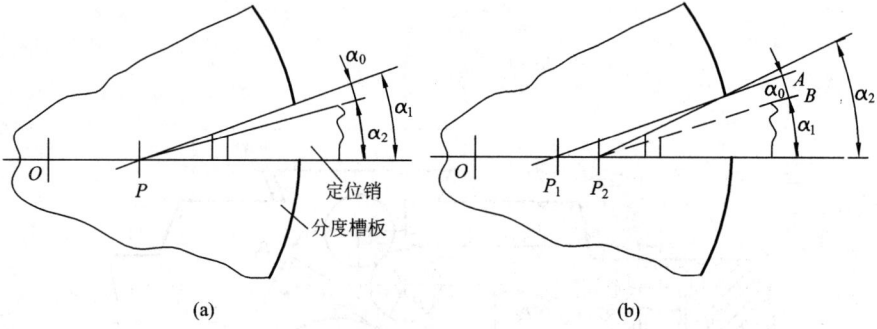

(a)　　　　　　　　　　(b)

图 7 – 15　装配中的角度尺寸链

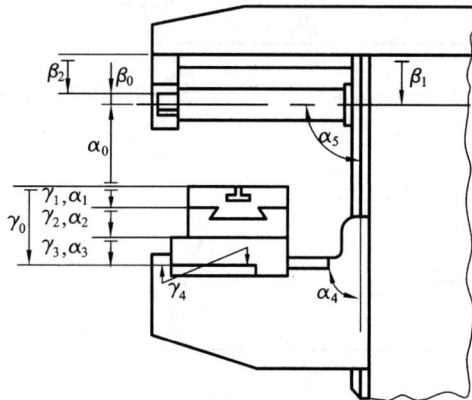

图 7 – 16　装配中的并联、串联、混联尺寸链

236

7.2.2　装配尺寸链的建立

装配尺寸链的建立是在装配图上,根据装配精度的要求,找出与该项精度有关的零件及其有关的尺寸,画出相应的尺寸链图。通常将与该项精度有关的零件称为相关零件,零件上有关的尺寸称为相关尺寸。装配尺寸链的建立是解决装配精度问题的第一步。只有所建立的装配尺寸链正确无误,求解才有意义。

装配尺寸链的建立可以分为如下三个步骤:判别封闭环、判别组成环和画出尺寸链图。下面以图 7 - 12 所示传动箱中传动轴的轴向装配尺寸链的建立为例进行说明。

1)判别封闭环

如图 7 - 12 所示,传动轴在两个滑动轴承中转动。为避免轴端与滑动轴承的端面产生摩擦,轴向应设计有间隙,为此在齿轮轴上套入了一个垫圈。从图中可以看出,间隙 A_0 的大小与大齿轮、齿轮轴、垫圈等零件有关,是由这些相关零件的相关尺寸决定的,所以间隙 A_0 为封闭环。在装配尺寸链中,由于装配精度要求往往与多个零件有关,不是由一个零件决定的,因此这些装配精度要求多为封闭环。但不能由此得出结论,认为凡是装配精度要求都是封闭环,因为装配精度不一定都有尺寸链问题。装配尺寸链的封闭环应该定义如下:装配尺寸链中的封闭环是装配过程中最后形成的环,也就是说,它的尺寸是由其他环的尺寸决定的。

在装配精度中,有些精度是两个零件之间的尺寸精度或形位精度,所以封闭环也是对两个零件之间的精度要求。这一点有助于判别装配尺寸链的封闭环。

2)判别组成环

判别组成环,就是要找出相关零件及相关零件上的相关尺寸。其方法是,从封闭环出发,按逆时针或顺时针方向依次找出相邻零件,直至返回封闭环,形成封闭尺寸链。应该注意,并非所有相邻零件都是组成环,因此还应判别是否是相关零件。如图 7 - 12 所示的结构,从间隙 A_0 开始向右,按逆时针方向依次找出其相邻零件右轴承、箱盖、传动箱体、左轴承、大齿轮、齿轮轴和垫圈,共 7 个零件。通过分析可知,箱盖对间隙 A_0 并无影响,故这个装配尺寸链的相关零件为右轴承、传动箱体、左轴承、大齿轮、齿轮轴和垫圈,共 6 个零件。再进一步找出相关尺寸 A_1,A_2,A_3,A_4,A_5 和 A_6,即可形成装配尺寸链。

3)画出尺寸链图

找出封闭环、组成环后,便可画出装配尺寸链图,并判别出增环和减环。根据所建立的装配尺寸链,就可以求解。

在建立装配尺寸链的过程中,应注意以下几个问题。

(1)封闭原则

装配尺寸链的封闭环和组成环必须构成封闭的环链。判别组成环时,应从封闭环出发寻找相关零件,一定要回到封闭环。

(2)最少环数原则

建立装配尺寸链时应力求组成环数最少,以利于保证装配精度。为使组成环数最少,必须注意相关零件的判别和装配尺寸链中的工艺尺寸链。

①一定要找相关零件。将图 7 - 12 齿轮箱装配图重画如图 7 - 17 所示。从图中可以看出,与间隙 A_0 相邻的零件和尺寸有 $A_1,A'_7,A''_7,A'_2,A''_2,A'''_2,A_3,A_4,A'_5,A''_5$ 和 A_6。通过分析

可知,箱盖是相邻零件,不是相关零件,因此装配尺寸链中应去掉 A'_7 和 A''_7 两个尺寸。图 7-16 所示的卧式万能铣床中,装配尺寸链 α 用于保证工作台横向移动时工作台面与主轴中心线的平行度,与 β_1,β_2,β_0 等尺寸无关,是一个 6 环尺寸链。β_1,β_2 和 β_0 构成另一尺寸链 β,用于保证悬吊孔与主轴中心线等高。在建立装配尺寸链时,必须找出路线最短的相邻零件,以使组成环数最少。在该铣床的生产中,往往将工作台(α_1)和回转盘(α_2)合并为一件进行加工和装配,使装配尺寸链 α 成为一个 5 环尺寸链。

②装配尺寸链中的工艺尺寸链。零件是组成机器的最小单元。在装配尺寸链中,一个零件上只应有一个尺寸作为组成环加入到装配尺寸链中。如果在一个零件上出现两个尺寸作为装配尺寸链中的组成环,则该零件上存在有工艺尺寸链。这时应先解决工艺尺寸链,再将所得到的封闭环尺寸加入到装配尺寸链中。图 7-17 所示装配尺寸链中的 A_2,A_5 环都有工艺尺寸链。A_7 环也有工艺尺寸链,但它不是该装配尺寸链的组成环,不必考虑。

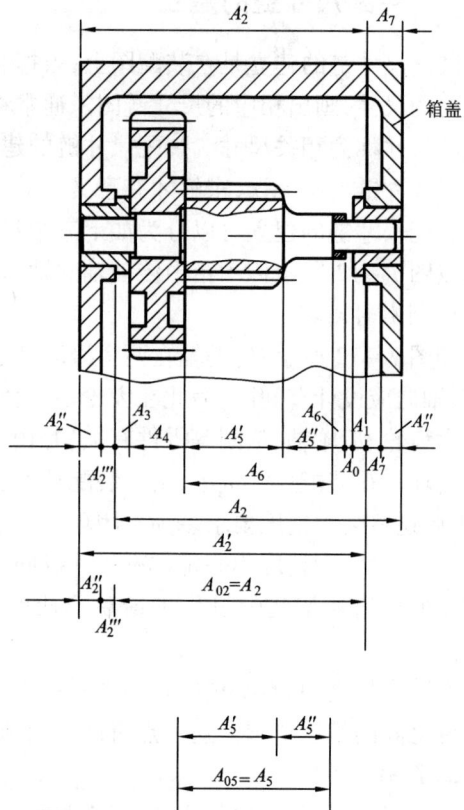

图 7-17 装配尺寸链中的工艺尺寸链

装配尺寸链中,有时会同时出现尺寸、形位误差和配合间隙等组成环。这时可以把形位误差和配合间隙视为基本尺寸为零的组成环。由于在一个零件上可能同时存在尺寸、形位误差和配合间隙,因此在考虑形位误差和配合间隙时,一个零件上可能会同时有两个组成环参加装配尺寸链。如图 7-12 所示的轴向尺寸装配尺寸链中,只考虑了相关零件的相关尺寸。实际上大齿轮、左轴承、右轴承等的孔与端面的垂直度,都会对间隙 A_0 产生影响。如果考虑这些因素,则装配尺寸链的环数会增多,求解也会复杂得多。因此,一般都进行简化。当形位误差和间隙相对于尺寸误差很小时,可以不考虑。

图 7-18 所示,是普通车床的一项重要精度要求,即装配时要求前后顶尖等高,且只允许后顶尖比前顶尖高。这个装配尺寸链的相关零件及相关尺寸较多,其尺寸链图如图 7-18(b)所示,有些零件上出现两个组成环。化简的尺寸链图如图 7-18(a)所示,是一个 4 环尺寸链,实际上是将一些形位误差组成环合并到尺寸上,并忽略了一些形位误差组成环。从图中还可以看出,组成环 A_1,A_3 本身又是一个装配尺寸链,整个装配尺寸链是一个复杂的并联尺寸链。

(3)增减环的判别

对于装配尺寸链中的组成环,增减环判别的原则是:当其他组成环的尺寸不变时,该组

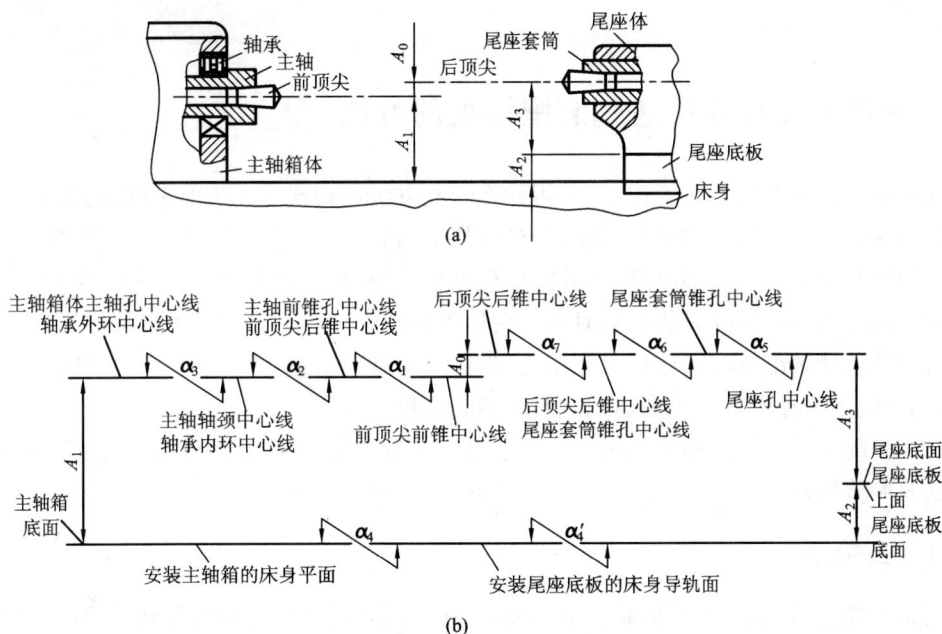

图 7-18 普通车床前后顶尖等高装配尺寸链

成环的尺寸增加使封闭环的尺寸也增加者为增环;该组成环的尺寸增加使封闭环的尺寸减小者为减环。

由于形位误差组成环的基本尺寸为零,其增减环的判定应根据该装配尺寸链封闭环的要求及装配工艺来定。图 7-18(b)所示的装配尺寸链中,α_1 是前顶尖中前后锥的同轴度。当前锥高于后锥时,其误差值增加将使封闭环减小,为减环;当前锥低于后锥时,其误差值增加将使封闭环增加,为增环。考虑到这项装配精度是要求后顶尖比前顶尖高,而且当封闭环 A_0 增大时可以方便地通过减小尾架底板厚度 A_2 来修配,故为增环较好。但从该环本身来看,可以是增环,也可以是减环。

对于封闭环基本尺寸为零的装配尺寸链,如对称度等,在建立装配尺寸链时,由于封闭环的位置不同,对组成环的增减环判断也不同。如图 7-19 所示,蜗轮蜗杆副的对称啮合精度可以出现两个装配尺寸链。通过分析认为,这项精度以采用修配蜗杆支架底面减小尺寸 A_1 来保证为好,即应采用图 7-19(a)和(b)所示的尺寸链为好,即 A_1 为增环。

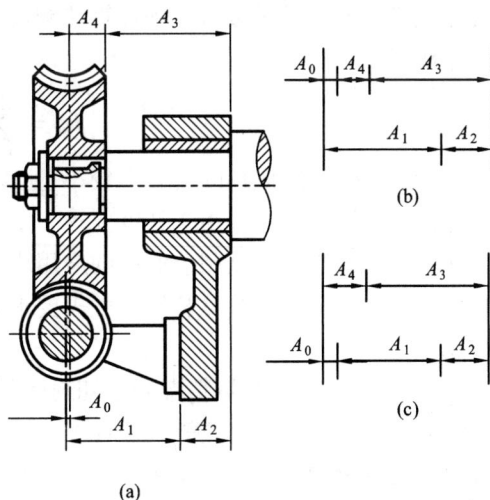

图 7-19 蜗轮蜗杆副对称啮合装配尺寸链

角度尺寸链的建立原则及步骤与长度尺寸链一样,但在组成环的选择和判断上比较复杂。

7.3 利用装配尺寸链达到装配精度的方法

在机械产品的各级装配工作中,采用什么装配方法达到规定的装配精度,特别是怎样以较低的零件精度达到较高的装配精度,怎样以最少的装配劳动量达到规定的装配精度,是装配工艺的核心问题。为了解决这一问题,应根据生产纲领、生产技术及产品的性能、结构和技术要求选择合理的装配方法。有时在一台机器的装配中同时采用多种装配方法。

合理地选择装配方法来达到装配精度,目前最有效的方法就是通过建立相应的装配尺寸链,用不同的装配工艺方法来达到所要求的装配精度。

利用装配尺寸链来达到装配精度的工艺方法一般可以分为如下四类:互换法、分组法、修配法及调整法。

7.3.1 互换法

所谓互换法,是指对加工检验合格的零件,在装配时不经任何调整和修配即可达到所要求的装配精度的装配方法。互换法又分为完全互换法和不完全互换法。

1. 完全互换法

所谓完全互换法,是指合格的零件在进入装配后,不经任何选择、调整和修配即可达到所要求的装配精度的装配方法。

加工合格的零件也有误差。采用完全互换法的装配工艺,要求无论当所有的增环零件都出现最大值,所有的减环零件都出现最小值时,还是当所有的增环零件都出现最小值,所有的减环零件都出现最大值时,装配精度均应合格,即实现所有零件的完全互换。

完全互换法的特点是:装配容易,对工人技术水平的要求不高,装配生产率高,装配时间定额稳定,易于组织装配流水线生产,企业之间的协作与备品问题也较易解决。

完全互换法装配是用极值法来计算装配尺寸链,其封闭环的公差与各组成环的公差之间的关系满足

$$T_0 = \sum_{i=1}^{m} T_i \tag{7-1}$$

显然,当环数较多时,组成环的公差会较小,使零件精度提高,加工发生困难,有时甚至不能达到。因此这种装配方法多用于精度要求不太高的短环装配尺寸链。

完全互换法在现代机械制造业中的应用十分广泛,特别是广泛应用于大量生产。一方面是由于大量生产有生产节奏和经济性等要求;另一方面则是从使用维修方面考虑有互换性的要求。

对于装配尺寸链,大多数情况是已知封闭环的尺寸和公差,求解组成环的尺寸和公差的问题,可用等公差值法、等公差等级法或经验法来确定各组成环的公差。

2. 不完全互换法

当装配精度要求较高,且装配尺寸链的组成环较多时,若采用完全互换法装配,势必导致各组成环的公差很小,加工困难,甚至不可能加工。用概率法分析可知,装配时所有零件

同时出现极值的概率很小;所有增环零件都出现最大值,所有的减环零件都出现最小值,或所有增环零件都出现最小值,所有减环零件都出现最大值的概率就更小。因此可以舍弃这些情况,将组成环的公差适当加大。对装配时出现的为数不多的组件、部件或机械制品的装配精度不合格的现象,可留待以后再分别进行处理。这种装配方法称为不完全互换法。

不完全互换法和完全互换法的装配过程没有大的区别,只是前者会产生为数不多的不合格品,故又称为部分互换。由于不合格品的数量不会太多,故对装配工作的影响不大。在实际生产中,由于影响生产的因素非常复杂,即使是采用完全互换法装配,也会产生个别的不合格品。

不完全互换法的基本理论是数理统计方法,即按照所有零件出现尺寸分布曲线的状态处理。假定封闭环的尺寸分布是正态分布曲线,其尺寸分散范围为 $\pm 3\sigma$,则制品的合格品率可达 99.73%,只有 0.27% 的制品不能达到装配精度要求或不能装配。

下面以用等公差值法解算已知封闭环求解组成环的问题为例,对不完全互换法和完全互换法进行比较。

完全互换法(极值法):

$$T_i = \frac{T_0}{m} \tag{7-2}$$

不完全互换法(统计法)

$$T_i = \frac{T_0}{\sqrt{m}} = \frac{\sqrt{m}T_0}{m} \tag{7-3}$$

由式(7-2)、式(7-3)可知,用不完全互换法时,组成环的公差比采用完全互换法时可以加大至 $\sqrt{m}$ 倍。这对于环数较多的尺寸链来说,其效果是非常显著的。

不完全互换法的特点是可以扩大组成环的公差,并保证封闭环的精度,但会有少量制品需进行返修,因此多应用于生产节奏不是很严格的大批量生产。统计法对精度不太高的长环尺寸链比较有利,故不完全互换法多应用于装配精度要求不太高,环数又比较多的装配尺寸链。

7.3.2 分组法

当封闭环的精度要求很高,用完全互换法或不完全互换法解算装配尺寸链时,组成环的公差非常小,导致加工十分困难且不经济。这时,可将组成环的公差增大若干倍(一般为3~6倍),使组成环零件能按经济公差加工,然后将各组成环按原公差大小分组,再按相应组进行装配,这种装配方法称为分组法。其实质仍是互换法,只是变为按组互换。它既能扩大各组成环的公差,使其能按经济公差进行加工,又能保证装配精度的要求。

采用分组法的前提是必须保证在装配中各组的配合精度和配合性质(间隙或过盈)与原来的要求相同,否则就不能保证装配精度的要求。下面以轴和孔配合为例加以说明。

图 7-20 表示轴和孔的配合情况。设轴的公差为 T_s,孔的公差为 T_h,$T_s = T_h = T$,即轴和孔的公差相等。这是一个简单的三环尺寸链,封闭环为配合性质(间隙或过盈),轴、孔为组成环。图中,左边为过盈配合的情况,右边为间隙配合的情况。在间隙配合情况下,原来的最大间隙为 X_{max},即 X_{max1};最小间隙为 X_{min},即 X_{min1}。现在采用分组互换法,将 T_s 和 T_h 同方

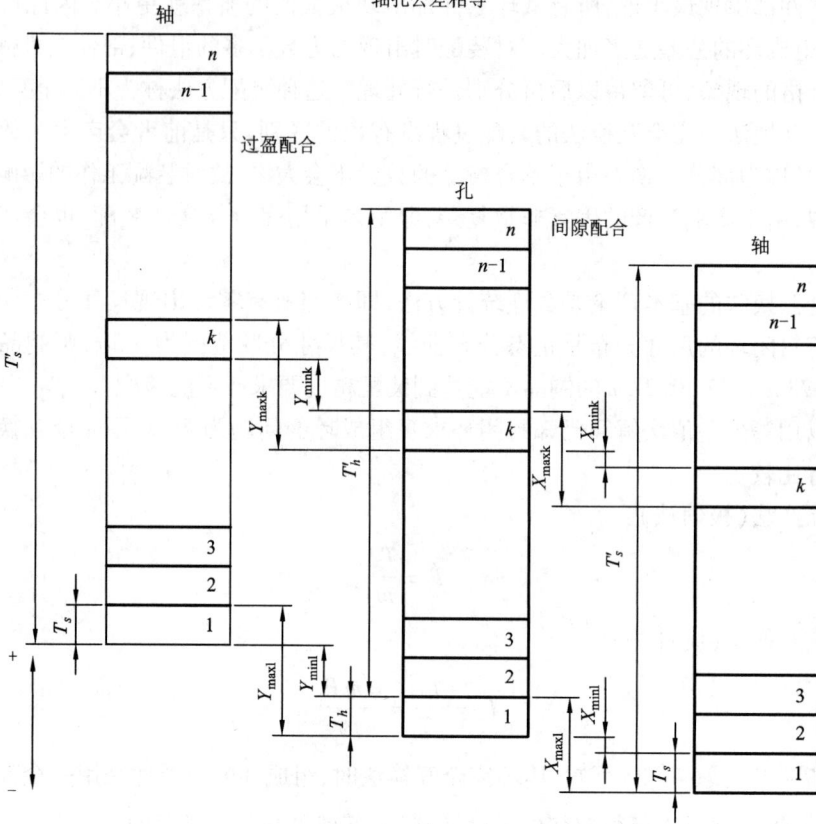

图 7 - 20 轴孔公差相等时的分组互换法

向增大 n 倍,分别增大至 $T'_s = nT_s$, $T'_h = nT_h$,再将 T'_s 和 T'_h 分成 n 组,按相应组的 T_s 和 T_h 进行装配。取任一组 k,只要证明其配合精度和配合性质与原来一致,则说明这种装配方法可行。由图可知,第 k 组的最大间隙为

$$X_{\max k} = X_{\max 1} + (k-1)T_h - (k-1)T_s$$
$$= X_{\max 1} + (k-1)T - (k-1)T = X_{\max 1} = X_{\max}$$

最小间隙为

$$X_{\min k} = X_{\min 1} + (k-1)T_h - (k-1)T_s$$
$$= X_{\min 1} + (k-1)T - (k-1)T = X_{\min 1} = X_{\min}$$

配合精度为

$$T_k = \frac{X_{\max k} - X_{\min k}}{2} = \frac{X_{\max 1} - X_{\min 1}}{2} = \frac{T_h + T_s}{2} = T$$

由此可见,配合精度和性质都未改变。同理可证明过盈配合情况下的配合精度和性质也未改变。因此,当两相配零件的公差相等时,同向增大其公差后按原公差分组,再按组进行装配是可行的。

图 7 - 21 表示轴和孔的公差不相等时的情况,即 $T_h \neq T_s$, $T_h > T_s$。由图中可知,第 k 组

242

轴孔公差不相等

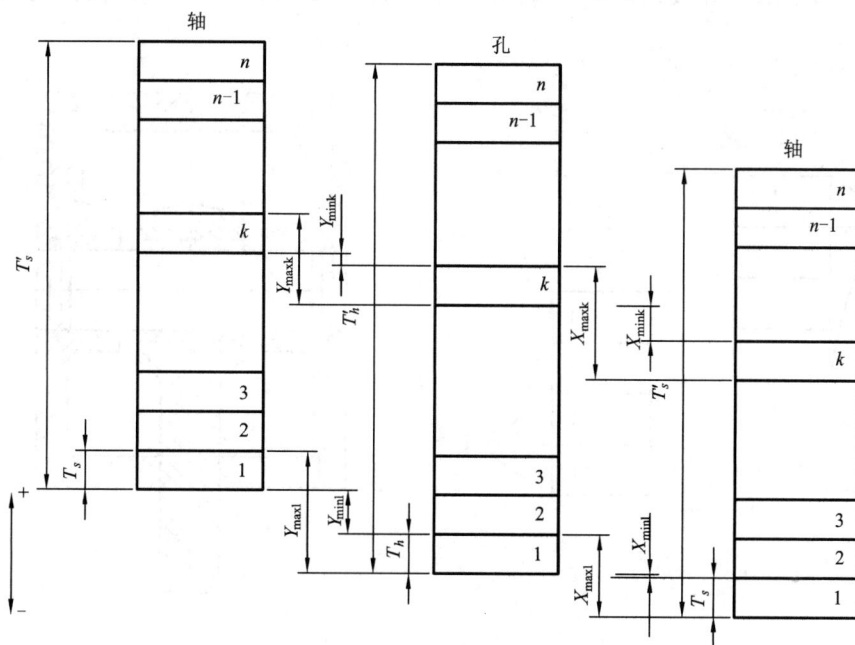

图 7 - 21　轴孔公差不相等时的分组互换法

的最大间隙为

$$X_{\max k} = X_{\max 1} + (k-1)T_h - (k-1)T_s = X_{\max 1} + (k-1)(T_h - T_s)$$

最小间隙为

$$X_{\min k} = X_{\min 1} + (k-1)T_h - (k-1)T_s = X_{\min 1} + (k-1)(T_h - T_s)$$

配合精度为

$$T_k = \frac{X_{\max k} - X_{\min k}}{2} = \frac{\left[X_{\max 1} + (k-1)(T_h - T_s) \right] - \left[X_{\min 1} + (k-1)(T_h - T_s) \right]}{2}$$

$$= \frac{X_{\max 1} - X_{\min 1}}{2} = \frac{T_h + T_s}{2} = T$$

由此可知,这时的配合精度未变,但配合性质改变了。同理可证明过盈配合的情况。所以,一般来说,两配合件公差不相等时,不能采用分组法进行装配。

分组法的特点是:

(1)一般只适用于组成环的公差都相等的装配尺寸链。

(2)零件分组后,应保证装配时能够配套。如果组成环的尺寸分布曲线都是正态分布曲线,则可以实现配套装配。若如图 7 - 22 所示,组成环的尺寸分布不是正态分布曲线,则会出现各组零件数不等而不能配套装配。实际生产中,这种情况经常出现,容易造成制品积压,有时甚至需下达专门任务来解决。

(3)分组数不宜太多。分组数就是公差扩大的倍数,分组数多表示公差扩大的倍数多,这将使装配组织工作变得复杂。因此,分组数只要使零件的加工精度达到经济精度即可以。

分组法多用于封闭环精度要求较高的短环尺寸链。一般组成环只有 2~3 个,因此应用范围较窄。下面以汽车发动机中活塞、活塞销和连杆的分组装配为例,具体说明其应用。

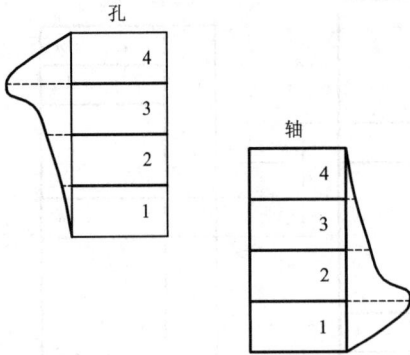

图 7-22 分组互换法中各组尺寸分布不对应的情况

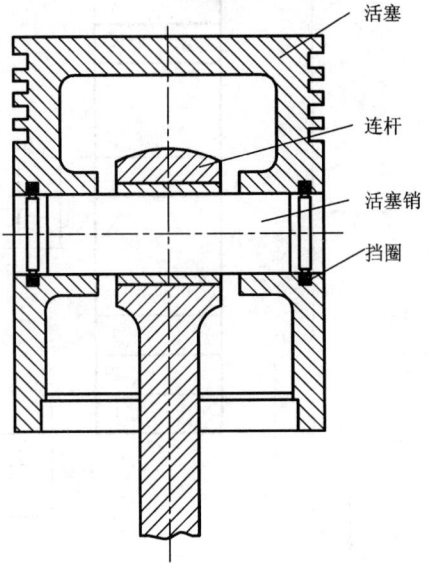

图 7-23 活塞、活塞销和连杆组装图

如图 7-23 所示是活塞、活塞销和连杆的组装图。活塞销和活塞销孔为过盈配合,活塞销和连杆小头孔为间隙配合。

活塞销和活塞销孔的最大过盈量为 0.0075mm,最小过盈量为 0.0025mm。为此要求活塞销的直径为 $\phi25^{-0.0100}_{-0.0125}$,活塞销孔的直径为 $\phi25^{-0.0150}_{-0.0175}$,公差均为 0.0025mm,加工相当困难。现将活塞销和活塞销孔的公差都扩大 4 倍,则活塞销的直径变为 $\phi25^{-0.0025}_{-0.0125}$,活塞销孔的直径变为 $\phi25^{-0.0075}_{-0.0175}$,再分为 4 组,按相应的组进行装配。各组的具体情况见表 7-1。

表 7-1　活塞销和活塞销孔的分组装配　　　　　　　　　　　　　　mm

分组组别	标志颜色	活塞销孔直径	活塞销直径	配　合　性　质	
				最大过盈	最小过盈
第一组	白	$\phi25^{-0.0075}_{-0.0100}$	$\phi25^{-0.0025}_{-0.0050}$	0.0075	0.0025
第二组	绿	$\phi25^{-0.0100}_{-0.0125}$	$\phi25^{-0.0050}_{-0.0075}$		
第三组	黄	$\phi25^{-0.0125}_{-0.0150}$	$\phi25^{-0.0075}_{-0.0100}$		
第四组	红	$\phi25^{-0.0150}_{-0.0175}$	$\phi25^{-0.0100}_{-0.0125}$		

活塞销和连杆小头孔的最大间隙为 0.0075mm，最小间隙为 0.0025mm，同样也将它们的公差扩大 4 倍，活塞销直径仍为 $\phi25^{-0.0025}_{-0.0125}$，连杆小头孔直径变为 $\phi25^{+0.0025}_{-0.0125}$。活塞销和连杆小头孔分组装配的情况见表 7 - 2。

在发动机的装配中，要求同一发动机各连杆的质量相等，因此连杆还应按质量分组，使整个装配工作变得更加复杂。

无论是完全互换法、不完全互换法，还是分组法，其特点都是能够互换。这一点对于大批大量生产的装配非常重要。

表 7 - 2　活塞销和连杆小头孔的分组装配　　　　　　　　　mm

分组组别	标志颜色	活塞销孔直径	连杆小头孔直径	配 合 性 质	
				最大间隙	最小间隙
第一组	白	$\phi25^{-0.0025}_{-0.0050}$	$\phi25^{+0.0025}_{0}$		
第二组	绿	$\phi25^{-0.0050}_{-0.0075}$	$\phi25^{0}_{-0.0025}$	0.0075	0.0025
第三组	黄	$\phi25^{-0.0075}_{-0.0100}$	$\phi25^{-0.0025}_{-0.0050}$		
第四组	红	$\phi25^{-0.0100}_{-0.0125}$	$\phi25^{-0.0050}_{-0.0075}$		

7.3.3　修配法

在环数较多的装配尺寸链中，当封闭环的精度要求较高时，若采用互换法进行装配，势必导致组成环的公差很小，增加机械加工的难度并影响经济性。这时可以采用修配法来装配，即将各组成环按经济公差制造，选定一个组成环作为修配环（也称补偿环），装配时通过修配该环的尺寸来满足封闭环的精度要求。因此修配法的实质是扩大组成环的公差，装配时通过修配达到装配精度，装配后不能互换。

修配法主要应用于成批或单件生产。修配法又有单件修配法、"就地加工"修配法及"合并加工"修配法之分。下面仅介绍单件修配法。

单件修配法最常见的应用是在单件生产中键与键槽的配合。这是一个最简单的三环尺寸链。键和键槽都按经济公差制造，选择键作为修配环。装配时，按照键槽的实际大小修配键的尺寸以达到配合的要求。这时键的尺寸应做得稍大一些，以保证装配时有适当的修配量。也可以选键槽为修配环。装配时，按键的实际尺寸修配键槽的尺寸以达到配合的要求。这时键槽的尺寸应做得小一些，以便在装配时能进行修配。由于修配键比较方便，故一般都选择键作为修配环。键与键槽修配后成对使用，不能互换。

单件修配法中，主要问题有修配环的选择、修配量的计算及修配环基本尺寸的计算等。下面举例加以说明。

普通车床前后顶尖相对于导轨的等高性，是一个多环装配尺寸链。生产中通常将其简化为一个四环装配尺寸链，如图 7 - 18(a) 所示。

$$A_0 = 0^{+0.06}_{+0.03}, A_1 = 160, A_2 = 30, A_3 = 130$$

画出尺寸链图如图 7 - 24 所示。

该项精度若用完全互换法求解,按等公差值法计算,则

$$T_1 = T_2 = T_3 = \frac{0.03}{3} = 0.01$$

要达到这样的加工精度是比较困难的。

若采用不完全互换法求解,也按等公差值法进行计算,则

$$T_1 = T_2 = T_3 = \frac{0.03}{\sqrt{3}} = 0.017$$

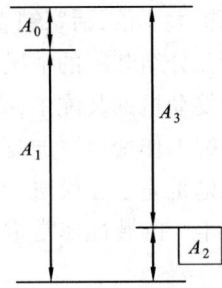

图 7 - 24　单件修配法

零件的加工仍然相当困难,因此用修配法来装配。

(1)确定各组成环的公差

各组成环均按经济公差制造,则

$$A'_1 = 160 \pm 0.1, A'_2 = 30^{+0.2}_{0}, A'_3 = 130 \pm 0.1$$

考虑到主轴箱前顶尖至导轨面的尺寸精度和尾架后顶尖至导轨面的尺寸精度不易控制,故采用双向公差。尾架底板的厚度容易控制,故采用单向公差。由于这项精度是要求后顶尖高于前顶尖,故 A'_2 取正公差。

(2)选择修配环

在这几个零件中,以尾架底板的加工最为方便,故取 A_2 为修配环,在尺寸链图上将 A_2 加一个方框来表示,见图 7 - 24。A_2 环是增环,修刮它时会使封闭环的尺寸减小。

(3)修配环基本尺寸的确定

按照所确定的各组成环公差,用极值法计算新封闭环的公差,由竖式法(表 7 - 3)得到: $A'_0 = 0^{+0.4}_{-0.2}$。

表 7 - 3　竖式法计算尺寸链　　　　　　　　　　　　　　　mm

尺寸链环	基本尺寸	ES	EI
减环 $\overleftarrow{A'_1}$	-160	+0.1	-0.1
增环 $\boxed{\overrightarrow{A'_2}}$	+30	+0.2	0
增环 $\overrightarrow{A'_3}$	+130	+0.1	-0.1
封闭环 A'_0	0	+0.4	-0.2

与原封闭环要求值 $A_0 = 0^{+0.06}_{+0.03}$ 进行比较可知,新封闭环的上偏差 $ES(A'_0)$ 大于原封闭环的上偏差 $ES(A_0)$,即 $ES(A'_0) > ES(A_0)$。由于修配环 A_2 是增环,减小它的尺寸会使封闭环的尺寸减小,所以只要修配 A_2 的尺寸就可以满足封闭环的要求。

新封闭环的下偏差 $EI(A'_0)$ 小于原封闭环的下偏差 $EI(A_0)$,即 $EI(A'_0) < EI(A_0)$。当新封闭环出现下偏差时,尺寸已小于原封闭环,由于修配环是增环,减小它的尺寸已无济无事,反而会使新封闭环的尺寸更小,但又不可能增大修配环的尺寸(因为修配法只能够在装配时现场进行加工来减小修配环尺寸),因此这时只有先增大修配环的基本尺寸满足 $EI(A'_0) > EI(A_0)$,即可以通过修配 A_2 来满足对 A_0 的要求。

取修配环基本尺寸的增加值 ΔA_2 为

$$\Delta A_2 = |\text{EI}(A'_0) - \text{EI}(A_0)| = |-0.2 - 0.03| = 0.23$$

则

$$A''_2 = (30 + 0.23)^{+0.2}_{0} = 30.23^{+0.2}_{0}$$

也就是说,在零件加工时,尾架底板的基本尺寸应增大至30.23。

所以,在选增环为修配环时,各组成环按经济公差制造,用极值法算出新封闭环 A'_0,若 $\text{EI}(A'_0) > \text{EI}(A_0)$,则修配环的基本尺寸不变,或减小 $|\text{EI}(A'_0) - \text{EI}(A_0)|$;若其下偏差 $\text{EI}(A'_0) < \text{EI}(A_0)$,则修配环的基本尺寸应增大 $|\text{EI}(A'_0) - \text{EI}(A_0)|$。

(4)修配量的计算

修配量 δ_c 可直接由 A'_0 和 A_0 算出

$$\delta_c = T'_0 - T_0 = 0.6 - 0.03 = 0.57$$

也可以根据修配环增大尺寸后的数值 A''_2 算出封闭环 A''_0,经比较后得到修配量

$$A''_2 = 30.23^{+0.2}_{0} = 30^{+0.43}_{+0.23}$$

由竖式法(表7-4)算得,$A''_0 = 0^{+0.63}_{+0.03}$,与 $A_0 = 0^{+0.06}_{+0.03}$ 进行比较,可知

最大修配量 $\delta_{cmax} = 0.63 - 0.06 = 0.57$

最小修配量 $\delta_{cmin} = 0$

表7-4 竖式法计算尺寸链　　　　　　　　　　　mm

尺寸链环	基本尺寸	ES	EI
减环 $\overleftarrow{A'_1}$	-160	+0.1	-0.1
增环 $\overrightarrow{A''_2}$	+30	+0.43	+0.23
增环 $\overrightarrow{A'_3}$	+130	+0.1	-0.1
封闭环 A''_0	0	+0.63	+0.03

在机床的装配中,尾架底板与床身导轨接触面需要进行刮研,以保证所要求的接触点,故必须留有一定的刮研量。取刮研量为0.15mm,则修配环的基本尺寸还应增加一个刮研量,则有

$$A'''_2 = (A''_2 + 0.15)^{+0.2} = (30 + 0.23 + 0.15)^{+0.2} = 30^{+0.58}_{+0.38}$$

用竖式法可以算出 $A'''_0 = 0^{+0.78}_{+0.18}$,可得

最大修配量为 $\delta'_{cmax} = 0.78 - 0.06 = 0.72$

最小修配量为 $\delta'_{cmin} = 0.18 - 0.03 = 0.15$

也可直接由比较 A''_0 和 A_0 得到的最大、最小修配量 δ_{cmax},δ_{cmin} 加上0.15,便可得到 δ'_{cmax} 和 δ'_{cmin}。

也可选减环作为修配环,有关计算与此类似。

现将单件修配法中的几个主要问题总结如下:

(1)修配环(补偿环)的选择

应选择易于修配加工的零件作为修配环,即所选修改环零件应较小且易于加工。

若有并联尺寸链,应不选公共环为修配环,因为公共环的尺寸变动会同时影响几个尺

寸链。

（2）修配环基本尺寸的决定

修配环的尺寸必须有充分的修配量，以便装配时能在现场加工掉多余部分，保证封闭环的精度要求。

修配环为增环时，其尺寸变小会使封闭环尺寸变小。按经济公差计算出新封闭环 A'_0 后，若其下偏差 $EI(A'_0) > EI(A_0)$，则修配环的基本尺寸不必改动，或减小 $|EI(A'_0) - EI(A_0)|$；若其下偏差 $EI(A'_0) < EI(A_0)$，则修改环的基本尺寸应增大 $|EI(A'_0) - EI(A_0)|$。

修配环为减环时，其尺寸变小会使封闭环尺寸加大。按经济公差计算出新封闭环 A'_0 后，若其上偏差 $ES(A'_0) < ES(A_0)$，则修配环的基本尺寸不必改动，或减小 $|ES(A'_0) - ES(A_0)|$；若其上偏差 $ES(A'_0) > ES(A_0)$，则修配环的基本尺寸应增大 $|ES(A'_0) - ES(A_0)|$。

（3）修配量的决定

修配量 $\delta_c = T'_0 - T_0$，即等于按经济公差计算出的新封闭环公差与原封闭环公差的差值。

机床、仪器等的精度、配合等要求较高，装配时需要进行刮研，故应在修配量中加上刮研量，最小修配量即等于刮研量。

7.3.4　调整法

修配法一般需在现场进行修配，因而限制了它的应用。对于大批大量生产，可以采用更换不同尺寸大小的某个组成环，或调整某个组成环的位置的方法，达到封闭环的精度要求。这种装配方法称为调整法。所选的组成环称为调整环。调整法的实质也是扩大组成环的公差，即各组成环按经济公差制造，并保证封闭环的精度。所选的调整环可以是一个，也可以是几个，组成一个调整环系统。

调整法又可分为：固定调整法、可动调整法、误差抵消调整法及合并调整法。下面仅介绍固定调整法。

所谓固定调整法，是指在装配尺寸链中选定一个（或几个）零件作为调整环（如垫圈、垫片、轴套等），根据封闭环的精度要求来确定它们的尺寸，以保证封闭环的精度。所选的调整环起补偿作用，因此也称为补偿环或补偿件。调整环中，有些是可以自由组合成所需尺寸的，称为自由组合调整环；有的是固定分组构成所需尺寸的，称为固定分组调整环。

1. 自由组合调整环

如图 7-25 所示，是用调整法来达到一对锥齿轮的啮合间隙要求。啮合间隙一般要求为 0.07~0.15mm。从图中看出，这里有两个装配尺寸链。其中，垂直轴的尺寸链中专门设计了调整环（垫圈 A）来调整小锥齿轮的位置；水平轴的尺寸链中专门设计了调整环（垫圈 B）来调整大锥齿轮的位置。

装配步骤如下：首先按设计尺寸 B 将水平轴装好，确定水平轴锥齿轮的位置。然后装垂直轴锥齿轮，先装一尺寸较小的调整环 A_2，将锥齿之间的间隙调整至达到规定的要求，测量 A_2 所需的实际尺寸，再选出符合实测尺寸的调整环 A_2，重新进行装配。如果啮合间隙仍不合适，则再修正 A_2 环的值并重新装配。由于垂直轴的结构已考虑了拆装的要求，垂直轴齿轮可以从前方抽出,因此这种方法是可行的。如果调整 A_2 不能满足啮合间隙的要求,则再调整 B_3 的尺寸。

在大量生产中,调整环 A_2 是做成自由组合式的。先做一种基本尺寸垫圈,其尺寸一般都小于实际需要的尺寸,再按一定间隔的尺寸,如尺寸 0.1,0.2,0.5,0.01,0.02,0.05 等,制作薄垫圈。由一个基本尺寸垫圈加上这些薄垫圈即可组合成任何尺寸,从而满足装配精度的要求。调整环 B_3 也可制成自由组合式的。

这些一定尺寸间隔的薄垫圈等调整环可由专门工厂或车间按所需尺寸生产,装配工作地应配备有专门的装备来进行管理。

2. 固定分组调整环

图 7 - 25 所示的实例,也可采用固定分组调整环进行装配。这样装配工作可以简单得多。下面以图中的垂直轴齿轮为例说明如何进行分组调整。

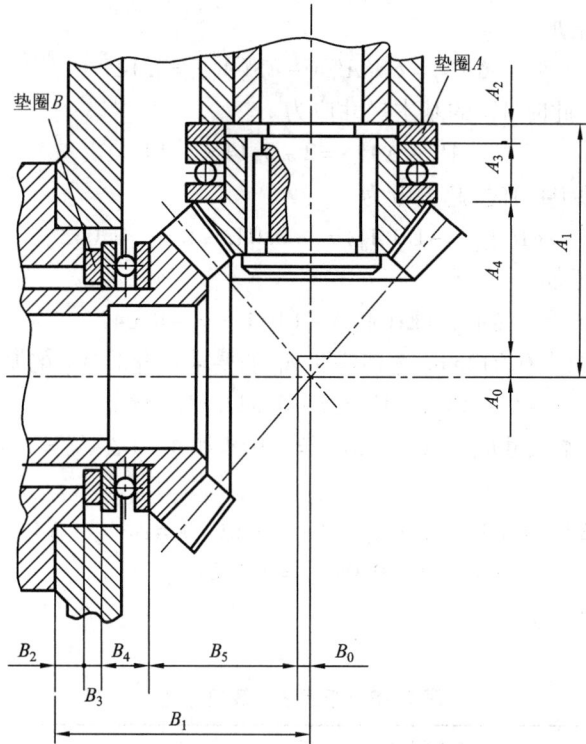

图 7 - 25 锥齿轮啮合间隙的调整

(1)确定各组成环的经济公差

这是一个五环尺寸链。封闭环 A_0 是锥齿轮的齿面锥顶与水平齿轮轴线的重合度允差。按实际工作要求,A_0 应小于 0.048,但不得小于零,以保证啮合时有齿隙。如果用完全互换法或不完全互换法解这个尺寸链,各组成环的公差太小,所以采用调整法。各组成环按经济公差制造。

A_1 为箱体垂直孔内端面至水平孔中心线的距离,加工比较困难。为了保证齿隙,该尺寸取正公差,选 $A_1 = 56^{+0.074}_{0}$。

A_2 为垫圈厚度,这是调整环。加工时尺寸容易保证,为了保证齿隙,取负公差,选 $A_2 = 2^{0}_{-0.01}$。

A_3 为止推轴承厚度。根据轴承制造情况选 $A_3 = 20 \pm 0.042$。

A_4 为锥齿轮齿面锥顶至轴向定位面的距离,选 $A_4 = 34^{0}_{-0.062}$。

(2)调整环调整尺寸范围的计算

根据按经济公差确定的组成环尺寸,用竖式法(见表 7-5)算出这时的封闭环尺寸及公差为 $A'_0 = 0^{+0.188}_{-0.042}$ mm。

与封闭环要求的尺寸 $A_0 = 0^{+0.048}_{0}$ mm 比较知,A'_0 不能满足 A_0 的要求,需要修改调整环 A'_2 的基本尺寸。

当 A'_0 取上限值(0 + 0.188)mm 时,超差量为
$$ES(A'_0) - ES(A_0) = 0.188 - 0.048 = 0.14,$$
即 A'_2 的基本尺寸应增加
$$\Delta A'_{2s} = ES(A'_0) - ES(A_0) = 0.14$$
才能满足 A_0 的要求。此时 A'_2 的基本尺寸应为
$$A'_2 + \Delta A'_{2s} = 2 + 0.14 = 2.14$$
当 A'_0 取下限值(0 - 0.042)时,超差量为
$$EI(A'_0) - EI(A_0) = -0.042 - 0 = -0.042$$
须使 A'_2 的基本尺寸增加
$$\Delta A'_{2i} = EI(A'_0) - EI(A_0) = -0.042$$
即 A'_2 的基本尺寸应减小 0.042mm,才能满足 A_0 的要求。此时 A'_2 的基本尺寸应为
$$A'_2 + \Delta A'_{2i} = 2 - 0.042 = 1.958$$
因此,调整环 A'_2 的基本尺寸应在 $A'_2 + \Delta A'_{2i} = 1.958$ 和 $A'_2 + \Delta A'_{2s} = 2.14$ 的范围内调整,调整范围为
$$\Delta A'_2 = (A'_2 + \Delta A'_{2s}) - (A'_2 + \Delta A'_{2i}) = \Delta A'_{2s} - \Delta A'_{2i}$$
$$= 0.14 - (-0.042) = 0.182$$

A'_2 的制造公差仍为 0.01。

表 7-5　竖式法计算尺寸链　　　　　　　　　　　mm

尺寸链环	基本尺寸	ES	EI
增环 $\vec{A}'_1$	+56	+0.074	0
减环 $\overleftarrow{A}'_2$	-2	+0.01	0
减环 $\overleftarrow{A}'_3$	-20	+0.042	-0.042
减环 $\overleftarrow{A}'_4$	-34	+0.062	0
封闭环 A'_0	0	+0.188	-0.042

（3）确定调整环基本尺寸的分组数

求出调整范围 $\Delta A'_2 = 0.182$ 后，可按下式求出调整范围的分组数 n：

$$n = \frac{\Delta A'_2}{T_0 - T_c} + 1$$

式中 $\Delta A'_2$——调整环基本尺寸的调整范围；

T_0——封闭环原来要求的公差；

T_c——调整环本身的制造公差，即例中 A_2 的公差 0.01。

因为封闭环原来要求的公差为 T_0，因此调整范围应按照 T_0 的尺寸间隔来分组，这样即可满足封闭环的要求。但是，由于调整环本身也有制造公差，所以尺寸间隔应缩小调整环本身的制造公差，即尺寸间隔为 $T_0 - T_c$。

由 $\frac{\Delta A'_2}{T_0 - T_c}$ 得出的间隔数，加 1 后才是分组数，即分组数 n = 间隔数 + 1。

代入有关数值，可得

$$n = \frac{\Delta A'_2}{T_0 - T_c} + 1 = \frac{0.182}{0.048 - 0.01} + 1 = \frac{0.182}{0.038} + 1 = 4.79 + 1 = 5.29$$

分组数不能为小数，可适当圆整至接近的整数，一般圆整值应大于实算值，故取 $n = 6$，即调整范围应为 6 组。

（4）求算各组尺寸

由调整范围 $\Delta A'_2$ 和分组数 n，可求出实际的间隔尺寸 $\Delta A''_2$

$$\Delta A''_2 = \frac{\Delta A'_2}{n-1} = \frac{0.182}{5} = 0.0364$$

再按调整环的基本尺寸范围 1.958 ~ 2.14，从最小尺寸开始，可得各组尺寸为：1.958，1.994，2.030，2.067，2.104，2.140，再标注制造公差，最后可得：

$$A_{21} = 1.958 _{-0.01}^{0}$$

$$A_{22} = 1.994 _{-0.01}^{0}$$

$$A_{23} = 2.030 _{-0.01}^{0}$$

$$A_{24} = 2.067 _{-0.01}^{0}$$

$$A_{25} = 2.104 _{-0.01}^{0}$$

$$A_{26} = 2.140 _{-0.01}^{0}$$

调整环即垫圈的厚度，可按这 6 组尺寸制作。各组的数量可按尺寸分布曲线决定。

固定分组调整法虽然比修配法方便，但仍然比较麻烦。因为事先需要配置各种尺寸的调整环。对于固定分组调整来说，如果封闭环公差较小，各组成环按经济公差制造，可能造成分组数太多，给实际装配工作带来不便。一般分组数为 2 ~ 6 组比较合适。

利用装配尺寸链原理达到装配精度的方法很多，随着生产技术的发展还会有许多新的创造和开发。现就当前情况对装配尺寸链的几个问题做进一步的说明。

（1）利用装配尺寸链原理达到装配精度的方法虽然很多，但从实质上看可以归纳为两类。一类是以精对精，一类是以粗对精。前者是完全互换法，后者是其他装配方法。

（2）上述装配尺寸链分析，都只是数学、几何方面的分析。实际上机器在工作过程中，会受到许多因素的影响，如由于重力、切削力及振动等引起受力变形，由于环境条件、运转摩擦等引起受热变形,都会使尺寸链在理论上的计算值与实际情况产生出入。因此不能只停留于静态尺寸链的分析,而应该着手进行动态尺寸链的研究。

7.4 零部件结构的装配工艺性

所谓零部件结构的装配工艺性,是指零部件的结构是否符合装配工艺的要求。它对于装配质量和生产率等有很大的影响。装配工艺对零部件的结构主要有以下几个方面的基本要求。

1. 机器结构应能分解成若干独立的装配单元

机器能否分解成若干独立的装配单元,是评定机器结构装配工艺性的重要指标之一。机器如能分解成若干独立的装配单元,就可以组织平行装配生产,缩短装配周期。"装配单元"的设计,在大批大量生产中尤为重要。

例如,转塔车床原采用的结构如图7－26(a)所示,快速行程轴的右端需要在变速箱2内进行装配,左端需在滑板上的操纵箱1内进行装配,不能形成变速箱与操纵箱两个独立的装配单元。后来如图7－26(b)所示,将快速行程轴分成2、4两个零件,中间用联轴节3联结,即可形成变速箱和操纵箱两个独立装配的单元,快速行程轴本身的加工亦较前方便。

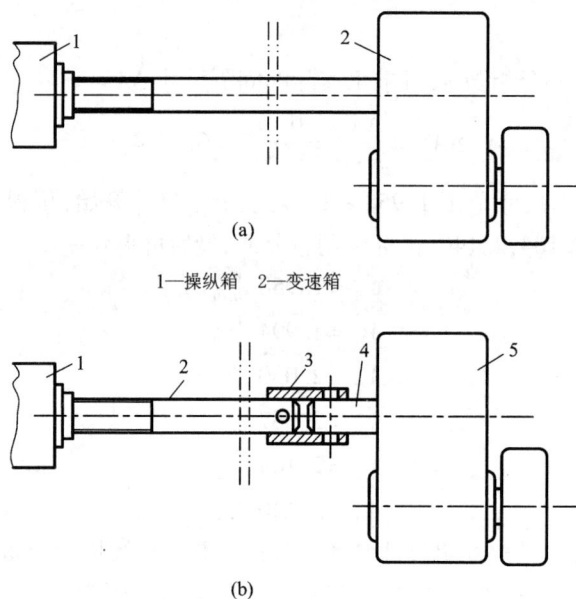

(a)

1—操纵箱 2—变速箱

(b)

图7－26 转塔车床的两种结构

1—操纵箱 2、4—快速行程轴 3—联轴节 5—变速箱

2. 装配的可能性与方便性

机器结构中,螺纹连接处应留有装入螺钉和螺母扳手工作所需的足够空间。如图7－27(a)应改成图7－27(b),图7－27(c)应改成图7－27(d)。

几个配合面同时与基准零件相配时,应能依次先后装入,避免同时装入。如图7－28所示,为使右面轴承先装入,左面轴承的位置应与轴承孔留有适宜的距离。齿轮的外径和右端轴承外径应比箱体左端轴承孔径小一些,才能顺利地从一端依次装入。

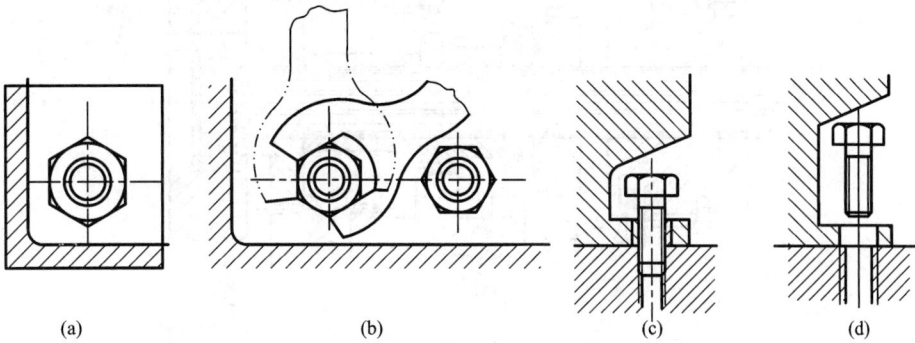

图 7 - 27 转塔车床的两种结构

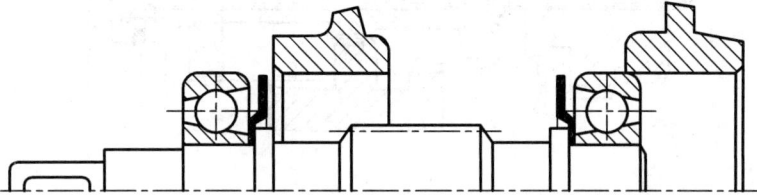

图 7 - 28 轴承依次装入的轴结构

3. 装配基准零件应有保证装配质量的基准面

如图 7 - 29(a)所示,缸盖直接以螺纹与缸体连接时,由于螺纹之间有间隙,难以保证缸盖上与活塞杆配合的孔与缸体孔同轴度的要求。若改成图 7 - 29(b)或图 7 - 29(c)所示的结构,则由于设置了装配基准面,装配精度便易于得到保证。

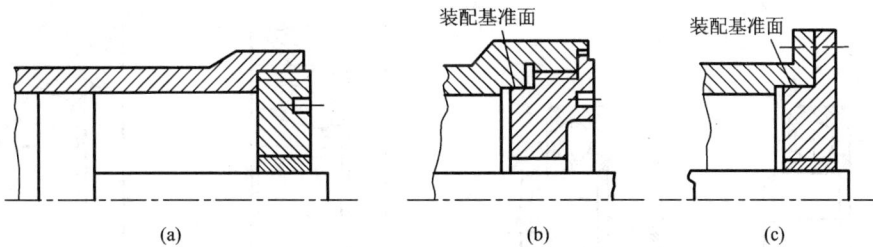

图 7 - 29 缸盖的装配结构

4. 尽量减少装配时的钳工修配和机械加工

例如双联齿轮与花键轴的固定,如图 7 - 30(a)所示,图中中间部位的双联齿轮,装配时需钻孔、攻丝,然后用埋头螺钉紧固,为了防止螺钉松动,螺钉头槽中还须加上防松钢丝,装配十分不便。若将结构改成图 7 - 30(b)所示,则装配时只要套上对开环就能将花键轴与双联齿轮固连,大大减少了装配工作量。

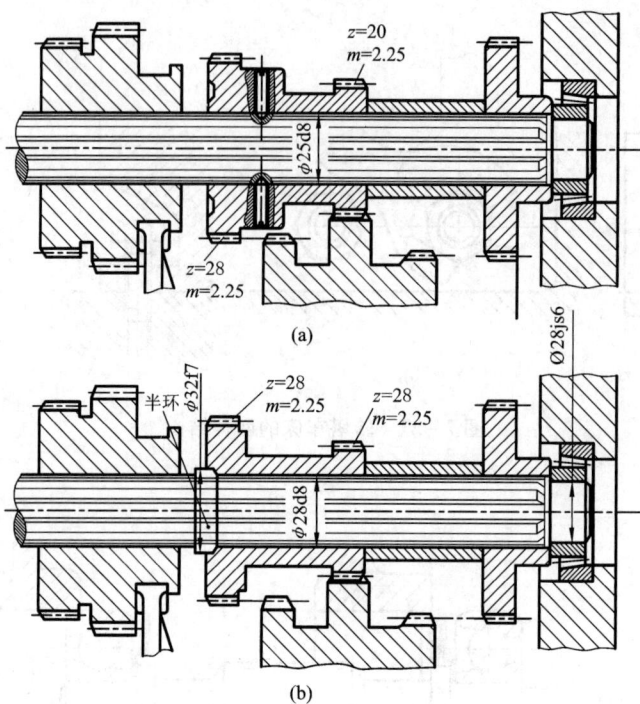

$z=20$
$m=2.25$

$\phi25d8$

$z=28$
$m=2.25$

(a)

半环 $\phi32f7$

$z=28$
$m=2.25$

$z=28$
$m=2.25$

$\phi28js6$

$\phi28d8$

(b)

图 7 – 30 双联齿轮与花键轴的固定

5. 便于维修时拆卸

例如,安装滚动轴承的轴肩和箱体轴承座孔,如图 7 – 31(a)所示,轴承内圈外径小于轴肩直径,无法用工具从内圈拆卸轴承,应改成图 7 – 31(b)所示的结构。如图 7 – 31(c)所示,轴承外圈被箱体轴承座孔台肩全部挡住,无法施力于外圈将轴承拆下,应改成图 7 – 31(d)所示的结构。

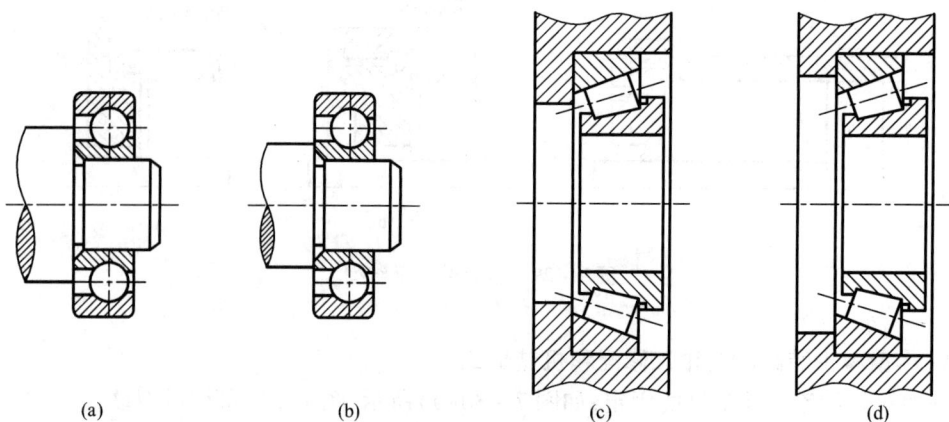

(a)   (b)   (c)   (d)

图 7 – 31 安装滚动轴承轴肩和台肩的结构

第 8 章
机械制造技术的发展

8.1 超精密加工

所谓超精密加工技术,是指在一定历史时期机械加工领域中能够达到最高加工精度的各种精密加工方法的总称。进入 20 世纪以后,大约每 30 年加工精度即提高一个等级。在 20 世纪 50 年代,将 0.1 μm 精度的加工技术称为超精密加工技术;到 20 世纪 80 年代以后,将 0.05 μm 精度的加工技术称为超精密加工技术。超精密加工技术亦称为亚微米级加工技术,目前正在向纳米级加工技术发展。

超精密加工的主要相关技术包括:①超精密加工的机理研究;②超精密加工的设备制造技术;③超精密加工工具及其刃磨技术;④超精密测量技术和误差补偿技术;⑤超精密加工工作环境条件研究等。

根据其机理和特点,超精密加工方法可分为如下四类:

(1)切削加工 包括车削、铣削、镗削和微孔钻削等。

(2)磨料加工 包括固体磨料加工(如磨削、研磨、珩磨、砂带研抛等)和游离磨料加工(如精密抛光、液体动力抛光和挤压研抛、喷射加工等)。

(3)特种加工 包括电火花加工(如电火花成形加工和电火花线切割加工)、电化学加工(如蚀刻加工、电解加工等)、超声波加工、微波加工、电子束加工、离子束加工等。

(4)复合加工 包括传统加工方法的复合加工、特种加工方法的复合加工、传统加工方法与特种加工方法的复合加工等。

超精密加工技术的发展趋势主要表现在以下几个方面:①向更高精度、更高效率方向发展;②向大型化、微型化方向发展;③向加工检测一体化方向发展;④机床向多功能模块化方向发展;⑤不断探讨适合于超精密加工的新原理、新方法、新材料。21 世纪初的十年将是超精密加工技术达到纳米水平的关键十年。

与一般加工比较,超精密加工具有以下特点:

(1)"进化"加工原则 一般加工时,被加工零件的精度总是低于"工作母机"(机床)的精度,称为"蜕化"原则。对于超精密加工来说,用高于零件加工精度要求的机床来加工零件往往是不现实的,经常是采用低于零件加工精度要求的设备和工具,通过特殊的工艺手段和工艺装备,加工出精度高于"工作母机"的工件。这称为"进化"加工原则。

(2)微量切削机理 与传统的切削加工不同,超精密加工的背吃刀量一般小于晶粒的尺寸,切削是在晶粒内进行。为此,必须克服原子、分子之间的结合力,才能形成微量和超微量切削。目前已有的一些微量切削机理模型都是在分子动力学的基础上建立的。

(3)形成综合制造工艺 达到超精密加工要求的技术难度较大,必须对加工方法、加工

255

设备与工具、测试手段、工作环境等多种因素进行综合考虑,形成综合制造工艺。

(4)广泛采用自动化技术　超精密加工广泛采用计算机控制、适应控制、在线检测与误差补偿等自动化技术,以减少人的因素影响,保证加工质量。

(5)加工与检测一体化。

(6)大量采用特种加工与复合加工方法。

8.1.1 超精密切削技术

1. 金刚石超精密切削技术

金刚石超精密切削属于微量切削。其切削是在晶体内进行,要求切削力大于原子、分子间的结合力,剪切应力高达 13000Pa,刀尖处会产生很高的温度,一般刀具均难以承受。金刚石刀具有很高的高温强度和高温硬度,且材质细密,能磨出非常锋利的刀刃,因而可加工出表面粗糙度值很低的表面。同时,金刚石超精密切削的切削速度很高,切削力很小,工件变形小,表层的高温不会波及工件内层,因而可以获得很高的加工精度。用金刚石刀具车削直径小于 100mm 的工件时,形状误差可控制在 0.1μm 以下。工件的表面粗糙度除与切削参数及机床特性有关外,还取决于材料的特性。对于绝大多数可用金刚石车削的材料,金刚石车削的表面粗糙度可达到 $Ra1 \sim 5nm$。

为了保证金刚石超精密切削的质量,应注意以下问题:①金刚石超精密切削机床必须满足很高的运动平稳性,以及很高的定位精度和重复精度,才能减少对工件的形状精度和表面粗糙度的影响;②研磨金刚石刀具时,应使金刚石的晶向与主切削刃平行,并尽可能减小刃口圆角半径;③金属材料多用零度前角的金刚石刀具加工,红外材料和脆性材料则多用负前角的金刚石刀具加工;④被加工材料的组织应均匀,无微观缺陷;⑤工作环境要求恒温、恒湿、净化、抗振。

金刚石超精密切削主要用于加工软金属材料,如铜、铝等非铁金属及其合金,以及光学玻璃、大理石和碳素纤维板等非金属材料。其主要产品包括计算机用的磁鼓和磁盘、大功率激光装置用的金属反射镜、激光扫描用的多面棱镜、红外光学元件和复印机的高精度零件等。

用金刚石刀具加工工具钢时,由于碳元素的亲和作用,易使金刚石刀具产生"碳化磨损",从而影响刀具寿命和加工质量。

2. 镜面铣削

镜面铣床是超精密机床中最简单的一类。其关键部件为高精度主轴和低摩擦、高平稳性滑台。在现有的镜面铣床中,主轴多采用气体静压支承,滑台的支承多为气体静压系统。由于液体静压系统具有高阻尼、高刚度的优点,近几年滑台采用液体静压系统呈增长趋势。滑台的驱动系统是达到高精度表面的关键,最初采用气液缸驱动,后发展为平稳的钢带驱动,最近又出现了高精度、高平稳性的滚珠丝杠驱动和直线电机驱动系统。

镜面铣削的切削速度通常为 30m/s 左右。为了能加工出完美的工件,主轴在换刀后必须进行动平衡,以尽量减少动不平衡对工件表面造成的波纹。刀具的几何形状除与工件的几何形状有关外,主要取决于工件材料的物理特性。加工塑性材料如铜、铝和镍时,刀具的前角为 0°,后角一般在 5°~10°。刀尖圆弧半径常用 0.5~5mm。机床的刚度高时,可采用较大的刀尖圆弧半径以降低工件的表面粗糙度。若采用较小的刀尖圆弧半径,为避免表面粗糙度恶化须相应减少进给量。加工脆性材料如硅、锗、CaF_2 和 ZnS 时,刀具的前角一般在 $-15°\sim-45°$ 之间选用。最佳前角除取决于材料本身外,还取决于机床和装夹系统的刚度。

镜面铣削的平面度可达 $0.1\mu m$。表面粗糙度除取决于机床和刀具外,还与工件材料本身的特性有关。绝大多数情况下,表面粗糙度 Ra 值为 $1\sim5nm$。对于红外光学元件,镜面铣削后的形状精度和表面粗糙度完全可以满足要求,镀膜后即可直接使用。在可见光、紫外光和 X 射线范围内,铣削刀痕有时会引起光的散射,减弱系统的光学效率或成像质量。为了避免这一缺点,许多光学元件常选用镍为材料,在镜面铣削后再进行少量的抛光,使表面粗糙度 Ra 值达到 $0.1\sim0.5nm$。

8.1.2　超精密磨削技术

1. 超精密砂轮磨削技术

超精密砂轮磨削是指加工精度在 $0.1\mu m$ 以下、表面粗糙度 Ra 值在 $0.025\mu m$ 以下的砂轮磨削方法。它与普通磨削的主要不同之处是切削深度极小,属于超微量切除。由于磨粒去除的切屑极薄,承受的压力很高,其切削刃表面受到高温和高压的作用,因此应采用人造金刚石、立方氮化硼(CBN)等超硬磨料砂轮。

超精密砂轮磨削的材料去除机理除微量切除作用外,可能还有塑性流动和弹性破坏等作用。超精密砂轮磨削工件的微观轮廓是砂轮表面微观轮廓的某种复映,与砂轮特性、修整砂轮的工具、修整方法和修整用量等因素密切相关。研究表明,超精密砂轮磨削能获得极低表面粗糙度值的主要原因在于:①砂轮经精细修整后得到大量等高性很好的微切削刃,实现了微量切削;②经过一定时间的磨削后,形成了大量半钝化刃,起到摩擦抛光作用;③最后经过光磨作用,进一步进行了精细的摩擦抛光。

超精密砂轮磨削加工中,采用粗粒度及细粒度砂轮时,砂轮线速度 v_s 为 $12\sim20m/s$,工件速度 v_w 为 $4\sim10m/min$,工作台纵向进给 f_a 为 $50\sim100mm/min$,磨削余量为 $0.002\sim0.005mm$,砂轮每转修整导程为 $0.02\sim0.03m/r$,修整横向进给次数为 $2\sim3$ 次,无火花磨削次数为 $4\sim6$ 次;采用 CBN 砂轮时,砂轮线速度 v_s 一般为 $6m/s$ 以上,工件速度 v_w 为 $5m/min$ 以上,砂轮修整进给量为 $0.03m/r$,表面粗糙度达 $0.1\sim0.5\mu m$。

超精密超硬材料微粉砂轮磨削是一种更先进的超精密砂轮磨削加工技术,主要用于难加工材料的加工,加工精度可达 $2.5\mu m$。国内外已对其进行了初步研究,其技术关键包括微粉砂轮制备技术及其修整技术、多磨粒磨削模型的建立和磨削过程的计算机仿真技术等。

2. 超精密砂带磨削技术

随着砂带制造质量的大幅改善,砂带上的砂粒获得了良好的等高性和微刃性,并通过采用具有一定弹性的接触轮材料,使砂带磨削具有磨削、研磨和抛光多重作用,因而可达到高精度和低表面粗糙度值。用超声波聚酯薄膜砂带精密磨削硬盘基体,采用 $35m/min$ 的切削速度和滚花表面接触辊,加工时间 $125min$,加工后表面粗糙度 Ra 值为 $0.043\mu m$。若采用光滑表面接触辊,则平均加工时间为 $20min$,加工后表面粗糙度 Ra 值为 $0.073\mu m$。

3. ELID 超精密镜面磨削技术

ELID(Electrolytic In-Process Dressing)超精密镜面磨削的基本原理是,利用在线的电解作用对铸铁基金刚石砂轮进行修整,即磨削过程中,铸铁基金刚石砂轮作为正极,在砂轮的下部设置一固定的工具电极作为负极,两极之间施加直流脉冲电压并供给电解液,使作为正极的砂轮金属结合剂发生微弱的电解作用而被逐渐去除,不导电的金刚石磨粒则裸露于砂轮的表面而参加磨削,从而实现砂轮的在线修整,并在加工过程中始终保持砂轮的锋利性。ELID 磨削方法除适用于金刚石砂轮外,也适用于 CBN 砂轮。

ELID 超精密镜面磨削的应用范围几乎可以覆盖所有的工件材料。它最适合于加工平面,磨削后的工件表面粗糙度 Ra 值可达 1nm 的水平。即使在可见光范围内,这样的表面也可作为镜面使用。ELID 磨削的生产率远远超过常规的抛光加工,故在许多应用场合取代了抛光工序。最典型的例子就是加工各种泵的陶瓷密封圈,传统的工艺是先磨再抛光,而采用ELID 磨削则只需一道工序,既节约时间又节省投资。ELID 也被用于加工其他几何形状如球面、柱面和环面等。按镜面的不同要求,可用于部分取代抛光或把抛光的时间减少到最低水平。

8.1.3 利用新原理的超精密研磨技术

1. EEM(Elastic Emission Machining)加工法

传统的切削、磨削、研磨等机械加工方法作用的应力场远大于材料本身的晶格缺陷间隔(0.1~10μm)。其变形、破坏的机理均为原有位错的移动和增殖导致塑性变形,在位错集积的基础上产生龟裂和龟裂的传播,以及原有的微小龟裂扩展为裂纹,以致产生塑性、脆性破坏等而进行加工的。加工中缺陷的密度必然会增大。基于上述加工机理的加工方法,由于其不稳定性,加工精度和表面质量均不会很高。

EEM 加工法的机理是使应力场的大小小于原有缺陷的分布间隔,并使应力场的形状与方向以及超过理想强度的弹性剪切破坏和拉应力破坏发生在材料的极表层,从而实现基于弹性破坏的加工。其具体加工方法是在高速运转的树脂球和被加工工件之间加上含有微小磨料的工作液,并对树脂球施加一定的压力,通过高速旋转的树脂球产生的高速气流和离心力,使磨料冲击或擦过工件的表面而实现加工。

EEM 加工可以对工件的尺寸和形状进行控制,因而可获得很高的加工精度,表面粗糙度值可以达到纳米级水平。

2. 机械化学研磨

所谓机械化学研磨,是在机械能量作用的基础上使工件与研磨液或磨料进行化学反应,以促进研磨的进行,即是积极利用其化学作用,加速材料的去除过程。对于电子元器件、Si、GaAs、GGG 或蓝宝石等的加工来说,机械化学研磨与机械研磨相比较,不仅可使加工效率提高几倍乃至几十倍,而且由于化学作用还可加工出无变质层的表面。

机械化学研磨可以分为以下两类:

(1)利用研磨液化学作用(固、液相反应)的湿式研磨 如用 NaOH、KOH 等碱性溶液作为加工液对 Si 的加工、用酸性溶液作为加工液对 GGG 和蓝宝石的加工等。由于利用了加工液的化学作用,不仅可以提高加工效率,而且加工缺陷也显著减少。

(2)利用软质磨料加工蓝宝石、石英和 Si 的干式研磨 与含水的湿式研磨相比较,干式研磨的加工速度更高,而且由于工件与磨料发生了固相反应,加工表面没有加工变质层。

8.1.4 超精密特种加工技术

超精密特种加工方法多是分子、原子单位加工方法,一般分为去除(分离)、附着(沉积)、结合以及变形四大类。去除(分离)加工是从工件上分离原子或分子,如电子束加工、离子束溅射加工等;附着(沉积)是在工件表面上覆盖一层物质,如电子镀、离子镀等;结合是在工件表面上渗入或涂入一些物质,如离子注入、氮化等;变形是利用高频电流、热射线、电子束、激光、液流、气流或微粒子束等使工件发生变形,改变尺寸和形状。下面主要介绍电子束加工和光刻技术。

电子束加工是通过聚焦的高速电子流(即电子束)冲击被加工表面,使受冲击点熔化、汽化而去除材料。电子束加工装置通常由发射电子束的电子枪、将电子聚集成为电子束的电子透镜、将电子束进一步聚集成极细束径并实现偏转的静电透镜或磁透镜、镜筒及真空加工室、控制系统和电源等部分组成。电子束束径的大小视应用要求而定。用于微细加工时,电子束束径约为 $10\mu m$ 或更小。用于电子束曝光微小束径是平行度好的电子束中央部分,仅有 $1\mu m$ 量级。

电子束加工分为高能量密度加工和低能量密度加工两大类。电子束高能量密度加工是利用电子束的热效应进行加工,可通过调整功率密度实现不同的加工,如热处理、区域精炼、蒸发、穿孔、切槽和焊接等。电子束低能量密度加工是将功率密度相当低的电子束照射到工件表面上(几乎不会引起表面温升),入射的电子与高分子材料的分子碰撞而使其分子链切断或重新聚合,从而使高分子材料的化学性质和分子量发生变化。利用这种化学效应可进行电子束光刻。电子束光刻是利用电子束透射掩膜(其上有所需集成电路图形),照射到涂有光敏抗蚀剂的半导体基片上,产生化学反应,经显影后,在光敏抗蚀剂涂层上形成与掩膜相同的线路图形。以后可采用两种处理方法:一是用离子束溅射去除,再在刻蚀出的沟槽内进行离子束沉积,填入所需金属,经过剥离和整理,即可在基片上获得所需的凹形电路;二是利用金属蒸镀方法,在基片上获得凸形电路。

8.2 超高速加工

8.2.1 超高速切削技术

1. 超高速切削的概念

所谓超高速切削技术,是指采用超硬材料刀具,通过极大地提高切削速度和进给速度来提高材料切除率、加工精度和加工质量的现代加工技术。

超高速切削的概念源于德国切削物理学家 Carl Salomon 博士于 1929 年提出的超高速切削理论。Carl Salomon 指出,在常规切削速度范围内,切削温度随切削速度的增大而升高。每一种工件材料均存在一个所谓"死谷"切削速度范围。在此切削速度范围内,由于切削温度太高,任何刀具都无法承受,切削加工不可能进行。但是,当切削速度超过切削温度最高的"死谷"切削速度范围后,切削温度和切削力均会随切削速度的提高而明显下降。他的思想启示后人:如果能在超高速范围内进行切削,则有可能采用现有刀具进行超高速切削,大幅度提高生产效率。

对于不同的工件材料和不同的切削方式,超高速切削技术的切削速度范围亦不相同。目前一般认为,超高速切削各种材料的切削速度范围为:铝合金 1500~5500m/min;纤维增强塑料 2000~9000m/min;铸铁 750~4500m/min;普通钢 600~800m/min;超耐热镍合金

300m/min;钛合金150~1000m/min。各种切削方式的超高速切削速度范围为:车削700~7000m/min;铣削300~6000m/min;钻削200~1100m/min等。

2. 超高速切削技术的特点

超高速切削技术的特点主要表现在以下几个方面:

1)大幅提高机床的生产效率

随着自动化程度的提高,零件加工的辅助时间大为减少,切削时间在机械加工的总工时中所占的比例变得愈来愈大。为了进一步提高生产效率,必须大幅减少切削时间。降低切削时间意味着要提高切削速度,包括提高主轴转速和进给速度。随着切削速度的大幅度提高,进给速度与切削速度的比值保持不变,使单位时间的材料切除率大大增加,达到常规切削速度下的3~6倍。

2)获得高的加工精度

超高速切削条件下,切削力可降低30%以上,特别是径向切削力的明显减小,可显著减小工件在切削过程的受力变形。这对于大型框架件、薄板件、薄壁槽形件等低刚性零件的高速精密加工特别有利。

3)减少热变形

超高速切削时,95%以上的切削热被切屑快速带走,来不及传入工件,使工件可基本保持冷态,因而特别有利于加工容易发生热变形的工件。

4)抑制切削振动的影响

超高速切削时,机床的激振频率非常高,远远离开切削工艺系统的固有频率范围,因而工作平稳,振动很小,能加工出非常精密光洁的零件。零件经超高速铣削加工后的表面质量常可达到磨削的水平,工件表面残余应力也很小,往往可省去车、铣加工后的精加工工序。

5)可加工各种难加工材料

在常规速度下加工镍基合金、钛合金等难加工材料时,由于容易产生加工硬化,切削温度高,刀具磨损严重,一般采用极低的切削速度,生产率很低,质量也难以保证。若采用超高速加工,则不但可以大幅度提高生产率,而且可以有效地减少刀具磨损,提高加工表面质量。

6)降低加工成本

超高速切削时,由于切除率高、工件在制的时间短;单位功率所切削的切削层材料体积显著增大,能耗低;可以在一台机床上的一次装夹中完成零件的所有粗加工、半精加工和精加工工序,即所谓超高速加工应用于模具制造的"一次过"技术,因而可以明显降低综合加工成本。

3. 超高速切削加工的关键技术

超高速切削加工的关键技术主要包括以下几个方面:

1)超高速切削机理与工艺研究

超高速切削机理与工艺研究主要包括:对超高速切削过程、切削现象(如切削力、切削温度、加工表面质量等)等相关机理进行深入研究,揭示超高速切削的基本规律,建立超高速切削基础理论体系;对各种超硬刀具材料和工件材料的超高速切削性能及相应工艺参数的优化进行系统研究,建立超高速切削数据库,用于指导生产实践;利用虚拟设计技术,开发超高速切削的计算机仿真软件,实现超高速切削过程与结果的预报。

2）超高速主轴系统

超高速主轴系统是超高速加工机床的关键部件。由于主轴转速极高，为了防止主轴零件在离心力的作用下产生振动和变形，以及因高速运转摩擦热和大功率内装电机产生的热引起高温和热变形，对超高速主轴提出了如下性能要求：①结构紧凑，质量轻，惯性小，能避免振动和噪声；②具有很高的角加减速度，能在极短时间内实现升降速，在指定位置快速准停；③具有高刚性和高回转精度；④具有良好的热稳定性；⑤大功率；⑥可靠的润滑和冷却系统；⑦可靠的主轴监测系统。

目前，超高速主轴系统越来越多地采用交流伺服电机直接驱动的"内装电机"集成化结构的电主轴类型。将主轴电机和主轴合二为一，实现了无中间环节的直接传动，是超高速主轴系统的理想结构。轴承是决定主轴寿命和负荷大小的关键部件。为了适应超高速加工的要求，超高速主轴的轴承主要采用陶瓷混合球轴承、磁悬浮轴承、空气轴承和液体动静压轴承等；轴承润滑一般采用油气润滑或喷油润滑方式。采用油气润滑后，轴承的 DN 值（主轴轴承孔径与最大转速的乘积）比油脂润滑提高 20% ~50%；喷油润滑轴承的极限转速可达 $(2.3 \sim 2.5) \times 10^6 \mathrm{r/min}$。

3）快速进给系统

超高速切削时，为了保持刀具每齿进给量基本不变，进给速度必须随着主轴转速的提高而大幅度提高。目前，高速切削的进给速度一般为 30 ~60m/min，最高可达 120 m/min。为了适应进给运动高速化的需要，快速进给系统主要采取了以下措施：①采用新型直线滚动导轨，其球轴承与钢导轨的接触面积很小，摩擦系数仅为槽式导轨的 1/20 左右；②采用小螺距大尺寸高质量滚珠丝杆，或粗螺距多头滚珠丝杆，可在不降低精度的前提下获得高的进给速度和进给加减速度；③快速进给伺服系统正逐步实现数字化、智能化和软件化；④采用碳纤维增强复合材料，在不损失工作台刚度的前提下，大大减轻工作台质量；⑤采用先进、高速的直线电机，消除机械传动系统的间隙和变形问题，减少摩擦力，而且几乎没有反向间隙，加速度可达 $2g$，进给速度为传统方式的 4 ~5 倍。

4）高速 CNC 控制系统

数控超高速切削加工要求 CNC 控制系统具有快速数据处理能力和高功能化特性。高速 CNC 控制系统的快速数据处理能力主要表现在以下两个方面：一是为了适应超高速加工的要求，单个程序段的处理时间要短，需使用 32 位 CPU、64 位 CPU，并采用多处理器；二是为了保证超高速加工下的插补精度，应具有前馈和大数目超前程序段预处理功能。高速 CNC 控制系统的高功能化特性主要表现在以下几个方面：①加减预插补；②前馈控制；③精确矢量补偿；④最佳拐角减速度。

5）超高速切削刀具

超高速切削用刀具设计制造的关键技术主要有：超高速切削用刀具材料及制备技术，超高速加工用刀具结构及刀具几何参数的研究。

（1）超高速切削刀具材料和刀具结构

刀具材料对超高速切削技术的发展起着决定性的作用。目前已发展的超高速切削刀具材料主要有金刚石刀具、立方氮化硼刀具、陶瓷刀具、TiC（N）基硬质合金（金属陶瓷）刀具、涂层刀具和超细晶粒硬质合金刀具等。超高速切削刀具的结构主要有整体和镶齿两类。镶齿刀具主要采用机夹结构。为了避免超高速切削下因离心力的作用引起刀体和刀片夹紧结构发生破坏,以及刀片破裂或甩出,刀体和刀片夹紧结构必须具有很高的强度、断裂韧性和刚性,以确保安全。刀体质量应尽量减小,以减小离心力。高速回转刀具必须进行精心的动平衡,以满足高精平衡品质的要求。

(2)高速切削刀柄系统

常规切削速度下主轴与刀具连接采用的7:24锥度单面夹紧刀柄系统,在超高速切削条件下存在刚性不足、自动换刀的重复精度不稳定、受离心力作用的影响较大、不利于快速换刀等问题。为了适应超高速切削的需求,提高刀具与主轴的连接刚性和装夹精度,发展了刀柄与主轴内孔锥面和端面同时贴紧的两面定位刀柄。这类刀柄主要有两大类:一类是对现有的7:24锥度刀柄进行改进,如BIG-PLUS、WSU、ABSC等刀柄系统;一类是采用新思路设计的1:10中空短锥刀柄系统,如HSK、KM、NC5等刀柄系统。

6)超高速切削加工的安全防护和实时监控系统

超高速切削时,若有刀片崩裂,其碎片如同出膛的子弹,因此对其安全防护问题必须予以充分重视。机床结构方面,应设置安全防护墙和防护门窗;对于刀片,特别是采用低抗弯强度材料制造的机夹刀片,在结构上应有防止因离心力作用产生飞离倾向的措施,同时还应作极限转速测定;刀具与工件的夹紧必须绝对安全可靠。因此,超高速切削时的工况监测系统的可靠性非常重要。机床和切削过程的监测主要包括以下几方面的内容:进行切削力监测,以控制刀具磨损;进行机床功率监测,以间接获得刀具磨损信息;进行主轴转速监测,以判别切削参数与进给系统之间的关系;进行刀具破损监测;进行主轴轴承状况监测;进行电器控制系统过程稳定性的监测等。

8.2.2　超高速磨削技术

1. 超高速磨削的概念

磨削加工按砂轮线速度 v_s 的高低可分为普通磨削($v_s = 30 \sim 40\text{m/s}$)和高速磨削($v_s \geqslant 45\text{m/s}$)两类。为了与20世纪80年代以前 $v_s \not> 80 \sim 120\text{m/s}$ 的一般高速磨削相区别,通常将 v_s 为普通磨削速度5倍以上(即 $v_s \geqslant 150\text{m/s}$)的高速磨削称为超高速磨削,

在超高速磨削机理的研究中,Carl Salomon 超高速切削理论也有重要的启示。1979年法国 Werner P. G 博士提出了新的高效深磨(HEDG)热机理学说。大幅度提高砂轮线速度 v_s 是 HEDG 技术的基础。在高磨除率磨削条件下,随着 V_s 增大,磨削力在 v_s 为 100m/s 前后的某个区间出现陡降,达到超高速磨削状态后磨削表面温度出现回落,且随着磨除率的提高这种趋势愈加明显。正是这一机理使得超高速磨削的发展成为可能。

超高速磨削中的许多现象可通过引入最大磨屑厚度 $h_{\max}$ 来解释。在保持其他参数不变的条件下,随着 v_s 的大幅度提高,单位时间内参与切削的磨粒数增加,每个磨粒切下的磨屑厚度变小,磨屑变得非常细薄,导致每个磨粒承受的磨削力大大变小,总磨削力也大大降低。若通过调整参数使磨屑厚度保持不变,由于单位时间内参与切削的磨粒数增加,磨除的磨屑增多,磨削效率会大大提高。超高速磨削时,由于磨削速度很高,单个磨屑的形成时间极短。在极短的时间内完成的磨屑的高应变率(可近似认为等于磨削速度)形成过程与普通磨削有很大的差别,表现为工件表面的弹性变形层变浅,磨削沟痕两侧因塑性流动而形成的隆起高度变小,磨屑形成过程中的耕犁和滑擦距变小,工件表面层硬化及残余应力倾向减小。超高速磨削时磨粒在磨削区上的移动速度和工件的进给速度均大大加快,加上应变率响应

的温度滞后的影响,导致磨削表面磨削温度降低,因而能越过容易发生磨削烧伤的区域。

工业发达国家从 20 世纪 50 年代起即开始了高速磨削的研究工作。20 世纪 80 年代末以后,由于 CBN 砂轮的大量应用、磨削基础理论研究的深入、磨床制造及控制水平的提高,实现了 150～250m/s 的工业实用磨削速度,实验室速度已达到 500m/s。

2. 超高速磨削技术的特点

超高速磨削技术的特点主要表现在以下几个方面:

1)磨削效率高

磨削时工件的进给速度应与 v_s 的 1.13 次方成比例。超高速磨削时 $v_s \geq 150m/s$,所以它必然和快速进给相联系,因而可使磨削效率显著提高。

2)加工质量高

(1)加工精度高　超高速磨削时,由于磨屑厚度变薄,在磨削效率不变时,法向磨削力随磨削速度的增大而大幅度减少,从而减小磨削过程中的变形,提高工件的加工精度。此外,由于机床主轴高速运转,激振频率远离“机床 - 工件 - 磨具”工艺系统的固有频率,因而可减小系统的振动。这既有利于提高加工精度,也可减小噪声污染。

(2)降低磨削表面粗糙度　超高速磨削时磨屑厚度小,且磨粒在磨削区上的移动速度和工件的进给速度均大大加快,磨削区迅速离开工件表面,加上应变率响应的温度滞后影响,使残留在工件表面上的应力减小,因而能明显降低磨削表面粗糙度。

(3)加工表面完整性好　虽然超高速磨削时采用大磨削用量,但由于传入工件的磨削热比例远低于普通磨削,因而可以不发生磨削表面热损伤,并减小工件表面的残余应力,获得良好的表面物理性能和机械性能。

3)材料消耗低

(1)砂轮使用寿命长　超高速磨削时单个磨粒所承受的磨削力大幅度减小,故可减少砂轮的磨损,提高其使用寿命。

(2)冷却液消耗减少　在高速磨削区,随着磨削速度和工件进给速度的提高,工件表面温度迅速降低,使冷却液的需求量减少,降低了冷却液的污染。

4)扩展磨削工艺的应用范围

(1)实现硬脆材料的延性域磨削　超高速磨削时单位时间内参加磨削的磨粒数大大增加,单个磨粒的切削厚度极薄,使陶瓷等硬脆材料不再以脆性断裂形式,而是以塑性变形形式产生磨屑,从而大大提高其磨削表面质量和磨削效率。

(2)对高塑性和难磨材料获得良好的磨削效果　普通磨削时,由于金属活性高、热导率低等影响,镍基耐热合金、钛合金的磨削加工性很差;铝及铝合金等较软的金属在普通磨削条件下难以进行磨削加工。但在超高速磨削条件下,由于磨屑形成时间极短,材料的应变率已经接近塑性变形应力波的传播速度,相当于材料的塑性减小,因而使这类材料的磨削加工变得容易得多。

3. 超高速磨削加工的关键技术

超高速磨削加工的关键技术包括以下几个方面:

1)超高速磨削机理与工艺研究

超高速磨削机理与工艺研究主要包括:进行超高速磨削过程、磨削现象(如磨削力、磨削温度、磨削烧伤及裂纹等)等相关机理的研究,建立完善的超高速磨削基础理论体系;对各种砂轮和工件材料的超高速磨削性能及相应工艺参数的优化进行系统研究,建立超高速磨削数据库,用于指导生产实践;利用虚拟设计技术,开发超高速磨削计算机仿真软件,实现超高速磨削过程与结果的预报。

2)超高速磨削用主轴系统

超高速磨削用主轴系统的性能在很大程度上决定了超高速磨床所能达到的最高磨削速度极限。目前的发展趋势是:主轴系统越来越多地采用主电动机和机床主轴一体化的结构形式,形成独立的内装式电机主轴功能部件。其主要技术包括以下几个方面:

(1)超高速磨削用主轴轴承

超高速磨削的砂轮主轴转速一般在 15000r/min 以上,功率可达几十千瓦,因此要求主轴轴承的转速特征值 DN 非常高(超过 2×10^6),同时还必须具有很高的回转精度和刚度,以保证砂轮圆周上的磨粒能均匀地参加切削,并能抵御超高速回转时不平衡质量造成的振动。目前超高速磨床主轴轴承主要有陶瓷球混合轴承、液体动静压轴承和磁浮轴承三种。

(2)超高速磨削用主轴的平衡

砂轮的直径往往远大于铣刀的直径,加上制造和调整装夹等误差,导致更换或修整砂轮甚至停车重新启动后,砂轮主轴都必须进行动态平衡,所以超高速磨削主轴必须具有在线连续自动平衡系统,从而使由动不平衡引起的振动降低到最小程度。自动平衡装置主要分机械平衡和液体平衡两大类。机械式平衡装置的结构比液体平衡装置复杂,但其平衡精度稳定,当停车或重新启动时平衡精度仍能继续保持。

(3)超高速磨削用主轴的功率损失

超高速磨削时主轴的无功功率损失随转速增高而呈非线性增长。高速范围内电机以恒功率方式工作,无功功率随主轴转速增大而升高将导致磨削转矩减小,因此在增大主轴转速时必须考虑降低无功功率损失,以保证主轴有足够的转矩用于磨削。磨削用电主轴的无功功率还与砂轮直径有关。例如在 $v_s = 400\text{m/s}$、砂轮直径为 350mm 的条件下无功功率为 17kW,若砂轮直径减小为 275mm,则无功功率仅为 13.5kW。因此,超高速磨削时不宜采用直径过大的砂轮。

3)超高速磨削砂轮

超高速磨削时,砂轮主轴高速回转产生的巨大离心力会导致普通砂轮迅速破碎,因此必须采用基体本身的机械强度、基体和磨粒之间的结合强度均极高的砂轮。这种砂轮还应达到如下要求:磨粒突出高度大,能容纳大量长磨屑;磨粒的耐磨耗能力极高;动平衡精度极高;超高速回转时不会因周围强力气流的扰动而发生振动;在巨大离心力和气流摩擦温升作用下变形小等。

超高速磨削砂轮基体的常用材料是合金钢。目前人们还在寻求弹性模量/密度比更高、热膨胀系数更低的理想材料,如高强度铝合金、CFRP、FW-CFRP 材料等。为了保证基体的强度要求,其轮廓设计必须考虑超高速回转时巨大离心力的作用,一般采用有限元方法进行分析和优化。优化后的砂轮基体没有单独的大法兰孔,而是代之以多个小螺孔,以充分降低大法兰孔附近的应力。目前超高速砂轮的磨粒主要有 CBN 和人造金刚石。为了获得高的磨粒结合强度、磨粒突出高度以及理想的锋利地貌,单层电镀或单层高温钎焊金刚石和 CBN 砂轮得到了迅速的发展。

4）磨削液

超高速磨削冷却液通常采用水溶性透明乳化液或水溶性透明乳化油的稀释液。乳化液的乳滴粒径要小得多，浸润效果更好，其冷却效果也较好。超高速磨削时应采用高供液压力和大流量，以冲破超高速旋转砂轮周围存在的强力气流层。磨削效率极高的超高速磨床一分钟会产生几千克磨屑，目前多使用离心机或硅藻土过滤系统集中处理磨削液，以及时干净地将其中的大量磨屑过滤出来。

8.3　自动生产线

8.3.1　自动生产线的组成和类型

自动生产线简称自动线，一般多指大量生产的专用刚性自动生产线，早在 20 世纪 40 年代就已经出现，成为大量生产的重要手段，在汽车、拖拉机、轴承等制造业中应用十分广泛。

如图 8 - 1 所示是由三台组合机床组成的自动线，用于加工箱体零件。该自动线中有转台 9 和鼓轮 3，其作用是使工件转位以便进行多面加工。

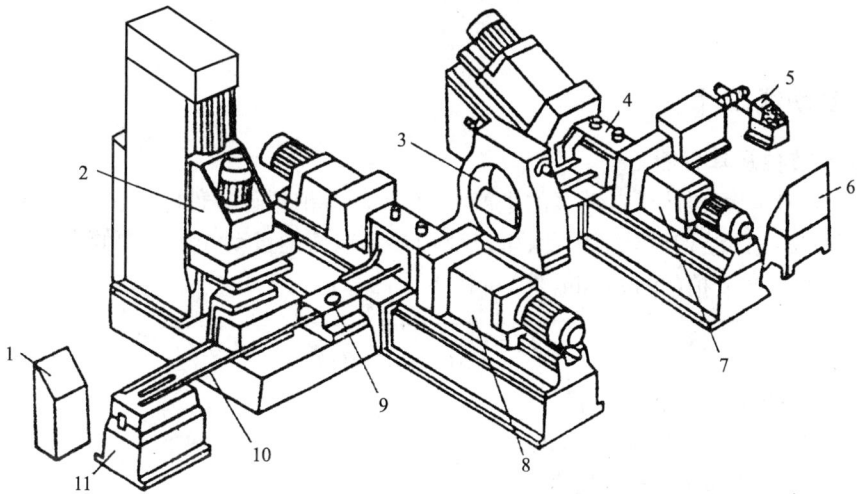

图 8 - 1　加工箱体零件的组合机床自动线
1—控制台;2—组合机床;3—鼓轮;4—夹具;5—切屑输送装置;6—液压油泵站;
7—组合机床;8—组合机床;9—转台;10—工件输送线;11—输送带传动装置

自动线的组成如图 8 - 2 所示。由于工件类型、工艺过程、生产率的不同，自动线的结构差异较大，但基本组成部分相同。较长的自动线一般都分成若干段，每段之间配置储料装置，以免因故障造成全线停车，从而保证自动线工作。

按所选用机床的类型，自动线分为通用机床、专用机床、转子机床自动线三类。转子机床各工位的主运动系统都安装在中央圆形或多角形的立柱上，工作台呈环形绕立柱回转。转子机床自动线占地面积小，生产率高。

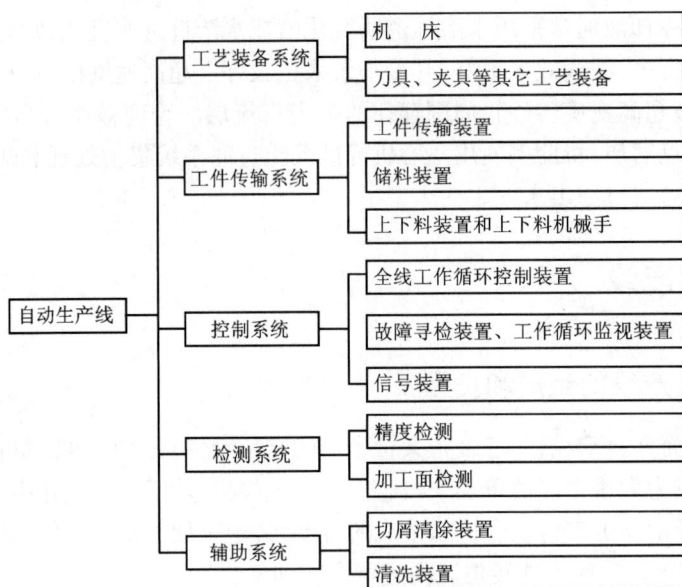

图 8 – 2　自动线的组成

8.3.2　自动线设计

1. 生产节拍及其平衡

根据产品生产纲领计算自动线的生产节拍,按此节拍拟订零件的工艺过程,并使节拍平衡,再进行自动线的结构设计。因此,生产节拍及其平衡是自动线设计中的重要问题之一。

自动线的生产节拍(单位:min/件)可按下式计算:

$$T_p = \frac{60dt}{Qn(1 + \alpha + \beta)^{\eta}} \tag{8 – 1}$$

式中　d——全年有效工作日,d;

　　　t——每日有效工作时间,h/d;

　　　Q——该产品年生产数量,台;

　　　n——每台产品该零件的件数,件/台;

　　　α——备品率;

　　　β——废品率;

　　　η——自动线的利用率,一般为 60% ~ 80%。

2. 零件加工时的定位夹紧

对于自动线上加工的工件毛坯,精度要求较高,以利于加工时的定位夹紧。在自动线上加工时,一般多采用统一基准原则,以减少夹具品种,并简化零件的传输系统。

工件在夹具上的定位夹紧,一般有两种方案:

(1)随行夹具法　工件安装在随行夹具上,与随行夹具成为一个整体,再在自动线各机床上定位夹紧。由于随行夹具的下部采用统一的定位夹紧方式,故各机床上的机床夹具的定位夹紧结构相同,全线的传输装置也相同,使整个自动线结构简单。这种方案需要制造相

266

当数量的随行夹具,并解决随行夹具在自动线上的返回问题,以便反复使用。

(2)机床夹具法　工件在自动线上传输时,采用抬起步进式传输装置或托盘传输装置定位。工件在机床上加工时,在机床夹具上定位夹紧。图 8 - 3 表示连杆在自动线上加工时用抬起步进式传输装置[见图 8 - 3(a)]和托盘传输装置[见图 8 - 3(b)]定位的情况。这种定位方式不一定采用统一的定位基准,需要有多种结构的传输装置和机床夹具。由于其结构并不复杂,因此应用也很广泛。

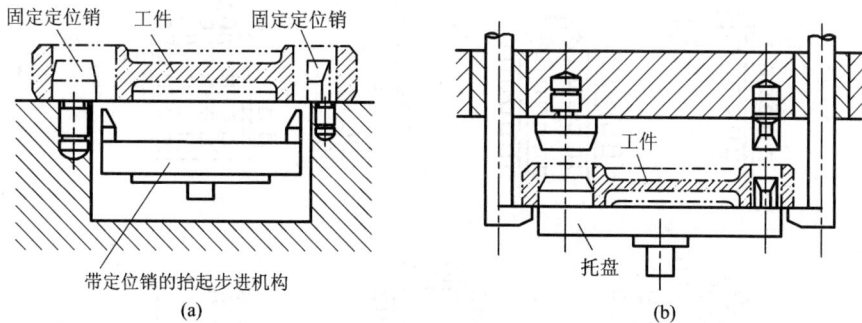

图 8 - 3　连杆零件在自动线上的加工

3. 自动线的布局形式

按机床排列布局的情况,自动线的布局形式可分为直线形、折线形、框形和环形等,如图 8 - 4(a)、(b)、(c)、(d)所示。自动线的布局形式应根据零件加工的工序长短、机床的数量和大小、车间的面积和形状等来选择。

4. 工件传输系统

在自动线上,工件的传输时间一般可占整个生产过程时间的 80%,生产中的事故、故障,约有 85% 出于工件传输系统。因此,工件传输系统的设计在自动线中占有很重要的地位。

工件的传输系统一般由输送装置、存储装置、上下料装置、转位翻转装置等组成。

工件输送装置的常用结构形式有输送带、送料槽、有轨输送车、无轨输送车、机械手和工业机器人等。一条自动线的各个段可以采用不同的输送装置或几种输送装置的组合。

设置存储装置的目的是存储毛坯和零件,以保证自动线正常连续工作。设置中间存储装置的目的是,当自动线各段生产不平衡、毛坯供应不及时或某台机床出现故障等情况时,使自动线能继续正常工作一段时间,以便检修出故障的设备。

上下料装置是工件输送装置与机床的连接环节,视具体情况可采用料斗式、弹仓式、机械手、工业机械人等方案。

转位翻转装置,是使工件转位以便进行多面加工、清除切屑和工件清洗等,一般多设置于自动线的各段之间和最终位置。

5. 控制方式

自动线的控制方式分为分散控制和集中控制两种。分散控制的特点是:运动部件的主令信号是按照动作顺序直接从上一运动部件的工作完成信号或状态信号获得。集中控制的特点是所有运动部件的主令信号统一由主令控制器发出。主令控制器是一个严格的程序联

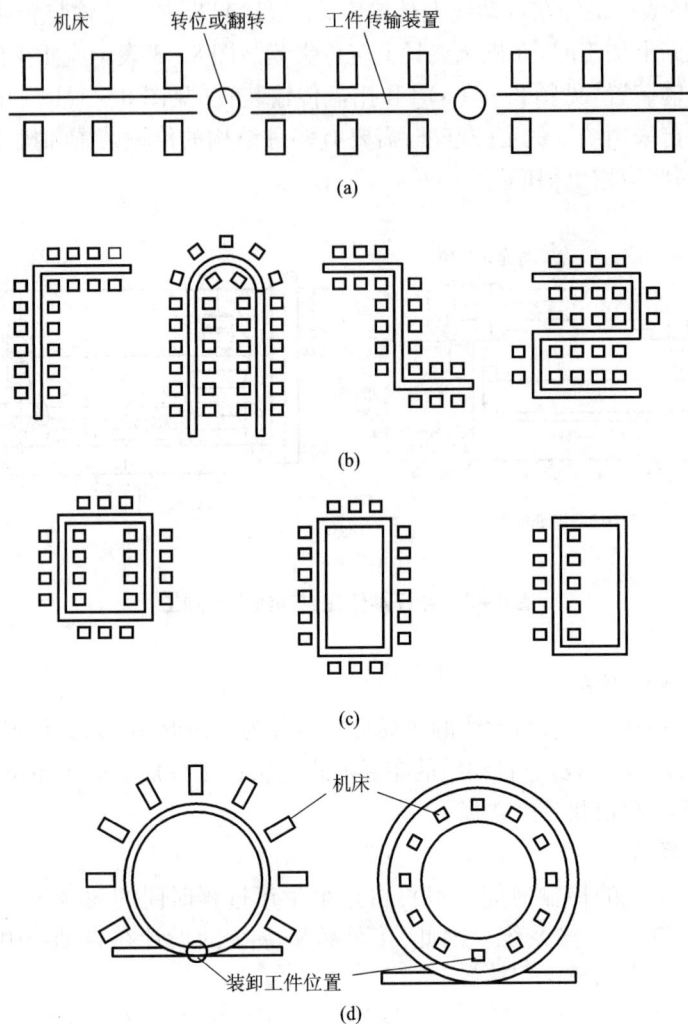

图 8-4　自动线的布局形式

锁装置,在任何情况下,保证只有一条通路。对于运动部件较多,工件循环周期复杂,联锁信号和记忆信号繁多的自动线,以采用集中控制较好。当前多采用可编程控制器(简称 PLC)来进行控制,能获得较好的效果。

　　在设计自动线时,常采用循环周期表表示各台机床和装置的动作顺序、动作时间和节拍。图 8-5 是汽缸盖零件加工自动线的循环周期表。该自动线由铣床 C_1、钻床 $C_2 \sim C_4$ 和攻丝机 C_5 组成,生产节拍为 1.16min/件。在绘制循环周期表时,应注意各个动作的先后次序和联锁关系。从循环周期表中可以清楚地看出整个自动线的薄弱环节(即循环周期最长的机床),进行时间分析,判断影响生产率的主要因素。

设　备	部　件	动　作	时间/min
传输装置	输送带	向前	0.07
		向后	0.07
铣床C₁	夹具	预定位	0.06
		定位夹紧	0.06
		松开拨销	0.04
	铣头	趋近夹紧	0.06
		工作进给	0.72
		松开退出	0.06
		快速退回	0.1
钻床 C₂~C₄	夹具	定位夹紧	0.06
		松开拨销	0.04
	动力头	快速趋近	0.07
		工件进给	0.78
		快速退回	0.08
攻丝机 Cₛ	夹具	定位夹紧	0.06
		松开拨销	0.04
	动力头	快速趋进	0.07
		工作进给	0.4
		快速退回	0.12

图 8-5　自动线循环周期表

8.4　成组技术

8.4.1　成组技术的基本原理

成组技术作为一门生产技术科学,研究如何识别和发掘生产活动中有关事物的相似性,并把相似的问题归类成组,寻求解决这一组问题的相对统一的最优方案,以取得所期望的经济效益。

机械加工方面应用成组技术,是通过一定的手段将多种零件按其结构形状、尺寸大小、毛坯、材料及工艺要求的相似性分类成族,再按各零件族的工艺要求配备相应的工装设备,采用适当的布置形式组织成组加工,达到扩大批量的目的,从而使多品种小批量生产也能获得近似于大批大量生产的经济效果。其基本原理如图 8-6 所示。

成组技术通过将品种众多的零件按其相似性分类,形成为数不是很多的零件族,把同一零件族中诸零件分散的小批量汇集成较大的成组生产量,巧妙地把"多品种"多转化为"少品种",把"小批量"转化为"大批量",有效地解决了传统中小批生产方式的缺点,为提高多品种、中小批生产的经济效益开辟了广阔的道路。

成组技术作为指导生产的一般方法,现已广泛应用于设计、制造和管理等各个方面。

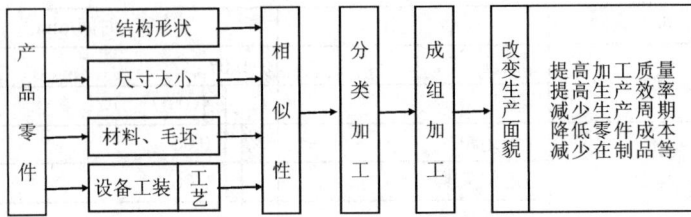

图 8 - 6　成组加工原理示意图

随着计算机技术和数控技术的发展,成组技术与之相结合,大大推动了中小批量生产的自动化进程。成组技术已成为进一步发展计算机辅助设计(CAD)、计算机辅助工艺规程编制(CAPP)、计算机辅助制造(CAM)和柔性制造系统(FMS)等的重要基础。

8.4.2　零件分类编码系统

零件分类编码是实施成组技术的重要手段。所采用的零件分类码应反应零件固有的名称、功能、结构、形状和工艺特征等信息。分类码对于每种零件而言并不是唯一的,即不同的零件可以拥有相同或接近的分类码。根据零件分类编码可以划分出结构相似或工艺相似的零件组。

目前,国内外采用的零件分类编码系统很多,常用的有德国的奥匹兹零件分类编码系统和我国制定的机械工业成组技术零件分类编码系统(JLBM - 1)。

1. 奥匹兹零件分类编码系统简介

奥匹兹零件分类编码系统采用九位数字描述每个零件的特征。其中,前五位是形状代码(也称为主码),用于表示零件的几何形状;后四位为辅助代码,用于表示零件的尺寸、材料、毛坯和加工精度。图 8 - 7 表示奥匹兹零件分类编码系统的基本结构。图中,L 为回转体零件的最大长度;D 为回转体零件的最大直径;A、B、C 分别为非回转体零件的三个边长,且 $A > B > C$。

2. JLBM - 1 零件分类编码系统简介

机械工业成组技术零件分类编码系统(JLBM - 1)是由我国原机械工业部组织制定并批准施行的成组技术的指导技术文件。该系统采用主码和辅码分段的混合式结构,由 15 个码位组成。其基本结构如图 8 - 8 所示。

对图 8 - 7 与图 8 - 8 进行比较可以看出,JLBM - 1 系统的结构基本上和奥匹兹系统相同。只是为了弥补奥匹兹系统的不足,把奥匹兹系统的形状加工码予以扩充,把奥匹兹系统的零件类别码改为零件功能名称码,把热处理标志从奥匹兹系统中的材料热处理码中独立出来,主要尺寸码由原来的一个环节扩大为两个环节。JLBM - 1 系统除了增加形状加工的环节,比奥匹兹系统可以容纳较多的分类标志外,在系统的总体组成上要比奥匹兹系统简单,因而也易于使用。

表 8 - 1 至表 8 - 4 列出了 JLBM - 1 零件分类编码系统的部分内容,可供查阅。

270

形状代码　　　　　　　　　　　　　　　　　　　　辅助代码

第一位数字　　第二位数字　第三位数字　第四位数字　第五位数字　六七八九
零件分类　　　外表面形状　内回转表面加工　平面加工　　　　　　　位位位位

0	$L/D\leqslant0.5$				
1	$0.5<\dfrac{L}{D}<3$	外表面形状	内部形状	平面加工	辅助孔及齿形加工
2	$\dfrac{L}{D}\geqslant3$				
3	$L/D\leqslant2$ 有异型	主要形状	内外表面形状	平面加工	辅助孔及齿形加工
4	$L/D>2$ 有异型				
5	特殊的	主要形状			
6	$A/B\leqslant3$ $A/C\geqslant4$	主要形状	主要孔	平面加工	辅助孔及齿形加工
7	$A/B>3$				
8	$A/B\leqslant3$ $A/C<4$	主要形状			
9	特殊的				

回转体零件（0～5）　非回转体零件（6～9）

尺寸　材料　毛坯形状　加工精度

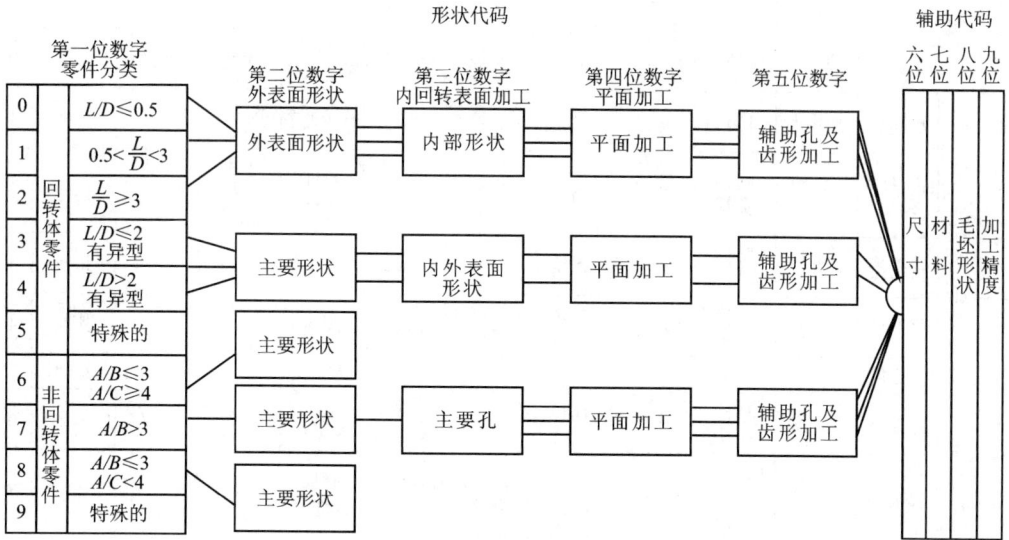

图 8－7　奥匹兹零件分类编码系统的基本结构

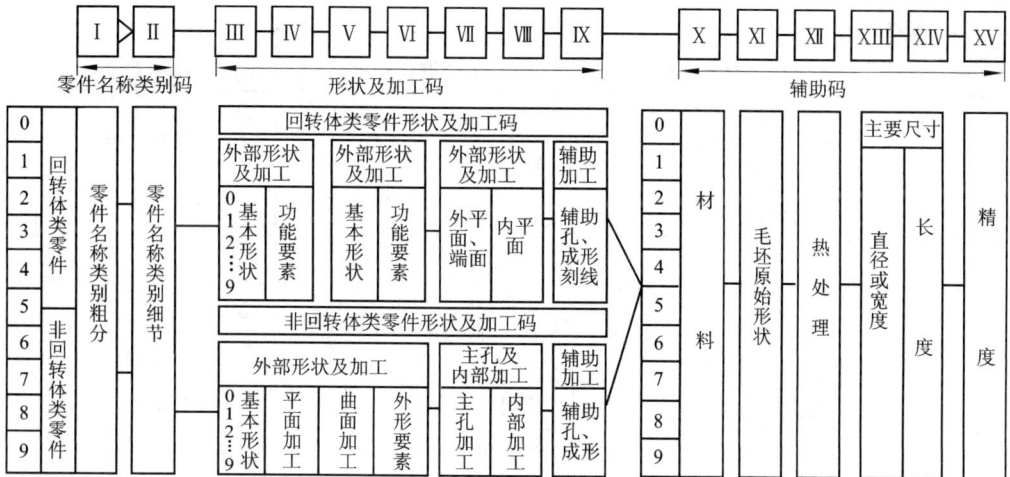

I　II　III　IV　V　VI　VII　VIII　IX　X　XI　XII　XIII　XIV　XV

零件名称类别码　　　形状及加工码　　　　　　　　辅助码

回转体类零件形状及加工码

外部形状及加工　外部形状及加工　外部形状及加工　辅助加工

0			基本形状	功能要素	基本形状	功能要素	外平面、端面	内平面	辅助孔、成形刻线

0 1 2 … 9

非回转体类零件形状及加工码

外部形状及加工　　　主孔及内部加工　辅助加工

基本形状　平面加工　曲面加工　外形要素　主孔加工　内部加工　辅助孔、成形

0 1 2 … 9

0	材料	毛坯原始形状	热处理	主要尺寸 直径或宽度	长度	精度
1						
2						
3						
4						
5						
6						
7						
8						
9						

零件名称类别码：回转体类零件（0～5）、非回转体类零件（6～9）；零件名称类别粗分；零件名称类别细节

图 8－8　JLBM－1 零件分类编码系统的基本结构

表 8－1 JLMB－1 分类系统名称类别分类表

名 称 类 别 矩 阵 表（第1～第2位）

第1位		第2位 →	0	1	2	3	4	5	6	7	8	9	
0	回转类零件	轮盘类	盘、盖	防护盖	法兰盘	带轮	手轮捏手	离合器体	分度盘刻度盘环	滚轮	活塞	其他	0
1		环套类	垫圈、片	环套	螺母	衬套轴套	外螺纹套直管接头	法兰套	半联轴节	液压缸汽缸		其他	1
2		销、杆、轴类	销、堵短圆柱	圆杆圆管	螺杆螺栓螺钉	阀杆阀芯活塞杆	短轴	长轴	蜗杆丝杆	手把手柄操纵杆		其他	2
3		齿轮类	圆柱外齿轮	圆柱内齿轮	锥齿轮	蜗轮	链轮棘轮	螺旋锥齿轮	复合齿轮	圆柱齿条		其他	3
4		异型件	异型盘套	弯管接头弯头	偏心件	扇形件弓形件	叉形接头叉轴	凸轮凸轮轴	阀体			其他	4
5		专用件										其他	5
6	非回转类零件	杆条类	杆、条	杠杆摆杆	连杆	撑杆拉杆	扳手	键镶(压)条	梁	齿条	拨叉	其他	6
7		板块类	板、块	防护板盖板门板	支承板垫板	压板连接板	定位块棘爪	导向块板滑块板	阀块分油器	凸轮板		其他	7
8		座架类	轴承座	支座	弯板	底座机架	支架					其他	8
9		箱壳体类	罩、盖	容器	壳体	箱体	立柱	机身	工作台			其他	9

表 8－3 JLBM－1 分类系统材料、毛坯、热处理分类表

材料、毛坯、热处理分类表（第10～第12位）

代码	十	十一	十二
项目	材 料	毛坯原始形状	热 处 理
0	灰铸铁	棒材	无
1	特殊铸铁	冷拉材	发兰
2	普通碳钢	管材（异型管）	退火、正火及时效
3	优质碳钢	型材	调质
4	合金钢	板材	淬火
5	铜和铜合金	铸件	高、中、工频淬火
6	铝和铝合金	锻件	渗碳 + 4 或 5
7	其他有色金属及其合金	铆焊件	氮化处理
8	非金属	铸塑成型件	电镀
9	其他	其他	其他

表 8-2　JLBM-1 分类系统回转体零件分类表

特征项号	回转类零件分类分（第3~第9位）外部形状及加工		外部形状及加工		内部形状及加工			内部形状及加工		平面、曲面加工		平面、曲面加工		辅助加工（非同轴线孔、成形、刻线）		
	基本形状		功能要素		基本形状			功能要素		外（端）面		内面				
0	单一轴线	光滑	0	无	0	无轴线孔		0	无	0	无	0	无	0	无	
1	单一轴线	单向台阶	1	环槽	1	非加工孔		1	环槽	1	单一平面 不等分平面	1	单一平面 不等分平面	1	均布孔	轴向
2	单一轴线	双向台阶	2	螺纹	2	通孔	光滑单向台阶	2	螺纹	2	平行平面 等分平面	2	平行平面 等分平面	2	均布孔	径向
3	单一轴线	球、曲面	3	1+2	3	通孔	双向台阶	3	1+2	3	槽、键槽	3	槽、键槽	3	非均布孔	轴向
4	单一轴线	正多边形	4	锥面	4	盲孔	单侧	4	锥面	4	花键	4	花键	4	非均布孔	径向
5	单一轴线	非圆对称截面	5	1+4	5	盲孔	双侧	5	1+4	5	齿形	5	齿形	5	倾斜孔	
6	多轴线	弓、扇形或4、5以外	6	2+4	6	球、曲面		6	2+4	6	2+5	6	2+5	6	各种孔组合	
7	多轴线	平行轴线	7	1+2+4	7	深孔		7	1+2+4	7	3+5或4+5	7	3+5或4+5	7	成形	
8	多轴线	弯曲、相交轴线	8	传动螺纹	8	相交孔 平行孔		8	传动螺纹	8	曲面	8	曲面	8	机械刻线	
9		其他	9	其他	9	其他		9	其他	9	其他	9	其他	9	其他	

表8-4 JLBM-1分类系统主要尺寸、精度分类表

主要尺寸、精度分类表(第13~第15位)

十三				十四			十五	
项目	主 要 尺 寸						项目	精 度
	直径或宽度(D或B)/mm			长度(L或A)/mm				
	大 型	中 型	小 型	大 型	中 型	小 型		
0	≤14	≤8	≤3	≤50	≤18	≤10	0	低精度
1	>14~20	>8~14	>3~6	>50~120	>18~30	>10~16	1	中等精度 内、外回转面加工
2	>20~58	>14~20	>6~10	>120~250	>30~50	>16~25	2	平面加工
3	>58~90	>20~30	>10~18	>250~500	>50~120	>25~40	3	1+2
4	>90~160	>30~58	>18~30	>500~800	>120~250	>40~60	4	高精度 外回转面加工
5	>160~400	>58~90	>30~45	>800~1250	>250~500	>60~85	5	内回转面加工
6	>400~630	>90~160	>45~65	>1250~2000	>500~800	>85~120	6	4+5
7	>630~1000	>160~440	>65~90	>2000~3150	>800~1250	>120~160	7	平面加工
8	>1000~1600	>440~630	>90~120	>3150~5000	>1250~2000	>160~200	8	4或5,或6加7
9	>1600	>830	>120	>5000	>2000	>200	9	超高精度

图8-9是按照JLBM-1系统对回转体零件进行分类编码的结果。

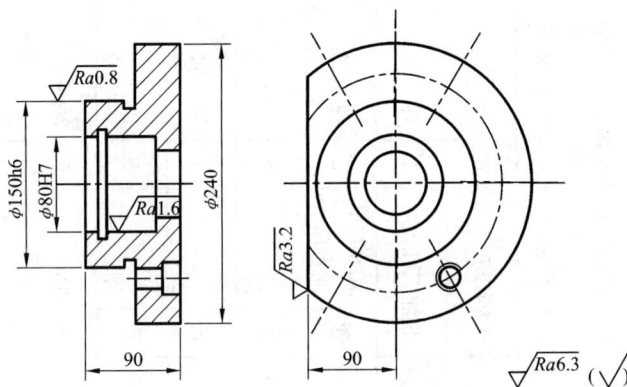

图8-9 JLBM-1系统编码举例

8.4.3 零件分类成组方法

目前将零件分类成组的常用方法有视检法、生产流程分析法和编码分类法。

所谓视检法,是由有生产经验的人员通过对零件图纸的仔细阅读和判断,把具有某些特征属性的一些零件归结为一类。其效果主要取决于个人经验。

所谓生产流程分析法,是以零件生产流程为依据,通过对零件生产流程的分析,把工艺规程相近的,即使用同一组机床进行加工的零件归结为一类。采用此法分类的正确性与分析方法以及所依据的工厂技术资料有关。

按编码分类有助于计算机辅助成组技术的实施。常用的编码分类方法有以下几种:

1. 特征码位法

所谓特征码位法,是从零件代码中选择能反映零件工艺特征的部分代码作为分组依据,从而得到一系列具有相似工艺特征的零件族。

这几个码位称为特征位,如图 8 - 10 所示。

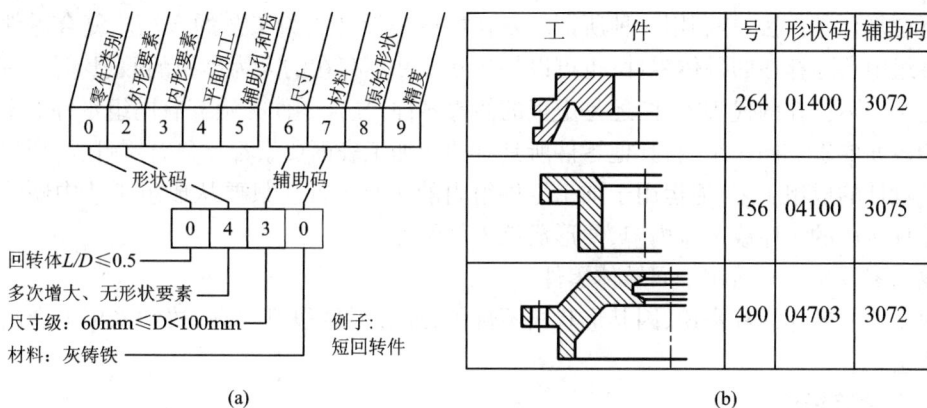

图 8 - 10 特征码位法
(a)特征码位 (b)零件简图及编码

2. 码域法

除特征码位法以外,制定相似性标准还可采用码域法,即适当放宽每一码位相似特征方面的范围,允许编码虽不相同,但具有一定零件特征相似性的零件归属于同一零件组,即适当扩大了成组的零件种数。

图 8 - 11 为码域法示例。从相似性特征矩阵可以看出,每一码位均规定了或宽或窄的码域。若零件编码的每一码位代码都包括在矩阵相应码位的码域内,则该零件符合所规定的相似性标准。

8.4.4 成组工艺过程分析

成组工艺是为一组零件设计的。因此,成组工艺过程应具有高质量和高覆盖性。目前常用的成组工艺设计方法有以下两种。

工　　件	号	形状码	辅助码
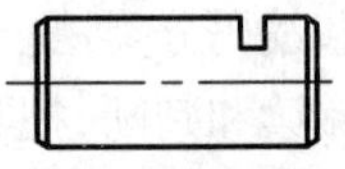	695	10030	0500
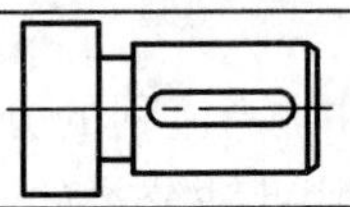	169	11030	1300
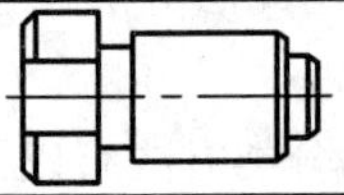	057	22020	1200

(a)

码位 码值	1	2	3	4	5	6	7	8	9
0		1	1	1	1	1		1	1
1	1	1		1		1		1	1
2	1	1		1		1	1		
3		1		1		1	1		
4							1		
5							1		
6							1		
7									
8									
9									

(b)

图 8－11　码域法

（a）零件简图及编码　　（b）零件族特征矩阵

1. 复合零件法

所谓复合零件法,是利用一种所谓的复合零件来设计成组工艺的方法。复合零件可以是零件组中实际存在的具体零件,也可以是实际上并不存在的人为虚拟的假想零件。但是,不论它是实际存在的代表零件,还是虚拟的假想零件,复合零件必须拥有同组零件的全部待加工的表面要素。同一组内,其他零件所具有的待加工表面要素都比复合零件少,所以按复合零件设计的成组工艺,能运用于加工零件组内的所有零件。只要从成组工艺中删除不为某一零件所用的工序或工步内容,便形成该零件的加工工艺。

复合零件法一般适用于回转体零件。

对于非回转体零件来说,因其形状极不规则,复合零件很难建立,故常采用复合路线法设计成组工艺。

2. 复合路线法

所谓复合路线法,是在零件分类成组的基础上,把同组零件的工艺过程卡收集在一起,从中先选出组内最复杂,最长的工艺路线作为代表,再将此代表工艺路线与组内其他零件的工艺路线相比较,并将其他零件有而此代表工艺路线没有的工序一一添入,便可最终得到满足全组零件要求的成组工艺。

8.4.5　成组生产的组织形式

1. 单机成组生产单元

所谓单机成组加工,是把一些工序相同或相似的零件组集中在一台机床上进行加工。其特点是从毛坯到成品的多数工序均可在同一种类型的设备上完成,也可在同一种类型的设备上仅完成其中某几道工序的加工。例如,在转塔车床、自动车床上加工中小零件,即属于成组单机加工。

2. 多机成组生产单元

所谓多机成组生产单元,是指一组或几组工艺相似零件的全部工艺过程由相应的一组机床完成。与传统"机群式"排列相比,多机成组生产单元具有能缩短工序间的运输距离,减少在制品库存量,缩短生产周期,提高设备利用率,加工质量稳定,效率较高等优点,所以为各企业广泛采用。

3. 流水成组生产线

流水成组生产线是成组技术的较高组织形式。它与一般流水线的主要区别在于流水成组生产线上流动的不是一种零件,而是多种相似零件。在流水线上各工序的节拍基本一致,每一种零件不一定经过生产线上的每一台机床,因此其工艺适应性较好。

8.5　计算机辅助工艺规程设计

所谓计算机辅助工艺规程设计(CAPP),是在成组技术的基础上,通过向计算机输入被加工零件的原始数据、加工条件和加工要求,由计算机自动进行编码、编程,直至最后输出经过优化的工艺规程卡片的过程。

计算机辅助工艺规程设计可以使工艺人员避免资料查阅、数值计算、表格填写等繁琐重复的工作,大幅度提高工艺人员的工作效率,提高生产工艺水平和产品质量,还可以考虑多方面的因素进行优化设计,按照高效率、低成本、合格的质量和规定的标准化程度拟定最佳的制造方案,把产品的设计信息转化为制造信息。它是计算机辅助制造的重要环节,是连接计算机辅助制造和计算机辅助设计的纽带,在现代机械制造业中有重要的作用。

计算机辅助工艺规程设计系统工作原理有派生法和创成法两种。

8.5.1　派生法

所谓派生法,是根据成组技术的原理,将零件划分为相似零件族,再按零件族编制出标准工艺过程,并以文件的形式储存在计算机中。为一个新零件设计工艺规程时,先从计算机中检索出标准工艺文件,然后经过一定的编辑和修改就可得到。所以,派生法又称为经验法、样件法或检索法。

标准工艺规程的生成步骤如下所述:

(1)对大量零件编码,建立零件特征矩阵。

(2)按照特征码位法或码域法将已编码的若干零件分类成族,建立零件族特征矩阵。

(3)采用复合零件法或复合路线法为零件族制定标准工艺规程。

(4)将零件族特征矩阵和相应的标准工艺规程一一对应地存入计算机。

生成标准工艺规程的工作量相当大,原始统计资料越多,系统越完善。

派生法 CAPP 系统的使用流程如图 8-12 所示。

(1)先采用同样的编码系统对零件进行编码,然后将其代码输入计算机,通过计算机中的零件族检索程序,找到该零件所属的零件族。

(2)调出该零件族的标准工艺规程。

(3)根据零件的特殊要求(如材料、批量等),修改编辑标准工艺规程,最后生成该零件的工艺规程。

8.5.2　创成法

创成法 CAPP 系统不以对标准工艺规程的检索和修改为基础,而是由计算机软件系统根据加工能力知识库和工艺数据库中的加工工艺信息和各种工艺决策逻辑,自动设计出零

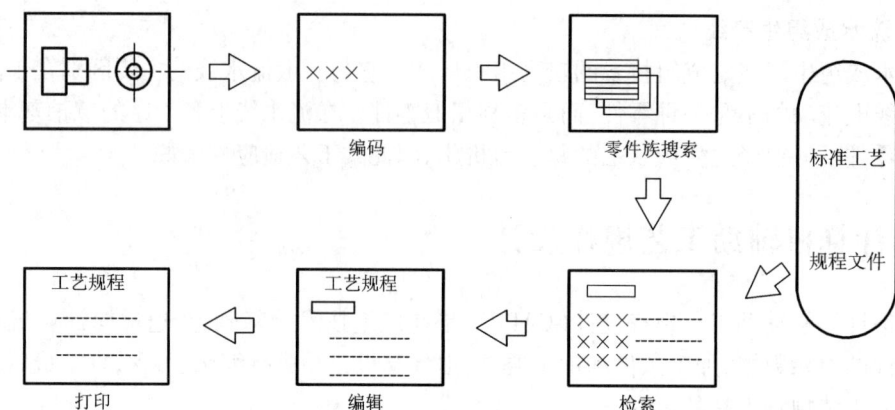

图 8 – 12　派生法 CAPP 的流程

件的工艺规程。有关零件的信息可直接从 CAD 系统中获得。

　　这种方法的实质是让计算机模仿工艺人员的逻辑思维能力,自动进行各种决策,选择零件的加工方法,安排工艺路线,选择机床、刀具、夹具、计算切削参数和加工时间、加工成本,并对工艺过程进行优化等。人的任务在于监督计算机的工作,并在计算机的决策过程中做一些简单问题的处理,对中间结果进行判断和评估等。

　　零件信息描述是设计创成法 CAPP 系统首先需要解决的问题。目前国内外设计创成法 CAPP 系统采用的零件信息描述法主要有成组编码法、型面描述法和体素描述法,也可直接从 CAD 系统的数据库中采集零件的设计信息。

　　创成法 *CAPP* 系统设计是一个十分复杂的问题,涉及到选择、计算、计划、绘图及文件编辑等工作。建立工艺决策逻辑则是其核心。决策表和决策树是常用的表示决策逻辑的方法。决策表的格式如图 8 – 13 所示,左边为条件项目和决策项目,右边为条件状态和决策行动。图 8 – 14 为决策表示例,其中某条件为真则取值为 T,为假则取值为 F。条件状态也可用空格表示,表示这一条件是真是假与该规则无关。决策行动可以是无序的,用 X 表示,也可以是有序的,并给予一定序号。

条件项目	条件状态
决策项目	决策行动

图 8 – 13　决策表的格式

尺寸精度 >0.1mm	T		
尺寸精度 <0.1mm		T	T
位置度 >0.1mm	T	T	
位置度 <0.1mm			T
钻　孔	X	1	1
铰　孔		2	
镗　孔			2

图 8 – 14　决策表示例

　　工艺决策树是与决策表功能相似的工艺逻辑设计工具,是一种树状图形,由根、节、点和分支组成。决策树更容易建立与维护,而且比较直观。图 8 – 15 为选择工艺路线的决策树和流程图。

　　创成法 CAPP 系统还须建立工艺规程的设计逻辑和零件信息描述的加工数据库。

278

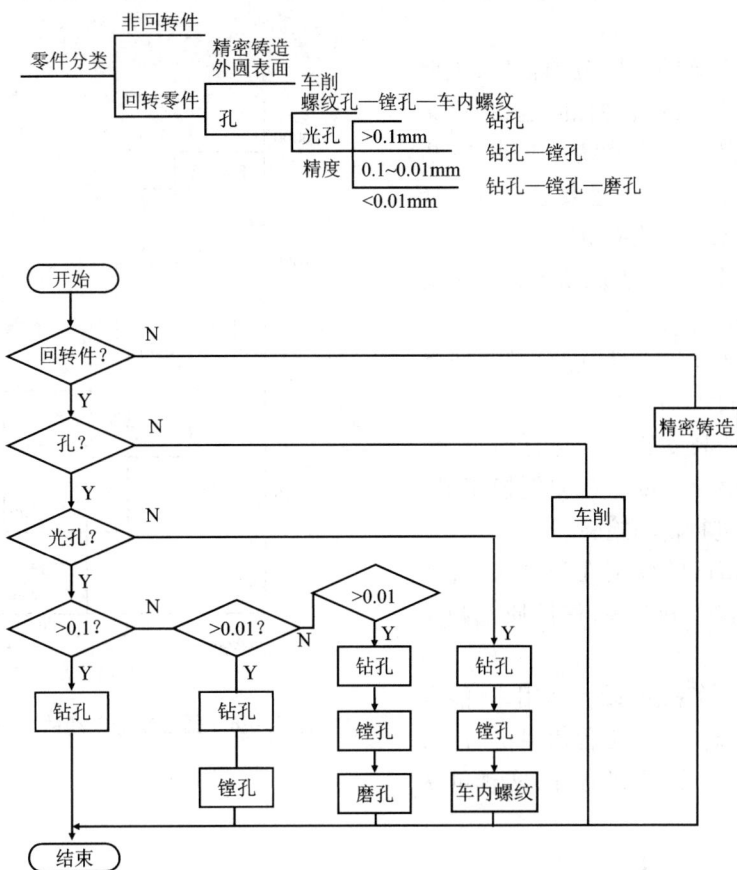

图 8－15　选择工艺路线的决策树和流程图

创成法 CAPP 系统是一个完备的高级系统。但是，由于工艺过程的设计因素很多，目前的技术水平还不能完全实现。目前，许多计算机辅助工艺系统的设计都采用以派生法为主，创成法为辅的综合法。这两种方法的结合可以取得很好的效果。

各种 CAPP 系统的适用范围主要与零件族的数量、零件族中零件的品种数及相似程度有关。对于零件族数量不多，且在每个零件族中有许多相似零件的情况来说，派生法 CAPP 系统通常是更为经济的自动设计方法。如果零件族数量较大，且零件族中零件的品种数不多，相似性较差，则采用创成法 CAPP 系统比较经济。一个 CAPP 系统只要符合工厂实际，使用方便、容易操作和掌握，就是一个好系统。

8.6　柔性制造系统

8.6.1　柔性制造系统的定义及其特点

所谓柔性制造系统，一般是指可变的、自动化程度较高的制造系统。它由多台加工中心和数控机床组成，有自动上、下料装置，自动化仓库和物流输送系统，在计算机及其软件的分级集中控制下,实现加工自动化。它具有高度柔性,是由计算机直接控制的自动化可变加工系统。

柔性制造系统的适应范围很广,主要解决单件小批生产的自动化问题,把高柔性、高质量、高效率结合和统一起来,在机械制造业中的地位十分重要。图 8 – 16 表示柔性制造系统的适应范围。

柔性制造系统与传统的制造系统比较,有以下突出特点:

(1)具有高度的柔性,能自动完成多品种多工序零件的加工。

(2)实现了高度的自动化,能自动传输、储存、装卸物料,实现自动更换工件、刀具、夹具,并进行自动检验。

(3)具有高度的稳定性和可靠性,能自动进行工况诊断和监视,保证质量和安全工作。

(4)具有高效率、高设备利用率,能全面处理信息,进行生产、工程信息的分析,编制生产计划、调度、管理程序,实现可变加工和均衡生产。

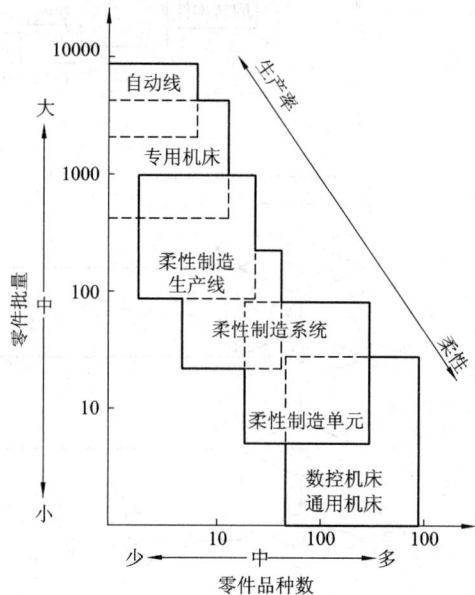

图 8 – 16　柔性制造系统的适应范围

8.6.2　柔性制造系统的类型

根据所用机床台数和工序数,柔性制造系统可分为如下三种类型:

(1)柔性制造单元(Flexible Manufacturing Cell,简称 FMC)

柔性制造单元由单台加工中心、环形托盘输送装置或工业机器人所组成,在计算机控制下,能实现不停机更换不同品种工件并连续进行生产。它是最简单的柔性制造系统,是最小可变加工单元。图 8 – 17 所示是一个带有环形托盘输送装置的柔性制造单元。

(2)柔性制造系统(Flexible Manufacturing System,简称 FMS)

柔性制造系统是由两台或两台以上的加工中心或数控机床、自动上下料装置、自动输送装置、自动储存装置和计算机等组成,由计算机实现综合控制、监视、数据处理、生产计划和生产管理等工作。柔性制造系统也可以由几个柔性制造单元扩展而成。

(3)柔性制造生产线(Flexible Manufactring Line,简称 FML)

柔性制造生产线一般是针对某种类型(族)零件设计的,带有专业化生产或成组化生产的特点。它由多台加工中心或数控机床组成,其中的某些机床带有一定的专用性,全线机床按工件的工艺过程布局,可以有生产节拍。但它本质上是柔性的,是可变加工生产线,在功能上与柔性制造系统相同,只是适用范围有一定的专业化和针对性。

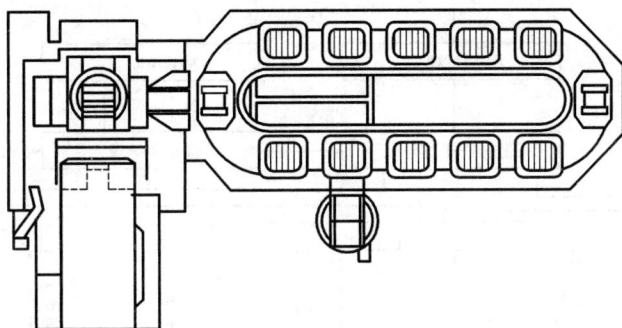

图 8 - 17　柔性制造单元

8.6.3　柔性制造系统的组成和结构

柔性制造系统的组成如图 8 - 18 所示,由物质系统、能量系统和信息系统三大部分组成,各个系统又由许多子系统组成。各系统之间的关系如图 8 - 19 所示。

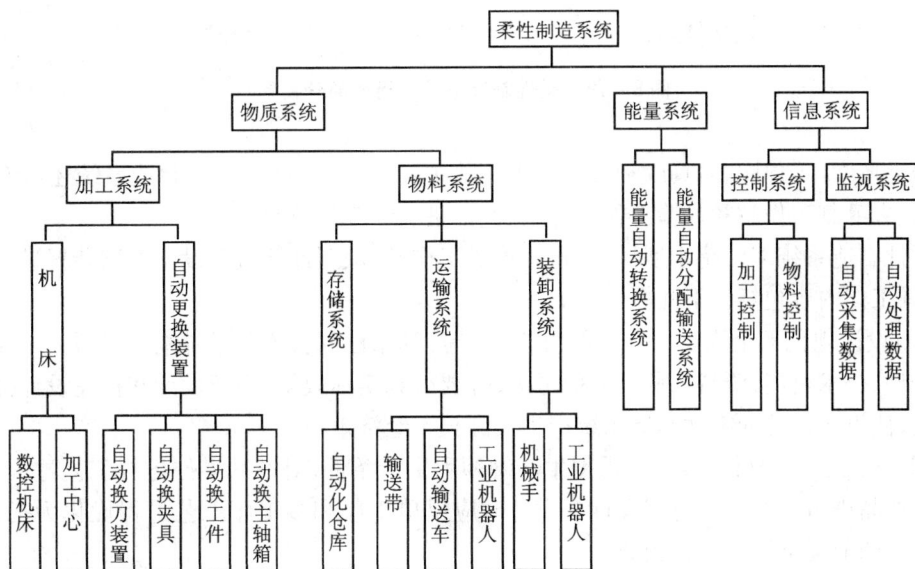

图 8 - 18　柔性制造系统的组成

柔性制造系统的主要加工设备是加工中心和数控机床,目前以铣削加工中心和车削加工中心占多数,一般多由 3 ~ 6 台机床组成。柔性制造系统常用的输送装置有输送带、有轨输送车或无轨输送车、行走式工业机器人等,也可采用一些专用输送装置。在一条柔性制造系统中,可以同时采用多种输送装置形成复合输送网。输送方式可以是线形、环形和网形。柔性制造系统的储存装置可采用立体仓库和堆垛机,也可采用平面仓库和托盘站。仓库又

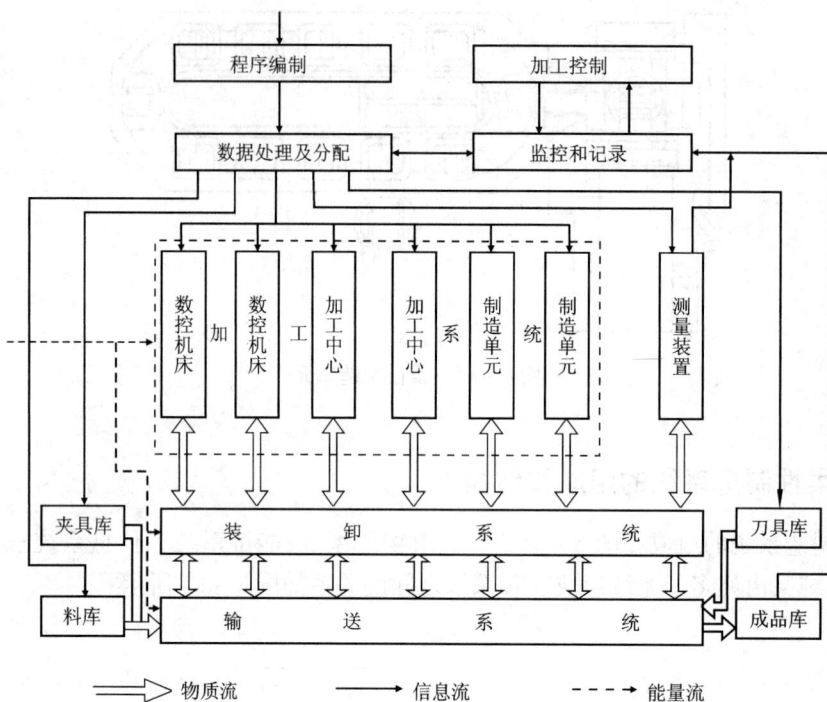

图 8 – 19 柔性制造系统各组成部分关系

可分为毛坯库、零件库、刀具库和夹具库等。除主要加工设备外,柔性制造系统还应有清洗工作站、去毛刺工作站和检验工作站等,它们都是柔性工作单元。

柔性制造系统多由超小型计算机、计算机工作站、微型计算机和设备控制装置进行递阶控制,其工作内容包括以下几方面:

(1)设计规范 全线设计方案的组成、布局、可靠性和技术经济指标可根据生产纲领、生产条件、技术可能、资料来源等方面考虑,并要得到实际效果,为新设计和扩建设计提供有力判据,使投入运行的柔性制造系统产生实际技术经济效益。

(2)生产过程分析和设计 根据生产纲领和生产条件,对产品零件进行工艺过程设计,对整个产品进行装配工艺过程设计。设计时应以单工序和多工序工艺过程优化为指导,在保证质量的前提下选定目标函数。

(3)生产计划调度 制定生产作业计划,保证均衡生产,提高设备利用率。

(4)工作站和设备的运行控制 工作站是由设备组成的,如铣销工作站是由铣削加工中心和工业机器人等组成。工作站和设备的运行控制包括对加工中心、数控机床、工业机器人、物料输送系统、物料存储系统、测量机等的全面控制。

(5)监测和质量保证 对全线工作状况进行监测和控制,保证工作稳定可靠,连续运行,质量合格。

8.7　计算机集成制造系统

计算机集成制造系统(Computer Integrated Manufacturing Sysetm,简称 CIMS)实质上是一种使企业实现整体优化的理想模式,使企业能生产出质优价廉适销的产品,提高企业的竞争力。

CIMS 是以市场需求为输入,以产品为输出,以整体动态优化,即高效率、高质量、高柔性和高效益统一为目标,在系统科学的指导下,以柔性制造技术、管理科学、计算机技术、通讯技术、人工智能为手段,在简单化、标准化和自动化基础上,将企业经营,生产和工程技术的各个环节集成一体的闭环反馈大系统。

图 8 - 20 是西德 Spur 等提出的 CIMS 概念示意图。CIMS 的总体结构分为如下三层:

(1)决策层　主要任务是对市场等外部环境进行研究,帮助企业领导作出经营决策。这一层由经营决策支持系统(Decision Support System,简称 DSS)组成。

(2)信息层　主要任务是生成工程技术信息及进行企业的综合信息管理。工程技术信

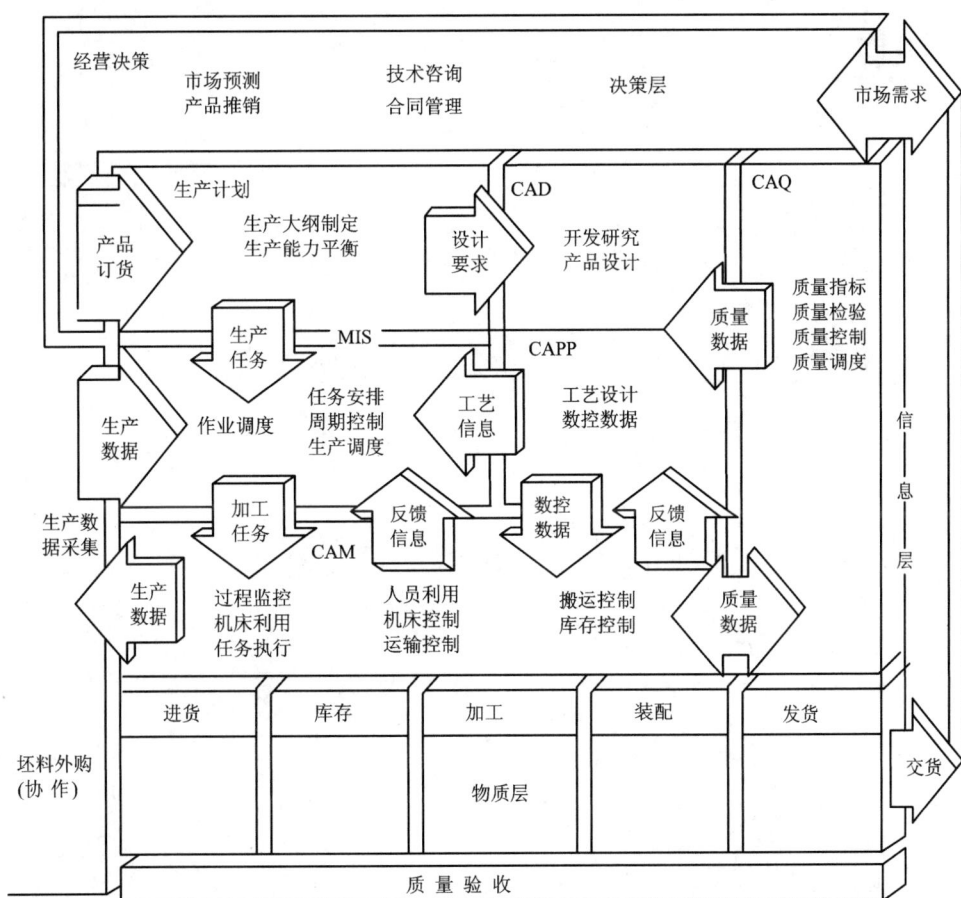

图 8 - 20　CIMS 概念示意图

息包括 CAD、CAPP、CAM 和 CAQ(计算机辅助质量管理,Computer Aided Quality)等。企业信息的管理采用信息管理系统(Management Information System,简称 MIS)。

(3)物质层 是处于底层的物质生产实体,包括进货、加工、装配、检测、库存和发货等环节。机器人、数控机床、自动化仓库、自动运输车、FMC、FMS、FML 是这一层的基本设备或子系统。

在 CIMS 的概念中贯穿着简单化、标准化、成组化、模块化和单元化、分布和集成化、自动化和智能化。

集成技术就是系统技术。它包括系统结构、系统分析、系统仿真和系统设计方法等内容。集成的优越性在于:减少界面和重复多余的信息;打破部门间的隔阂,使物料流和信息流畅通;最终促使企业的生产技术、生产组织、经营管理和面貌焕然一新。

参考文献

1. 于骏一,邹青等．机械制造技术基础．第二版．北京:机械工业出版社,2009

2. 张世昌等．机械制造技术基础．第二版．北京:高等教育出版社,2007

3. 曾志新,吕明等．机械制造技术基础．武汉:武汉理工大学出版社,2001

4. 张伯霖等．高速切削技术及应用．北京:机械工业出版社,2002

5. 艾兴等．高速切削加工技术．北京:国防工业出版社,2003

6. 庞滔等．超精密加工技术．北京:国防工业出版社,2000

7. 盛晓敏等．先进制造技术.第三版．北京:机械工业出版社,2000

8. 王先逵．机械制造工艺学．北京:清华大学出版社,1989

9. 赵长发．机械制造工艺学．哈尔滨:哈尔滨工程大学出版社,2002

10. 袁绩乾等．机械制造技术基础．北京:机械工业出版社,2001

11. 郑修本．机械制造工艺学．北京:机械工业出版社,2000

12. 周泽华．金属切削原理．第二版．上海:上海科学技术出版社,1993

13. 卢秉恒等．机械制造技术基础.第三版．李云芳译．北京:机械工业出版社,2008

14. 肖诗钢．刀具材料及其合理选择．北京:机械工业出版社,1981

15. 魏庆同．刀具合理几何参数．兰州:甘肃人民出版社,1978

16. 艾兴,肖诗钢．切削用量手册．北京:机械工业出版社,1984

17. 袁哲俊．金属切削刀具．第二版．上海:上海科学技术出版社,1993

18. 张幼桢．金属切削原理及刀具．北京:国防工业出版社,1990

19. 张维纪．金属切削原理及刀具．杭州:浙江大学出版社,1991

20. 顾崇衔等．机械制造工艺学．第二版(修订本)．西安:陕西科学技术出版社,1987

21. 王信义等．机械制造工艺学．北京:北京理工大学出版社,1990

22. 齐国光等．机械制造工艺学．北京:石油工业出版社,1988

23. 王启平．机械制造工艺学．哈尔滨:哈尔滨工业大学出版社,1988

24. 齐世恩．机械制造工艺学．哈尔滨:哈尔滨工业大学出版社,1989

25. 宾鸿赞等．机械制造工艺学．北京:机械工业出版社,1990

26. 黄克孚等．机械制造工程学．北京:机械工业出版社,1989

27. 董春玲等．电子精密机械制造工艺学．西安:电子科技大学出版社,1994

28. 端木时夏．仪器制造工艺学．北京:机械工业出版社,1989

29. 吴圣庄．金属切削机床概论．第二版．北京:机械工业出版社,1995

30. 刘晋春等．特种加工．第二版．北京:机械工业出版社,1994

图书在版编目(CIP)数据

机械制造技术基础 / 胡忠举, 陆名彰主编. —2 版 —长沙:
中南大学出版社, 2011.8(2021.12 重印)
ISBN 978-7-5487-0359-4

Ⅰ.①机… Ⅱ.①胡… ②陆… Ⅲ.①机械制造工艺 Ⅳ.①TH16

中国版本图书馆 CIP 数据核字(2011)第 157182 号

机械制造技术基础
(第二版)

胡忠举　陆名彰　主编

□责任编辑　谭　平
□责任印制　唐　曦
□出版发行　中南大学出版社
　　　　　　社址:长沙市麓山南路　　　　邮编:410083
　　　　　　发行科电话:0731-88876770　　传真:0731-88710482
□印　　装　长沙印通印刷有限公司

□开　　本　787 mm×1092 mm 1/16　□印张 18.75　□字数 463 千字
□版　　次　2011 年 8 月第 2 版　□印次 2021 年 12 月第 4 次印刷
□书　　号　ISBN 978-7-5487-0359-4
□定　　价　48.00 元